Praktische Theologie

von

Dr. **Karl Friedrich Gaupp**,
Königl. Consistorialrath und ordentl. Professor.

Erster Theil.

Die Liturgik.

Berlin,
Verlag von G. Reimer.
1848.

Vorbericht.

Der hier erscheinende erste Theil meiner praktischen Theologie ist unter der Herrschaft von Umständen geschrieben, welche mich verhindert haben, im ganzen Umfange Dasjenige für das Buch zu thun, was ich zu thun wünschte. Beinahe seit viertehalb Jahren von einem schweren Augenleiden heimgesucht, habe ich mich in den ersten zwei Jahren dieser Krankheit größtentheils, seitdem aber gänzlich am Lesen gehindert gesehen und bin daher außer Stande gewesen, überall in so gründliche Forschungen einzugehen, als ich es unter anderen Verhältnissen jedenfalls mir zur Pflicht gemacht haben würde. Meine Zeit war oft beschränkt, und dann besonders drängte sich mir die herbe Erfahrung auf, daß, wo es gilt, nicht sowohl Bücher zu durchlesen, als zu durchlaufen und mit glücklichem Takt das Einschlägige aufzufinden, fremde Augen nie die eigenen zu ersetzen vermögen. Ich mußte so Vieles ungelesen lassen und mir nachsehen, was ich bei gesunden Augen mir gewiß am Wenigsten selbst verziehen hätte. Sollten meine geehrten Leser das hier Bemerkte namentlich bei den historischen Notizen, welche in einer Liturgik nicht leicht fehlen können, öfters bestätiget finden, so wollen dieselben sich zugleich nachsichtig daran erinnern, daß ihnen das Buch eines Verfassers vorliegt, dessen wissenschaftlichen Beschäftigungen keine anderen äußeren Mittel sich darbieten, als sich vorlesen zu lassen und zu dictiren, wie denn auch in der That nicht eine einzige Seite meines Manuscripts eigenhändig von mir geschrieben ist.

Nach diesen Erklärungen bin ich um so mehr Rechenschaft darüber schuldig, weshalb ich eine seit längerer Zeit gehegte Absicht, die gesammte praktische Theologie nach und nach für den Druck zu bearbeiten, auch unter den angegebenen Verhältnissen noch zu verwirklichen begonnen habe: und hier stehe von vorn herein die Versicherung, daß, wenn ich nicht hoffte, auch so, wie ich gegenwärtig bin, zum weiteren Anbau der praktisch-theologischen Wissenschaft Etwas beitragen und der Sache des Reiches Gottes mitten unter seinen gegenwärtigen Bedrängnissen förderlich sein zu können, ich der Ausführung jenes Vorhabens, und damit einem Lieblingswunsche meines Herzens, unbedingt entsagt haben würde. Die Liturgik, als Theorie des christlichen Cultus, ist trotz ihrer Nöthigung, auf das historisch Gewordene einzugehen, doch überwiegend thetischer Natur, und hiermit habe ich bereits den Gesichtspunkt angedeutet, aus welchem ich die Hoffnung hegen darf, mit dieser Arbeit wenigstens einige Steine zu dem großen Werke zuzutragen, welches die neuere Theologie auch in ihrem praktischen Theile auszuführen hat. Wie eingeschränkt auch rücksichtlich der äußeren Geschäftigkeit ich mich erblicken muß, so ist doch das innere Leben der Betrachtung nicht eingeschränkt, ja es hat sich die Einkehr in die Innerlichkeit vielmehr in dem Grade vertieft, als das mir auferlegte tägliche Kreuz meiner Seele zu einer Nöthigung geworden ist, mich dort still zu Jesu Füßen niederzusetzen und so in der verborgensten Innenwelt Zuflucht zu suchen. Auf diesem Wege ist meine gesammte praktische Theologie aus einer einzigen großen Totalanschauung von der Kirche herausgewachsen, aus einer Anschauung, deren Grundzüge bereits in meiner „Kritik der römischen Kirche" zu erkennen sind, und welche seitdem ihre innere Fülle vor meinen Augen entfaltet hat, um in allen einzelnen Disciplinen des auf hiesiger Universität von mir vertretenen Faches der Theologie, also auch in der hier erscheinenden Liturgik wiederzukehren und als Grundton durchzuklingen. So biete ich in vorliegendem Buche ein Ganzes dar, dessen mir durchaus eigenthümliches Gepräge auf eine Entstehung rein von Innen heraus hinweist, und darf hoffen, daß der wissenschaftliche Organismus des Buchs eine Construction aufzeigen wird, in welcher Nichts sich künstlich zusammensetzt, sondern dem Gegenstande seine dialektische Selbstentwicklung überlassen worden ist.

Meine geehrten Leser werden, bei Vergleichung des Standpunktes dieser Schrift mit demjenigen, welchen das zuletzt von mir herausgegebene Buch: die Union, zweite Ausgabe, Breslau 1847, behauptet, die Bemerkung machen, daß sie bei diesem gegenwärtigen Versuch mir auf entschiednerem kirchlich-confessionellen Boden begegnen. In der That ist mir bei der Ausarbeitung meiner Liturgik mehr als jemals das Bedürfniß fühlbar geworden, einen bestimmten kirchlichen Ausgangspunkt zu nehmen, da eine unionistische Tendenz, welche die Neutralisation der bestimmten liturgischen Charaktere beider evangelischen Schwesterkirchen bezweckte, schon deshalb als eine unwahre zu bezeichnen sein würde, weil sie jedenfalls eines festen

Princips ermangelte. Auch in dieser Hinsicht dürfte sich bewähren, was bereits in anderen Beziehungen geltend gemacht worden ist, daß nämlich einer wahren Union dadurch am Sichersten der Weg gebahnt wird, wenn man jede der bisher getrennten evangelischen Kirchen nach ihrem eigenthümlichen Princip sich fortentwickeln läßt und, unter aufrichtigen Erweisungen gegenseitiger Gemeinschaft in der Liebe, nur darauf bedacht ist, Einseitiges zu entfernen. Hiernach darf ich nicht Anstand nehmen, mit dem Bekenntniß hervorzutreten, daß vorzüglich in letzter Zeit Leben und Wissenschaft sich gleichmäßig bei mir verbunden haben, mich dem lutherisch-confessionellen Standpunkte entschiedener wieder zuzuführen.

Ein nicht unbedeutender Zeitraum ist zwischen Vollendung meines Manuscripts und dieser Vorrede verflossen; ein Zeitraum, in welchem mir manches Treffliche, was die neuere Theologie auf liturgischem Gebiet hervorgebracht hat, erst zu Handen gekommen ist; leider zu spät, um gewisse Punkte, rücksichtlich welcher die von mir entwickelten Ansichten eine Berichtigung erfahren haben, im Buche selbst noch ändern zu können. Daher möge es mir verstattet sein, wenigstens hier über eine liturgische Angelegenheit mich nachträglich in Gemäßheit der, durch Kliefoth's neueste treffliche Schrift: die ursprüngliche Gottesdienstordnung der deutschen Kirchen lutherischen Bekenntnisses, mir vermittelten richtigeren Einsicht, auszusprechen. — Ich habe in meinem Buche es als eine Einseitigkeit dargestellt, daß im lutherischen Cultus die Feier des Altarsacraments als die wahre Spitze jedes sogenannten Hauptgottesdienstes betrachtet wird. Ich nehme keinen Anstand, zu bekennen, daß Kliefoth mich eines Anderen belehrt hat. Jedenfalls dürfte, bei einer künftigen Umarbeitung des Buches, die Construction des dritten Haupttheils eine entsprechende Aenderung hiernach erfahren. Die beiden ersten Abschnitte werden allerdings nach wie vor, der eine von der objectiven, der andere von der subjectiven Bestimmtheit des evangelischen Cultus zu handeln haben. Jener jedoch wird außer Demjenigen, was er bei der gegenwärtigen Gestalt des Buches giebt, noch die liturgische Lehre von den Sacramenten in sich aufnehmen müssen; und da diese Letzteren das christliche Heilsgut nicht in reiner Objectivität in sich tragen, sondern ihrer wesentlichen Verwirklichung nach durch ein subjectives Moment negativ bedingt sind: so werden die Sacramente künftig zugleich einen bequemen Uebergangspunkt zum zweiten Abschnitte bilden. Dieser hat sich sodann mit Darlegung der einzelnen, durch das subjectiv-religiöse Leben bestimmten Cultusformen zu begnügen und das Capitel von der Composition der Gottesdienste aus sich zu entlassen. Hiermit ist schon der Hauptinhalt des dritten Abschnitts angedeutet. Die Aufgabe desselben wird nämlich in gründlicher, principieller Nachweisung einer, dem Charakter der betreffenden Kirche entsprechenden Zusammensetzung ihrer Haupt- und Nebengottesdienste liegen, wobei die, in den beiden vorigen Abschnitten entwickelten Momente sämmtlich zu ihrem Rechte kommen müssen, und auch die kirchlichen Benedictionen unter den Nebengottesdiensten ihre Stelle finden.

Bei jener dem Altarsacramente vindicirten Bedeutung für den evangelischen Cultus überhaupt bleibt allerdings die Schwierigkeit zurück, welche im Buche selbst sehr bestimmt hervorgehoben worden ist, daß nämlich die Verwaltung des Ersteren Gefahr läuft, zu einem bloßen Anhange des Gottesdienstes herabzusinken, wie denn leider die bisherige Erfahrung dies in Ansehung des lutherischen Cultus nur zu sehr bestätiget hat. — Gleichwohl darf die Wissenschaft sich hierdurch nicht hindern lassen, ihre ideellen Anforderungen geltend zu machen, und nur an der kirchlichen Praxis wird es sein, in Condescendenz zur Schwäche und Mangelhaftigkeit des gegenwärtigen christlichen Gemeindelebens, die Sachen so einzurichten, daß in keiner Art durch geringschätzige Behandlung der Institutionen Christi ein Aergerniß gegeben werde. Hiernach wird die Liturgik durch die Stellung, die sie principiell dem h. Abendmahle im evangelischen Hauptgottesdienste anweist, dessen sacramentliche Herrlichkeit wahren müssen; gleichzeitig aber wird sie unter den gegenwärtigen kirchlichen Umständen es für zulässig erklären, daß die Feier des Sacraments auf festzustellende Termine beschränkt werde.

Diese Andeutungen genügen; und so stehe hier nur schließlich der herzliche Wunsch, daß es Gott gefallen möge, diesen schwachen Versuch, welcher zur Verherrlichung seines Namens unternommen worden ist, mit reichem Segen zu begleiten.

Inhaltsanzeige

des

ersten Theils der praktischen Theologie.

Einleitung.

Die Liturgik.

Einleitung.

Erster Theil.

Der Cultus als Product der religiös-sittlichen Natur des Menschen überhaupt.

Zweiter Theil.

Der Cultus der positiven Religion der Offenbarung bis zum Christenthum.

Dritter Theil.

Der christliche Cultus.

Erster Abschnitt.

Die abstract-objective Bestimmtheit des christlichen Cultus durch die geschichtlichen Anfänge des Christenthums.

Zweiter Abschnitt.

Die concret-subjective Bestimmtheit des Cultus durch das religiöse Leben der Gemeinde.

Erstes Capitel.

Die in der Subjectivität des christlichen Lebens begründeten einzelnen Cultustheile.

Zweites Capitel.

Von der ideellen Verknüpfung der bisher entwickelten Cultustheile zu einem organischen Ganzen.

Drittes Capitel.

Von der Verknüpfung der einzelnen Cultustheile zum particulären Gottesdienste.

Dritter Abschnitt.

Das Ineinandersein der objectiven und subjectiven Bestimmtheit des christlichen Cultus in den kirchlichen Benedictionen.

Anhang.

Ein Wort über die h. Räume.

Einleitung.

Erstes Capitel.

Das Verhältniß der praktischen Theologie zu den übrigen theologischen Wissenschaften.

Die praktische Theologie bildet keinen Gegensatz zu einer sogenannten wissenschaftlichen Theologie, wie wohl zuweilen fälschlich angenommen wird; sie hat es auch nicht mit bloßen Kunstregeln zu thun, sondern, der lebendigen Praxis der Kirche zugewendet, construirt sie sich in streng wissenschaftlicher Form und ist in manchen Theilen der Speculation viel näher verwandt, als andere theologische Disciplinen. Unsere erste Aufgabe fordert eine Nachweisung der Stelle, welche die praktische Theologie im System der theologischen Wissenschaften einnimmt.

Die Theologie überhaupt ist das zur Wissenschaft sich gestaltende Bewußtsein der Kirche von sich selbst. Ein Bewußtsein von sich selbst hat die Kirche nothwendig von Anfang an. Sofern sie die sichtbare Erscheinung des Reiches Gottes auf Erden ist, und nur die Gläubigen ihr innerlich zugehören, ist auch die Erkenntniß des Heils, so wie des Grundes, worauf die Gemeinde sich erbaut, und des Ziels, nach welchem sie strebt, unter ihren lebendigen Gliedern allgemein. Daß jenes Selbstbewußtsein der Kirche aber sich auch wissenschaftlich gestalte, das bedingt sich wesentlich durch das Hervortreten eines besondern Standes der Theologen innerhalb der Kirche. Wenn nun diese letztere selbst der obigen Definition zufolge das wissende Subject war, jetzt dagegen die Theologen als Träger des Selbstbewußtseins der Kirche sich darstellen, so scheint ein Widerspruch vorhanden zu sein, welcher sich jedoch in Erwägung der wesentlich kirchlichen Bedeutung des theologischen Standes ohne Schwierigkeit löst. Die Theologen sind ein nothwendiges Glied im Organismus der Kirche; nicht blos nach ihrer Subjectivität kommen sie darin in Betracht, sondern begehren von der kräftigen Objectivität der Kirche getragen zu werden, gleich wie sie auch ihrerseits dieselbe tragen. Hiernach bilden sie den Centralpunkt des kirchlichen Selbstbewußtseins, um es wiederum von hier aus nach der Peripherie hin sich ergießen zu lassen, und es wäre daher ein Theolog mit einer subjectiv sich isolirenden Stellung der Kirche gegenüber, kein wahrer Theolog mehr und besäße die ihm beiwohnenden Kenntnisse schon deshalb, weil sie dem Umlauf der in der Gemeinde circulirenden Lebenssäfte sich entzögen, im Charakter bloßer Zufälligkeit. Die Kirche selbst wenigstens könnte von ihrem Standpunkte aus die Sache nur so ansehen; für sie wäre derjenige kein Theolog, welcher nicht, wie äußerlich, so innerlich, ihrem lebendigen Organismus angehörte und ihr Selbstbewußtsein repräsentirte.

Das System der theologischen Wissenschaften muß sich nothwendig aus einer Entwickelung der Hauptmomente ergeben, welche im kirchlichen Selbstbewußtsein enthalten sind.

Da die Kirche der Welt der sichtbaren Erscheinung angehört, und der geschichtlichen Entwickelung unterliegt, so theilt sie auch das Loos mit Allem, was zur Erscheinung des irdischen Daseins gelangt: es besteht ein Unterschied zwischen ihrer Idee und ihrer erscheinenden Wirklichkeit. Es liegt daher nothwendig in der Aufgabe ihres zur Wissenschaft sich gestaltenden Bewußtseins, daß sie sich selbst in ihrer innersten Wesenheit, in ihrer Idee, als ihrer eigentlichen Wahrheit, erfasse. Hiernach bildet die principielle Theologie den ersten Hauptast der theologischen Disciplinen. Die dazu gehörigen Zweige sind leicht zu bestimmen.

Da die Kirche eine wesentlich geschichtliche Größe mit thatsächlichen Anfängen ist, so kann sie a priori nicht construirt werden; sie will vielmehr ihrem Wesen nach zuerst aus den historischen Zeugnissen, die von ihr vorliegen, begriffen sein. Wie sie nun im apostolischen Zeitalter, wo sie ihrem Ursprunge am Nächsten ist, auch im Vergleich mit ihren späteren Entwickelungen, ihrer Idee am Adäquatesten sich darstellt, so ergiebt sich dieselbe auch am Treusten aus den uns hinterlassenen Schriften der Evangelisten und Apostel, die uns darin einen hellen Spiegel des Urchristenthums in der Art gegeben haben, daß nicht allein im Leben Jesu das gelungenste und entsprechendste Abbild dieses göttlichen Originals, dessen Persönlichkeit aus den Evangelien durch den Geist immer aufs Neue zu lebendigem Dasein in der Gemeinde aufgeweckt werden soll, für alle Zeiten im großen Tempel der Kirche aufgestellt, sondern auch der Apostolat selbst, auf dessen Grunde sie sich erbaut, zu bleibendem Dasein in den apostolischen Briefen für die Kirche verewiget ist. Es gehört einem andern Orte, das Gesagte durch Entwickelung des Inspirationsbegriffs zu begründen; hier genügt es, hervorzuheben, daß der Ursprung des Reiches Gottes auf Erden, daß seine Gründung, so wie die Gesetze seiner Entwickelungen, daß endlich auch die Vollendung desselben und hiermit alle Momente, welche in der Idee der Kirche des Herrn enthalten sind, in jenen historischen Urkunden ihrer Anfangs beschlossen liegen, und alle Principien, wonach Lehre, Leben, Cultus, Verfassung u. s. w. innerhalb der Gemeinde sich zu gestalten haben, in größter Lauterkeit und Klarheit aus der h. Schrift entnommen werden können. Will daher die Kirche sich a posteriori in ihrer Idee ergreifen, so sieht sie sich nothwendig an diese Quellen des göttlichen Worts gewiesen, und auch die Theologie selbst muß aus diesem Borne schöpfen. Es ist folglich der erste Theil der principiellen Theologie die exegetische Theologie. Da wir hier nur die allgemeinsten Lineamente des Systems der theologischen Wissenschaften zu zeichnen beabsichtigen, überheben wir uns aller weiteren hierher gehörigen Fragen und Deductionen und bemerken nur, daß an die exegetische Theologie die Hermeneutik nothwendig sich anschließt; desgleichen sofern es bei unsrer gegenwärtigen Entfernung von der Zeit der Entstehung jener h. Urkunden einer wohlgeordneten Summe von Vorkenntnissen bedarf, um sich des Standpunkts der ersten Leser zu bemächtigen, die Einleitung in die h. Schrift sammt der Kritik derselben. Sofern endlich eine geschichtliche Entwickelung der Offenbarungsidee in ihr hervortritt, und eine Vielheit von Lehrtropen unter einer höheren Einheit bemerkbar ist, ist es die biblische Theologie, welche alle in dieser Hinsicht gewonnenen Ergebnisse wissenschaftlich zusammenfaßt. — Es ist hier nur anzudeuten, wie im N. T. selbst die Nöthigung liegt, das A. in die Sphäre der exegetischen Theologie mit hineinzuziehen.

Das zur Theologie sich gestaltende Selbstbewußtsein der Kirche kann sich unmöglich bei dieser blos historischen Erfassung ihrer Idee beruhigen. Wenn im Reiche Gottes die Menschheit ihre Aufgabe in der Art vollendet, daß sie nur in ihrer Zusammenfassung unter das eine Haupt, Christus, ihr göttliches Ziel erreicht: so stellt nothwendig im Christenthume ein Mittelpunkt der Entwickelungen der Menschheit sich dar, zu welchem alle ihre natürlichen Anlagen und sittlichen Aufgaben eine lebendige, innere Beziehung haben. Wie hiernach die Idee des Reiches Gottes den tiefsten speculativen Fragen, die den Philosophen beschäftigen, innigst verwandt ist, so begehrt sie auch selbst, sich speculativ zu vollbringen. Die Theologie hat daher das Streben, was zunächst als ein geschichtlich Gegebenes von ihr aufgenommen ist, in ein frei Gesetztes zu verwandeln, welches seine innerste Wahrheit durch seine Uebereinstimmung mit den heiligen Urkunden der Kirche darzuthun hat.

Zur principiellen Theologie gehört hiernach 2) die speculative Theologie.

Der Begriff des Reiches Gottes bildet hier gleichfalls den Ausgangspunkt. Die vollkommene Vereinigung der Gottheit und Menschheit in Christo macht schon deshalb den Wendepunkt in der Geschichte der Menschheit, weil überhaupt die Erhebung des Menschlichen zum Göttlichen und die Versenkung des Göttlichen in das Menschliche, also die werdende Einheit Beider, sowohl die Aufgabe unsers Geschlechts, als auch der Grundinhalt seiner Geschichte ist. Hiernach unterstellt auch das Reich Gottes sich einer doppelten Betrachtungsweise: es ist Gottesthat und Menschenthat zugleich. Beide Factoren wirken nicht blos zusammen, sondern sind in einander; gleichwohl bilden sie verschiedene Gesichtspunkte, von welchen aus das Reich Gottes angeschaut werden kann. Wenn die Speculation die Idee desselben vollzieht, sofern es durch Gottes That bestimmt und zu bestimmen ist, bringt sie die christliche Dogmatik hervor. Läßt sie dagegen das Reich Gottes sich gestalten, sofern es durch des Menschen Thun bestimmt wird, so entsteht die christliche Ethik. Es ist klar, daß diese Gegensätze von Gottes- und Menschenthat nur relativ sind, da, was der Mensch thut, nur insofern ein Moment für das Reich Gottes ist, als es in Gott gethan wird, und wiederum auch das göttliche Thun sich menschlich vermittelt. Jedenfalls dürfte der hier gesetzte Unterschied zwischen Dogmatik und Ethik eine sichere Grenzlinie abstecken, um, was jedem Gebiete angehört, scharf zu bestimmen und die innige Zusammengehörigkeit beider Disciplinen sowohl, als ihren Unterschied, deutlich erkennen zu lassen.

Da die Kirche als die geschichtliche Erscheinung des Reiches Gottes auf Erden auftritt, wie es mit Christo in der Menschheit angebrochen ist, so verfolgt sie auch von diesem, ihrem lebendigen Anfänger aus eine nach göttlichem Plan geordnete, historische Entwickelung, welche das wissenschaftlich gestaltete Selbstbewußtsein der Kirche gleichfalls in sich aufzunehmen hat.

Der zweite Hauptast im System der Theologie ist daher die historische Theologie. Sie verfolgt die Lebensentwickelungen der Kirche nach ihren verschiedenen Hauptrichtungen, in Mission, Lehre, Cultus, Disciplin und Sitte, Verfassung, bis auf die Gegenwart herab. Wie diese eine Vergangenheit hinter sich hat, deren Resultat sie ist, so hat sie auch die Aufgabe für die Zukunft, auf der Basis ihrer geschichtlich gewordenen Verhältnisse in Gemäßheit ihrer Idee, dem ihr vorgesteckten Ziele ihrer Vollendung zuzustreben: eine Aufgabe, welche praktisch gelöst sein will. Jeder einzelne Gläubige zeigt sich in dem Maße in Lösung derselben begriffen, als er, in der Heiligung wachsend, durch den Geist am inwendigen Menschen erstarkt. Hievon jedoch ist jetzt nicht die Rede, sondern es handelt sich von dem, was die Kirche als Kirche zu thun hat, um der erwarteten Zukunft des Herrn auch ihrerseits entgegen zu gehen, und es muß dieselbe daher dieser ihrer eignen Thätigkeiten sich gleichfalls lebendig bewußt werden.

Sofern nun dieses Bewußtsein sich wissenschaftlich gestaltet, entsteht die praktische Theologie, oder die Theorie von den Thätigkeiten der Kirche, durch welche sie sich, in Gemäßheit ihrer Idee, fortentwickelt, um zu ihrer Vollendung zu gelangen.

Zweites Capitel.

Vom organischen Zusammenhange der praktisch theologischen Disciplinen unter einander.

Seit Schleiermacher in seiner Darstellung des theologischen Studiums dem Interesse für die wissenschaftliche Behandlung der praktischen Theologie einen kräftigen Anstoß gegeben, hat es nicht an einer Reihe von Versuchen gefehlt, die hieher gehörigen Disciplinen in ihrem eigenthümlichen, lebendigen Organismus sich entfalten zu lassen.

Schleiermacher selbst beschloß das Ganze unter den beiden Hauptgesichtspunkten des Kirchenregiments im engeren Sinne, worunter er die auf das Ganze gerichtete, leitende Thätigkeit verstand, und des Kirchendienstes, oder der leitenden Thätigkeit, sofern sie die einzelne Gemeinde zum Gegenstande hat. Mit wie genialem Blick auch der genannte große Theolog hier jenen Unterschied in seiner wissenschaftlichen Bedeutsamkeit hervorgehoben hat, so erheben sich doch schon gegen die nähere Bestimmung desselben wichtige Bedenken; denn offenbar geht das Kirchenregiment, auch im engeren Sinne genommen, so wenig in der dem Ganzen zugewendeten, leitenden Thätigkeit auf, daß vielmehr auch von jeder bloßen Localgemeinde zu sagen ist: sie habe als solche ihr Kirchenregiment, im Unterschiede vom Kirchendienst. Oder unter welchem andern Gesichtspunkte dürften denn wohl Presbyterien, Patronat u. dergl. zu fassen sein? Es ist ja klar, daß das Kirchenregiment durch mannichfaltige Sphären, concentrischen Kreisen gleich, sich hindurchbewegt und als lebendiger Organismus, von Unten nach Oben, wie von Oben nach Unten seine Strömungen ausbreitend und überall, im kleineren wie im größeren Umfange, eine kräftige Wirklichkeit darstellend, sich in seinen Lebensfunctionen bethätigen soll. Jedenfalls erscheint daher bei Schleiermacher jener Unterschied zu äußerlich aufgenommen. Aber noch bedenklicher ist, daß er die Theorie des christlichen Cultus unter der vom Kirchendienst befaßt. Aus dem Begriff dieses letzteren läßt sich der Cultus gar nicht herleiten; vielmehr findet der Diener der Kirche den Gesammtorganismus des Cultus als etwas Fertiges vor und ist nicht befugt, an der objectiv feststehenden Kirchenordnung, welcher er selbst unterworfen ist, Etwas zu ändern. Sonach hat der Cultus um so gewisser seinen eignen, vom Kirchendienst unabhängigen Entstehungsgrund, als nicht geleugnet werden kann, daß, noch ehe ein eigentlicher Kirchendienst, welcher einen besondern klerikalischen Stand voraussetzt, ins Leben trat, doch schon christlicher Cultus, als mit dem Dasein der Gemeinde eo ipso gegeben, vorhanden war.

An Schleiermacher haben sich näher oder entfernter mehrere Andere angeschlossen, welche, wie Rosenkranz, Staudenmayer, Schweizer, gleich jenem den Unterschied zwischen Kirchenregiment und Kirchendienst ihrer Eintheilung zu Grunde legen.

Nitzsch geht von dem relativen Gegensatz der fundamentalen und conservativen Lebensthätigkeit der Kirche aus und knüpft an jene die Homiletik, die Liturgik und die Katechetik in der Art, daß diese letztere ihm den Uebergang zum zweiten Hauptheile bildet, indem rücksichtlich der Katechese geltend gemacht wird, daß sie ebenso eine vorbereitende Thätigkeit in sich darstelle, als sie andrerseits eine Wirkung des christlichen Glaubens sei, wie er in den Erwachsenen bereits gestärkt ist. Schon hieraus ergiebt sich die Unhaltbarkeit dieser Eintheilung. Wenn nämlich in der fundamentalen Lebensthätigkeit der Kirche die Gründung der Gemeinde gedacht wird, und ebendeshalb die Katechese jene mittlere Stellung gewinnen soll, weil sie, wiewohl immer aufs Neue Grund legend, doch auch die Gemeinde schon zur wesentlichen Voraussetzung habe — was im Blick auf die Katechese im Gebiet der Mission nicht einmal zuzugestehen sein dürfte —: so muß behauptet werden, daß der christliche Cultus mit den dazu gehörigen Thätigkeiten das Dasein der Gemeinde wenigstens ebenso sehr voraussetzt, man müßte denn mit Stier (vergl. die Kerygtik) sagen wollen, daß, im Grunde genommen, überall nur der, in der Gemeinde jederzeit noch vorhandenen Gottlosigkeit gepredigt werde. Damit jedoch wäre jener Einwurf immer noch nicht in Ansehung des liturgischen Theils des christlichen Gottesdienstes beseitiget. Der ganze Unterschied zwischen der fundamentalen und conservativen Thätigkeit der Kirche ist, bei seiner reinen Abstractheit, unfähig, einen Theilungsgrund abzugeben. Die christliche Predigt z. B. wirkt ebenso kräftig zur Erhaltung und Förderung des geistigen Lebens der Gemeinde, als sie in den ihr nur äußerlich angehörenden Einzelnen jenes Leben zu wecken vermag. Und ebenso verhält es sich umgekehrt mit der, der conservativen Thätigkeit untergeordneten Seelsorge, sofern auch diese nicht blos conservirt, sondern sehr häufig auch den Grund legt. Wie kommt endlich die, Gesetzgebung, Verwaltung und Verfassung in sich begreifende, kirchliche Politik dazu, mit der Seelsorge unter dem Gesichtspunkt der **conservativen Thätigkeit** der Kirche zusammengefaßt zu werden? Sollte wohl Nitzsch das Bedenkliche dieser Stellung selbst gefühlt und diesem Gefühl einen unwillkürlichen Ausdruck dadurch gegeben haben, daß er rücksichtlich der bemerkten Gegenstände der kirchlichen Politik Neuheit fordert, was doch wohl nur in dem Sinne zu verstehen sein dürfte, daß sie jederzeit der wahre Ausdruck eines vorhandenen inneren Lebens sein wollen? Denn dies mußte ausbedungen werden, um die kirchliche Politik der conservativen Thätigkeit anschließen zu können.

Hüffell geht von einer Dreiheit der Principien in den kirchlichen Thätigkeiten aus, und unterscheidet das doctrinelle, das liturgische und das sociale Princip, wonach die gesammte praktische Theologie ihm in drei Haupttheile zerfällt. Der erste derselben umfaßt die Homiletik und Katechetik; der zweite die Liturgik; dem dritten gehört die Pastoraltheologie, in welcher die Seelsorge und das Kirchenregiment abgehandelt werden. — Das Unangemessene dieser Eintheilung giebt sich schon in der Willkür zu erkennen, womit das sociale Princip hier von den andern beiden getrennt ist, während im Cultus, so wie bei der Versammlung der Katechumenen das sociale Element sogar stärker in die Augen fällt, als in der Seelsorge.

Wie endlich das Kirchenregiment mit dieser letzteren zusammen unter den Begriff der Pastoraltheologie falle, ist vollends unbegreiflich; oder würde Hüffell unsre deutschen Regenten wohl als die Hauptpastoren der betreffenden evangelischen Landeskirchen aus dem Grunde anerkennen, weil die Kirchengewalt gegenwärtig noch in ihren Händen ruht?

Marheineke hat einen ganz eigenthümlichen Weg eingeschlagen und behandelt die praktische Theologie im Sinne einer Theorie von der Kirche, wobei der ächt speculative Charakter überall in der Dreiheit hervortreten soll. „Das Object der praktischen Theologie ist ein dreifaches, welches sich als ein Continuum in den Begriffsbestimmungen des Allgemeinen, Besondern und Einzelnen entwickelt. Es ist die christliche Kirche 1) in ihrer Allgemeinheit, welche 2) sich durch den Gegensatz der Confessionen vermittelnd, die Bestimmtheit der evangelischen hat und 3) als die Localgemeinde sich in ihrer Einzelheit darstellt." — Hiernach verläuft das Ganze in drei Theilen, jeder Theil in drei Abschnitten. Der Gedanke der christlichen Kirche überhaupt bewegt sich durch folgende Dreiheit: Begriff der christlichen Kirche — Unterschied der Glieder der Kirche — Einheit der Kirche und des Staats. — Aber schon dieses Letztere hat etwas sehr Bedenkliches. Wofern nämlich die Kirche hier noch in ihrer abstracten Allgemeinheit gedacht werden soll, was hat sie da schon mit dem Staat zu thun, dessen Berührung erst in ihrer concreten Wirklichkeit bedeutsam wird? Wenigstens erscheint dieser Einwand einer Theilung gegenüber berechtiget, welche das Kirchenregiment dem zweiten Haupttheile zuweist und hierbei völlig ignorirt, wie das Verhältniß der Kirche zum Staat ein solches schon zur wesentlichen Voraussetzung hat. — In diesem zweiten Theile nämlich wird die evangelische Kirche abgehandelt durch die drei Abschnitte: das Glaubensbekenntniß — Kirchenregiment und Kirchendienst — Gottesdienst. Hiezu kommt noch, daß wir auch hier Begriffe vor uns haben, die der evangelischen Kirche gar nicht eigenthümlich zugehören, und es daher unbegreiflich bleibt, weshalb zwar der allgemeine Begriff der Kirche schon auf den Unterschied ihrer Glieder, aber erst die concrete Besonderheit der evangelischen Kirche auf die hier aufgenommenen Gegenstände: Glaubensbekenntniß, Kirchenregiment, Kirchendienst, Gottesdienst, ohne welche die Kirche überhaupt nicht gedacht werden kann, hinführen soll. — Zu ähnlichen Ausstellungen veranlaßt der dritte Theil, wo die einzelne Gemeinde folgende Hauptkategorieen an die Hand giebt: die Bildung der Gemeinde, oder der Jugendunterricht — die Versammlung der Gemeinde, oder die Predigt — der Einzelne in der Gemeinde, oder die Seelsorge. Besonders auffallend dürfte hier das zweite „Oder" erscheinen. Abgesehen davon, daß die Versammlung der Gemeinde gar nicht im Anhören der Predigt aufgeht, ist bei dieser Construction, welche dem Gottesdienst im zweiten Theil seine Stelle anweist, um im dritten erst auf die Versammlung der Gemeinde zu kommen, Zusammengehöriges auf sehr unnatürliche Weise aus einander gerissen. — Während der vorliegende Entwurf der praktischen Theologie des Tiefsinnigen Viel enthält und einen Reichthum gesunder Gedanken, ja ächt speculativer Anschauungen entfaltet, beruht die Eintheilung so sehr auf bloßem Einfall, daß die dialektische Selbstbewegung des entwickelten Gegenstandes in der Construction überall vermißt wird.

Jedenfalls hat Marheineke darin das Richtige erkannt, daß nur von dem Begriff der Kirche aus der wahre Organismus der praktisch-theologischen Wissenschaften zu gewinnen ist. Von diesem Ausgangspunkt soll nunmehr die weitere Entwickelung der Sache erfolgen. — Nach der symbolischen Bestimmung ist die Kirche die Gemeinde der Heiligen, in welcher das Evangelium recht gelehrt wird, und die Sacramente recht, d. i. nach der Einsetzung Christi, verwaltet werden. Daß diese Definition die Kirche in ihrer sichtbaren Erscheinung im Sinne hat, ist klar; aber eben von diesem Standpunke aus erscheint sie nicht ganz der Sache entsprechend; denn die Geschichte der Kirche dürfte wenig Zeiten nachzuweisen haben, in welchen jene Klage: „Hilf, Herr, die Heiligen haben abgenommen, und der Gläubigen ist Wenig unter den Merschenkindern!" — nicht laut geworden wäre, und es ist daher bedenklich, die Kirche ohne Weiteres die Gemeinde der Heiligen zu nennen. Man wird hier nicht entgegnen dürfen, daß doch diese allein die wahre Kirche ausmachen; denn damit setzte man schon einen Unterschied zwischen dem innern Wesen und der sichtbaren Erscheinung der Sache, wie er an sich zwar richtig, sofern jedoch die Definition nur auf das Erste bezogen wird, unzuläßig ist. Denn diese muß Beides in sich befassen, und das in unserm Falle um so mehr, als in der That auch Diejenigen, welche innerlich im lebendigen Organismus der Kirche noch nicht aufgegangen sind, ihr dennoch zugehören, als solche, die der Lebensgeist der Kirche beständig zu ergreifen und dem Leibe Christi einzufügen sucht. — Auch die zweite Hälfte der symbolischen Bestimmung, welche die Kennzeichen der wahren Kirche angiebt, hat etwas Unbequemes. Unser evangelisches Gewissen kann es z. B. der Kirche Roms nicht ohne Weiteres zugestehn, daß das Evangelium in ihr recht gelehrt werde; desgleichen finden wir in ihrer Verwaltung des Altarsacraments eine schlechthin unberechtigte Abweichung von der Einsetzung Christi. Es passen also die fraglichen Kennzeichen auf die römische Kirche nicht; und wir nehmen dennoch keinen Anstand, sie noch als eine wahre Kirche Christi zu erkennen. Die schwache Seite der symbolischen Definition liegt in ihrer Verwechselung der beiden Begriffe: Kirche und Reich Gottes: eine Verwechselung, welche Männern, die aus der römischen Kirche herkamen, leicht begegnen konnte. Denn dieser allerdings geht das Reich Gottes dergestalt in der sichtbaren Kirche auf, daß alle ihre Bestimmungen in Betreff der letzteren sich auf diese eine irrthümliche Grundanschauung zurückführen lassen. Die weitere Ausführung des Verhältnisses beider Begriffe darf hier deshalb nicht übergangen werden, weil sie für Auffindung des wahren Organismus der praktisch-theologischen Wissenschaften von Wichtigkeit sein wird.

Das Reich Gottes ist die himmlische Gemeinde aller, unter ihrem einen Haupt, Christus, gesammelten Kinder Gottes. Es umfaßt die heiligen Engel, gleichwie die zur Seeligkeit durchgedrungenen, verklärten Menschen; es ist im Himmel in sichtbar herrlicher Erscheinung; es reicht aber auch zur Erde hernieder und schließt hier, als ein Reich des inwendigen Menschen, Alles in sich, was aus dem Geiste geboren ist; es hat seinen einigen Mittelpunkt in Dem, der zur Rechten Gottes sitzt und von hier die Lebensströme seiner Gnade im Blute des Neuen Bundes überall hin verbreitet und durch den von ihm ausgehenden Geist, als der ewige Gottmensch überall gegenwärtig ist. Von diesem Reich reden zahlreiche Stellen der Paulinischen Briefe; ganz majestätisch schildert es der Verfasser des Briefs an die Hebräer, C. 12. V. 22—24. — Die geschichtliche Erscheinung desselben auf Erden ist nun die Kirche, in ihrer sichtbaren Gestalt, in ihrem irdischen Entwicklungslauf; und es liegt schon hierin, daß das Reich Gottes ihr wesentlicher Kern ist und ihre wahre innere Einheit begründet. So lange die Kirche noch das Reich Gottes in ihrem Schooße trägt, so lange ist sie auch eine wahre Kirche des Herrn, und es ist klar, daß dem Gesagten zufolge der Gang aller ihrer Entwickelungen nur nach ihrem Verhältniß zum Reiche Gottes bemessen werden kann. Im apostolischen Zeitalter stellt sich eine Kirche dar, welche ganz im Reiche Gottes aufgehen will. Bald fängt sie an, sich von diesem zu unterscheiden; und hiermit folgt eine Zeit, die, vom tiefsten Gefühle davon ergriffen, daß der theure Schatz des Evangeliums jeder einzelnen Gemeinde verlierbar sei, einen desto stärkeren Eifer für sichre Bürgschaften der Bewahrung des Heils an den Tag legt und dieselben mit Recht nirgends findet, als im festen Beharren auf dem Grunde der Apostel *), wie sehr dieses auch, allzu äußerlich gefaßt, in der Folgezeit mit Irrthümern in den Bund tritt, welche der äußere Katholicismus zu seinem mächtigen Aufbau nicht entbehren kann. — Zuletzt müssen dennoch alle Verheißungen, welche das apostolische Zeitalter

*) Der Verfasser hat in seiner „Kritik der römischen Kirche" die hier angedeuteten Ideen weiter ausgeführt. Was dort zum Theil noch in unentwickelter Gestalt niedergelegt ist, hat später in dem wichtigen Werke von Thiersch: „über Katholicismus und Protestantismus" eine reichere Entfaltung gefunden, wenn gleich der Verfasser nicht mit Allem, was dieses Buch enthält, einverstanden sein kann.

der Kirche thatsächlich in sich trägt, sich in der Art erfüllen, daß die Kirche am Ende ihres irdischen Entwicklungsganges jenen Unterschied, in den sie sich mit dem Reiche Gottes gesetzt hat, wieder überwindet, um fortan wirklich darin aufzugehn und zur sichtbar herrlichen Erscheinung des Himmelreichs auf Erden zu werden, womit der große dialektische Proceß durch die Antithese hindurch vollendet wird, wie denn in der That alle Weissagungen von der nächsten Wiederkunft des Herrn, die die ganze apostolische Kirche mit den sehnsuchtsvollsten Erwartungen erfüllt, dahin zielen, daß in der letzten Zeit auf Erden der Herr nur einer und sein Name nur einer sein werde. Mit Bezugnahme auf das angegebene Verhältniß zwischen Kirche und Gottesreich definiren wir nunmehr die erstere folgendermaßen: sie ist die Gemeinde aller Bekenner Jesu, welche, auf den Grund der Apostel gebaut, in der Entwicklung zur herrlich sichtbaren Erscheinung des Reiches Gottes auf Erden begriffen ist. Diese Begriffsbestimmung haben wir jetzt nur auszubeuten, um einen vollständigen Organismus der praktisch-theologischen Disciplinen zu gewinnen; denn wir erwarten mit Recht, daß auf diesem Wege alle Thätigkeiten, welche der Kirche bei der Verfolgung ihres Ziels obliegen, ihrem innern Zusammenhange nach sich uns entdecken werden.

Das erste Moment des aufgestellten Begriffs liegt in der Vorstellung der Gemeinde. Wie viel Gottlose und Heuchler auch unter den Bekennern Christi sein mögen, so müssen jedenfalls doch diese in ihrer Gesammheit eine Gemeinde bilden, nicht aber ein blos zufälliges Aggregat Einzelner darstellen. Eine Gemeinde aber als solche ist nicht zu denken, als nur kraft eines beseelenden Princips, welches die davon Ergriffenen ihrer Vereinzelung entreißt und als lebendiger Gemeingeist sie so zu einem organischen Ganzen zusammenschließt, daß auch

Diejenigen, welche innerlich noch unbewegt geblieben sind, wenigstens äußerlich die Macht jenes Geistes erfahren. Ein Lebensprincip dieser Art wird nothwendig Grundinhalt einer geschichtlichen Entwickelung, deren Anfang in den Zeitpunkt fällt, in welchem es als bewegende Kraft zuerst einer bestimmten Mehrheit sich mitgetheilt hat, und es muß hiernach auch jedes vorhandene religiöse Princip, sofern es als ein gemeinschaftbildendes sich bethätiget, dergleichen geschichtliche und an sich erkennbare Anfänge haben. Welches nun das beseelende Princip der christlichen Gemeinde sei, ergiebt sich unmittelbar aus der Realität ihres Daseins: es ist der h. Geist, welchen Christus vom Vater gesendet hat, und dessen Eintritt in die Gemeinde den im ersten christlichen Pfingstfest nachweisbaren, historischen Anfangspunkt der Kirche Gottes auf Erden bildet. Es erhellt aus dem Gesagten, wie die bemerkte erste Ausgießung des christlichen Lebensprincips in die Gemeinde wesentlich zugleich auch als erste christliche Gemeindeversammlung sich erweisen muß, welche das blitzartig in ihr zündende neue Leben dergestalt in sich aufnimmt, daß sie es nicht blos innerlich in sich erfährt, sondern es nun auch ihrerseits sofort zum Ausdruck bringt und sich hierin als lebendige Gemeinde bethätigt, so daß Gottesthat, welcher überall auf dem religiösen Gebiet die Initiative zukommt, und die unmittelbar reagirende Menschenthat harmonisch zusammenklingen. Hiernach ist nothwendig der erste Eintritt eines gemeinschaftbildenden religiösen Princips in eine vorhandene Mehrheit zugleich die erste feierliche Eröffnung des entsprechenden religiösen Cultus, und es zeigt sich, daß dieser mit dem Dasein der Gemeinde ganz unmittelbar gegeben ist, und die ganze Sache verwirrt wird, wenn man es unternimmt, die Gemeinde vorauszusetzen und dann erst ihren Cultus aus allerlei Gründen äußerlicher Nothwendigkeit oder Nützlichkeit abzuleiten. — Mit dem hier Entwickelten sind die geschichtlichen Anfänge der christlichen Kirche in tiefer Uebereinstimmung. An jenem großen Pfingsten war in der That die ganze Kirche Christi auf Erden in jener dort zu Jerusalem versammelten Menge, die, um die Apostel her geschaart, hier die erste Predigt des Evangeliums vernahm und, aus allerlei Volk unter dem Himmel zusammengebracht, zur Feier eines Cultus sich verbunden sah, deren wunderbar tiefe Symbolik darauf hinwies, daß in dieser Stunde jenes Feuer sich entzünde, welches bestimmt sei, fortzubrennen bis an die Enden der Erde, damit Gottes Name unter allen Sprachen und Zungen verherrlichet werde. Wie nun die Form der ersten Mittheilung des christlichen Princips an die Gemeinde als solche die gottesdienstliche Gemeindeversammlung ist, so bewährt sie als diese sich auch fernerhin. Immerdar bleibt es der Cultus, in welchem der Geist des Herrn stets aufs Neue in die Gemeinde ergossen wird, und wir haben hiernach eine wesentlich erste, nothwendige und beharrende Thätigkeit der christlichen Gemeinde gefunden, welche letztere zunächst in ihrer unterschiedslosen Einheit als deren Subject zu denken ist. Sofern nun der Kirche ein wissenschaftliches Bewußtsein jener Thätigkeit sich vermittelt, entsteht die Theorie des christlichen Cultus, gewöhnlich Liturgik genannt, und es rechtfertigt sich diese folglich als die erste unter den praktisch-theologischen Disciplinen.

2. Das zweite Begriffsmoment in der obigen Definition der Kirche liegt darin, daß sie auf dem Grunde der Apostel gebaut ist. Um dieses näher zu entwickeln und die daraus sich ergebenden Folgerungen für den vorliegenden Zweck abzuleiten, kann unmittelbar an das Obige angeknüpft werden. Wir haben zunächst die noch unterschiedslos gedachte Gemeinde als das im Cultus thätige Subject erkannt; bald aber entdecken wir bei genauerer Betrachtung auftauchende Unterschiede. Es

treten Einzelne aus der Gesammtheit mit überwiegender Thätigkeit heraus, wogegen die Gemeinde als solche ihnen gegenüber sich beziehungsweise passiv verhält. Es bleibt Aufgabe der Liturgik, dieses Verhältniß nach seiner innern Nothwendigkeit zu begründen; an diesem Orte genügt es, als auf etwas Factisches, darauf Bezug zu nehmen. So begegnet es uns auch bereits in der apostolischen Kirche, zu einer Zeit also, wo von einem besonderen geistlichen Stande noch keine Rede sein konnte. Aber nur um so interessanter begegnet es uns hier. Wir sehen nämlich in den ersten christlichen Gemeinden, je nach ihren mannichfaltigen Lebensäußerungen und mit einer wunderbar reichen Entfaltung der Gaben des Geistes, überall Einzelne in der Art hervortreten, daß sie weder einem anderen Antriebe folgen, als dem des über Alle ergoßnen Geistes, noch auch einer weiteren Legitimation bedürfen, als derjenigen, die derselbige Geist eo ipso damit ausstellte, daß er einem Jeglichen das Seine zutheilte zu gemeinem Nutzen, und es entfaltet sich so vor uns das herrliche Bild einer Gemeinde Gottes, welche noch ganz allein und ursprünglich von dem Gesetze des Geistes bewegt wurde, unter dessen urkräftigem Walten jede Art von äußerem, gesetzlichen Kirchenthum ihr fremd war, und Alles, was durch die hervorragende Thätigkeit Einzelner geschah, um so entschiedener als Gesammtthat der Gemeinde sich erwies, als es aus dem gemeinsamen Quell des Alle beseelenden göttlichen Geistes hervorging. Diesem völlig idealen Zustande des innern Gemeindelebens sollten auch die äußeren Lebensverhältnisse entsprechend nachkommen, welche in der Gütergemeinschaft der ersten apostolischen Kirche zu Jerusalem zu einer schönen typischen Darstellung des reinen, selbstlosen Verhaltens der Gesalbten Gottes zu irdischem Gut und Besitz in h. Liebesgemeinschaft sich gestalteten. Denn wie der ganze Cultus zur Zeit jener Anfänge unmittelbar aus Gott entquollenes Leben war, so strebte wiederum auch das Leben der ersten Christen selbst, sich ganz in Cultus aufzulösen.

Diesen idealen Zuständen war keine lange Dauer beschieden; sie schwanden allmählich in dem Grade dahin, als in der Kirche das Bewußtsein, daß Christus ihr nur in den Aposteln seinen Geist verheißen habe, stärker hervortrat und demnächst zu einem mächtigen Antrieb für die Kirche wurde, sich unter sichre Bürgschaft, daß sie auf diesem Grunde bleiben wolle und werde, zu stellen und dadurch den ihr anvertrauten h. Schatz sich selbst zu gewährleisten.

Das hier berührte zweite Moment in der Begriffsbestimmung der Kirche ist in inniger Uebereinstimmung mit den Wegen der ewigen Weisheit in der Geschichte des Gottesreichs. Nirgends finden wir da Verheißungen von unbestimmter Allgemeinheit; sondern in concretester Bestimmtheit begegnen sie uns überall an feste Punkte geknüpft, auf geschichtliche Personen gestellt, und diese zeigen sich in der alten Oekonomie als eine herrliche Pfeilerreihe in weitester Perspective bis zu den Anfängen unsers Geschlechts aufwärts, den hoch sich wölbenden Dombau des Reiches Gottes auf Erden tragend. So wird zu Abraham gesagt, daß in ihm alle Geschlechter gesegnet werden sollen; so zu David, daß der Herr ihm sein Reich bestätigen wolle ewiglich u. s. w.; und so tragen Männer wie diese eine tiefe vorbildliche Bedeutung in sich. — Von derselben Art sind die, die Kirche des neuen Bundes betreffenden Verheißungen. Nicht in's Vage und Unbestimmte hinein hat ihr der Herr geredet, daß die Pforten der Hölle sie nicht überwältigen sollen, sondern er hat den Geist, der als ihr Lebensprincip die Kirche schafft und erhält, ihr in den Aposteln verheißen. Nur zu diesen hat Christus absolut gesagt, daß der Geist der Wahrheit, den er ihnen senden wolle vom Vater, bei ihnen bleiben werde ewiglich. Hieraus folgte nothwendig, daß der Apostolat nach dem Willen des Herrn die Bedeutung eines bleibenden Mittelpunkts für seine Kirche haben sollte, und daß mithin alle ihr geborenen Kinder nur insofern für wahre Glieder derselben gelten können, als sie in ununterbrochener Beziehung zu jenem lebendigen Mittelpunkt unverrückt auf dem Grunde der Apostel, auf welchem Alles sich erbauen muß, stehen bleiben. — Das Gesagte ist im innersten Bewußtsein aller Christen gegründet, wie verschieden sie auch jene Beharrung in der Gemeinschaft des Apostolats auffassen mögen. Auch die evangelische Kirche erkennt in Kraft der oben erwähnten Zusage Christi, daß es niemals zwar auf Erden an einer wahren Gemeinde von Gläubigen, niemals also an einer rechten geistigen Nachkommenschaft der Apostel fehlen könne und werde, bis daß der Herr selbst wiederkommt; sie erkennt aber auch, daß mit jener Verheißung keinem besonderen Theile der sichtbaren Kirche, noch irgend einem Einzelnen ein dauerndes Leben in Christo verbürgt, daß vielmehr dieses überall an dieselbe Grundbedingung geknüpft und mit jenem „quatenus" behaftet ist, welches als eine ernste Mahnung an die Verlierbarkeit des Heils zum Gehorsam des Glaubens antreiben will. — Es ist klar, daß, wofern der Apostolat als dauernder Grund und Mittelpunkt der Kirche sich erweisen sollte, eine Ablösung desselben von den zeitlich beschränkten Persönlichkeiten jener h. Männer Gottes erfolgen mußte; desgleichen, in welcher Art die Weisheit des Herrn in der Regierung seiner Kirche für die Verewigung des Apostolats gesorgt hat. Wir erblicken ihn in der h. Schrift des N. T., durch welche ebensosehr das vollkommen getroffene Lebensbild des Sohnes Gottes im Evangelio für alle Zeiten im Tempel der Gemeinde Gottes aufgestellt, als mittelst der apostolischen Sendschreiben und der Geschichte der ersten Gründung christlicher Gemeinden jenes herrlich gelungene Portrait rein und lauter durch den Geist erklärt ist, damit so Christus der Herr selbst in seinem Worte den Seinen beständig nahe bleibe und kraft seines durch das Wort sich vermittelnden h. Geistes immer aufs Neue, seiner ganzen gottmenschlichen Persönlichkeit nach, sich ihnen vergegenwärtige. In der h. Schrift besitzen wir eine Bürgschaft für die Möglichkeit, die Kirche aus allen Verderbnissen, in die sie versinkt, wenn die Wasserbäche ihrer Lehrüberlieferung durch einschleichende Irrthümer und Mißbräuche trübe werden, immer neu zu reformiren; im Ernst selbstloser Wahrheitsliebe zu ihr gehen, heißt: an der lebendigen Quelle die Apostel selbst befragen und ihre Sprüche einholen.

Es ist oben bereits angedeutet worden, daß den Christen des apostolischen Zeitalters noch kein deutliches Bewußtsein des hier entwickelten Verhältnisses der Kirche zu den Aposteln beiwohnen konnte. So lange diese treuen Zeugen Jesu selbst unter ihnen lebten, fühlten jene sich gesichert im Besitz des durch die Verkündigung derselben ihnen vermittelten, himmlischen Heils, und eine kritische Reflexion über die nachgewiesene Natur der Bedingtheit desselben kam neben der Seeligkeit jener ersten Christen im Haben und Genießen der ihnen geschenkten Heilsgüter wohl um so weniger auf, als dieses erste Zeitalter der Kirche obendrein die Zukunft des Herrn als eine ganz nahe bevorstehende erwartete und sich innig darauf freute, diesen herrlichen Tag seiner Erscheinung selbst erleben zu dürfen. Es fand auch hier, obwohl in einem andern und beschränkten Sinne, des Herren Ausspruch: „wie können die Hochzeitleute Leid tragen, so lange der Bräutigam bei ihnen ist? es kommt aber die Zeit, daß der Bräutigam von ihnen genommen wird, dann werden sie fasten,“ — seine Anwendung. In der That wird dieses unmittelbar nach dem Abtreten der Apostel in der Geschichte der Kirche bemerkbar, und es scheint ein Gefühl, nun auf Erden verwaist dazustehen, sich ihrer bemächtigt zu haben.

Das Bewußtsein der Verlierbarkeit des in irdischen Gefäßen getragenen Schatzes tritt daher jetzt in immer stärkerem Grade hervor, und die nachapostolische Kirche erscheint ordentlich peinlich besorgt, daß sie aus der Gemeinschaft der Apostel durch keine Macht sich bewegen lasse. Denn die Zeit der oben erwähnten kritischen Reflexion darüber, daß die Verheißung des Geistes der Kirche nur in den Aposteln zu Theil geworden, ist nunmehr gekommen und charakterisirt sich demzufolge durch einen Geist prüfender Wachsamkeit, welchem es nicht verborgen ist, daß er Ursache habe, vor einschleichenden Verderbnissen überall auf der Hut zu sein. In der That gingen auch die Vorhersagungen der Apostel, daß gräuliche Wölfe kommen und der Heerde nicht verschonen würden, nur zu bald in Erfüllung. Wenn schon bei ihrem Leben das Geheimniß der Bosheit sich zu enthüllen angefangen und den Zeugengeist jener Säulen der Kirche mächtig herausgefordert hatte, so trat diese Mahnung zum Kampf in noch viel stärkerem Grade nach ihrem Hinscheiden hervor, während gleichzeitig die stufenweise heftiger oder allgemeiner werdenden Verfolgungen eines dem Göttlichen abgestorbenen heidnischen Weltstaats ihr Dasein bedrohten. Unter solchem innern und äußern Streit war man genöthiget, in festen Institutionen Garantieen dafür aufzusuchen, daß die Gemeinde des Herrn auf dem Grunde der Apostel unverrückt erhalten werde; ja es darf uns nicht Wunder nehmen, wenn wir eine Tendenz dieser Art schon unter den apostolischen Vätern, vorzüglich bei einem Ignatius, zu vollem Bewußtsein ausgebildet sehen sollten. Dazu kam noch ein anderes Moment, welches für den hier angedeuteten Entwicklungsgang der Dinge von nicht minderem Gewicht erscheint. Daß der Apostolat in der h. Schrift für die Kirche sich verewiget hat, das ist uns zwar, die wir uns in einem gesicherten Besitzstande befinden, etwas durchaus Geläufiges geworden; aber nicht ebenso in jener ersten nachapostolischen Zeit. Abgesehen davon, daß von einer Sammlung der zerstreuten Bücher des N. T. zu einem fest geschloßnen Canon damals um so weniger die Rede sein konnte, als noch in buntester Mischung Aechtes und Apokryphisches durch einander gährten, und die apostolischen Schriften nur allmählich zur allgemeinen Kenntniß gelangten: gehörte es überhaupt erst zur Aufgabe der nachapostolischen Kirche, jenes Bewußtsein klar und sicher aus sich herauszuarbeiten, wozu es jedenfalls eines langen Zeitraums bedurfte. Wie herrlich nachher auch die Kirche diese Aufgabe gelöst haben, welch ein großartiges Zeugniß ihres Geistes der Prüfung und Unterscheidung der Geister uns darin vorliegen mag, so kam doch noch keine Arbeit solcher Art den vorangehenden Zeiten zu Gute; und je ausschließlicher dieselben daher auf die mündliche Ueberlieferung des Lehrschatzes angewiesen waren, desto stärker mußte das Bedürfniß sichrer Bürgschaften für Reinerhaltung der überkommenen Güter sich ihnen geltend machen. Es hieß hinfort Gott versuchen, wenn man es noch so, wie in den apostolischen Anfängen der Kirche, darauf ankommen ließ, wiefern der Geist Gottes unmittelbar seine Werkzeuge zum jedesmaligen, augenblicklichen Dienst der Gemeinde ausrüsten und bewegen würde; denn wie leicht unterlag diese dann der Gefahr, feindliche Mächte in ihrem Busen zu nähren. Und mahnte überdies nicht jener Geist selbst daran, daß jetzt Tage vorhanden seien, wo seinem mütterlichen Walten auch menschlicherseits mit aller Treue entgegengekommen und jede Arbeit übernommen werden müsse, wo es gelte, zu beweisen, daß die Gläubigen in Erwartung göttlicher Hilfe wacker seien, auch das Ihrige zu thun?

In welcher Weise nun die fraglichen Bürgschaften gefunden wurden, darüber läßt uns die Geschichte der ersten Jahrhunderte der christlichen Kirche nicht im Zweifel. Schon zur Zeit der Apostel begegnen uns überall Bischöfe und Aelteste der nen gepflanzten Gemeinden. Es ist noch kein Unterschied zwischen den Einen und den Andern bemerkbar; desgleichen liegt auch die Bestimmung derselben wenigstens zunächst nicht im Lehramte, wie natürlich es auch erscheint, daß man am Liebsten solche Personen zu Vorstehern wählte, die außer der Gabe der κυβέρνησις noch durch anderweitige Gaben des Geistes befähiget waren, als leitende und selbstthätig mittheilende Glieder in den christlichen Versammlungen, so wie in allen andern Beziehungen des damals in Cultus aufgehenden Lebens hervorzutreten. Die ursprüngliche Bestimmnng jener presbyteri war überwiegend kirchenregimentlicher Natur, wie wenig auch noch von einem, weitere Kreise umspannenden Organismus des Kirchenregiments die Rede sein konnte, noch andrerseits der Vorsteherberuf einen abgeschloßnen Stand bedingte. — Mit diesem Aeltesten-Institut nun verbanden sich die oben erwähnten Thätigkeiten Einzelner fortan in der Art, daß sie, mit ihm identificirt, ihrerseits von demselben den Charakter eines festen Amts annahmen und sich hiermit zum gesetzlich geordneten Kirchendienst fortbestimmten, wogegen das Vorsteheramt seinerseits von ihnen die Bestimmung einer ausschließlichen Widmung für Alles, was zur geistlichen Pflege und Wartung der Gemeinden gehörte, empfing, um, hierdurch zum ausgesonderten Stande geworden, fortan einen höchst merkwürdigen Organisationsproceß in sichtbarer Darstellung der Einheit der Kirche zu beginnen. Mit einem Wort: es entwickelte sich, dem christlichen λαός gegenüber, ein κλῆρος mit den beiden angedeuteten Grundrichtungen des Kirchendienstes und des Kirchenregiments. Von diesem letzteren wird bald die Rede sein; hier kommt das Institut um so mehr aus ersterem Gesichtspunkte in Betracht, als unsere ganze Darlegung der Sache von den Thätigkeiten der Einzelnen im Cultus der Gemeinde ihren Ausgangspunkt genommen hat. Wenn sich nun fragt, worin also die Garantie dafür, daß die Kirche auf dem Grunde der Apostel erhalten werde, eigentlich gefunden worden sei, so fällt offenbar das Hauptgewicht darauf, daß von jetzt an die zum Kirchendienst gestalteten Thätigkeiten der Einzelnen eben hiermit Cautionen in sich trugen, geeignet, jenem ganzen Dienste in seiner immer lebendig zu erhaltenden Beziehung auf den Apostolat eine conservative Richtung zu geben; und es ist hiernach das ministerium ecclesiasticum als ein Institut zu bezeichnen, welches den besondern Beruf hat, durch beständige Erhaltung der Gemeinde auf dem apostolischen Grunde, worauf sie sich erbaut hat, sie im göttlichen Leben zu fördern. — Dieser wesentlich conservative Charakter des Kirchendienstes tritt mit gleicher Stärke auch heute noch in dessen beständiger Gebundenheit an die h. Schrift hervor; es ist der Apostolat, an welchen er selbst gewiesen ist und seinerseits wiederum Alle zu weisen hat. Dem ministerium ist daher die Schrift insonderheit anvertraut, und ihm liegt es ob, die Zugänge zu dieser Quelle so zu öffnen, daß keine Entfernung der Zeiten und Sprachen fortan zwischen ihr und ihrem Verständniß hindernd in der Mitte stehe.

Indem wir uns am Ziele der Entwicklung des zweiten Begriffsmoments in der Definition der Kirche erblicken, hat sich uns gleichzeitig eine zweite Grundthätigkeit dieser letzteren in ihrer innern Nothwendigkeit kund gegeben. Sie nimmt auch nicht bloß zufällig die zweite Stelle ein, sondern behauptet dieselbe wesentlich, da sie aus der unmittelbarsten Verbindung mit der ersten Thätigkeit als die zweite heraustritt, und es ist daher die Erklärung gerechtfertiget, daß, sofern nun auch diese in das wissenschaftliche Bewußtsein der Kirche hineingezogen wird, die Theorie des Kirchendienstes als nothwendig zweiter Theil der praktisch-theologischen Disciplinen sich ergebe. Hierbei erhellt, wie die Richtigkeit der entwickelten Grundanschauung des Kirchendienstes in seiner beharrenden conservativen Beziehung auf den Apostolat sich dadurch werde zu bewähren haben, daß überall jener Dienst seine Abhängigkeit von der h. Schrift als ein besonderes Moment an sich hervortreten lasse, nicht zufrieden damit, diese seine Gebundenheit nur im Allgemeinen vorauszusetzen.

In Betreff der Zweige, in welche der gegenwärtige Haupttheil sich gliedert, haben wir bereits einen gebahnten Weg vor uns. Es wurde oben bemerkt, wie ursprünglich das ganze Leben der Christen die Tendenz hatte, sich zu Cultus zu gestalten; und so waren in der Zeit jener apostolischen Anfänge alle sich aussondernden Thätigkeiten Einzelner überall nur an einem gemeinsamen Cultus und fanden hier ihren lebendigen Vereinigungspunkt. Als später den Tagen der ersten göttlichen Begeisterung andere Zeiten folgten, wo der sündige, erlösungsbedürftige Mensch als solcher wieder mehr hervortrat und die Gemeinde daran mahnte, daß sie unter Kampf von Innen und Außen mitten im Alltagsleben menschlichen Elends einen irdischen Entwickungslauf vor sich habe, mußten jene ursprünglichen idealen Zustände, welche den Himmel auf Erden anticipirt hatten, hinter anderen zurücktreten, deren Losung die umgekehrte war, daß nämlich, wenn der Himmel auf Erden seine Herrlichkeit entfalten solle, vor Allem die Erde selbst zu himmlischem Wesen erhoben werden müsse, daß aber dieses nicht angehe, als nur, sofern gestritten und überwunden werde. Während nun so das Leben der Christen allmählich in die Gleise seiner gewöhnlichen Formen zurückkehrte, gestaltete sich auch der Cultus zu einem in sich abgeschloßnen, besondern Gebiet, und es traten Cultus und Leben als zwei eigenthümliche Sphären in relativen Gegensatz, d. h. ohne von ihrer innigen Wechselbeziehung Etwas aufgeben zu wollen. Sofern es gilt, das Gesagte an ein bestimmtes geschichtliches Moment anzuknüpfen, dürfte das allmähliche Verschwinden der sogenannten Agapen in ihrer ersten apostolischen Gestalt hervorzuheben sein. Wenn sich hierbei von selbst verstand, daß das bemerkte Auseinandertreten, rücksichtlich der Thätigkeiten Einzelner, deren Einschränkung auf das jetzt enger gewordene Cultusgebiet, und hiermit eine Entlassung des diesem letzteren gegenübergetretenen Lebens aus dem Bereich ihrer Einflüsse um so weniger zur Folge haben durfte, als ja, wie bereits angedeutet worden, jene Sphären sich nur auseinander lösten, um fortan in desto näherer Wechselbeziehung zu beharren: so folgt, daß die fraglichen Thätigkeiten zunächst in dieser doppelten Hinsicht betrachtet werden müssen: sofern sie den Cultus, und sofern sie das Leben zum Gegenstande ihrer Einwirkung haben.

Beginnen wir mit dem Ersten, so scheint auf den ersten Blick die Theorie des Kirchendienstes hier gar keinen Raum zu finden, nachdem ihr eine Theorie des christlichen Cultus bereits vorausgegangen ist; denn diese vindicirt ja Alles, was auf das Object derselben bezüglich ist, als ihr Eigenthum; bei genauerer Besichtigung der Sache aber stellt sich's doch anders. Sofern die Thätigkeiten der Einzelnen im Cultus dergestalt aufgehen, daß sie außerhalb desselben kein weiteres Thun in Anspruch nehmen, fallen sie allerdings so ausschließlich unter den Gesichtspunkt des Cultus, daß auch für ihre Betrachtung nirgends ein Ort übrig bleibt, als in der Liturgik. Es begegnet uns jedoch im christlichen Cultus auch eine solche Thätigkeit Einzelner, welche ein höchst sorgfältiges, angestrengtes Thun außerhalb desselben zur wesentlichen Voraussetzung hat: das ist die bewegte Rede, die Predigt des göttlichen Worts. Es wird die Aufgabe der Liturgik sein, die innere Nothwendigkeit des Gegensatzes eines mehr individuell freien, und eines repräsentativ gebundenen Bestandtheils des christlichen Gottesdienstes, so wie die lebendige Beziehung beider auf einander zur Anerkennung zu bringen: hier darf es als etwas Factisches und allgemein Zugestandnes betrachtet werden, daß in der Predigt ein Cultustheil vorliegt, welcher als individuelle That des Einzelnen ein Recht hat, in der Gemeinde Geltung zu fordern. Sind wir nun dem Obigen zufolge genöthigt, Alles, was zu dem sogenannten repräsentativen Kirchendienst gehört, von der betreffenden Theorie ganz abzuzweigen, so folgt in Betreff dieser letzteren zunächst, daß wir überhaupt in dem Falle sind, sie auf die vorherrschend individuelle Seite des fraglichen Dienstes einschränken zu müssen, und hiermit eben wird uns rücksichtlich der Beziehung desselben auf den Cultus nur die freie Rede, Predigt übrig gelassen. Wäre nun dieses ihr innerstes Gesetz: überall in reinster Unmittelbarkeit, ohne vorgängige Mühe und Arbeit, aus dem Brunnquell des in die Gemeinde ergoßnen Geistes hervorzuströmen, so würde auch dann noch ausschließlich der Theorie des Cultus Alles gehören, was von der Predigt zu sagen wäre. Gleichzeitig jedoch würde dies eine Fortdauer der ersten apostolischen Zustände, welchen der eigentliche Kirchendienst überhaupt fremd war, voraussetzen. Es verhält sich jedoch ganz anders. Einerseits zwar liegt es unleugbar in der Idee der Predigt als göttlich bewegter Rede, daß sie jenen Charakter der Unmittelbarkeit sich nie entschwinden lasse, und sie darf diesen daher selbst dann nicht aufgeben, wenn ihr die sorgfältigste Vorbereitung ins Einzelste hinein vorangegangen ist. Hieraus folgt aber nicht, daß diese letztere nun überhaupt kein Recht geltend zu machen habe; sondern es folgt nur dieses, daß es der Liturgik obliege, dem Prediger die Thätigkeit vorzuzeichnen, welche er, unbeschadet des angestrengten Fleißes, wozu er gemahnt ist, der Kanzel vorzubehalten hat, damit auch die vorausgehende Arbeit ihrerseits sich innerhalb jener Grenzen bewege, in welchen sie sich als so würdige, wie lebendige Vorbereitung auf eine erst zu vollbringende That, nicht aber als eine Art von Vorwegnahme derselben erweisen kann. Es fällt hiernach die Predigt überhaupt unter doppelten Gesichtspunkt, sofern sie in ihrem unmittelbaren Auftreten als organischer Bestandtheil des christlichen Cultus, im Zusammensein mit andern Theilen betrachtet wird, und wiederum, sofern sie als Gegenstand ernster Arbeit im Dienst der Gemeinde, d. h. als individueller Kirchendienst *), zur Behandlung kommt. Rücksichtlich der ersten Betrachtungsweise, welche die Predigt von ihrer liturgischen Seite ins Auge faßt, fällt sie ganz der Theorie des Cultus anheim, rücksichtlich der zweiten, die wir als die homiletische bezeichnen dürfen, da dieser Ausdruck in seiner usuellen Anwendung jene Beziehung auf die h. Schrift in sich schließt, an welche die dem Apostolat zugewendete kirchendienstliche Arbeit vorzugsweise gewiesen ist, — wird die Predigt nothwendig Object einer eignen wissenschaftlichen Behandlung, und es entsteht so die Homiletik als erster Zweig in der Theorie des Kirchendienstes, wobei aus der bisherigen Deduction sich ergiebt, daß im Object der genannten Disciplin der Kirchendienst, sofern er sich auf den Cultus bezieht, wesentlich aufgeht.

Die zweite Beziehung des Kirchendienstes ist die auf das christliche Leben. Auch außer der Versammlung der Gemeinde hört diese letztere nicht auf, vorhanden zu sein. Als Versammlung zwar ist sie ursprünglich geworden, sofern ihr Entstehen einen geschichtlichen Moment bedingte, welcher in seiner gedie-

*) Es wird hiermit nicht geleugnet, daß, wenn auch die Predigt so unmittelbar und ausschließlich aus göttlichem Impuls des Geistes hervorginge, daß sie gar kein Studium darauf voraussetzte, sondern lediglich dem Augenblick überlassen bliebe, immer noch der Individualität des Redners Raum gelassen sein würde; aber es käme diese dann deshalb nicht mehr in Betracht, weil die Predigt im erwähnten Falle überhaupt nicht für kirchendienstliche Arbeit gelten und nur noch vom freien Walten des heiligen Geistes die Rede sein könnte.

genen Realität nur als eine wie zeitliche, so räumliche Bestimmtheit in den Entwicklungsproceß der Dinge eintreten konnte. Nachdem sie aber so geworden, dauert sie auch dann als Gemeinde fort, wenn ihre einzelnen Glieder, nach den mancherlei Verhältnissen, Ansprüchen und Drangsalen des Lebens, sich äußerlich wieder zerstreut haben. Doch nur insofern besteht sie fort, als derselbe lebendige Geist, welcher sie anfänglich schuf, ihre Glieder nun auch bis in ihre zeitliche und örtliche Vereinzelung hinein verbunden erhält, und den Gang derselben dergestalt ordnet und regelt, daß sie auf den mannichfaltigsten Wegen des Geistes Früchte hervorbringen und in allen göttlichen Schickungen heilsame Förderungsmittel zum Ziele ihrer himmlischen Berufung entdecken lernen. Wenn es nun im höchsten Interesse der Gemeinde liegt, dieses christliche Leben ihrer Glieder helfend und pflegend im Auge zu behalten und aller Nothdurft mit Handreichung christlicher Liebe treulich zu warten, damit, während in den gottesdienstlichen Versammlungen das Leben im Cultus aufgeht, umgekehrt hier dieser aufgehe in jenem; wenn es nächstdem sich zeigt, daß der Herr der Kirche zu allen Hilfsleistungen solcher Art auch eigenthümliche Geistesgaben in die Gemeinde gelegt hat; wenn endlich, was im Allgemeinen über die Fortbestimmung der Thätigkeiten Einzelner zum Kirchendienst gesagt worden, insbesondere auch auf dieses Pflegeramt seine Anwendung findet: so folgt, daß in diesem eine zweite Grundrichtung des Kirchendienstes zu erkennen ist, welche mit der in der Apostelgeschichte auftretenden Diakonie in der innigsten Verwandtschaft steht. Da es in der Idee des Hirten liegt, alle seine Schafe genau zu kennen, der hier beschriebenen Wartung der Seelen aber die Beziehung auf jedes einzelne Gemeindeglied als solches durchaus wesentlich erscheint, so ist die Bezeichnung dieser Thätigkeit als einer pastoralen gerechtfertiget. Wenn der Prediger im Erguß seiner bewegten Rede als Prophet auftritt; denn nur dieser Sinn kann dem Paulinischen Wort an die Corinther: strebet nach den besten Gaben, am Meisten, daß ihr weissagen möget, zu Grunde liegen: so erweist sich dagegen der Seelsorger als Hirt, als Pastor seiner Gemeinde, und insofern nun das wissenschaftliche Bewußtsein sich auch auf diese Thätigkeit erstreckt, entsteht die Pastoraltheologie, oder die Theorie der christlichen Seelenpflege, als der andere Zweig in der Theorie des Kirchendienstes.

Der bisherigen Betrachtung lag die Anschauung des relativen Gegensatzes zu Grunde, in welchem Cultus und Leben der Gemeinde auseinander treten. Wie wir aber hierbei schon bemerkten, daß gleichwohl beiden die beharrende Tendenz verbleibt, mit Ueberwindung der geschehenen Sonderung in einander aufzugehen: so ruft das Bedürfniß der Gemeinde auch noch eine dritte Thätigkeit des Kirchendienstes hervor, in welcher wirklich Cultus und Leben sich wechselseitig dergestalt durchdringen, daß sie gleichsehr aus gottesdienstlichem, wie aus pastoralem Gesichtspunkt aufgefaßt werden kann. Wir meinen die Katechese. Nicht blos das aus der Kirche selbst immer neu hervorgehende Geschlecht mahnt ihre erwachsenen Glieder an eine gründliche Unterweisung in den Wahrheiten des christlichen Glaubens, sondern es liegt auch in der Bestimmung des Evangeliums, sich über die ganze Erde zu verbreiten. Die Kirche will daher nicht blos nach Innen sich erhalten und fördern; sie will nach und nach auch die ihr noch fremd gebliebenen Völker in sich aufnehmen. Hiezu bedarf es einer Lehrmittheilung, die weder blos Seelenpflege, noch auch schon Cultus im engeren Sinne des Wortes ist, sondern ein eigenthümliches Drittes in sich darstellt, welches Beides lebendig in sich verknüpft. Jene Lehrmittheilung ist Seelenpflege, sofern ihr die ununterbrochne Beziehung auf die Einzelnen als solche, so wie auf ihr eigenstes Leben und Dasein schlechthin wesentlich ist; sie ist gleichsehr auch Cultus, sofern sie zu einem fest geregelten und geordneten Gange sich dann erst entfalten kann, wenn die Katechumenen, dem Katecheten gegenüber, so viel Gemeinsames, was sie lebendig mit ihm zusammenschließt, in ihr Bewußtsein aufgenommen haben, daß sie als lernende Gemeinde sich um ihn her versammeln können und wollen. Wie sie eben hiermit keines von beiden ganz ist, so setzt sie auch nicht theilweise sich aus beiden zusammen, sondern giebt sich in Gestalt christlicher Unterweisung als die, jene vorangehenden Thätigkeiten selbstständig verbindende Mitte zwischen beiden zu erkennen. Sofern endlich auch die Katechese vom wissenschaftlichen Bewußtsein der Kirche ergriffen wird, entsteht die Katechetik, als dritter Zweig in der Theorie des Kirchendienstes.

In den drei entwickelten Thätigkeiten erschöpft sich der Kirchendienst im engern Sinne, wie denn in der That die hier vollbrachte Construction desselben an ein viertes Moment nicht weiter denken läßt. Denn wenn auch wohl die Missionsthätigkeit als ein solches geltend gemacht worden ist, so gebührt doch unverkennbar der Katechese das Recht, sie für sich zurückzufordern, und es liegt daher nur der Katechetik ob, auch die Mission in ihrer Bedeutung hervortreten zu lassen. — Propheten also sind es, Hirten und Lehrer, welche zum Dienst der Kirche sich verbinden. Je voller und tiefer das Leben der Gemeinde, und je reicher die Mannichfaltigkeit der in ihr vertheilten Geistesgaben ist, desto eher wirds geschehen, daß die verschiedenen Grundrichtungen jenes Dienstes auch in einer Mannichfaltigkeit kirchlicher, unter die Diener der Gemeinde gesondert vertheilter Aemter sich darstellen, wie denn die ersten Zeiten der nachapostolischen Kirche in dieser Hinsicht eine wunderbar reiche Entfaltung des kirchlichen Organismus zur Anschauung bringen. Es können jedoch die genannten Dienste auch in einer Person verknüpft sein, nie aber darf es einer wahren Gemeinde des Herrn an jener Dreiheit kirchendienstlicher Thätigkeiten gebrechen, welche, durch die entsprechenden Geistesgaben vermittelt, in ihrer engen Verbindung mit dem Cultus und nächst ihm als die eigensten und reinsten Aeußerungen des christlichen Gesammtlebens zu betrachten sind.

3. Noch ist uns das dritte Begriffsmoment in der gegebenen Definition der Kirche zu entwickeln übrig: es muß diese endlich zur sichtbar herrlichen Erscheinung des Reiches Gottes auf Erden werden. Der Kirche ist hierin dasselbe Ziel ihrer Vollendung vorgesteckt, welchem die ganze unvollkommene Welt der irdisch erscheinenden Dinge entgegenstrebt. Ueberall begegnet uns in ihr jener Unterschied zwischen der bewegenden Idee und ihrem sinnlich wahrnehmbaren Ausdruck, jene Entzweiung zwischen beiden, welche als der innerste Grund des Todes, dem die Welt des Sichtbaren verfallen ist, erkannt werden muß. Wenn aber der Tod das letzte Ziel der Dinge nicht sein kann, und hiermit eine endliche Ueberwindung desselben sich in Aussicht stellt, so kann der Schlußpunkt der Entwickelungen überall nur als eine Verklärung begriffen werden, kraft welcher das bewegende Innere im Aeußern, mittelst inniger Versöhnung beider, zur vollendeten Erscheinung gelangt, um hierin sich als verherrlicht darzustellen. In dieser verklärten Verleiblichung des Geistigen, welche gleichsehr die Vergeistigung des Leiblichen ist, liegt das Ende aller Wege Gottes, das höchste metaphysische Gesetz in den Entwickelungen der irdischen Erscheinungswelt.

Das Gesagte findet auch auf die Kirche seine Anwendung, deren innerstes Wesen und bewegende Grundidee wir im Reiche Gottes erkannt haben. Daß diesem die Kirche in ihrer geschichtlichen Erscheinung nicht entspricht, liegt in eben jener Unvollkommenheit, welche allem mit dem Tode behafteten Irdischen nur die eine Form der Vollendung: durch Sterben zum Auferstehen, übrig läßt. Gleichwohl bleibt das Reich Gottes die wesentliche innere Einheit der Kirche, welche überhaupt nur in dieser beharrenden Beziehung darauf wahre Realität und Bedeutung hat; und wenn nun auch ihr jener Abschluß ihrer irdischen Entwickelungen aufbehalten ist, daß nämlich am Ende Inneres und Aeußeres an ihr dergestalt in einander aufgehen werden, daß die Kirche in ihrer Sichtbarkeit als das durchgebrochene Gottesreich auf Erden, und dieses als die vollendete Kirche sich darstellt: so wird und muß dann, was jetzt innerer Einheitsmittelpunkt dieser letzteren ist, als solcher nothwendig auch äußerlich erscheinen, d. h. Christus der Herr wird sichtbar und herrlich wiederkommen und sein Reich aufrichten, damit eine Heerde unter einem Hirten werde, und fortan auf Erden der Herr nur einer, und sein Name nur einer sei. — Was wir hier aus dem Bewußtsein des oben erwähnten metaphysischen Grundgesetzes der Dinge heraus postulirt haben, ist auch innerster Gedanke der h. Schrift und tönt aus jener letzten Frage, die die Apostel bei der Himmelfahrt ihres Meisters noch auf dem Herzen haben, mächtig hervor: „Herr, wirst du auf diese Zeit wieder aufrichten das Reich Israel?" — Es ist dieser Frage eben so ergangen wie den chiliastischen Hoffnungen in der Kirche überhaupt: der Mißverstand hat sie im Sinne der alten Träume weltlicher Herrlichkeit gedeutet; der Herr aber weiset die Fragenden zwar zurück, bestätiget jedoch gleichzeitig das von ihnen kund gegebene sehnende Hoffen, indem er sie nur erinnert, daß der Vater Zeit und Stunde seiner Macht vorbehalten habe. Das ganze apostolische Zeitalter war voll von Erwartungen einer Zukunft des Herrn, welche nicht mit der des jüngsten Tages zusammenfällt; und wie natürlich muß dies einer Gemeinde erscheinen, welche, selbst ein herrlicher Typus jener Erscheinung des Gottesreichs auf Erden, einen Anfang in sich darstellt, der den großen Schluß des geschichtlich zu vollendenden Gottesdrama's lebendig bereits in sich trägt und nicht darauf gefaßt sein kann, den Blick auf eine lange Reihe nachfolgender Jahrhunderte richten zu müssen, in welche der, jener ersten seeligen Hoffnung des Ziels perspectivisch verkürzte Weg dahin sich erst zerlegen sollte. Aber die höchst merkwürdige Entartung der chiliastischen Erwartungen des apostolischen Zeitalters selbst führte nur zu bald den Beweis, daß der Kirche vorerst ein ganz anderer Entwicklungslauf verordnet sei, ehe sie zu der ihr aufbehaltnen Ruhe kommen dürfe, und es blieb hinfort nichts Anderes übrig, als eine Aussicht ganz auf die Seite zu schieben, die, im Bunde einmal mit einer grobsinnlichen Auffassung des sogenannten tausendjährigen Reichs, fortan geeigneter war, durch Ablenkung des Blicks auf Weitentlegenes das Nächste und Nöthigste vergessen zu machen und die Klarheit besonnener Ruhe zu trüben, als einen heilsamen Antrieb zum Fortgange nach dem himmlischen Ziele zu geben. Von nun an floß die Wiederkunft Christi zur Vollendung seines Reichs hienieden mit seiner Wiederkunft zum Weltgericht so zusammen, wie dem leiblichen Ferngesicht weit entlegene Punkte, obgleich selbst durch lange Zwischenräume geschieden, doch nahe an einander rücken, und es ist sehr bemerkenswerth, wie selbst die Reformation, indem nicht sowohl die wahre Kirche, als die rechte Lehre ihr Losungswort war, es entschieden ablehnte, eine neue Entwicklungsphase der chiliastischen Hoffnungen hervorzurufen, bis endlich in der kirchlich bewegten Gegenwart jene nie ganz verklungenen Wächterstimmen: der Herr kommt! lauter und vernehmlicher, als seit der Apostel Zeiten vielleicht jemals, geworden sind. — Blicken wir in die Kämpfe des Chiliasmus, mehr noch des Montanismus zurück, so stimmt besonders dieser bei tieferer Erwägung der mit einander in Streit liegenden Mächte das

Herz zur innigsten Wehmuth. Auf der einen Seite lebendige, ernste Christen, die sich nicht darein zu finden wissen, daß die wogende Fülle der Geistesgaben der apostolischen Kirche wirklich entschwunden sein solle, und in dem Bestreben, die im Scheiden begriffene Herrlichkeit des Anfangs zurückzuhalten, trübsinniger Schwärmerei, im Widerspruch mit den Wegen des Herrn in der Regierung seiner Kirche, anheimfallen; auf der andern Seite Recht behaltende Sieger, welche doch auch die Seite der innersten Wahrheit des Montanismus nicht mehr zu würdigen fähig sind und kein lebhaftes Gefühl weiter dafür haben, wie eben jetzt die Kirche, nachdem sie ursprünglich das Reich Gottes wunderbarlich an sich manifestirt hatte, darin begriffen sei, ihren Unterschied von diesem immer bestimmter hervorzukehren. —

Jetzt drängt sich die wichtige Frage auf: welches ist das Moment, worin sich der Uebergang der Kirche von ihrer anfänglichen, der Identificirung mit dem Reiche Gottes sich annähernden apostolischen Schönheit zur allmählich sich erweiternden Unterscheidung vom Gottesreich erkennbar zu Tage legt? Es ist nicht sowohl der geschichtliche Wendepunkt selbst, nach welchem wir forschen, als vielmehr das Moment, worin jener Unterschied zuerst als bewegendes Princip auftritt. —

Die bisherigen Erörterungen lassen hierüber nicht im Zweifel: der gesetzliche Organismus, womit die Kirche sich überkleidete, nachdem sie im apostolischen Zeitalter keinem andern Gesetz, als dem der Freiheit im Walten des göttlichen Geistes gefolgt war, -- dieser Organismus giebt das unwidersprechliche Zeugniß, daß die Kirche in den fraglichen neuen Entwicklungsproceß eingetreten sei.*) Wie die Raupe sich ver-

*) Allerdings konnte weiterhin auch die große Katastrophe selbst nicht ausbleiben. Sie erfolgte mit Constantins Uebertritt in der hierdurch vermittelten Verbindung der Kirche mit dem Staat, nachdem

puppt, um unter dieser bergenden Hülle ihr inneres Leben seiner künftigen schöneren Entfaltung zum Schmetterlinge entgegenzuführen, hiermit aber zugleich jene schützende Decke dem Tode preis zu geben: so sollte auch die Kirche nach dem Plane Gottes ihr geistiges Leben fortan unter einer äußeren Umhüllung, geeignet, Reich und Welt mit einander zu umschließen, bergen, bis daß die Zeit käme, wo mit Abstreifung der hinsterbenden Decke, des Herrn Reich auf Erden zu verjüngter Herrlichkeit hervorbräche. Denn alles äußere Kirchenthum ist einem unvermeidlichen endlichen Untergange geweiht, muß jedoch zuvor seine Zeit erfüllen. Nicht weniger ergiebt sich aus der bisherigen Darstellung, wie der fragliche Organismus durch die Entstehung des klerikalischen Standes sich sowohl bedingte als vermittelte. Wenn nun aber die Kirche auch unter ihrer Ueberkleidung nicht aufhören kann, wesentlich eine zu sein, sofern das Gottesreich ihr beharrendes inneres Leben ist, und sie demnach in Christo, dem einigen Mittelpunkte alles Heils, gesammelt bleibt: so folgt nothwendig, daß sie die Tendenz haben muß, jene innere Einheit auch in ihrem gesetzlichen Organismus hervortreten zu lassen. Diese sichtbare Darstellung der innern Einheit der Kirche in Christo ist in einer doppelten Beziehung denkbar, quantitativ nämlich und qualitativ. Sofern wir in Christo das Haupt erkennen, unter welchem

---

jene früher schon in den oben angedeuteten Kämpfen ihr Scheiden vom Zeitalter des apostolischen Charakters der Gemeinde Gottes gleichsam stillschweigend erklärt und darin sich selbst als eine solche dargestellt hatte, welcher fortan für ihren ordinäreren Entwickelungsgang jener Charakter zu sublim sei. So mußte man denn mit Denjenigen in Streit gerathen, die von der apostolischen Zeit nicht scheiden wollten, ohne doch selbst das Vermögen in sich zu haben, sie in der ersten Lauterkeit ihres Geistes festzuhalten. Aber eben diese theilweise Berechtigung der Unterliegenden läßt in jenen Kämpfen eines der tragischesten Momente der Geschichte der Kirche erblicken.

schlechthin Alles zusammengefaßt sein muß, was seines Lebens theilhaftig sein will, kann die erwähnte äußere Darstellung dahin streben, ohne Ausnahme Alles, was irgendwie der Kirche angehört, zu beschließen, und sich hiermit zur Verwirklichung eines äußeren Katholicismus zu gestalten. Sie kann und soll aber auch qualitativ durch sorgfältige Nachahmung des Waltens Christi in der Regierung seiner Kirche jener innern Einheit derselben ihren entsprechenden Ausdruck verleihen; es ist jedoch klar, daß in keiner dieser Beziehungen jene in einem äußeren Organismus sich vollziehende Darstellung jemals der ihr zu Grunde liegenden Idee adäquat sich durchzubilden, im Stande sein wird, und daher auf dem fraglichen Gebiet überall nur von einer Approximation an das vorgesteckte Ziel die Rede sein kann, da hier ein kirchlicher Organismus gedacht wird, welcher den Unterschied der Kirche vom Reiche Gottes zur wesentlichen Voraussetzung hat.

In dem Gesagten haben wir die Idee des christlichen Kirchenregiments mit Bestimmtheit ausgesprochen. Diesem ist es wesentlich, zwar die äußere sichtbare Darstellung der innern Einheit der Kirche in Christo zu sein, um in dieser seiner Selbstvollziehung die Gemeinde dem Endziele ihrer Verherrlichung entgegenzuführen, hierbei aber gleichzeitig sich immerdar von jener innern Einheit selbst zu unterscheiden. Das Kirchenregiment darf sich's nie einfallen lassen, die schon in die Sichtbarkeit durchgebrochne innere Einheit selbst sein zu wollen, oder es wird vom Ausgangspunkte eines anfänglich vielleicht bona fide unterhaltenen Irrthums aus unvermeidlich in dem Grade zu dämonischer Lüge fortgetrieben, als es weiterhin eigenwillig den Irrthum behauptet. Es ist interessant, nunmehr eine Parallele zu ziehen zwischen dem Dienst und dem Regiment der Kirche. Jener verfolgt unablässig seinen Gang rückwärts zum Apostolat und hilft eben hiermit am Sichersten der Gemeinde vorwärts; dieses strebt unmittelbar vorwärts, behält aber eben hiermit ein Ende im Auge, welches als Erfüllung aller Typen der apostolischen Zeit in diesen seinen Anfang zurückkehrt, und vollbringt sich daher auch seinerseits nur in beharrender Förderung der rückwärtsgehenden Lebensbewegung.

Es ist oben angedeutet worden, wie der klerikalische Stand sogleich im Anfange beide Grundrichtungen vereinigte. Im ersten Aeltestenamte sehen wir die Beziehung auf die Einheit noch zurücktreten. Sobald aber dieses mit den Erweisungen des göttlichen Geistes in der Gemeinde zusammengewachsen und so Klerus geworden war, wurden auch alsbald innerhalb desselben die fraglichen Unterschiede manifest. Der Episkopat erhebt sich unter siegreichen Kämpfen über den Presbyterat, und im Organismus des römischen Staatsthums ist dem sich gestaltenden Kirchenthum ein schon gebahnter Weg gewiesen. Leider bewegt den ganzen Bildungsproceß der Grundgedanke, daß die sichtbare Darstellung der innern Einheit mit dieser wesentlich identisch sei, und es ist demnach der Anspruch vorhanden, daß das Kirchenregiment als göttliche Institution und demnach mehr, als blos menschliche Ordnung, qualitativ wie quantitativ den reinen Katholicismus zu verwirklichen habe, widrigenfalls es in sich mit Unwahrheit behaftet sei. Die ökumenischen Concile selbst trugen dazu bei, das Bedürfniß eines sichtbaren Mittelpunkts der Einheit fühlbarer zu machen, und überdies sollte ja die äußere Darstellung dieser letzteren sie selbst zur unmittelbaren Erscheinung bringen. Das centrum unitatis ist aber im Reiche Gottes allein Christus. Wenn nun hier eine Kirche auftrat, welche, die Vollendung derselben anticipirend und keinen Unterschied zwischen sich und dem Reiche Gottes anerkennend, ganz unmittelbar dieses letztere selbst sein und in ihm aufgehen wollte: so mußte auch Christus in immerwährender sichtbarer Erscheinung als Mittelpunkt in ihr gefunden werden, und es wurde eine ihn wesentlich ersetzende Statthalterschaft Gottes unausweichliches Erforderniß. Es ist der Reformation vorbehalten gewesen, das Bewußtsein der Gemeinde des Herrn darüber zu wecken, daß nie eine blos äußere kirchenregimentliche Vollziehung des Katholicismus auf Erden zu hoffen ist, wogegen der Herr die alte Kirche besonders deshalb stehen gelassen haben dürfte, damit auch dem Protestantismus der Blick auf die endlich vollendete Einheit, die ihn berechtiget, noch an eine heil. katholische Kirche zu glauben, nicht entschwände, und in der Mahnung an dieselbe sein Kirchenregiment nicht aufhörte, ihre wirkliche sichtbare Darstellung sein und als solche dem großen Endziele zustreben zu wollen. Der letzte Zweig der praktisch theologischen Disciplinen hat sich uns nunmehr kund gegeben. Sofern das wissenschaftliche Bewußtsein der Kirche ihr Regiment in sich aufnimmt, entsteht die Theorie des christlichen Kirchenregiments. Der gesuchte Cyklus ist hiermit vollständig durchlaufen, da von einer ferneren Thätigkeit der Kirche nicht die Rede sein kann, nachdem diejenige sich uns vergegenwärtiget hat, welche auf ein in den Anfang der Kirche zurückkehrendes Ende derselben abzielt. Die praktisch theologischen Wissenschaften gliedern sich daher nothwendig in dieser Dreiheit: Theorie des christlichen Cultus, oder Liturgik; Theorie des Kirchendienstes, oder Homiletik, Pastoraltheologie und Katechetik; zuletzt die Theorie des Kirchenregiments.

Drittes Capitel.

Vom geistlichen Amt, von der Beschaffenheit und den Erfordernissen desselben.

Das geistliche Amt im engeren Sinne umfaßt den gesammten Kirchendienst, sowohl die repräsentative, als auch die individuelle Seite desselben, und es ist nächstdem klar, daß, wenn überhaupt der Gegensatz der beiden im klerikalischen Stande ursprünglich vereinigten Grundrichtungen des Kirchendienstes und des Kirchenregiments nur ein relativer ist, nothwendig dem ersteren eine kirchenregimentliche Bedeutung, gleichwie dem letzteren auch eine kirchendienstliche zukommt. Wenn das Amt am göttlichen Worte vorzugsweise ein Amt des Geistes ist, so erweist sich dagegen die äußere Leitung der Kirche mehr als ein Amt des Gesetzes; nichts desto weniger aber ist es jenem wesentlich, einen Antheil an der Leitung zu haben, gleichwie diesem, in einer gewissen Beziehung auch als ein Amt des Geistes aufzutreten; und da diese Verhältnisse in den primitiven Entwickelungen der Kirche ihren Grund haben, so kann deren Beseitigung, wie Alles, was einen gesunden Lebenstrieb geschichtlicher Entwickelung durchschneidet, überall nur nachtheilige Folgen herbeiführen. Bis in die neueste Zeit hat sich das Gesagte in allen Fällen bestätiget, wo Kirchendienst und Kirchenregiment durchgreifend geschieden worden sind; denn indem einerseits der geistliche Stand, grundsätzlich von der Mitbetheiligung an der Kirchenleitung ausgeschlossen, einer harten Knechtschaft anheimfiel, so entging andererseits das vom Klerikat entblößte Laienregiment nicht leicht der Verweltlichung und bestimmte sich auch innerlich bis zur Ungeistlichkeit fort.

Nach diesen Vorbemerkungen fassen wir den geistlichen Stand im engeren Sinne, sofern ihm das Amt am göttlichen Worte vertraut ist, in's Auge. Sämmtliche Functionen desselben stimmen darin überein, daß sie die Uebertragung des ein für alle mal durch Christum erworbenen Heils auf die Menschen vermitteln, und sonach sind sie unter dem allgemeinen Begriff des christlichen Priesterthums zusammenzufassen: es ist ein Priesterstand, der uns hier beschäftiget. In der evangelischen Kirche ist schon von der Reformation her viel gegen diese Bezeichnung eingewendet worden; und mit vollem Rechte, sofern ihr Ansprüche zu Grunde liegen, wie die der römisch-katholischen Priesterschaft, welche das freie Walten des göttlichen Geistes in der Gemeinde dergestalt ihrem äußeren Gesetze unterwirft, daß er selbst im Geben eben so sehr, als die Gemeinde im Empfangen, überall an die priesterliche Vermittelung gebunden ist. Hiergegen wird das allgemeine Priesterthum der Gläubigen mit Recht geltend gemacht, und es gewinnt nun allerdings leicht den Anschein, daß es unstatthaft sei, fernerhin noch einen besondern Stand mit einem Namen auszuzeichnen, welcher jedem wahren Christen zukommt. Diese Folgerung jedoch geht offenbar zu weit; vielmehr ergiebt sich aus dem Gesagten nur dies, daß, wenn lediglich jenes allgemeine Priesterthum auf göttlicher Stiftung beruht, hinfort nie mehr von einer jure divino bestehenden Besonderheit des Priesterstandes die Rede sein dürfe, wogegen die Möglichkeit derselben jure humano allerdings stehen bleibt. So verhält es sich hier. Sofern das Priesterthum der Geistlichen göttliche Institution in sich trägt, geht es im allgemeinen Priesterthum der Gläubigen auf, wogegen es auf menschlicher Anordnung beruht, sofern es diesen allgemeinen priesterlichen Charakter zu besonderer Darstellung bringt. Hiernach fällt es in die Kategorie äußerer Gesetzlichkeit, hat aber um so mehr die Aufgabe, das Gesetz selbst sich geistlich verklären zu lassen, als hier dasjenige, was an sich jeder Christ thun kann, kraft besonderer Widmung des ganzen Lebens für die kirchendienstlichen Thätigkeiten, als ein specieller Beruf in der Art auftritt, daß die Nichtberufnen nur durch die äußere Kirchenordnung, nicht aber schlechthin davon ausgeschlossen sind, wie denn jedem Gläubigen die Macht, unmittelbar zum Gnadenthron zu nahen und aus der durch Christi Verdienst Allen erschlossenen Fülle zu nehmen, unveräußerlich beiwohnt.

Durch das Gesagte ist die Frage in Betreff der göttlichen Institution des geistlichen Standes bereits entschieden. So gewiß von den Verrichtungen des Kirchendienstes gesagt werden kann, daß sie auf höherer Einsetzung beruhen, so gewiß scheint auch, daß das Gleiche in Ansehung eines dazu verordneten, besonderen Standes nicht bewiesen werden kann; wenigstens ist keine der dafür angeführten Beweisstellen stringent. Vergl. die Pastoralbriefe; desgl. Matth. 24, 14; — und 28, 19—20; Marc. 16, 25; — Luc. 24, 47; — Act. 20, 28; — 1 Cor. 12, 28; — 2 Cor. 5, 19; — Ephes. 4, 11; — 1 Petri 5, 1 — 4; — Jacob. 3, 1. u. s. w. Zwar ist hier überall von einem Amte des, der Gemeinde inwohnenden Geistes die Rede; daß dieses aber nach göttlicher Verordnung einem dazu ausgesonderten Stande zu übertragen sei, dürfte durch keinen dieser Aussprüche genügend dargethan werden. Es hat daher auch nicht an Solchen gefehlt, welche bei dem Streben, alle Einrichtungen in der Gemeinde auf göttliche Stiftung zurückzuführen und demzufolge überall unmittelbar an das apostolische Zeitalter anzuknüpfen, den geistlichen Stand ganz verworfen haben. Man hätte ein hierin liegendes Moment der Wahrheit nicht verkennen sollen, wie wohl oft geschehen ist; jedenfalls aber bleibt Secten dieser Art, wie z. B. den Quäkern, der Vorwurf, daß sie einer gerechten Würdigung historischer Entwickelungen in der Kirche Christi, worin doch mittelbar auch Wege Gottes sich kund geben, ermangeln und die Bedürfnisse menschlicher Schwäche und Sündigkeit nicht nach Gebühr anzuschlagen gewußt haben. In der That haben die Genannten es nicht vermocht, die Sache ganz consequent durchzuführen und sind genöthigt gewesen, den geistlichen Stand auf einem andern Wege wieder zuzulassen. — Jedenfalls liegt, wie schon angedeutet worden, in der von uns anerkannten Ungleichheit zwischen Beruf und Stand der Geistlichen, wonach nicht dieser, wie jener, das sichere Fundament göttlicher Institution ansprechen darf, eine desto stärkere Mahnung für jedes Glied des Klerikats, jene Gebundenheit des an sich freien Amts des h. Geistes durch ein Gesetz äußerer Kirchenordnung an seinem Theile zu rechtfertigen und um so vollständiger sein ganzes persönliches Dasein mit dem Dienst am göttlichen Wort zu identificiren, damit nicht der Geist betrübt und gedrungen werde, die gemißbrauchte menschliche Ordnung als eine nichtige bloszustellen und zu richten. In allen andern Gebieten zeitlichen Berufs läßt sich der Mensch vom Beamten unterscheiden; der Geistliche dagegen steht eben darin einzig da, daß keine Zeit, kein Ort zu nennen ist, wo er nicht Geistlicher sein dürfte; denn hier wird jede Trennung der Person vom Amte eine Herabwürdigung des Standes, die dessen Träger der Verachtung preis giebt und die Satyre gegen den ungeistlichen Geistlichen herausfordert.

Die hohe Idealität des klerikalischen Amts erhellt schon aus dem Bisherigen; sie tritt in noch helleres Licht, wenn Zweck und Mittel desselben erwogen werden. In allen sittlichen Ordnungen, worin menschliches Dasein zu würdiger Gestaltung kommt, ist es nur der Geistliche, dessen Wirken ausschließlich dem höchsten Ziele unmittelbar zugewendet ist und hiermit aus der Zeit in die Ewigkeit hinüber reicht. Was kann Köstlicheres gedacht werden, als: erlösungsbedürftigen Mitmenschen das Heil Gottes in Christo vermitteln und Viele zu der Gerechtigkeit weisen, die vor Gott gilt? Ein idealer Beruf in der That, auch wenn wir seinen Lohn ansehen! „Die Lehrer werden leuchten wie des Himmels Glanz!" — Hiezu kommt noch, daß der Geistliche zu Erreichung dieser Zwecke an ein Mittel gewiesen ist, einerseits ebensosehr geeignet, seiner Stellung objectiv eine hohe Würde zu verleihen und sie über alle Kleinlichkeiten persönlicher Unvollkommenheit zu erheben, als auch andererseits, sofern es ein ausschließliches Mittel ist, ihm eine dauernde Erinnerung daran zu gewähren, wie jene Stellung nie nach irdischen Macht- und Rangverhältnissen bemessen werden dürfe, wofern der geistliche Stand als solcher sich nicht aufgeben wolle. Dieses Mittel ist das göttliche Wort, wie es in der h. Schrift, als lauterster Quelle desselben, vorliegt. So lange ein Diener der Kirche als Herold des Worts auftritt, darf er kühnlich sagen, daß nicht sowohl er es sei, der da rede, als des Vaters Geist, der durch ihn redet, und er mag sich deß freuen, daß seine kleine Person hinter der Vollmacht, mit welcher er kommt, verschwinden darf. Hätte er dagegen nur menschliche Weisheit und Erkenntniß an die Aufgabe seines Amts zu setzen, so ginge der starke Rückhalt, den er darin hat, sich als Botschafter an Christi Statt zu wissen, für ihn verloren, und er müßte es sich gefallen lassen, lediglich nach seinen persönlichen Mitteln tarirt zu werden. In diesem Falle könnte der Geistliche allenfalls ein Volkslehrer sein; aber auf den Charakter eines Dieners Jesu Christi hätte er keinen Anspruch zu machen, und überall, wo, wie doch so oft geschieht, eine umfassendere Bildung ihm gegenüberträte, würde er die Segel zu streichen und zu bekennen haben, daß in diese Region sein Amt nicht hinaufreiche. Die Erfahrung bestätiget es in der That, daß, wo jene, dem Klerikat durch das Wort Gottes objectiv vermittelte Würde aus dem Bewußtsein schwindet, nothwendig auch der geistliche Stand zum gaukelnden Pfaffenthum herabsinkt, dessen Prätensionen man verachtet und höchstens so weit erträglich findet, als sie noch mit helfen, das Volk im Zaume zu halten. Wie so anders dagegen der bescheidene, ja auch nur mittelmäßig begabte Prediger der himmlischen Botschaft! Während ihm die Demuth herrlich steht, die aus dem Bewußtsein, daß an seiner Person Nichts gelegen sei, entspringt, darf er getrost selbst an die Mächtigsten und Weisesten dieser Erde mit einem Auftrage sich wenden, über dessen Gewicht die Unscheinbarkeit seines Ueberbringers billig zu vergessen ist, und vor welchem alles Edle und Hohe dieser Welt sich beugen muß. Im Worte des Herrn besitzt der Geistliche ein Mittel, welches ihm ein Gefühl von Sicherheit verleiht, wie es sonst nirgends zu gewinnen ist, und in der Handhabung desselben erscheint er als Beamter eines Reichs, welches zwar, als ein Reich nicht von dieser Welt, keine weltlichen Ehren für seine Diener in Anspruch nimmt, dafür aber desto sicherer seine geistige Herrlichkeit in Denjenigen verklärt, welche ernstlich bedacht sind, in Wort und Werk sich als Zeugen der Offenbarung Gottes in der Knechtsgestalt darzustellen und, obwohl mitten in der Welt, doch nicht von dieser Welt zu sein. — Nicht minder stark leuchtet die Idealität des geistlichen Amts als einzig in ihrer Art daraus hervor, daß das ihm zugewiesene Mittel seiner Wirksamkeit ein schlechthin ausschließliches ist. Es sind zwar bis in die neueste Zeit Stimmen laut geworden, welche anderweitige Unterstützung des geistlichen Einflusses durch Beilegung äußerer Gewalt in Anspruch genommen haben, und Forderungen dieser Art mochten theilweise wohlgemeint sein; überall aber beruhten sie, wenn nicht in pfäffisch-fleischlichem Sinne, doch in einem von klarem Verständniß nicht geleiteten Eifer und verkannten dasjenige, was die wahre Würde und Macht des Geistlichen ist. Dieser bedarf keiner Mittel bürgerlicher Gewalt. Was er im Interesse seiner Aufgabe mit solchen auszurichten gedächte, würde doch immer dem Worte Christi unterliegen: „alle Pflanzen, die mein himmlischer Vater nicht gepflanzt hat, werden ausgereutet!" Die Mission des Dieners am Wort ist schlechterdings nur an die freie Ueberzeugung des heilsbedürftigen Menschen gerichtet, und wo nicht das aufgeweckte Gefühl dieses Bedürfnisses der frohen Botschaft die Ohren öffnet, daß sie willig hören, bleibt alles Predigen umsonst. Aber ermangelt so etwa der Geistliche der nöthigen Stärke? Entgeht sie ihm nicht vielmehr nur dann, wenn ihm die freudige Zuversicht auf die weltüberwindende Kraft des Evangeliums, das den Geist giebt, gebricht? In diesem Falle aber hat er bei der Unfruchtbarkeit seines Amts nur den eignen Unglauben anzuklagen. — Vergegenwärtigen wir uns endlich das Bild einer klerikalischen Wirksamkeit, wie sie sein soll, so enthüllt sie, sobald es ihr gelungen ist, tiefere Wurzeln in der Gemeinde zu schlagen, ihre reine Idealität schließlich in der sittlichen Schönheit des patriarchalischen Verhältnisses, worin ein treuer Seelenhirt zu seiner Heerde steht. Er waltet als Vater unter vielen Kindern, welche durch Bande der Liebe und des Vertrauens sich um ihn herum zu einer Gottesfamilie zusammenschließen und die wichtigsten und theuersten Erinnerungen ihres Lebens an diesen gemeinsamen Mittelpunkt anknüpfen. Kein Stand, kein Beruf der Welt außer diesem hat etwas Aehnliches aufzuweisen. Wenn in andern Lebenskreisen das Gesetz herrscht, und mit ihm überall auch die alte Erfahrung, daß es Zorn anrichtet, wiederkehrt, so regiert hier dagegen der Geist, welcher, auch wo er als Geist der Zucht sich bethätigen muß, immer zugleich ein Geist der Liebe ist und der Kraft. — Es entspricht durchaus der Idee des zur freien Mündigkeit in Christo erziehenden Amts am göttlichen Wort, daß die evangelische Kirche diese gemeinsame Norm des Glaubens und Lebens allen ihren Gliedern zugänglich gemacht und inmitten der Gemeinde selbst diesen Brunnen der lebendigen Wasser, nachdem er lange verschüttet gewesen, wieder aufgegraben hat. Der evangelische Geistliche darf, der Gemeinde gegenüber, keinen Rückhalt haben, in welchen zu blicken er ihr verbietet. Mag der römisch-katholische Priester sich auf einen dem Laien unnahbaren Boden zurückziehen, wenn er durch theurgisches Thun kraft des ihm beiwohnenden indeleblen Charakters Denjenigen immer neu zu versöhnen vorgiebt, welchen der Sohn Gottes dem sündigen Geschlecht ein für alle mal versöhnt hat: der evangelische Geistliche kann Solches nicht. Im Vertrauen auf die Göttlichkeit seiner Sache beseelt ihn der Muth, Jedwedem, welcher Grund fordert der Hoffnung, die in ihm ist, Alles, was er hat, offen darzulegen; ja er freut sich derjenigen, die begierig darnach werden, mit eignen Augen zu sehen, und giebt der Furcht nicht Raum, daß der Tempel, an dem er baut, darüber zusammenbrechen könnte.

Nach den vorstehenden Betrachtungen über die Beschaffenheit des geistlichen Amts ergeben sich die Erfordernisse desselben leicht. Ueberall bleibt dies das Wichtigste, daß der damit Betraute selbst inmitten der Gemeinde stehe und ihres Lebens aus Gott theilhaftig sei, widrigenfalls innere Herzensstellung und äußerer Beruf in einem Zwiespalt begriffen sind, welcher, ungelöst fortgeführt, in dem Grade zur geistig zerrüttenden Lüge werden muß, als er im Bewußtsein sich geltend macht. Es ist daher von hoher Wichtigkeit, daß, wer sich unterwindet, ein Diener am Worte zu werden, seinen innern Beruf hiezu wohl prüfe und sein Herz darüber zur Gewißheit kommen lasse. — Nicht minder erfordert dieses Amt Gaben des Geistes, die nicht jedem Gläubigen zugetheilt sind, und, aus der anfänglichen Fülle der außerordentlichen Erweisungen des Geistes zur Zeit der Apostel in die ordentlichen Wege menschlichen Fleißes zurückgelenkt, in entsprechenden natürlichen Talenten eine Grundlage finden wollen. Das Charisma der Prophetie macht den rechten christlichen Prediger; dem Seelsorger ist die Helfer- (ἀντιλήψεις 1 Cor. 12, 28), dem Katecheten (διδάσκαλος) die Lehrgabe unentbehrlich; desgleichen bedarf der Geistliche, sofern er einen nothwendigen Antheil am Kirchenregimente hat, der Gabe der κυβέρνησις; und wie leicht geschieht es nun wohl, daß in einzelnen Fällen das Maaß der vorhandenen

Ausrüstung ein drückendes Mißverhältniß zu der so umfassenden Aufgabe des Kirchendienstes fühlbar macht. Doch dann kann eben dasjenige zu einem Troste werden, was der Natur der Sache nach in nächster Verbindung mit dem gewöhnlichen Hinderniße steht, welches vom geistlichen Beruf zurückzutreten verbietet. Wir meinen das rite vocatum et ordinatum esse, als drittes Erforderniß zur Verwaltung des Dienstes am Wort. Wir haben oben erkannt, wie es in der Idee des letzteren gegründet ist, in die Regel einer gesetzlichen Kirchenordnung eingefaßt zu werden, und es muß dieser die rechtmäßige Bestellung zum Amt für eins der Bedingnisse gelten, welche die gesegnete Verwaltung desselben verbürgen. Gleichzeitig aber bedingt dies auch jene Widmung des ganzen Lebens dafür, welche eine Umkehr von der eingeschlagenen Bahn, sobald erst ein gutes Theil derselben durchmessen ist, meistens unmöglich erscheinen läßt. Hier nun mag, wie oben angedeutet worden, das Bewußtsein des rechtmäßigen Berufs seine tröstende Kraft entfalten und das Mißverhältniß zwischen Amt und Gaben versöhnend ausgleichen. Wider den Willen des Herren der Kirche konnte dem nur beziehungsweise Unfähigen eine Stellung nicht zu Theil werden, die von so durchgreifenden Folgen für die betreffende Gemeinde begleitet ist; mithin darf auch er hoffen, daß ernstem Flehn nicht werde versagt werden, was der natürlichen Anlage nicht gegeben werden konnte, und es mahne ihn daher seine individuelle Lage, sich nur desto redlicher um die lebendige Erfahrung davon zu bemühen, daß das Gebet des Gerechten Viel vermag, wenn es ernstlich ist.

Die Unentbehrlichkeit einer strengen wissenschaftlichen Vorbereitung auf den Dienst am göttlichen Wort ergiebt sich aus dem Bisherigen zur Genüge, und die Kirche sorgt daher mit Recht dafür, daß nicht Diener sich in sie eindrängen, welchen in dieser Hinsicht die Tüchtigkeit abgeht. Wenn der Ausleger der h. Schrift, bevor sein Geschäft recht angehen kann, vor Allem denselben Standpunkt auf dem Wege der Reflexion gewinnen muß, den die ersten Leser der h. Bücher mehr oder weniger ohne Reflexion hatten, so zeigt schon die Aufgabe des Exegeten sich hiermit als eine so mannichfaltig bedingte, daß wenigstens ein gewecktes Bewußtsein hierüber dem künftigen Geistlichen vermittelt, und er dadurch in den Stand gesetzt werden muß, einem klugen Kaufmanne gleich, mit der erworbenen Summe der unentbehrlichsten Kenntnisse fortan selbstständig zu handeln und das sich immer erneuernde Auslegungsgeschäft mit sichrem Takt und frei von sklavischer Abhängigkeit zu vollziehen; denn nur so kann es gelingen, durch Rückgang zu den ersten Lesern der h. Urkunden wiederum auch diese letzteren in ihren Beziehungen zur gegenwärtigen Gemeinde lebendig zu reproduciren und die dazwischen liegenden Entfernungen der Zeit und des Orts, so wie der Zustände und Sprachen aufzuheben. — Je tiefer und umfassender die Kirche mit allen übrigen Gebieten des Lebens sich verbindet und, während sie deren Einflüsse erfährt, auch ihrerseits als schaffende und bildende Macht sich an ihnen erweist, desto reicher und vielgestaltiger werden ihre geschichtlichen Entwicklungen, desto complicirter auch der in die innerste Wahrheit ihrer waltenden Principien verschlungene Irrthum; und es macht hiermit sehr bald von selbst das dringende Bedürfniß an ihren Dienern sich fühlbar, nicht blos historisch die Gegenwart, in deren lebendige Mitte sie sich gestellt sehen, zu begreifen, sondern auch ihr individuelles Bewußtsein je länger je mehr in den, allen wechselnden Erscheinungen und Entwicklungsformen des kirchlichen Lebens zu Grunde liegenden ewigen Ideen aufgehen zu lassen und so einen sichern Maßstab der Beurtheilung gegebener Zustände mit ihrer bunten Mischung von Wahrem und Falschem zu gewinnen. Es liegt am Tage, wie unentbehrlich auch in dieser Beziehung strenge wissenschaftliche Vorbereitung für den Dienst der Kirche ist; und nicht allein Dieses, sondern auch, wie wesentlich es für den geistlichen Stand erscheint, in der theologischen Wissenschaft immer heimisch zu bleiben, widrigenfalls er Gefahr läuft, den Anforderungen, die das unmittelbare Dasein der kirchlichen Gegenwart an ihn macht, unmächtig gegenüber zu stehen, allmählich in starrer Einseitigkeit sich zu verfestigen und dem tieferen Verständniß der wirkenden Principien seiner Zeit sich mehr und mehr zu entfremden. Daß die Wissenschaft an sich noch keinen rechten Geistlichen macht, ist klar. Wenn aber zu ihr, die der große deutsche Reformator im Begriff der meditatio befaßte, die oratio und die tentatio hinzukommen; wenn jene Bürgschaft dafür gewährt, daß die durch gründliches Studium gewonnenen und wachsenden Schätze christlicher Gnosis in Kraft ununterbrochener Lebensgemeinschaft mit dem Erlöser für die Gemeinde fruchtbar werden; wenn diese, wie sie in den täglichen Beziehungen des irdischen Daseins immerdar von selbst kommt, auch stets neue Proben des Glaubens, worin der inwendige Mensch erstarkt und reift, mit sich bringt: so wird endlich ein rechter theologus, der da trösten kann mit dem Troste, damit er getröstet worden, ein Schriftgelehrter, zum Himmelreich gelehrt, welcher Altes und Neues aus seinem Schatze hervorbringt.

Werfen wir schließlich einen Blick auf die Verhältnisse des geistlichen Standes zur heutigen Welt, so läßt sich die wesentliche Veränderung, die sie erfahren haben, nicht verkennen. Es gab eine Zeit, worin man die Göttlichkeit des Amts ohne Weiteres auf den Stand übertrug. Da brauchte, wie ein geistvoller Lehrer gesagt hat, der Geistliche nicht die Gemeinde in die Kirche, sondern nur die Kirche in die Gemeinde zu treiben; der

Glaube der Väter wurzelte als unantastbare, h. Ueberlieferung noch tief in den Gemüthern des Volks, dem das Gefühl der Abhängigkeit von der kirchlichen Autorität wesentlicher Bestandtheil seiner Religion war, und es hielt unter diesen Umständen für den schlichten Pfarrer in Stadt und Land nicht schwer, bei treuer Wahrnehmung seines Berufs das lieblichste patriarchalische Verhältniß zwischen sich und den Kindern seiner Pflege zu gestalten. Seitdem es der Pietismus vergeblich versucht hat, den verstockten Orthodoxismus der nachreformatorischen Zeit brechend, die evangelische Kirche Deutschlands im Geiste der Reformation durchgreifend zu erneuern; nachdem vielmehr auch er selbst, bei seiner allmählich offenbar gewordenen wissenschaftlichen Impotenz, ohnmächtiger Einseitigkeit seiner großen Aufgabe gegenüber anheimgefallen ist, hat er dazu mitgewirkt, daß neben dem, schon damals stark geweckten Widerwillen der deutschen Nation gegen die todte Orthodoxie des Buchstabens, eine nicht mindere Säure allgemeiner Verstimmung wider die, im Gegensatz gegen die frühere starre Objectivität des politisch-kirchlichen Wesens nunmehr aufkommende vorherrschende Subjectivität des christlichen Geistes sich ansetzte. In der That war der Pietismus in seiner Verachtung der äußern Formen eines fest gestalteten Kirchenthums ebenso unberechtigt, als es in seiner Art der des subjectiven Lebens ermangelnde Orthodoxismus gewesen war; und so lag es im natürlichen Gange der Dinge, daß ein unheilvoller Argwohn mehr und mehr gegen Alles hervortrat, was mit dem Anspruch auf die wahre Innerlichkeit eines lebendigen Christenthums sich geltend machte. So bahnte sich der Aufklärungsperiode des achtzehnten Jahrhunderts der Weg, in welcher der geistliche Stand selbst die köstliche Perle wegwarf, die ihm Würde und Ansehn in der Gemeinde sicherte, um seinen Nacken unter ein immer schmachvoller werdendes

Joch zu beugen und selbstverschuldeter Verachtung zur Beut' zu werden. Doch es dauerte lange genug, bevor „der Aufklärigt"*) bis in die unteren Schichten der Gesellschaft eindringen konnte; noch geraume Zeit, nachdem Voltair'scher Geist die höheren Regionen bereits durchdrungen hatte, hielt das niedere Volk am Ueberlieferten fest, wenn gleich es ihm zum todten Besitzthum geworden war, und in dem lethargischen Schlaf, worin die evangelische Gemeinde Deutschlands immer völliger abstumpfte, nur wenig darauf geachtet wurde, welche ein heilloses Spiel ihre Bauleute trieben. Nachdem die französische Revolution das neue Weltprincip des sogenannten philosophischen, richtiger: antigeschichtlichen Jahrhunderts höchst energisch in die Praxis eingeführt und in ihrer weitern Entwickelung der deutschen Nation, welche den Anfängen der gewaltigen Krisis, selbst mächtig ergriffen von dem über alles Bestehende zu Gericht sitzenden Taumelgeiste, nicht wenig zujauchzte, Demüthigung und Schmach gebracht hatte, folgte der harten Züchtigung in den Befreiungskriegen eine Zeit der Erhebung, worin auch die evangelische Kirche sich wieder über den festen Grund des Heils in Christo zu besinnen anfing und, mit Geist von Oben neu getauft, zu lebendigem Glauben zurück erwachte. Aber der abstracte Liberalismus, mächtiger seitdem noch durch schwere Verschuldungen des öffentlichen Lebens hervorgerufen und gewissermaßen dadurch berechtigt, blieb nichts desto weniger als falscher Prophet im innersten Bewußtsein des Volks, und es entbrannte nunmehr ein Principienkampf, wie die Geschichte kaum einen ähnlichen aufzuweisen hat. Während einerseits die Philosophie in der Evolution pantheistischer Welt-

*) Wir können es uns nicht versagen, hierbei an eine in Folge der neueren Enthaltsamkeitsbestrebungen sehr gut gebildete Zusammensetzung von Licht und Fusel zum „Lichtfusel" zu erinnern.

anschauung bis zur äußersten Consequenz fortschritt, und die geringeren Geister, die in der strengeren sittlichen Haltung ihrer edleren Meister keine Fessel erkannten, bis in den wüthendsten Haß des Christenthums hineintrieb, kam es andererseits auf erschreckende Weise zu Tage, in welchem Grade nun auch die großen Massen für die praktischen Consequenzen des neuen Weltprincips empfänglich geworden waren, seitdem einmal der Unglaube den Bau sittlich-religiöser Gemeinschaft unterminirt und ihre Grundvesten wankend gemacht hatte. Gegenwärtig haben wir einen Punkt erreicht, wo das am Unglauben entzündete Feuer sittlichen Verderbens in der unteren Sphäre des Volks auch dann nothwendig weiter fortfrißt, wenn es dem Geiste des Christenthums mehr noch als bisher gelingen sollte, mit gläubiger Wissenschaft im Bunde, die oberen Kreise zur Besinnung über die heiligsten Interessen der Menschheit zu wecken; und so ist es nicht zu verwundern, wenn heutzutage der geistliche Stand eine höchst schwierige Stellung hat. Je mehr man darauf bedacht ist, das, subjectiver Willkühr anheimgefallene kirchliche Wesen zu objectiv-festerer Gestaltung auf dem Grunde der Reformation zurückzuführen, was überdies ohne mancherlei verfehlte Versuche und Mißgriffe im Einzelnen kaum geschehen kann, desto mehr findet der Geist des Widerspruchs, auf die scheinbare Berechtigung eines verjährten Besitzstandes trotzend, sich zur Wachsamkeit gegen alle Bestrebungen solcher Art aufgefordert. Argwöhnisch ist man gegen die Ansprüche des neuen Pfaffenthums auf der Hut; man wittert jesuitische Tendenzen; man zieht mit Schadenfreude wirkliche oder erdichtete Blößen, die von Geistlichen gegeben sein sollen, an's Licht; durch Entstellung von Thatsachen verdächtigt man ihre angeblich hierarchischen Bestrebungen und zeiht sie der Heuchelei und Habsucht; den gehäßigsten Beschuldigungen aber bleiben überall diejenigen

Diener der Kirche ausgesetzt, welche den alten biblischen Glauben vertreten. —

Wenn solchen Umständen gegenüber die Frage entsteht, woher Hilfe kommen könne, so ist zunächst klar, daß keine äußeren Mittel im Stande sein werden, das gesunkene Ansehn des geistlichen Standes wieder aufzurichten. Weder verbesserte Dotationen der Pfarrstellen, noch die heutzutage so laut und vielstimmig geforderte neue Verfassung der Kirche und deren Emancipation vom Staat, noch gesetzliche Verpflichtungen auf Symbole tragen, wie an sich unverwerflich, ja wünschenswerth alle diese Dinge sein mögen, das Heilmittel einer Krankheit in sich, die nur der Herr heilen kann. Es fehlt nicht an ernsten Gemüthern, die schon an der Heilung verzweifeln und alles äußere Kirchenthum als ein, unvermeidlichem, nahem Untergange geweihtes ansehen, hieran aber die Hoffnung einer baldigen Wiederkunft Christi zur herrlichen Erneuerung seines Reichs auf Erden anknüpfen. Wir können diese Ueberzeugung nicht theilen, hegen aber gleich Jenen die Erwartung, daß Hilfe vom Himmel kommen wird, in Gnade und Gericht. Eine neue reiche Mittheilung des göttlichen Geistes an die Gemeinde kann allein ausrichten, was keinem fleischlichen Arm gelingt; und wenn die Geistlichen treu sein werden in der Verkündigung des Worts von der Versöhnung, dann wird auch in dem Maße, als dasselbe als eine Gotteskraft, die da seelig macht Alle, die daran glauben, am Volke sich bewährt, das gesunkene Ansehn der Diener der Kirche auf's Neue sich heben, und die Geistlichen werden im Bewußtsein der Gemeinde die Achtung wiedergewinnen, welche nur die innere Wahrheit ihrer Stellung zu erringen und zu sichern vermag.

Viertes Capitel.

Standpunkt.

Der durchgreifende Gegensatz zwischen dem römischen Katholicismus und dem Protestantismus wird neuerdings wohl so aufgefaßt, daß beide Kirchen als innerlich gleich berechtigt neben einander stehen sollen. Es wäre in diesem Falle nicht mehr der Irrthum auf der einen oder der andern Seite, welcher die trennende Scheidewand zwischen ihnen aufrichtete; sondern nur als zwei verschiedene, aber einander nicht ausschließende Darstellungen des einen christlichen Lebensprincips stünden sie sich gegenüber; und nur dem Mißverstande wäre es gelungen, den nie ganz abgebrochnen Kampf zwischen beiden bis in die Gegenwart hinein zu unterhalten. Diese Anschauung der Dinge würde, wenn sie die richtige wäre, besonders für die praktische Theologie von wichtigen Folgen sein, da die protestantische Kirche in diesem Falle den Anspruch aufgeben müßte, ihre Gesammtpraxis aus einem schlechthin universellen, evangelischen Princip herzuleiten und wissenschaftlich zu begreifen. Beide, Kirche und Wissenschaft, hätten vielmehr die Aufgabe, in Betreff der ganzen kirchlichen Praxis recht gründlich sich über die Besonderheit des ihr zu Grunde liegenden Princips zu besinnen und demnächst die Lebensthätigkeiten der Gemeinde immer entsprechender darnach sich gestalten zu lassen. So hätten dann beide Theile nothwendig auch ihre eigenthümliche praktische Theologie in der Art, daß es den gegensätzlichen Evolutionen derselben obläge, einander gewähren zu lassen und auf Grund wechselseitiger Anerkennung sich friedsam, jedwede auf ihrem heimischen Boden, auszubauen, ohne einen Anspruch auf das, an sich zwar gleich Christliche, aber individuell Zugehörige der andern Seite zu erheben. Verhielte es sich nun so, so dürfte unsere Einleitung nicht schließen, ohne die Principien des Katholicismus und Protestantismus in ihrem gesonderten Auseinandergehen entwickelt zu haben, um fortan im Sinne des letzteren die nachfolgenden wissenschaftlichen Darstellungen auf ihren gesonderten Weg hinüberzuleiten. Wir müssen jedoch diese kirchliche Grundanschauung entschieden bestreiten. Wie bereitwillig wir sind, der geschichtlichen Erscheinung des römischen Katholicismus das Zugeständniß zu machen, daß Momente des christlichen Lebens, deren tieferes Verständniß dem Protestantismus bis jetzt fremd geblieben, durch sie zur Darstellung gebracht worden sind; ja sogar, daß die geschichtliche Entwickelung jener Momente grade durch Dasjenige mit bedingt gewesen, worin der protestantische Geist die höchste Energie des Irrthums zu erblicken, sich gewöhnt hat: so können wir doch nicht umhin, in dem, was eigentlich die römische Kirche von der unsrigen scheidet, nur die Macht eines grundfalschen Princips anzuerkennen. Wenn nun dieses die betreffende kirchliche Praxis so wesentlich modificirt, daß eine eigenthümliche praktische Theologie hiernach als Bedürfniß der Kirche Roms sich herausstellt: so finden wir uns außer Stande, derartigen Ansprüchen der Wissenschaft eine wahre innere Berechtigung zuzugestehen. Hiermit haben wir unsern Standpunkt schon bezeichnet als den schlechthin universellen, d. h. evangelischen im vollsten Sinne des Worts, wonach uns eine solche Vollziehung der vorliegenden Aufgabe zur Pflicht gemacht ist, daß überall das Christliche überhaupt in den Gestalten des kirchlichen Lebens aufgesucht werde, und, wo irgend es sich zeigen sollte, daß andere Confessionen, sei es nun in Cultus, oder Verfassung etwas Gutes haben, was uns gegenwärtig noch abgeht, sofort auch die Wissenschaft zur Nacheiferung reize, oder mit klaren Gründen darthue, wie der Protestantismus, sofern ein an sich zwar Gutes nur durch den daran haftenden Irrthum zu behaupten sei, nothwendig darauf verzichten müsse, ja überhaupt ein wirkliches Gut darin nicht anzuerkennen vermöge. Von dieser Art begegnet uns Vieles in der römischen Kirche, was durch ihre geschichtlich-großartige Einheit getragen ist; und wir bewundern wohl die Objectivität, zu welcher alle Aeußerungen und Erscheinungsformen des Lebens in ihr sich plastisch gestaltet haben; vergegenwärtigen wir uns aber, wie alles Dies auf der Basis eines, in der Statthalterschaft Gottes culminirenden Priesterthums, welches unaufhörliche Sühnopfer für die Lebendigen und die Todten darbringt, ruht, so erscheint uns billig jene Einheit mit Dem, was daran hängt, um solchen Preis zu theuer erkauft, und wir sehen dann zu, wie es gelingen möge, das lautere Gold, welches dort nur unter solchen Schlacken besessen wird, durch einen reineren, evangelischeren Entwickelungsproceß unserem Kirchenwesen zuzuführen. Hiernach werden wir im weitern Verlauf der praktisch-theologischen Wissenschaft überall zwar, wo die Gegensätze hervortreten, Rücksicht darauf zu nehmen haben, deren primitive Entwicklung aber der historischen Theologie, welche der praktischen vorausgeht, anheimgeben.

Schließlich ist zu bemerken, daß der hier genommene universelle Standpunkt der Stellung, welche das erste Capitel der praktischen Theologie zugewiesen hat, durchaus angemessen erscheint; denn die lebendige Praxis der Kirche richtet ihren Blick in die Zukunft, von welcher wir den endlichen Sieg des reinen Katholicismus in der sichtbar-herrlichen Erscheinung des Reiches Gottes auf Erden erwarten; diesem Ziele jagt sie nach, wenn sie sich selbst recht versteht; und es darf daher auch die ihr gewidmete Wissenschaft keine particularistische Selbstbeschränkung sich auflegen; vielmehr mahnt sie das protestantische Bewußtsein selbst, sich mit ächt-katholischem Geiste zu erfüllen, ohne der Besorgniß Raum zu geben, daß sie darüber den festen Boden des concreten kirchlichen Lebens verlieren werde. Auch der Protestant glaubt an eine heilige katholische Kirche; er würde an der innern Wahrheit seines kirchlichen Standpunkts irre werden, wenn dieser Punkt des, die ganze Christenheit verbindenden Taufbekenntnisses für ihn nicht mehr existirte; aber die Zukunft trägt ihm Dasjenige noch in ihrem Schooße verhüllt, was die Kirche Rom's bereits fertig darzustellen behauptet, und um desto gewisser ist jener Glaube für ihn eine ἱπόστασις ἐλπιζομένων Hebr. 11, 1. Daß übrigens der von uns geltend gemachte Universalismus in der praktischen Theologie sehr wohl sich mit dem engeren Anschluß an eine bestimmte Kirchengemeinschaft verträgt, versteht sich von selbst, da ja eine gegebene Particularkirche eben durch christlich-universalistischen Geist ausgezeichnet dastehen kann. —

Die Liturgik.

Einleitung.

§. 1.

Begriff.

Die Liturgik ist die Wissenschaft von dem Wesen des christlichen Cultus und den Grundsätzen für die Anordnung und Verwaltung desselben. Dieser Begriffsbestimmung entspricht der Name.

Bei den Griechen λειτουργία jedes öffentliche Geschäft, jede Verwaltung eines öffentlichen Amtes; — daher λειτουργός Staatsdiener. — Im N. T. λειτουργία gleich: Dienstleistung 2 Cor. 9, 12; Phil. 2, 30. — Auch die Amtsverrichtungen des jüdischen Priesters; cf. Luc. 1, 23; Hebr. 9, 21; — das priesterliche Amt Christi, Hebr. 8, 6; — die Geschäfte der Apostel zur Verbreitung des Christenthums, Phil. 2, 17; Röm. 15, 16; wo sich Paulus einen λειτουργός Christi nennt.

In der alten Kirche λειτουργία die Verwaltung aller gottesdienstlichen Handlungen, Gebete, Lectionen, Predigt, Sacramente. Die Verwaltung des Abendmahls nannte man liturgia mystica. — Gegenwärtig wird das Wort Liturgie meist im engeren Sinne von dem Theile des öffentlichen Gottesdienstes, welcher an den Altar gebunden ist, gebraucht, im Gegensatz gegen die Predigt und den Gesang der Gemeinde. Es ist jedoch im Namen unsrer Disciplin der weitere Sinn festgehalten, wonach Liturgie den Inbegriff aller Cultushandlungen bezeichnet, auch die Predigt, die nächst der homiletischen auch ihre liturgische Seite hat, miteingeschlossen.

§. 2.
Wichtigkeit des Studiums der Liturgik.

Zwar ist die Praxis überall das Erste, und dann folgt die Theorie, wie denn auch anerkannt werden muß, daß die Gestaltung des christlichen Cultus nicht sowohl durch ein theoretisches Bewußtsein darüber vermittelt worden, als aus gesundem, organischem Bildungstriebe der Kirche hervorgegangen ist. Wie aber eine Bürgschaft für gesunde Praxis darin liegt, daß sie Anlaß wird zur Erzeugung eines theoretischen Bewußtseins, so will auch dieses wiederum leitend und regelnd auf die Praxis zurückwirken, sie vor Verirrungen behüten, den unmittelbaren Bildungstrieb über sich selbst aufklären und durch einen sichern Takt ihn zügeln. Das Studium der Liturgik ist daher in unserer Zeit, wo die bestehenden Formen des Liturgischen wankend geworden sind, und, weil es trotz des tiefgefühlten Bedürfnisses einer besseren Gestaltung der Dinge doch an schöpferischer Kraft dazu gebricht, die Gefahr vor unreifen Versuchen und principienlosem Umherschwanken desto größer erscheint, von höchster Wichtigkeit.

Es war natürlich, daß die sogenannte Aufklärungsperiode nicht bei der Lehre stehen blieb, sondern in ihrem negativen, destructiven Sinne auch die liturgische Gestaltung aller Bestandtheile des öffentlichen Cultus antastete. Da jedoch diese

Bestrebungen, wenn gleich vom Kirchenregiment gern gesehen, doch nicht von ihm ausgingen, so fielen sie meist der Privatwillkür der einzelnen Pfarrer anheim; es reformirte jeder auf seine eigene Hand; man überschwemmte die Kirche mit einer ganzen Fluth schaaler, saftloser Formulare voller Menschensatzung; man verwässerte die Gesangbücher und ließ das fade Geschwätz der Kanzeln auch in den Liedern wiederhallen und glaubte das Heil der Welt am Sichersten zu befördern, wenn man durch Alles, sogar auch durch Gebet und Lied, nur den Verstand zu belehren suchte. Bei dieser vorwaltenden Tendenz, überall mit einem hohlen Predigen sich aufzudrängen, gerieth der öffentliche Cultus natürlich in Verachtung, und man verlor besonders allen Sinn für seine liturgische Gestaltung. Man fing an, ihn ausschließlich in die Predigt zu setzen und alles Andere als überflüßiges Beiwerk, selbst die Sacramente als bloße Ceremonien zu betrachten. Leider ist nicht bloß den Laien sondern auch den Geistlichen selbst großentheils mit dem lebendigen Interesse für die organische Einheit des öffentlichen Cultus auch dies tiefere Verständniß derselben entschwunden, und es darf daher behauptet werden, daß ein reformatorischer Geist auf diesem Gebiet sich vor Allen durch anregende und gründliche wissenschaftliche Versuche wird bewähren müssen. Die zeitherige Betrachtung hat uns bereits auf den Boden der Geschichte geführt.

§. 3.
Geschichtliche Entwickelung.

Die erste Entwickelungsperiode des christlichen Cultus reicht bis zu Constantin dem Gr. Christus und die Apostel haben bestimmte Formen gottesdienstlicher Feier nicht vorgeschrieben. Die neue Religion trug jedoch das schöpferische Princip ihres Cultus schon in sich selbst, und es lag in der Natur der Sache, daß derselbe zunächst an die jüdische Synagoge sich anschloß. In den von Christo selbst eingesetzten Sacramenten lagen zugleich die lebendigen Keime zu einer eigenthümlichen Entwickelung desselben. Schon in der ersten Periode begegnen uns in der Abendmahlsliturgie feste organisch gegliederte Cultusformen, aber damit zugleich auch bereits die, auf einen alttestamentlichen Standpunkt zurückführende Opfer- und Priesteridee.

Jede Religion hat ihre lebendigen Anfänge in geschichtlichen Thatsachen, welche, erfüllt mit den bewegenden Grundideen dieser bestimmten Religion, ebensowohl den eigenthümlichen Inhalt ihres entsprechenden Cultus, als auch, sofern sie selbst nach planvoller Entwickelung in die Zeit getreten sind, das Gesetz seiner h. Zeiten bedingen.

Da die christliche Religion aus dem Boden der jüdischen hervorging, so knüpfte ihr Cultus nothwendig an die in der letzteren schon bestehenden Formen an. Schon in den Synagogen waren Gebete, h. Gesänge, namentlich Psalmen, und Vorlesungen alttestamentlicher Abschnitte (man denke an die Paraschen und Haphtharen) gebräuchlich. Vergl. Matth. 26, 30; Marci 14, 26; Luc. 4, 16—20. — Daß auch in den christlichen Gemeinden schon früh Gleiches üblich wurde, davon finden sich Spuren bereits im N. T. Vergl. Ephes. 5, 19; Coloss. 3, 16. — An die gehaltenen Vorlesungen knüpften sich nach dem Vorgange der Apostel (vergl. Apostelg. 13, 15 u. v. a.) freie Ansprachen an die Gemeinde. — Als bedeutungsvolle Ceremonien finden wir im apostolischen Zeitalter die weihende Handauflegung und den Bruderkuß; vergl. Apostelg. 19, 6; 1 Cor. 16, 20. — In den Tagen der

Erstlinge des Geistes bei der Gemeinde zu Jerusalem löste sich das ganze Leben der Christen in Cultus auf. Der Cultus wollte hier ja nichts Anderes sein, als nur die in die Sichtbarkeit des erscheinenden Lebens eintretende Wirksamkeit des h. Geistes selbst. Daher mußte sogar das Verhalten der Gläubigen zu irdischem Besitzthum Cultus werden; die Gütergemeinschaft jener apostolischen Zeit gestaltete sich zu einem schönen Ausdruck der Gemeinschaft der Heiligen, und sogar das tägliche Nehmen der Nahrnng wurde Veranlassung zu brüderlicher Vereinigung in Liebesmahlen, Agapen, mit welchen sich die tägliche Abendmahlsfeier verband.

Lange konnte es so nicht bleiben. Jene erste Gestalt der Gemeinde schwand dahin, als ihre typische Bestimmung in ihrer Beziehung auf die, an die Wiederkunft des Herrn sich knüpfenden Hoffnungen des Gottesreiches auf Erden erreicht war. Schon die zu Corinth in die Liebesmahle eingeschlichenen Mißbräuche deuten darauf, daß Cultus und Leben auseinandertreten wollten, und es mußte dann der erstere immer mehr zu eigenthümlicher Gestaltung in objectiv-festen Formen gelangen, wobei bemerkenswerth erscheint, wie derselbe fortan je länger je mehr den Uebergang von seiner anfänglichen apostolischen Einfachheit zur Idee priesterlicher Vermittlung in sich darstellt, und wie in dem Streben, den innerlichen Lebensproceß aus seiner verborgenen Stätte hinaus in die Aeußerlichkeit zu versetzen und so ein heilbringendes Thun daraus zu machen, die theurgische Tendenz hervortritt.

Unter den früheren Kirchenvätern, welche sich über die gottesdienstlichen Gebräuche der ersten Jahrhunderte aussprechen, sind Justin der Märtyrer und Tertullian von hervorragender Wichtigkeit. Der erstere beschreibt in seiner, dem Kaiser Antonin gewidmeten Apologie (Apolog. I, cp. 61 — 67.) die gottesdienstlichen Zusammenkünfte der Christen; desgleichen

Tertullian im Apologeticus adversus gentes cp. 39; und mit ihren Berichten stimmt der bekannte Brief des Plinius an den Kaiser Trajan im Wesentlichen zusammen. —

Die apostolischen Constitutionen, wo in acht Büchern die Apostel redend auftreten, und über das Verhalten der Christen, sowie über Kirchenverfassung, Kirchendisciplin und Cultus Vorschriften ertheilen, sind für die Geschichte der Entwickelung dieses letzteren von großer Bedeutung. Wenngleich sie ebenso wenig den Aposteln zugeschrieben werden können, als sich annehmen läßt, daß, wie die kirchliche Tradition will, die Römische Liturgie von Petrus, die Mailändische von Barnabas, die Griechische von dem Apostel Jacobus herrühre, so enthalten sie doch gewiß liturgische Formen, welche bis in das Urchristenthum zurückreichen, und stellen namentlich in der im achten Buch sich findenden vollständigen Beschreibung der Abendmahlsfeier mit den dazu gehörigen herrlichen Gebeten schon den Uebergang zur objectiv-festen, organischen Gestaltung des christlichen Cultus in sich dar. Auch die sogenannten canones apostolorum, oder die ihnen zugeschriebenen kleineren Vorschriften sind aus liturgischem Gesichtspunkt von Wichtigkeit.

§. 4.

Zweite Periode

von Constantin bis zur Reformation.

So lange die Kirche der, ihr feindlichen Welt gegenüberstand, offenbarte sie sich auch noch in einem engeren Sinne als Gemeinde der Gläubigen. Indem sie aber mit Constantin's Uebertritt zum Christenthum je länger je mehr herrschende Staatskirche wurde und so mit der Welt selbst eine Vermählung einging, mußte die stärkste Rückwirkung hievon auf ihr ganzes inneres Leben und somit auch auf ihren Cultus erfolgen. Die zwei an sich entgegengesetztesten Principien der vorchristlichen Welt, das des Heidnischen und des Jüdischen, beide jetzt in enger Verwandtschaft mit dem, in der Kirche immer stärker erwachenden Weltsinn, versöhnten sich nun mit einander, um den Cultus in seiner schon während der vorigen Periode eingeschlagenen theurgischen Richtung rasch weiter zu führen, ihn zum Behuf des dieser Tendenz entsprechenden Gepränges in immer reicherer Symbolik pomphaft sich entfalten zu lassen und ihn zum Ausdruck des, die Herrschaft über die christliche Welt anstrebenden hierarchischen Geistes zu machen. So bildete sich eine Form, deren Mittelpunkt das sogenannte heilige Meßopfer wurde, und welche das doctrinale Element im Gottesdienst in fernen Hintergrund zurücktreten ließ, jedoch eben in dieser Gestalt geeignet war, der, in Folge der Völkerwanderung mit der alten romanischen Welt sich vermählenden germanischen die Lehren und Gnaden der Kirche durch großartige symbolische Anschauungen in einer Weise nahe zu bringen, die, ungeachtet der tiefen Innerlichkeit dieser geistig hochbegabten Völker, dennoch ihrer damaligen Bildungsstufe, bei vorherrschender Sinnlichkeit angemessen war. Es gehört mit zu der eigenthümlichen Romantik des Mittelalters daß es der Liturgie der römischen Kirche gelang, sich sammt ihrer lateinischen Sprache in der abendländischen Welt fast durchgängig zur herrschenden zu machen.

Was das heidnische Princip im christlichen Cultus betrifft, so machte es sich schon in dem, ihn umgebenden Luxus und dem Gepränge, welches sich seit Constantin ungemein verstärkte, geltend. Jetzt wurden auch prächtige Kirchen erbaut, und die ursprüngliche Einfachheit der gottesdienstlichen Versammlungen wohnte nicht mehr in den Basiliken und Kathedralen der, immer reicher und mächtiger werdenden Staatskirche, die ihren vornehmeren Dienern, den Bischöfen, auch hohen weltlichen Rang verlieh. Doch nicht allein in dieser Form brach das heidnische Weltprincip in den Cultus sich Bahn, sondern man folgte auch geflissentlich dem Grundsatz, heidnische Culte christlichen Ideeen anzubequemen und sie mittelst einer Umbildung in die kirchliche Festsphäre aufzunehmen. Noch das heutige Italien mit seiner Mutter aller Kirchen, Rom, ist voll von solchen thatsächlichen Reminiscenzen an das heidnische Alterthum. Höchst merkwürdig ist in dieser Hinsicht eine Schrift des Engländers John James Blunt: Spuren alter Sitten und Gebräuche in Italien und Sicilien, London 1823, in das Deutsche übersetzt Darmstadt 1826. — Schon Gregorius Nyssenus rühmt es an Gregorius Thaumaturgus, daß er heidnische Feste in Feste zu Ehren der Märtyrer umgewandelt und Volkslustbarkeiten daran geknüpft habe. Noch interessanter in dieser Beziehung sind die Vorschriften Gregor's d. Gr. für die englischen Missionare im neunten Buch seiner Briefe epist. 71. Er will die heidnischen Tempel beibehalten, nur die Götzenbilder darin zerstört wissen; die religiösen Volksfeste sollen sich in christliche verwandeln, selbst der Opfercultus soll an Tagen der Kirchweihe, sowie der Märtyrer und Heiligen sich nur mit solennen Volksfesten vertauschen, und mit fröhlichen Schmausereien unter Laubhütten rings um die Tempel her.

Das jüdische Princip im Cultus entwickelte sich in dieser Periode in der Gestalt eines alttestamentlichen Priesterthums immer bestimmter, und es dürfte behauptet werden, daß die kirchliche Lehre vom Sacramente, statt die betreffenden Formen des Cultus zu regeln, vielmehr selbst erst aus seiner Tendenz, alles Innerliche zu einem Aeußerlichen zu machen, hervorgegangen ist, dann aber auch dieselbe vollendet hat; denn erst die Brotverwandlungslehre des Paschasius Radbert und ihre fernere Ausbildung entschied den theurgischen Charakter des mittelalterlichen Cultus definitiv, in welchem nunmehr das Meßopfer als sacrificium expiatorium, wie es den Centralpunkt aller priesterlichen Thätigkeit bildet, also auch dem Priesterthum selbst eine übermenschliche Würde und Majestät verleiht. Die Kelchentziehung, welche doch vor 1095 nicht allgemein wurde, dann aber auch den Meßpriester in eine unerreichbare Höhe über den Laienstand erhob, war die unmittelbare Folge der Transsubstantiationslehre. So kam der Cultus zu der eigenthümlichen Gestalt, die noch jetzt den Grundcharakter des römisch-katholischen Gottesdienstes ausmacht, nämlich Alles, was als innerstes Geheimniß das Leben des Glaubens erfüllt, in objectiv-fester Gestalt so zu veräußerlichen, daß das sinnlich Wahrnehmbare selbst als ein, mit dem göttlichen Inhalt Erfülltes der frommen Verehrung sich darstellen und die Gefühle der Anbetung als seinen lebendigen Reflex wecken soll.*) Es lag in der Natur der Sache, daß in dieser herrschenden Objectivität auch die Tendenz auf höchsten Glanz und fortwährende Steigerung und Vermehrung der Ceremonien enthalten war. Insonderheit schließt die Vergöttlichung des Irdischen im Cultus der mittelalterlichen Kirche eine Neigung zur Vervielfältigung solcher Feste in sich, die den irdischen Menschen als Träger göttlicher Glorie verherrlichen. Daher das immer weitere Umsichgreifen des Cultus der Heiligen während dieser ganzen Periode. Unter den Festen, welche erst in ihr aufgekommen sind, verdienen erwähnt zu werden, Mariä Geburt, dessen Feier nicht vor dem elften und zwölften Jahrhundert allgemein geworden

*) Eine Objectivirung des Innerlichen, in welcher dieses seine Innerlichkeit aufgiebt, um ein äußeres, heilbringendes Thun zu werden, ist der Charakter des mittelalterlich römischen Cultus.

ist; ferner Mariä Heimsuchung, erst 1389 von Urban VI. gestiftet, während Mariä Himmelfahrt in weit frühere Zeit hinabreicht. Es ist zweifelhaft, ob nicht schon Damasus oder Gelasius dieses Fest, welches auf der Mainzer Synode 813, so wie a. 847 von Leo IV. sanctionirt wurde, angeordnet haben. — Das Fest Aller Heiligen erstreckte sich anfänglich nur auf Rom. Als Kaiser Phocas dem Papst Bonifacius IV. das Pantheon überließ 610, weihte es dieser und widmete es dem Cultus der Maria und der heiligen Märtyrer. — Das Fest Aller-Seelen, welches der Clugnyacensische Abt Odilo IV. am Ende des zehnten Jahrhunderts stiftete, blieb lange ein bloßes Klosterfest, bis es gleich dem vorigen allgemein wurde. Das Frohnleichnamsfest drückt den oben entwickelten Charakter des mittelalterlichen Cultus am Prägnantesten aus. Erst Urban IV. führte i. J. 1264 in Folge der Visionen einiger Klosterfrauen, Eva, Juliane und Isabella zu Lüttich, so wie eines zu Bolsena angeblich erfolgten Wunders bei Gelegenheit einer Messe, dieses Fest ein, zu welchem Thomas von Aquin das officium verfertigte. Es kann als die Spitze des römisch-katholischen Cultus betrachtet werden.

Der im Obigen entwickelte Charakter desselben ließe sich auch als der romantische begreifen. Die Romantik bezeichnet eine Bildungsstufe, welche dadurch entsteht, daß ein, in sich unendliches Princip in seiner ganzen Fülle vom menschlichen Geist aufgenommen wird, und, bei dessen Unvermögen, den gewonnenen reichen Inhalt auf dem Wege begrifflicher Erfassung sich zu verinnerlichen, zunächst das ahnungsvolle Gemüth und die schöpferische Anschauung in lebendige Thätigkeit setzt, damit das Ueberschwengliche zuerst in äußerlichen Gestaltungen und Formen objectiv sich versinnliche, um von hier aus sodann auch in die Sphäre des, das Object verinnerlichenden Denkens überzugehen. Daß diese Bildung die romantische genannt wird, hat einen geschichtlichen Grund, indem der, in den Occident eingedrungenen germanischen Welt jenes unendliche Princip in der Gestalt romanisch-christlicher Bildung entgegentrat.*)

Daß die römische Liturgie zugleich mit der lateinischen Sprache fast allgemeine Herrschaft im christlichen Abendlande errang, war durch die eigenthümliche Stellung Rom's den neugebildeten Staaten gegenüber, und durch den planvollen Gang der geschichtlichen Entwickelung wesentlich bedingt. Schon i. J. 1052 konnte Leo IX. den Mainzischen Diakonus Hunibert in den Bann thun, weil er die Messe in deutscher Sprache gelesen hatte. Offenbar ist die Gleichförmigkeit nur ein Moment jener strengen Objectivität, die wir am römischen Cultus bemerkt haben. — Gregor M., welcher ungemein Viel für den Kirchengesang that, darf auch als der Vollender der römischen Liturgie angesehen werden. Dem Entwurf seiner vollständigen Liturgie legte er die von Leo M. und Gelasius I., welche er revidirte und abkürzte, zu Grunde. Vergl. Johannes Diakonus in der Vita Gregorii M. L. II. c. 17. Das neue Missale Romanum erschien 1570, Rituale Romanum Pauli V. jussu editum. Clemens VIII. ließ es abermals revidiren und 1604 herausgeben. Urban VIII. gab ihm seine gegenwärtige Gestalt.

Außerdem giebt es noch andere wichtige Liturgieen.

a) die Mailändische, missa Ambrosiana, weil Ambrosius, gestorben 397, für ihren Stifter gehalten wird. Mabillon und Muratori haben dargethan, daß sie in ihrer gegenwärtigen

---

*) Dem Romantischen steht das Classische entgegen, in welchem Inhalt und Form zur vollen Klarheit begrifflicher Anschauung einander durchdrungen haben. Wie das Romantische der Jugend der Völker eigen ist, so ist es auch bei den einzelnen Menschen die ahnungsreiche Jugend, in welcher der Sinn für dasselbe am Lebhaftesten hervortritt.

Gestalt nicht von ihm herrühren könne. Die Versuche Carl's d. Gr. und vieler Päpste, Nicolaus II., Alexander III., Eugen IV. u. a., sie der römischen zu conformiren, scheiterten an der Festigkeit der Mailändischen Bischöfe und des Volks. Alexander VI. gab ihr als ritus Ambrosianus 1497 feierliche Bestätigung. Sie zeigt Uebereinstimmung mit dem orientalisch-griechischen Ritus.

b) die Mozarabische Liturgie, eine seit dem achten Jahrh. vorkommende Benennung, auf die, viel Freiheit genießende Kirche in Spanien bezüglich. Sie heißt Gothica, auch Mixta, weil der griechisch-orientalische Ritus, welchem die Westgothen sich angeschlossen hatten, mit dem römischen sich vermischte, als die Westgothen dem Arianismus entsagten. Volk aber und Geistlichkeit waren dieser liturgischen Mischung abgeneigt. Erst dem berühmten Ximenes gelang es, das von Alphons Ortiza 1500 aus dem Gothischen transscribirte Breviarium Mozarabicum, welches Papst Julius II. sanctionirte, zum Theil wieder einzuführen, besonders in Toledo, Salamanca, Valladolid und anderen Kirchen, und für die Zukunft zu sichern.

Noch im sechsten und siebenten Jahrh. war auch ein besonderer Gallicanischer Ritus, dem griechisch-mailändisch-mozarabischen verwandt, seit dem Carolingischen Zeitalter durch den Ordo Romanus verdrängt. — Ebenso ging es mit dem Anglicanischen Ritus, welcher schon im siebenten Jahrh. dem römischen conformirt wurde.

Folgende orientalische Liturgieen sollen hier blos erwähnt werden: die griechische Lit. — die Lit. der Syrer; hierbei bemerkenswerth, daß bei den Maroniten und Nestorianern die Syrische Sprache noch heute die Sprache des Cultus ist. — Die Koptische, die Aethiopische, die Habessinische, die Armenische Lit. u. s. w.

§. 5.

Dritte Periode.

Von der Reformation bis auf die neueste Zeit.

Gleichwie das Recht der Reformation nur im allgemeinen Priesterthum der Gläubigen gefunden werden kann, so bestimmt dieses letztere auch den wesentlichen Charakter des neuen Cultus, welcher nunmehr in allen seinen Elementen nur ein lebendiger Ausdruck der, der Gemeinde verinnerlichten, d. h. von ihr begriffenen, evangelischen Wahrheit, eine *λογικὴ λατρεία*, eine Anbetung Gottes im Geist und in der Wahrheit, sein will. Die bisherige römische Objectivität, welche in theurgischer Weise den rein subjectiven Proceß der Versöhnung mit Gott aus dem Innern des Menschen in die Sphäre des sinnlich-Wahrnehmbaren versetzt und ihn zu einem Sühnopfer gestaltet hatte, wich der Rechtfertigung allein aus dem Glauben, durch welche die Subjectivität zu ihrem Rechte kam; und das bisher Versäumte doctrinelle Element brachte sich in der Predigt, als Hauptbestandtheil des neuen Gottesdienstes, zu der ihm gebührenden Geltung, die Gemeinde aber trat durch den geistlichen Gesang, ein der Kirche der Reformation eigenthümlich zugehöriges, neues Lebenselement des Cultus, mit dem Liturgen in Wechselwirkung. Uebrigens ließen die Reformatoren den evangelischen Gottesdienst sich von selbst gestalten und knüpften nur, soweit es ohne Verletzung des protestantischen Princips geschehen konnte, an die bisherigen Formen in der Art an, daß die beibehaltenen symbolischen Elemente dem Verständniß klar und durchsichtig sein sollten.

Schon seit dem dreizehnten Jahrh. erwachte in der abendländischen Christenheit ein kritisches Bewußtsein über Cultusformen, und man begann zu fühlen, wie wenig in der überladenen Symbolik des Gottesdienstes überall ein fester, sicherer Gedanke nachweisbar sei; daher unterschieden sich namentlich manche christliche Secten, z. B. die Waldenser auch darin von der herrschenden Hierarchie, daß sie ihren Cultus zu der ursprünglichen apostolischen Einfachheit zurückzuführen suchten. Mit der Reformation kam jenes Gefühl, daß die bisherigen Formen dem geistigen Fortschritt des neuen Weltalters fremd geworden seien, zu überraschend schnellem Durchbruch. Das Princip des Protestantismus: subjective Verinnerlichung des Christenthums in freier, lebendiger Heilserkenntniß, mußte aus dem neuen Cultus nothwendig alles blos Instinctartige, Unbewußte, Unfreie, aus Juden- und Heidenthum Entlehnte ausstoßen und nur die Symbole gelten lassen, deren Bedeutung klar gewußt war.

Man hat es den Reformatoren zum Vorwurf gemacht, daß sie es unterlassen haben, eine allgemeine Ordnung und Vorschrift für den neu sich bildenden Cultus zu geben, womit ihnen jedoch zu Viel zugemuthet wird. Abgesehen davon, daß sie unendlich viel Anderes zu thun hatten, macht ihre oppositionelle Stellung gegen die Werkgerechtigkeit des alten Kirchenwesens, welches den äußeren Gottesdiensten, als bloßem opus operatum eine heilbringende Kraft beilegte und sie daher als nothwendig zur Seeligkeit betrachtete, es vollkommen erklärlich, wie sie eine Scheu davor empfinden konnten, feste Ordnungen in der Kirche aufzustellen, und gegen solche zu dem Argwohn geneigt waren, daß aufs Neue dadurch ein unevangelisches Joch auf der Jünger Hälse gelegt werden könnte. Sie gingen hierin zu weit, da die, in der reinen Rechtfertigungslehre wurzelnde christliche Freiheit der Gläubigen sich sehr wohl damit verträgt, daß diese sich in gute christliche Ordnungen fügen, ohne ihrer Beobachtung eine Verdienstlichkeit beizumessen; aber in den Tagen der Reformation hatte jene Besorgniß doch auch ihren guten Grund, und es war dem organischen Bildungstriebe der neuen Kirche zuzutrauen, daß er sich auch im Gebiete des Cultus bewähren würde.

Interessant sind die, in den symbolischen Schriften der evangelischen Schwesterkirchen enthaltenen Erklärungen, den Cultus betreffend, gegenüber den Aussprüchen des Tridentinum: Vergl. **Conc. Trid.** Sess. XXII. Can. 5. De Solemnibus Missae Sacrificii ceremoniis, und Can. 7; — und Sess. VII. Can. 13. — **Conf. August** Art. XV. p. 13 der Rechenb. A.; — Apol. p. 205; — Apol. p. 151; — **Confess. Helvet. I. A. 24:** Coetus sacri. — Conf. Bohem. Cap. XV., Confess. Gallic. A. XXII. und XIII., Conf. Anglic. A. XV., Conf. Belgic. A. XXXII. u. s. w. — Catechismus eccles. Genevens. 1536 und 1541. — Sie bestätigen im Ganzen nur das oben Gesagte.

Wenn es aber auch die zartesten Rücksichten waren, durch die die Reformatoren abgehalten wurden, Etwas anzuordnen, so ist gleichwohl die erste Anbahnung zur neuen Gestaltung des Gottesdienstes schon auf sie zurückzuführen, und es scheint bemerkenswerth, wie hier die beiden Schwesterkirchen nach ihren eigenthümlichen Charakteren so auseinandergehen, daß eine jede ihren liturgischen Organismus als getreue Ausprägung des, sie beseelenden Geistes und ihres herrschenden Grundcharakters hervorgebracht hat. Der bewegende Gedanke der lutherischen Kirche ist offenbar die, dem Glauben sich mittheilende freie, allgemeine Gnade Gottes, welcher zur Menschheit sich herabläßt, damit wiederum auch diese als sein lebendiger Reflex allerlei Gottesfülle an sich offenbare. Daher in der genannten

Kirche jene, das geschichtlich Bestehende pflegende, der traditionellen Lehre, unter Vorbehalt der Rechte des göttlichen Worts, mit Liebe sich anschließende, innige Gemüthlichkeit, welche gern auf dem Symbol das Auge ruhen läßt und das warme tiefe Gefühl im h. Liede aushaucht; denn es ist ja dem Glauben hier das Recht zugestanden, auch innerhalb der Gemeinde überall das Göttliche im Menschlichen aufzusuchen und eben darum dieses, sofern es das erstere trägt, hochzuhalten und in seinen natürlichen Erweisungen gewähren zu lassen, nachdem in Christo, des Menschen Sohne, selbst die ganze Fülle der Gottheit leibhaftig gewohnt hat. Man würde irren, wenn man hier eine Absicht, den Cultus unmittelbar zu seiner ursprünglichen Form des apostolischen Zeitalters zurückzuführen, voraussetzte; vielmehr verräth der lutherische Gottesdienst es überall an sich, wie er sich durch die alten Formen, von welchen er seinen Ausgangspunkt nimmt, vermittelt, worauf hier auch die mittelalterlichen hohen Dome, die dieser Cultus für sich gewonnen, und manche, zumal in den Anfängen der Reformation beibehaltene Gebräuche hindeuten.

Anders im Ganzen verhält es sich in der reformirten Kirche. Wie der Grundgedanke von dieser kein anderer ist als der der alleinigen höchsten Majestät Gottes, vor welcher sich Alles beugen, Alles verstummen muß; wie die Abstractheit dieses Princips jener scharfen, selbst bis zur Einseitigkeit gehenden Verständigkeit, die das reformirte Kirchenwesen auszeichnet, sich innigst verwandt zeigt: — so tritt dieses Alles auch in dem betreffenden Cultus hervor. Nicht blos in der Tendenz, mit Verleugnung aller traditionellen Entwickelungen in der Kirche, unmittelbar in die apostolische Zeit zurückzugehen und die h. Schrift ausschließlich in Gestaltung des Cultus maßgebend sein zu lassen, sondern auch in jener Art von Fanatismus für eine abstract-verständige Auffassung, welche nicht blos alle Bilder verbannte, sondern selbst auch Musik, Gesang, Orgeln, Glocken bei Begräbnissen, so wie alle Symbole entfernt wissen wollte und die Kunst vom Gottesdienste ausschloß, offenbart sich der angegebene Charakter. Es ist übrigens bemerkenswerth, daß Zwingli keinesweges schon so weit ging, als oben angedeutet wurde. Am Ausführlichsten spricht er sich über die Form des Cultus aus in: Orthodaxa Senatus Tigurini Responsio ad reverendum D. Hugonem, Constantiensem Episcopum de Idolis et Missa opp. T. I. p. 206. Ueber die Altarliturgie handelt er besonders De Canone Missae Epichiresis, Opp. I. p. 177, wo er ähnlich verfährt wie Luther und an die bestehenden Formen sich so anschließt, daß er nur Dasjenige, was ihm mißbräuchlich erschien, verwirft. Er läßt es daher bei dem Introitus, dem Kyrie, dem Gloria, der Collecte, der Lection, dem Graduale ꝛc. ꝛc. verbleiben; doch scheint nicht zu verkennen, daß bei dieser Sichtung des Alten nicht sowohl ein organischer Bildungstrieb, fähig etwas Neues daraus zu gestalten, mitwirkte, sondern daß Zwingli nur nicht ohne Weiteres alle hergebrachten Formen beseitigen wollte, wogegen es sich bei Luther insofern ganz anders verhielt, als diesem überhaupt ein tieferer Sinn für den liturgischen Theil des Gottesdienstes in seinem Unterschiede von der Predigt — beiwohnte.

Schon 1523 erschien eine Schrift von Luther: von dem äußerlichen Gottesdienste W. A. T. X. p. 262, welche das Gesagte bestätigt. Wenn in derselben irgend eine Einseitigkeit zu rügen ist, so besteht sie darin, daß er blos-liturgische Gottesdienste darin ganz verwirft und schlechterdings überall, wo die Gemeinde ganz oder zum Theil zusammen kommt, gepredigt haben will, worin die nachmalige einseitige Hervorhebung der Predigt schon vorbedeutet sein dürfte. A. 1526 gab er seine deutsche Messe oder Ordnung des Gottesdienstes heraus; W. A. T. X. p. 266, wo er in der Vorrede ausdrücklich bittet, ja kein Gesetz daraus zu machen, sondern die christliche Freiheit zu gebrauchen, wie, wo, wann und wie lange es die Sachen schicken und fordern. Luthern hinderte hier, wie schon oben bemerkt, offenbar die gerechte Opposition, worin er sich wider alle äußere Werkheiligkeit befand, daran, sich zur Idee einer festen Kirchenordnung zu erheben, weil diese ihm sogleich das Schreckbild des verdienstlichen opus operatum vorführte. Aber wie innig konnte dennoch dieser Mann mit seiner tiefen Achtung vor der Geschichte und seiner zarten Bescheidenheit in Würdigung des historisch Gewordenen, der Messe sich anschließen. Er ließ alle Bestandtheile derselben ihrer Reihe nach bleiben, den Introitus — das Kyrie eleison mit folgendem Gloria — die Collecte mit dem Segenswunsch: der Herr sei mit euch — die Epistel — das Graduale mit dem Alleluja — das Evangelium — das Symbolum Nicaenum, wobei überdies das Lied als ein neues Cultuselement überall zwischen eintrat und die lebendige Wechselwirkung der Gemeinde mit dem Liturgen in Anspruch nahm. Die Stelle der Predigt blieb unentschieden, sei es nun, daß sie zwischen das bisher Angeführte und die Abendmahlsfeier, bei welcher auch die Paraphrasis, das Sanctus, die Elevation ꝛc. beizubehalten schienen, in die Mitte, — oder daß sie an den Schluß des Ganzen treten sollte. Es ist zu bedauern, daß grade in Betreff des Altarsacraments kein festes liturgisches Princip sich zur Anerkennung gebracht hat, und es so dahin hat kommen können, daß die Abendmahlsfeier zu einem bloßen Anhange des Hauptgottesdienstes in der lutherischen Kirche herabgesunken ist.

Was die Entstehung fester evangelischer Kirchenordnungen betrifft, so entwarfen die einzelnen evangelischen Landeskirchen ihre eigenthümlichen Agenden, welche doch, wenigstens innerhalb der luther. Kirche, größtentheils ein gewisses gemeinsames, durch die Wittenbergischen Einflüsse bestimmtes, Gepräge an sich tragen, wie denn namentlich Bugenhagen in der Geschichte dieser Bildungen von großer Bedeutung ist. Die Wittenbergische Agende ist zu entschiedenem Ansehn gelangt, und hat auch in Schlesien ziemlich allgemeine Verbreitung gewonnen. In Gemäßheit des oben erwähnten Grundcharakters der beiden Schwesterkirchen haben sich die agendarischen Formen ihres Gottesdienstes gegensätzlich in der Art bestimmt, daß der Grundgedanke und Plan des lutherischen Cultus dahin gerichtet ist: fromme, organisch gegliederte, so wie mit psychologischer Nothwendigkeit steigend und fallend verlaufende Askese zur Gottseeligkeit in sich auszudrücken, wogegen der Grundplan des reformirten Cultus überwiegend auf Ausrichtung der, im göttlichen Worte an die Menschen ergehenden Gottesbotschaft, durch welche der ewige Rathschluß des Herrn in Sammlung aller Kinder der Wahl zu seiner Gemeinde sich erfüllen soll, hinausläuft. Daher hier das einseitige Vorherrschen des doctrinellen Elements, und gleichzeitig ein Hinübergreifen der, dieser Kirche eigenen, strengeren Form christlicher Gemeindeverfassung in den öffentlichen Gottesdienst, wie es der Schwesterkirche fremd ist. — Durch ein sehr verdienstvolles Unternehmen sind neuerdings die deutschen Kirchenagenden, übersichtlich zusammengestellt herausgegeben worden von Richter, Weimar 1846.

Unter den ausländischen Kirchenagenden ist die Englische die bunteste, welche am Schwersten einen sichern Plan in der Aufeinanderfolge der einzelnen Elemente der Liturgie entdecken läßt; — die Schottische spiegelt den Geist der presbyterianischen Kirche in ihrer Einfachheit treu und wahr — in sich ab. In der lutherischen Kirche Schwedens hat die Liturgie sich wohl am Vollendetsten gestaltet und ist in ihrer klaren Objectivität und in der festen Gediegenheit ihrer Form so gefällig ansprechend als einfach und durchsichtig.

Nach den radicalen Umwälzungen, welche in der Aufklärungsperiode eintraten, und der daraus hervorgegangenen ungeheuren Verwirrung auf liturgischem Gebiet ist die erneuerte Preußische Agende als ein Fortschritt zum Besseren zu betrachten. Zwar fehlt es ihr in der Anordnung der Altarliturgie an einem sichern liturgischen Princip; zwar ist sie in ihrer Annäherung an die Liturgie der bischöflichen Kirche von Ueberladung nicht frei geblieben und läßt in Folge ihrer Absicht, durch Verschmelzung lutherischer und reformirter Elemente die Union zu befördern, den einheitlichen Geist an sich vermissen, wie er in einem bestimmten Lehrtypus sich ausprägen will. Gleichwohl ist sie durch ihren Rückgang auf das reformatorische Zeitalter, welcher der dogmatischen wie liturgischen Zerfahrenheit der ersten Decennien unsers Jahrhunderts sehr Noth that, der Sache des Evangeliums auch förderlich geworden, und hat nicht nur an sich selbst durch den, in ihr wehenden Geist, sondern auch in Folge des, durch sie hervorgerufnen Agendenstreits wesentlich dazu beigetragen, ein liturgisches Bewußtsein wieder aufzuwecken.

Fassen wir schließlich die Hauptveränderungen in der Entwicklungsgeschichte des christlichen Cultus ihren allgemeinsten Zügen nach zusammen, so erblicken wir in der ersten apostolischen Zeit einen Cultus, welcher, bei seiner Tendenz, das ganze Leben in sich aufzunehmen, und anknüpfend an die jüdische Synagoge, nichts Anderes ist, als die freie, in die Sichtbarkeit hereintretende Wirksamkeit des h. Geistes an der Gemeinde selbst.

Als späterhin Cultus und Leben aus einander treten, beginnt auch der erstere in seinem gesonderten Gebiet einen Gestaltungsproceß zu objectiv-festen Formen (die apostolischen Constitutionen). Wie aber die sich immer mehr anbahnende

Ueberkleidung der Gemeinde der Gläubigen mit einem äußeren kirchlichen Organismus mittelst des Klerikats den Unterschied zwischen Kirche und Reich Gottes, ungeachtet sie ihn voraussetzt, gleichwohl ignorirt und auf diesem Wege den göttlichen Geist selbst dem Gesetz jener äußerlichen Kirchenordnung zu unterwerfen, sich unterwindet: so wird auch aus dem Klerus schon früh ein vermittelndes Priesterthum mit der, ihm wesentlichen Opferidee, die schon bei Cyprian sich findet, und es ist hiermit die fernere Entwicklung des Cultus in den Weg einer Objectivität geleitet, welche zuletzt Das, was wesentlich der Innerlichkeit des Lebens angehört, dieser verborgenen Stätte entreißt, um es in ein theurgisch-heilbringendes Thun zu verwandeln, darüber aber die wahre Innerlichkeit des Lebens entschwinden zu lassen.

Die Reformation kehrt einerseits zum apostolischen Zeitalter zurück, ohne andererseits das bis dahin geschichtlich Gewordene aufgeben zu wollen. Während sie daher den Cultus im Charakter kirchlicher Objectivität als geschloßnen Organismus bleiben läßt, sucht sie denselben, wie zum treuen Ausdruck, so zum Förderungsmittel wahrer, evangelischer Innerlichkeit des religiösen Lebens zu gestalten, und setzt die Gemeinde, welche in Gemäßheit der römisch-katholischen Objectivität des Cultus zu jener Passivität verwiesen war, der das Heilige überall blos vorübergeführt wurde, in ihr ursprüngliches Recht der selbstthätigen Theilnahme am Gottesdienste wieder ein. Gegenwärtig ist es eine der wichtigsten Fragen an die Zukunft, ob und in welcher Art nach den entstandenen Verwirrungen auf liturgischem Boden eine feste Cultusform einer allgemeinen evangel. Kirche sich gestalten werde.

§. 6.
Wissenschaftliche Construction der Liturgik.

Die Liturgik verläuft in drei Theilen. Der erste betrachtet den Cultus in seiner psychologischen Nothwendigkeit als ein Product der geistig-sittlichen Natur des Menschen überhaupt. Der zweite behandelt ihn in seiner Positivität und hat es mit der religionsgeschichtlichen Entwickelung des Cultus auf dem Boden der Offenbarung bis zum Christenthum zu thun. Der dritte Theil hat den christlichen Cultus in specie zum Gegenstande.

Es ist die Natur des speculativen Denkens, keinen Gegenstand als einen blos gegebenen zu acceptiren, sondern ihn frei zu setzen. Nur insofern wird derselbe in seiner innern Nothwendigkeit erkannt, als er in seiner Idealität auftritt. Auch in der Liturgik dürfen wir bei der Frage: quid facti? nicht stehen bleiben, sondern müssen zu der höhern: quid juris? aufsteigen. Dann aber drängt sich uns rücksichtlich des Cultus die Frage auf nach seinem: Woher? — und wir haben ihn aus der innern geheimnißvollen Natur des Menschen selbst zu begreifen. Denn hier muß die Anlage dazu liegen; von hier aus müssen die wesentlichsten Principien des Cultus abzuleiten sein. Wenn die liturgischen Lehrbücher der Regel nach mit einer sogenannten allgemeinen Liturgik beginnen, so enthält auch diese überall dasselbe, was unser erster Theil bringt.

Dieser nun wird zu der Einsicht führen, daß jeder wahre Cultus nur als ein positiver, d. h. einer bestimmten geschichtlichen Religion zugehörig auftritt. Mam bat freilich gewähnt, gleichwie man, von allen positiven Rechten abstrahirend, in einem sogenannten Naturrecht ein schlechthin allgemeines Normalrecht aus Vernunftprincipien aufstellen zu können glaubte, daß also auch ein schlechthin allgemeiner Normalcultus, einer bloßen sogenannten Vernunftreligion entsprechend, sich construiren lasse, und Robespierre hat einen würdigen Versuch zu dessen Ausführung gemacht. Heut sieht man ein, daß jenes Naturrecht ein Unding ist, und wie das Recht überall nur als ein positives wirklich wird, so ist es auch der Cultus nur in seiner Positivität. Wir finden uns also zunächst an die positiven Religionen verwiesen, wo sich uns aber sogleich der Gegensatz zwischen heidnischen Natur- und geoffenbarten Religionen aufdrängt. Mit den ersteren haben wir hier Nichts zu schaffen. Was aber die letzteren betrifft, so können sie, als aus einer Quelle herfließend, nie im Widerspruch mit einander stehen, müssen vielmehr in einem planvollen, innern Zusammenhange sein und demnach als Entwicklungsstufen der, fortschreitend sich entfaltenden Offenbarung begriffen werden. Hieraus erhellt aber, daß auch die entsprechenden Culte an jenem innern Zusammenhange nothwendig in der Art Theil nehmen, daß sie unter einen einheitlichen Gesichtspunkt fallen, und daß also, sofern das Christenthum andre geoffenbarte Religionen zur Voraussetzung hat, sein eigenthümlicher Cultus nur im Zusammenhange mit den ihm vorangehenden Culten zu verstehen sein werde. Sonach stellt sich uns die Aufgabe, bis zum Uranfange, wo überhaupt ein Offenbarungscultus beginnt, zurückzugehen und denselben von da aus in den allgemeinsten religionsgeschichtlichen Zügen bis zum Christenthum herab zu verfolgen. Es ergibt sich hieraus die Unabweisbarkeit unseres zweiten religionsgeschichtlichen Theils. Indem dieser unsere Betrachtung nun von selbst dem christlichen Cultus zuführt, schließt der dritte Theil unmittelbar sich dem zweiten an.

Erster Theil.

Der Cultus als Product der religiös-sittlichen Natur des Menschen überhaupt.

§. 7.

Begriff des Cultus.

Der Cultus in seiner vollendetsten Gestalt ist die, von einer frommen Gesammtheit vollbrachte Darstellung ihres gemeinsamen religiösen Bewußtseins, organisch geordnet in der Mannichfaltigkeit seiner Ausdrucksformen, mit dem Zweck der Erbauung zur Lebenseinheit mit Gott. Diese Definition bezeichnet den objectivsten Standpunkt, ohne jedoch die Folgerung zu gestatten, daß die Nothwendigkeit des Cultus von anderer, als rein subjectiver Art sei.

Die gewöhnliche Art, unsern Begriff zu fassen, ist ganz ungenügend, wie z. B. aus Hüffell zu ersehen ist. Dieser definirt §. 4 so: „Unter Cultus versteht man den Inbegriff der **Handlungen** und **Formen**, worin und wodurch eine fromme Gemeinschaft, so wie die einzelnen Mitglieder derselben, ihre religiösen Ideen und Gefühle auszudrücken und zugleich zu erhalten, zu beleben und zu erhöhen suchen." — Dieser Erklärung stehen gewichtige Bedenken entgegen. Zunächst ist das Wort „Cultus" darin in so unbestimmter Allgemeinheit genommen, daß die individuellsten Aeußerungen des religiösen Lebens der Einzelnen ebensowohl darin aufgehen, als der organisch vollendete Cultus einer religiösen Gesammtheit. Es ist aber wichtig, daß unser Begriff sogleich in seiner bestimmten Beziehung auf eine religiöse Gemeinschaft gefaßt werde, weil unsere Wissenschaft nur auf diesem Gebiet versirt. Allerdings ist die lexikalische Bedeutung des Worts eine andre. Aber der

Sprachgebrauch hat einmal für unsere Auffassung des Begriffs entschieden, und es erscheint als ein Mangel, wenn auch die blos individuelle Gottesverehrung in der Definition des Cultus Raum findet. — Die darauf folgende Bestimmung seines Zwecks unterliegt noch gewichtigeren Einwänden. Es sollen durch ihn die religiösen Ideen und Gefühle ausgedrückt werden. Zwar wird gar nicht geleugnet, daß in der menschlichen Natur jenes Bedürfniß, Gedanken, wenn sie eine Energie der Ueberzeugung gewonnen haben, desgleichen lebhafte Gefühle der Rührung, des Danks, der Freude, des Schmerzes u. s. w. zum Ausdruck zu bringen, tief gegründet ist, sowie, daß hierin ein Moment liegt, welches zur Entstehung des Cultus mitwirkt; jenes Bedürfniß aber findet auch schon in den ganz unmittelbaren und unwillkürlichen Aeußerungen Dessen, was den Menschen bewegt, seine Befriedigung, und doch sind dieselben noch gar nicht ein Cultus in unserm Sinne, welcher sich in seiner festgestalteten Objectivität und organischen Gliederung aus jenem Bedürfniß, ein Inneres äußerlich auszudrücken, keineswegs hinlänglich erklärt. Das unwillkürliche Händefalten oder das Aufschlagen des Blicks gen Himmel, wie es durch Erregung andächtiger Gefühle veranlaßt wird, desgleichen die äußere Kundgebung heftiger Ergriffenheit, wie wenn der Wilde sich auf sein Angesicht wirft — Alles dieses hat zwar eine innere Beziehung zum Cultus, ist jedoch ein solcher noch nicht und erklärt ihn auch nicht. Doch Hüffell fügt zu dem angegebenen Zwecke noch einen andern hinzu. Die religiösen Ideen und Gefühle nämlich sollen nicht blos ausgedrückt, sie sollen auch erhalten, belebt und erhöht werden. — Nun ist Dies richtig, daß jede lebhafte Aeußerung eines Innern unmittelbar auf dieses letztere selbst stärkend und befestigend zurückwirkt; sofern jedoch hierin der Zweck des Cultus erkannt werden soll, paßt es nicht einmal auf die rohesten Anfänge desselben in den heidnischen Naturreligionen. Wenn der Fetischdiener seinem Götzen

Speise und Trank vorsetzt, so hat er dabei zunächst gar keine Erhöhung seiner eignen religiösen Stimmung im Auge, sondern er will seinem Götzen etwas Angenehmes erweisen und ihn dadurch sich günstig machen. Ganz ähnlich verhält es sich mit dem so höchst wichtigen Opfercultus der alten Welt, welchem fast immer eine versöhnende Bedeutung zukommt. So ist es vielmehr die Vermittlung irgend einer persönlichen Beziehung und Gemeinschaftt mit dem Gegenstande göttlicher Verehrung, welche der Cultus bezweckt. Selbst da, wo es an der Erkenntniß des lebendigen, persönlichen Gottes fehlt, dichtet nichtsdestoweniger die religiöse Phantasie des Menschen an der Stelle des einen eine Menge persönlicher Wesen als Gottheiten: so unabweisbar ist das Verlangen und das Bedürfniß der Menschenbrust nach einem persönlichen Gott, mit welchem er auch sofort durch seinen Cultus ein erwünschtes Verhältniß sich anzuknüpfen und zu sichern bemüht ist.

Dem Gesagten zufolge sind die Hauptmomente in unserer Definition diese: a) der Cultus ist ein, zur Einheit mit dem Gegenstande göttlicher Verehrung erbauendes Handeln; — b) er ist ein zu objectiv-fester Gestaltung organisch geordneter, als Cultus einer bestimmten frommen Gemeinschaft; — c) er hat die Darstellung des gemeinsamen religiösen Bewußtseins dieser letzteren, in der Mannichfaltigkeit seiner Ausdrucksformen, zum Inhalt. Unsere Definition wird sich noch mehr bestätigen, wenn wir nunmehr unsere nächste Aufgabe lösen, den Cultus bis in seinen geheimsten Ursprung zu verfolgen und darin die innere Nothwendigkeit seiner Entstehung zu begreifen. Um hierbei den richtigen Standpunkt zu behaupten, muß bemerkt werden, daß, wenn auch die aufgestellte Definition durchaus die Objectivität der Religion zur Voraussetzung hat, die nachfolgende Entwickelung doch ihren Ausgangspunkt ganz von der subjectiven Religiosität nehmen muß, da nur auf diesem Wege der Cultus, als ein durch die religiös-sittliche Natur des menschlichen Geistes nothwendig gesetztes Product begriffen werden kann. Diese bezeichnete Bahn wird sodann die Betrachtung einzuhalten haben, bis auch dieser Gang sie einem Punkte entgegenführt, wo der Umschlag der Subjectivität in die Objectivität sich als wesentlich geboten herausstellt.

§. 8.
Die Nothwendigkeit des Cultus.

Auf dem höchsten Standpunkte menschlicher Entwickelung würde allerdings das ganze Leben des Menschen zu einem ununterbrochenen Gottesdienste werden, und es müßte dann der Cultus als eine, nach Zeit und Ort sich besondernde, eigenthümliche Lebensäußerung unsers geistigen Daseins aufhören. Auf dem Standpunkte jedoch des gefallenen Menschen als solchen, wo das Leben desselben mit Gott und in Gott wesentlich als Religion auftritt, geht auch nothwendig aus dieser der Cultus als eine sich besondernde Erscheinungsform des geistigen Daseins des Menschen hervor, so daß, wo kein Cultus, da gewiß auch keine Religion ist.

Stellen wir uns die h. reinen Engel vor, welche immerdar vor Gott stehen, so finden wir allerdings für einen besondern Cultus bei ihnen deshalb keinen Raum mehr, weil ihr ganzes Dasein darin aufgeht, λειτουργικὰ πνεύματα zu sein, und so schwindet uns auch, wenn wir uns das Endziel, welchem das Reich Gottes zustrebt, daß nämlich Gott sei Alles in Allem, vergegenwärtigen, der Cultus im engeren Sinn gänzlich dahin. Das ist das Moment der Wahrheit im Bewußtsein Derjenigen, die vom Cultus als von etwas Ueberflüssigem reden und meinen, daß es der Religion des Geistes und der Wahrheit noch gelingen müsse, allen Cultus abzuschaffen. Aber sie verkennen in ihrer spiritualistischen Selbsttäuschung den gegenwärtigen Standpunkt der Natur des Menschen gänzlich. Für den Gefallenen giebt es keine andere Form seines Lebens mit und in Gott, als die der Religion. Man hat Viel gestritten, ob sie ein Erkennen, oder ein Fühlen, oder ein Handeln sei, und sie ist doch, einseitig genommen, dieses Alles nicht, während sie andrerseits als Leben in der Gemeinschaft mit Gott den ganzen Menschen, mit allen seinen höheren und niederen Kräften, selbst bis in sein leibliches Dasein herab in Anspruch nimmt. Zu jenem göttlichen Leben oder für Gott ist ursprünglich auch der Mensch geschaffen: das ist die Idee seiner Gottebenbildlichkeit. Insofern wir jedoch dasselbe im Zustande des Gefallenen als Religion bezeichnen, drücken wir damit aus, daß das göttliche Leben des Menschen nur als ein, beständig von Neuem sich anknüpfendes auftritt; und wie hiermit auf die menschliche Schwachheit und Sündigkeit hingedeutet wird, so liegt darin auch der zureichende Grund, weshalb ein besonderer Cultus bei unserem gegenwärtigen Dasein uns unentbehrlich ist.

Wir sind in der Ableitung des Worts religio dem Augustin gefolgt, welcher sich in seinen Retractat. 1, 13, sowie de vera Relig. c. 55 hierüber ausspricht. An der letzteren Stelle sagt er: Religet nos religio omnipotenti Deo, unde religio dicta creditur. Desgl. heißt es bei Lactant. divin. instit. IV, 28 Hoc vinculo pietatis obstricti Deo et religati sumus; unde ipsa religio nomen accepit, non ut Cicero (de Nat. Deor. 2, 28.) interpretatus est, a relegendo. Jetzt wird es uns zunächst obliegen, die Art und Weise, wie die Religion nothwendig zum Cultus führt, näher zu entwickeln.

§. 9.
Das unmittelbare Mitgesetztsein des Cultus mit der Religion.

Obgleich die wahre Religion nothwendig zuletzt auf einen objectiven Anfang durch göttliche Selbstoffenbarung zurückweist, so kommt sie doch hier vornehmlich als subjectives Leben in Betracht, sofern der Cultus in seiner psychologischen Wahrheit als wesentliches Product des Menschengeistes begriffen werden soll. Es ist aber in der angegebenen Beziehung die Religion Lebensgemeinschaft mit Gott, die in ihrem Centrum als Glaube sich bestimmt. Wäre nun die Beharrung in diesem Lebensmittelpunkte dem Frommen das schlechthin Natürliche, und hiermit dessen Einheit mit Gott vollendet, so käme es gar nicht zur Besonderheit eines Cultus. Weil aber diese Voraussetzung nicht gegeben ist, so bezeugt auch der Glaube ebendarin sein Dasein, daß er unmittelbar ein religiöses Handeln mit reflexiver Richtung auf sich selbst aus sich hervortreibt. Dieses Handeln mit der Tendenz, zu organischer Gliederung sich abzuschließen, ist der Cultus.

Um das unmittelbare Mitgesetztsein des Cultus mit der Religion zu begreifen, bedarf es vor Allem einer gründlichen Entwicklung des Begriffs der letzteren selbst, wobei wir jedoch den Ausgangspunkt nicht von der objectiv-festen Gestaltung der Religion in einer bestimmten religiösen Gemeinschaft nehmen dürfen, sondern zunächst blos zuzusehen haben, wie sie überhaupt als Lebensprincip, also im einzelnen Menschen, sich manifestirt, um demnächst auch als eine Gemeinschaft bildende Macht sich zu offenbaren. Mit einem Worte: die Religion beschäftigt uns hier, sofern sie subjectives Leben ist; — und man darf sagen, daß, wofern sie nicht auch in dieser Gestalt schon die Anfänge des Cultus in sich schlösse, dieser letztere auch in der Objectivität der kirchlichen Gemeinschaft einer sichern Basis ermangeln würde.

In abstracto gefaßt, ist die Religion als Leben in und mit Gott zu erklären, und es erhellt schon hieraus, wie oben bereits angedeutet worden, das Irrthümliche solcher Bestimmungen, die sie auf eine der verschiedenen Grundrichtungen des menschlichen Daseins einschränken, sei es nun, daß sie ein Fühlen, oder ein Handeln, oder ein Erkennen sein soll. Da Gott den ganzen Menschen in Anspruch nimmt, so hat auch die Religion die Tendenz, alle Sphären seines Lebens und Wirkens zu durchdringen und ihn nach Leib und Seele zu heiligen. Nun kommt es aber darauf an, wie wir die wesentlichen Momente derselben in ihrer innern Beziehung auf einander, und hiermit die Religion nach ihrer subjectiven Genesis zu bestimmen haben.

Es wird von manchen Seiten geltend gemacht, daß zunächst der erkennende Mensch an ihr betheiliget werde, und sofern die Religion als ein objectiv-gegebenes Princip kirchlicher Gemeinschaft gedacht wird, ist dies richtig; denn in diesem Falle muß die äußere Lehrmittheilung, durch das, alles Erkennen verleiblichende Wort sich vermittelnd, das in Dogmen sich explicirende Bewußtsein der religiösen Gemeinschaft fortpflanzen und es immer neu bethätigen, daß der Glaube aus der Predigt kommt. Ueberhaupt mag man zugestehen, daß der absolute Anfang der Religion im Menschengeschlecht jedenfalls auf objective Offenbarung Gottes, als die schlechthinige Voraussetzung derselben, zurückzuführen sein dürfte. Rücksichtlich der subjectiven Religiosität jedoch ist nicht zu übersehen, daß Jemand die ganze Lehrsumme einer frommen Gemeinschaft begrifflich aufgenommen haben und doch ein irreligiöser Mensch sein kann.

Die subjective Genesis der Religion führt uns zunächst auf den fühlenden Menschen. Es findet dieser sich in die Mitte einer sichtbaren Welt gestellt, die in der tiefen Hieroglyphenschrift ihrer wechselnden Erscheinungen überall ihm ein unsichtbares Wesen verkündigt, dessen ewige Kraft und Gottheit durch alles Erschaffene hindurch waltet und daher auch in seinem unmittelbaren Selbstbewußtsein sich beurkundet. So entsteht das religiöse Gefühl, als Bewußtsein davon, daß die ganze Welt des Erscheinenden, bis in das eigenste subjective Leben hinein, eine höchste Ursache zur Voraussetzung hat und deren Herrlichkeit offenbaren soll. Selbst rücksichtlich des ersten Menschen ist zuzugeben, daß zunächst auch ihm die, ihn umgebende sichtbare Schöpfung, gleichwie sein persönliches Dasein, das große Buch Gottes war und sein sollte, aus dessen sich immer neu verleiblichenden Worten eine unerschöpfliche Fülle religiöser Anschauungen ihm entgegentrat, und daß folglich auch ihm die Anfänge der subjectiven Religiosität in einer reichen Innenwelt frommer Gemüthserregungen lagen, wenn gleich, wie schon angedeutet, wir keineswegs leugnen, daß eine persönliche Gottesoffenbarung als Voraussetzung von dem Allem im Vordergrunde steht. Die fernere Entwicklung der religiösen Momente wird uns gleichfalls das Bedürfniß einer solchen erkennbar machen; für den Augenblick jedoch abstrahiren wir davon um so mehr, als eine gewichtige Stimme die ganze Religion in das Gefühl gesetzt hat, und es daher von Interesse ist, die Bedeutung, die dem frommen Gefühl für sich allein in der Religion zukommt, in Erwägung zu ziehen.

Expliciren wir also zuvörderst das angegebene erste Moment. Indem Schleiermacher die Religion überhaupt in das Gefühl der absoluten Abhängigkeit von Gott setzt, erklärt er zugleich, daß das hierin enthaltene Gottesbewußtsein nie rein für sich vorkomme, sondern überall an einem Weltbewußtsein hafte, sofern eben nur etwas Bestimmtes als von Gott abhängig zu wissen, dagegen eine abstract vorgestellte Abhängigkeit ohne alles Substrat gar nicht denkbar sei. Die Natur des religiösen Gefühls ist hiermit tief und wahr aufgefaßt; zugleich aber ergiebt sich schon aus dem Gesagten die Mangelhaftigkeit der so bezeichneten Stufe des religiösen Lebens. Im Gefühl entdeckt sich dem Bewußtsein kein, der Welt transscendenter persönlicher Gott; es ist überall blos eine Aussage von seiner Immanenz in der Welt und kann daher auch durch keine darüber sich verbreitende Reflexion zu einem eigentlichen Wissen von Gott werden, noch sich wesentlich über die Stufe bloßer Ahnung erheben. So ist es nur ein Göttliches überhaupt, welches hier dem Bewußtsein aufgeht. Da allerdings der fühlende Mensch auch ein erkennender werden will, so muß auch in der religiösen Gemüthserregung die Tendenz liegen, ein objectives Bewußtsein des Gefühlten aus sich zu entfalten. Sofern aber hierbei keine persönliche Gottesoffenbarung zu Hilfe kommt, sind es mehr Bildungen der schöpferischen Phantasie, welche auf diesem Wege entstehen und, zu persönlichen Wesen gestaltet, von dem tiefen Bedürfniß des menschlichen Herzens nach einer persönlichen Beziehung zu Gott Zeugniß ablegen. Daß die Religion innerhalb dieser Sphäre nie über den Polytheismus hinauskommt, findet seinen natürlichen Grund in der unendlichen Mannichfaltigkeit der religiösen Affectionen, die den dichtenden Menschengeist zu immer neuen Bildungen in der Art veranlassen, daß zuletzt doch alle Geschöpfe seiner Einbildungskraft selbst auch der Welt angehören. Die gebildetsten Völker der alten Welt können dies nur bestätigen. Zwar entdecken wir in ihnen Reminiscenzen einer Urreligion des Menschengeschlechts und hiermit jenes Streben nach dem Monotheismus, welches selbst die Vielgötterei in ihrer systematischen Tendenz noch an sich offenbart. Weil aber diese Erinnerungen keinen Charakter sicherer Erkenntniß hatten, und eben deshalb jene Religionen vorherrschend im Gebiet der Naturanschauung versirten, wurden die Götter der alten Welt je länger je mehr zu Dichtungen des Menschengeistes, welcher, berührt zwar von der Ahnung des Göttlichen, doch hierin keine Schutzwehr gegen das, allmählich um sich greifende sittliche Verderben zu finden vermochte.

Hiermit sehen wir uns dem zweiten Momente der religiösen Lebensentwicklung zugeführt, wo auch der handelnde Mensch als solcher davon in Anspruch genommen wird. Jedenfalls nämlich bedingt das religiöse Gefühl ein Weltbewußtsein, worin diese einer höheren Macht unterworfen gedacht wird. Wenn nun auch der religiöse Mensch selbst sich inmitten der Welt findet und folglich an der erwähnten Abhängigkeit mitbetheiliget ist, so muß nothwendig auch die, ihm gestellte sittliche Aufgabe hierdurch bestimmt werden. Nur insofern er seinerseits in der Harmonie des Weltganzen aufgeht, kann er das richtige Verhältniß zu seinen Göttern offenbaren und ihrer Gunst sich zu erfreuen haben. So mahnt ihn seine Religion zu einem Doppelten: einerseits nämlich objectiv mittelst harmonischer Gestaltung alles Natürlichen nach dem Willen der Götter die Abhängigkeit der Welt von ihnen ethisch zu bethätigen; andererseits aber subjectiv sich selbst an diese höhere Ordnung aufzugeben, da nur die Vermessenheit (ὕβρις) den Göttern gegenüber sich isoliren und feindselig auflehnen kann. Nun wird aber diese sittliche Lebensaufgabe nie vollzogen, da die Selbstsucht ihr überall in den Weg tritt, und, selbst wenn dies vom Einzelnen nicht gelten sollte, nur um so stärker der Volksegoismus sich manifestirt. Gleichwohl bleibt es ein Bedürfniß des religiösen Bewußtseins, den Göttern Genüge zu leisten und so erbietet sich dem Menschen von selbst der Ausweg,

Dasjenige, was durch sein ganzes sittliches Dasein sich nicht erfüllt, wenigstens mittelst besonderer Darstellung zur Anschauung zu bringen. Hier sehen wir also einen Cultus entstehen, ebenso mit der Tendenz, einem vorhandenen Princip religiösen Lebens seinen entsprechenden Ausdruck zu gewähren, als andererseits, den Göttern einen schuldigen Tribut zu zollen und deren Gunst sich zu sichern. Es ist aber klar, wie beide Tendenzen sich verschlingen, gleichwie auch, daß es selbst diesem Cultus nicht an einem gewissen ethischen Momente gebrach, sofern er auf eine, zu lösende sittliche Aufgabe hinwies. Nur Eins fehlte der antiken Naturreligion auch in ihrer vollendetsten Entwicklung, nämlich die wahre Innerlichkeit. Auch des Griechen Gottheit gehörte im Grunde immer der Welt mit zu und sollicitirte daher seinen Blick nach Außen, nie aber, sich einwärts zu kehren. So ging in der Idee der Harmonie der ethische Zweck auf; die Schönheit wurde Grundprincip der griechischen Weltanschauung und beherrschte natürlich auch alle Darstellungen und Ausdrucksformen des gemeinsamen religiösen Bewußtseins. Wenn aber auch der Einzelne in sich selbst jene Harmonie gestört fand und in feindlichen Zwiespalt den Göttern gegenübertrat, so behauptete er vor ihnen immer noch ein gewisses Recht; denn sie waren zuletzt doch nur Welt, wie er; der unendlich reine, von der Welt abgesonderte, in sich selbst h. Gott, vor welchem Alles sich schuldigen muß, blieb ihm unbekannt, und er vermochte daher nimmer, im tieferen Bewußtsein der Sünde und Schuld zu jener Selbstvernichtigung zu gelangen, welcher die wahre Erneuerung des Lebens folgt. Hiernach erblicken wir den Keim des Todes in allen Formen des religiösen Daseins, welchen die persönliche Gottesoffenbarung entschwunden ist, und überzeugen uns, daß überall zuletzt das Dichten des menschlichen Herzens in seiner Eitelkeit an den Tag kommen muß.

Dies führt uns auf den Punkt zurück, von welchem unsere Betrachtung ausgegangen ist, daß nämlich ein göttlicher Offenbarungsact die nothwendige Voraussetzung und der absolute Anfang aller wahren Religion auf Erden ist, dieser jedoch an sich genommen zunächst blos ein objectives Erkennen Gottes bedingt, welches sofort in subjectives Leben übergehen soll. Diesen Uebergang nun haben wir bisher in zwei wichtigen Momenten uns vergegenwärtiget. Die frommen Erregungen des fühlenden Herzens, womit der Durchbruch in die Subjectivität sich anbahnt, bilden die freundlichen Lockstimmen Gottes, womit er sanft und mächtig die Herzen anzieht. Im Gebiete der offenbarungslosen Naturreligion ertönten sie dem Menschen nur gleichwie die Stimme eines geheimnißvollen Unbekannten, der in tiefen Waldesgründen, hinter Büschen verborgen, beständig rief, um gesucht zu werden, aber sich doch selbst nimmer sehen ließ. Die Offenbarung vorausgesetzt, weiß nun der Mensch, wer der ist, dessen er inne wird, und erkennt fortan auch als Handelnder die ganze sittliche Aufgabe als einen höchsten Willen, dem er sich unterwerfen muß. Hierbei ist jedoch nicht stehen zu bleiben. Denn so lange Gott und der Mensch noch zwei sind, kann auch der letztere vor dem, ihm gesetzten ethischen Zweck, die Welt sammt sich selbst unter Gott zu bringen und nach ihm, zu welchem (εἰς αὐτὸν) Alles geschaffen ist, zu gestalten, selbstsüchtig zurücktreten und sich feindselig isoliren. Er muß also vor Allem Eins mit Gott werden d. h. sein, zunächst blos objectives Erkennen muß in ein subjectiv-lebendiges übergehen zur tiefen, innigen Einheit des Erkennenden und Erkannten. Innerhalb des, nach Außen gerichteten Weltbewußtseins ist dies nicht zu vollziehen, da Gott, als der persönliche Herr, der Welt transscendent ist. Es bleibt mithin dem Menschen nur die Einkehr in sich selbst, um in seiner verborgensten Innerlichkeit Gott gegenwärtig zu finden und sich hier vollständig an ihn aufzugeben. In der That kommt es auf diesem Wege zu einem wechselseitigen Bundes- oder Vermählungsacte, wo Gott und Mensch gleichsam die Hände in einander fügen, und ein beharrendes religiöses Bewußtsein ausgeboren wird, worin Gott realiter mitgesetzt ist als wirkender Geist, und der Mensch sich selbst in Gott und Gott in sich ergreift und festhält. Dieses Bewußtsein ist der Glaube als wahre, lebendige Gotteserkenntniß und Princip des ewigen Lebens, welches auch Christus selbst als ein Erkennen des allein wahren Gottes und Dessen, den er gesandt hat, bestimmt. Im Glauben vereinigen sich göttliche und menschliche That, wie denn in ihm die einmalige persönliche Menschwerdung Gottes in Christo sich unendlich wiederholt durch den Geist. Einerseits ist er ein freier Act des menschlichen Willens, andrerseits auch ganz göttliche Wirkung, Beides in einander aufgehend; und es ist klar, wie nun erst die Religion in ihr wahres Lebenscentrum gelangt ist, um fortan den ganzen Menschen in Anspruch zu nehmen. Das religiöse Fühlen gestaltet sich jetzt zu süßem Hoffen, sofern darin das unmittelbare Innewerden eines Princips enthalten ist, das die Verheißung seines künftigen Sieges in sich schließt. Das Begehren wird reines Lieben; denn das gotterfüllte Gemüth begehrt in dem Maße, als es sich reiniget, Nichts mehr für sich, sondern Alles, auch das eigene Dasein eingeschlossen, für Gott und vollbringt hierin die vollkommene Selbstentäußerung, worin wiederum der Glaube erstarkt. Versuchen wir dem Entwickelten zufolge eine prägnante Definition der Religion in ihrer Subjectivität, so ist sie lebendiger Glaube, welcher die innere Erfahrung frommer Gemüthserregungen zur Voraussetzung, und die Heiligung des ganzen Daseins für Gott zur nothwendigen Folge hat. Jetzt wird sich leicht zeigen, wie der Cultus als ein nicht abzuweisendes Bedürfniß unmittelbar mit der Religion mitgesetzt ist.

Wie alles Innere sich äußern muß, so auch das Leben im Glauben. Die unwiderstehliche Nothwendigkeit hievon liegt in dem Verlangen des Frommen, Gott an seinem Theile verherrlichen zu helfen. Hiermit jedoch ist die Entstehung eines, organisch in sich abgeschloßnen Cultus noch keineswegs begriffen. Denken wir uns das Leben im Glauben vollendet und den Menschen also in ununterbrochener Einheit mit Gott, so würden alle Glaubensäußerungen als sittliches Thun überall nur eine vorwärtsgehende, in reiner Unmittelbarkeit auf die Verherrlichung Gottes abzielende Richtung verfolgen, niemals aber in der Absicht einer Förderung des Glaubens reflexiv sich auf ihn selbst zurückbeziehen. Dann aber wäre auch für einen besondern Cultus kein Raum mehr vorhanden, da sein ganzes Dasein als ein beständiger Preis Gottes in Cultus aufgehen würde. Das Bedürfniß der Aeußerung des Innern wird uns daher für den Cultus allerdings zwar wichtig, aber nur insofern, als es in ein anderweitiges Bedürfniß verschlungen ist, und hierüber hat bereis der vorige §. Andeutungen gegeben.

Es bedarf nämlich der Glaube einer immer neuen Erweckung und Stärkung, da der in die Zerstreuungen des irdischen Daseins vertiefte Mensch stets geneigt ist, sich auswärts, statt einwärts zu kehren. Darüber aber entschwindet ihm leicht das Vermögen der Einkehr überhaupt, und des Glaubens Kraft wird abgestumpft und gelähmt. Wenn nun das Bewußtsein des Frommen dies als das Unheil erkennt und richtet, so macht sich ihm hiermit auch das Bedürfniß fühlbar, dem Glauben durch beständige Unterstützungen und immer neue Erweckungen zu Hilfe zu kommen, und es entsteht so ein eigenthümliches religiöses Handeln, welches zwar rein sittlicher Natur ist, gleichwohl aber, vom religiösen Lebenscentrum, dem Glauben, ausgehend, nicht einem vorwärts liegenden ethischen Zwecke entgegenstrebt, sondern in reflexiver Richtung zum religiösen Lebensmittelpunkte selbst sich zurückwendet. Dieses Handeln, eo ipso mit der Religion gegeben, ist der Cultus, und ihm wesentlich die Tendenz, das Glaubensleben zu erwecken und zu stärken, oder, weil in diesem Gott realiter mitgesetzt ist, dem Frommen die Lebenseinheit mit Gott zu vermitteln, d. h. ihn zu erbauen. Wir haben uns bereits überzeugt, wie selbst die heidnische Religion ein Analogon hievon aufweist, und es dürfte vornehmlich von diesem Punkte aus klar werden, wie Wenig mit jener oberflächlichen Zweckbestimmung, wonach der Cultus „religiöse Gefühle und Ideen ausdrücken, erhalten, beleben und erhöhen soll," gewonnen ist. Dem Gesagten zufolge beabsichtigt insonderheit der christliche Cultus überall zwar die Verherrlichung Gottes; diese Tendenz aber erscheint durchweg eingefaßt in die der *οἰκοδομή*. Eben indem die Gläubigen sich erbauen auf ihren allerheiligsten Glauben, wird Gott am Sichersten an ihnen und durch sie gepriesen, und so konnte Paulus den Kanon für die christliche Gemeindeversammlung aufstellen, daß, was zur *οἰκοδομή* nicht diene, auch kein Recht darin in Anspruch nehmen solle.

Schließlich begegnen wir dem möglichen Einwurf, daß die, auf dem bezeichneten Wege nothwendig erfolgende Aussonderung des Cultus als eines, in sich geschlossenen Organismus religiösen Handelns nur behauptet, aber nicht nachgewiesen sei. Es ist jedoch leicht darzuthun, wie sogar dem einzelnen Frommen derartige, zu einer religiösen Tagesordnung sich gestaltende Handlung innerlich geboten ist. Denn je mehr er das Bedürfniß empfindet, seiner Religiosität eine dauernde Vermittlung zu gewähren, desto weniger kann er diese letztere durch schon vorauszusetzende fromme Gemüthserregungen bedingt sein lassen. Ja, in je geringerem Grade er solche in sich findet, desto bedürftiger der religiösen Uebungen wird er sich fühlen und hiermit um so geneigter sein, jenem Handeln, anderem sittlichen

Thun gegenüber, ein eigenes, selbstständiges Recht zuzugestehen. Hiermit aber bildet er sich nothwendig auch eine fest bestimmte religiöse Lebensordnung und sondert Tageszeiten aus, die der Erbauung zu widmen sind; und es ist natürlich, daß, was im Leben des Einzelnen sich manifestirt, auch in der frommen Gemeinschaft wiederkehrt. Wir müssen hierauf zurückkommen.

§. 10.
Das Wort als die Grundsubstanz des religiösen Handelns.

Jedes lebendig erzeugte Wort ist eine That, durch welche der Gedanke, der außer dieser Verleiblichung noch gar nicht ist, sich selbst erst vollbringt. Wenn nun der Gläubige seinen Cultus nur insofern ausführen kann, als er sein, im Glauben ruhendes religiöses Bewußtsein zur Erbauung sich äußern läßt: so ist klar, daß auch dies wesentlich durch das Wort sich vermitteln muß, welches jedoch im Gebiet des religiösen Lebens nothwendig auch einen eigenthümlichen Charakter annimmt.

Das Wesen der Religion bedingt auch eine eigenthümliche religiöse Sprache. Wenn die Religion den ganzen Menschen dergestalt in Anspruch nimmt, daß sie alle Kräfte desselben aus allen Einseitigkeiten bestimmter Richtungen ins Gleichgewicht zurückführt; wenn sie sich ebensowohl an die Sinnlichkeit, als an die Geistigkeit des Menschen wendet und darin ihre innerste Wahrheit offenbart, daß sie auch die Leiblichkeit nicht leer ausgehen läßt von der Theilnahme an den himmlischen Verheißungen: so muß auch die religiöse Sprache eine solche sein, welche jeder Einseitigkeit des geistigen Lebens in der Verstandes- und Willensrichtung fremd, ebensosehr Verstand und

Gemüth, als Gefühl und Phantasie befriediget. Hiernach erscheint uns die religiöse Sprache als eine schlechthin universelle, deren Grundcharaktere sich nun leicht bestimmen lassen.

Wiewohl es richtig ist, daß das religiöse Gefühl an sich keine sichere Basis des Cultus zu werden vermag, sofern nur ein leidentlicher, wandelbarer Zustand sich darin kund giebt, den der Fromme nicht in seiner Gewalt hat, und daß daher auch das bloße Interesse an der Darstellung frommer Gemüthszustände nimmermehr einen Cultus hervorbringen würde: so ist nichtsdestoweniger die religiöse Sprache zunächst eine Sprache des fühlenden Menschen und hat daher den Charakter einer bilderreichen Frische und Lebendigkeit. Denn als Ausdruck des Glaubens giebt sie einer Gotteserkenntniß Worte, die nicht aus der dialektischen Selbstbewegung des Gedankens hervorgegangen, sondern subjectives Leben ist und daher, wie sie fromme Gemüthserregungen zur Voraussetzung hat, also auch selbst eine unendliche Empfänglichkeit für immer neue Erregungen des warmen religiösen Gefühls bedingt. Es ist daher nicht die abstracte Allgemeinheit des religiösen Gedankens, die hier zu Tage kommt, sondern es ist die concrete Lebensanschauung eines erleuchteten Auges, welches unmittelbar gleichsam in das offene Liebesherz Gottes hineinblickt und seine Gesinnung gegen die Werke seiner Hände im reichen Walten seiner Güte und Weisheit versteht und belauscht. So eignet der religiösen Sprache jene tiefsinnige Symbolik, die sich mehr oder weniger in allen Gebieten des religiösen Lebens wiederfindet und ganz besonders geeignet ist, wo das beschränkte menschliche Wort die unendliche Fülle des Inhalts im Bewußtsein nicht zu fassen vermag, wenigstens der ahnungsreichen Betrachtung einen Stützpunkt zu gewähren und den sinnenden Verstand zu fesseln. — Wenn der Charakter der Naivität sich als eine Kindlichkeit der Anschauungs- und Auffassungsweise bestimmt, sofern sie durch eine relativ-nothwendige Beschränktheit gegeben ist, so liegt schon in dem Bisherigen, daß mit der Symbolik der religiösen Sprache eine würdevolle Naivität derselben im engsten Zusammenhange steht, da die natürlichen Schranken des menschlichen Daseins auf unserm Gebiet eben darin fühlbar werden, daß das Allgemeinste sich hier der Anschauung überall nur in der concretesten Besonderheit enthüllt und den Frommen an den Paulinischen Ausspruch erinnert: wir sehen hier durch einen Spiegel in einem dunkeln Wort. Aber diese Naivität offenbart nur um so reiner das, dem gegenwärtigen Standpunkt des Menschen angemessene kindliche Verhältniß zu Gott und geht daher auch nicht in das Spielende und Läppische über, sondern bleibt mit der edelsten Simplicität als Ausdruck innerster Wahrheit gepaart. Dies führt die Betrachtung zu einem zweiten Grundcharakter der religiösen Sprache; aber bevor wir uns ihm zuwenden, soll der zuerst entwickelte nur mit einem Beispiel belegt werden. Christus ermuntert in der Bergpredigt die Seinigen, alle ängstlichen Sorgen fahren zu lassen, und gründet diese Ermahnung darauf, daß der himmlische Vater Lust am Leben hat und seine Fürsorge auf alle Geschöpfe erstreckt. Dies wird jedoch nicht als abstracter Gedanke von ihm ausgesprochen; sondern er richtet den Blick unmittelbar auf das Concreteste hin und läßt darin das unendlich großherzige Walten der Güte Gottes, die sich aller seiner Werke erbarmt, erkennen, so daß die kleinliche Sorge davor zu Schanden werden muß. Die sorglos umherfliegenden Vögel, die Lilien des Feldes werden so zu sinnvollen Symbolen, welche als verkörperte Worte Gottes von ihm zeugen und den Kleinmuth beschämen. — Hierher gehören auch die Parabeln, mit ihrem unerschöpflichen Reichthum an Lehrgehalt in unscheinbarer Hülle, wie wenn z. B. der Säemann den Herrn und seine Boten, wenn der Saame das Wort mit den ihm inwohnenden Lebenskräften, wenn die mancherlei Arten des Ackers die menschlichen Herzen symbolisiren, und der sehr verschiedne Erfolg der Aussaat auf irdischen Boden die Verschiedenheit der Aufnahme des Evangeliums, sowie seiner Wirkungen zu bildlicher Darstellung bringt.

Ein zweiter Charakterzug der religiösen Sprache ergiebt sich durch die Erwägung, daß sie sich als die Sprache eines Glaubens erweist, worin eine reelle Lebensgemeinschaft des Menschen mit Gott sich bethätigt, in welchem daher unmittelbar Gott selbst mitgesetzt ist. Im Glauben erst gelangt der Mensch zu seiner innersten Wahrheit, und es offenbart des Ersteren göttliche Natur sich insonderheit darin, daß er, erhaben über alle wechselnden Eindrücke unsers täglichen Daseins, in der Entblößung von allen Unterstützungen, wie das Gefühl und die lichte, heitre Anschauung sie gewähren, am Meisten in seiner Kraft und Stärke sich vollendet und dann gleichsam unmittelbar aus sich selbst zu leben vermag. Demgemäß hat die Sprache des Glaubens eine, von allen Vermittlungen durch die eigene geistige Thätigkeit des Menschen unabhängige göttliche Kraft, direct und energisch auf sein innerstes Bewußtsein einzuwirken; denn wie sie aus seinem tiefsten religiösen Gewissen heraus redet, so dringt sie auch mit Erweckungskraft urplötzlich hinein, und das geistige Ohr vermag sich von dieser Stimme aus einer höheren Welt nicht abzuwenden. Wir haben durch das Gesagte eine siegende Objectivität der Wahrheit als einen eigenthümlichen Charakter der religiösen Sprache bezeichnet, welcher sie in ihrer höchsten Potenz in der That als Wort Gottes erscheinen läßt. Wo sie aber auch diese erhabene Stufe nicht erreicht, bleibt ihr gleichwohl als wesentlicher Grundzug jene sententiöse Bedeutsamkeit in Würde und Einfalt, wie sie z. B. in der Vorliebe des Morgenländers für sinnreiche Sprüche hervortritt. Daher nähert sich die religiöse Sprache so gern dem gnomischen Charakter, daher liebt sie so den plastisch abgerundeten, wie zu einem objectiv-fertigen Gebilde sich fixiren wollenden Ausdruck des unendlichen Gedankens. Denn nicht blos durch seinen verständig erfaßlichen Sinn soll das formulirte Wort auf uns wirken; auch als eine h. Magie begehrt es sich zu erweisen und die schöpferisch bildende Kraft seines reichen Inhalts auch durch den plastischen Ausdruck, den es ihm giebt, zu verrathen. Man vergleiche die Seeligpreisungen, womit die Bergpredigt beginnt: und sie werden in ihrer wunderbaren Tiefe das Vorstehende bestätigen. Aber auch jenes mächtige alttestamentliche: „Du sollst!" in den h. zehn Geboten ist wohl schon oft als eine unmittelbare Weckstimme Gottes in schlafende Gewissen eingedrungen.

Die religiöse Sprache ist endlich auch die Sprache des handelnden Menschen und offenbart hiermit jene praktische Anwendbarkeit, welche die wahre Popularität begründet. „Anknüpfend (vergl. Tholuck in der Vorrede zu seinen Predigten S. 47.) an die, im Volk vorhandenen und allbekannten Maximen und Ansichten, Thatsachen und Erfahrungen," redet sie gemeinfaßlich aus dem gesunden Menschenverstande heraus und ist, auch wo sie dem natürlichen Mutterwitz*) ein Räthsel zu deuten überläßt, der beabsichtigten Wirkung gewiß. Denn das Paradoxe übt nur eine um so stärkere Anziehungskraft und prägt die Wahrheit in dieser Hülle dem Gemüth desto tiefer ein. Wenn Christus den Kanon aufstellt: was ihr wollt, daß euch die Leute thun sollen, das thut ihr ihnen —: so bewährt dieses Wort seine praktische Anwendbarkeit nicht sowohl darin,

*) Der Mutterwitz ist einerseits das, was der Begriff ausdrückt, also Witz; andererseits liegt in der Zusammensetzung des Worts mit „Mutter" die Vorstellung des Angeerbten. Es bezeichnet daher den Witz, nicht wie er als individuelle Anlage, sondern als ein allgemeinerer Charakter vorhanden ist, dessen einzelnem Träger kein nothwendiges Bewußtsein darüber beiwohnt.

daß es, auch in fleischlicher Buchstäblichkeit genommen, eine sichere Regel des Handelns an die Hand giebt; vielmehr könnten Unverstand und Bosheit es leicht zum ärgsten Mißbrauch verkehren; sondern darin vorzüglich, daß es einen gesunden Sinn voraussetzt, der nicht nur nicht irre gehen kann, sondern auch zu eigener Thätigkeit aufgefordert und hiermit auf ein weites Feld umfassender Anwendung durch den fraglichen Ausspruch geführt, die reichste Nahrung darin findet. Von derselben Natur sind andere Sprüche des Herrn, deren Räthselhaftigkeit sich bis zur Paradoxie erhebt, wie wenn er vom Ausreißen des Auges, vom Abhauen der Hand oder des Fußes redet und hierbei nur eine feste Entschiedenheit der Entsagung im Sinne hat.

Schon in dem Bisherigen liegt das Anerkenntniß, daß die Sprache der h. Schrift das vollkommenste Muster der religiösen Sprache darstellt, und wir daher auch überall, wo von dieser die Rede sein wird, auf das h. Bibelwort werden zurückkommen müssen.

§. 11.
Die im Wort sich darbietenden Hauptelemente des Cultus.

Das religiöse Lebenscentrum ist der Glaube, und es liegt daher bei dem Zweck der Erbauung Alles daran, den Glauben zu erwecken und zu stärken, wobei aber wiederum sich von selbst versteht, daß Alles, was zu dem Ende geschieht, auch seinerseits nur Ausdruck eines, in dem bereits vorhandenen Glauben wurzelnden religiösen Bewußtseins sein kann. Die hier in Betracht kommenden Grundformen bestimmen sich auf dem Standpunkt der subjectiven Religiosität als **Gebet und fromme Betrachtung.**

Auch wenn Beides rein innerlich vollzogen wird, bleibt gleichwohl das Wort die alleinige Vermittlung, da alles Denken ein Sprechen ist, und es erscheint hiernach gerechtfertiget, wenn wir schon in der Sphäre der reinen Subjectivität des Cultus, wo das Wort vielleicht gar nicht zur Verlautbarung gelangt, es dennoch als den Grundstoff des religiösen Handelns in den genannten beiden Beziehungen hervorheben.

Wie folgerichtig es auch ist, wenn hier in Gemäßheit des gegebenen Begriffs der Erbauung, die jederzeit auf Lebenseinheit mit Gott hinausläuft, der Glaube als das beharrende point de vie des Cultus auftritt, so könnte dies doch thatsächlich sich nicht durchweg zu bestätigen scheinen, wie wenn z. B. der christliche Prediger die Gemeinde für irgend einen bestimmten sittlichen Zweck zu gewinnen sucht und doch dabei nichts an sich Unrichtiges thut, selbst wenn Das, was er verfolgt, etwas Einzelnes ist. Aber auch in diesem Falle wird nur insofern wahre Erbauung gefördert werden, als der Redner darauf hinwirkt, daß das zu erregende sittliche Interesse aus dem Glauben hervorgehe, widrigenfalls ihm gar keine religiöse Bedeutung zukäme. Da der Glaube ein „geschäftig Ding" ist und, wie oben gezeigt, mit der ethischen Aufgabe des Menschen überhaupt im Zusammenhange steht, so ist es allerdings wohl zu denken, daß er in einer ganz speciellen Beziehung angeregt werde, um, trotz seiner Hinlenkung auf einen einzelnen Punkt, eine allgemeine Belebung zu erfahren.

Der vorstehende §. hat jedoch den Glauben nicht blos als das Ziel, sondern auch als die feste, beharrende Basis des Cultus aufgefaßt, sofern nämlich die Mittel desselben nothwendig in dem bereits vorhandenen Glauben wurzeln, und nur, was dessen lebendiger Ausdruck ist, ihm auch zur Förderung werden kann. Hier nun erhellt, wie jetzt erst jene sichere Grundlage gewonnen ist, die das wandelbare religiöse Gefühl deshalb nie gewähren konnte, weil es, sich selbst überlassen, niemals in wahre Gotteserkenntniß übergehen kann. Der Glaube dagegen schafft seiner Natur nach ein beharrendes religiöses Bewußtsein und offenbart sich, da dieses sich nothwendig in bestimmten Dogmen exponirt, als fruchtbare Quelle einer γνῶσις, die, mit dem wissenschaftlichen Geist im Bunde, in ihrer Weise das ganze Gebiet des menschlichen Daseins in sich aufnimmt.

Wenn nun rücksichtlich der Belebung des Glaubens durch die Aeußerungen seines Bewußtseins die Frage entsteht nach dem Wie? — so kann zunächst allerdings darauf verwiesen werden, daß nach einem allgemeinen Gesetz alle Aeußerungen eines vorhandenen Innern, wie sie als natürliches Bedürfniß auftreten, so auch selbst wieder kräftigend und erhöhend auf jenes Innere zurückwirken. Wir reichen jedoch damit nicht aus, da hier die Erbauung als ein Zweck sich gezeigt hat, auf welchen geflissentlich hingewirkt wird, der also nicht als ein, nur gelegentlich mit zu erreichender dastehen darf. Es ist folglich die bestimmte Frage zu erheben: wie hat sich das religiöse Bewußtsein zum Zweck der Erbauung zu äußern? — und es muß in der Antwort hierauf klar werden, daß die angegebenen Grundformen des Gebets und der frommen Betrachtung eine innere Nothwendigkeit haben.

Im Glauben begegnen uns zwei Factoren, indem darin göttliches und menschliches Thun dergestalt in einander aufgehen, daß er mit gleichem Recht aus beiden Gesichtspunkten gefaßt werden kann. Nach dem einen fällt der Glaube in die Kategorie menschlichen Wollens; nach dem andern ist er ein Geschenk der freien Gnade Gottes. Dieser Zweiheit gemäß gestalten sich jedenfalls auch die Aeußerungen des frommen Bewußtseins, sofern sie eine erbauliche Tendenz haben, d. h. mittelst Erweckung des Glaubens auf die Lebenseinheit mit Gott hinwirken. Insofern hierbei Gott als der, aus seiner Fülle Gebende erscheint, ist der Mensch ihm gegenüber ein Empfangender im Charakter der Gottleidenheit und kann seinerseits nur Eines dazu thun, indem er nämlich als Bittender vor den Herrn tritt. Hiermit ist die erste Grundform der erbaulichen Aeußerung des religiösen Bewußtseins nothwendig als Gebet bestimmt.

Die Tendenz der Erbauung kann aber auch der andern Seite des Glaubens sich zuwenden, wonach er als menschliches Thun zu begreifen ist. Hier nun gilt es, das fromme Bewußtsein sich in der Art äußern zu lassen, daß der, auf Gott gerichtete Wille dadurch gereizt, und so der Glaube erweckt werde. Zu diesem Zweck müssen die Motive zu gläubigem Ergreifen Gottes und zur Hingabe an ihn sich dem Willen vergegenwärtigen, um in der beabsichtigten innern That, die nun unmittelbar auch in Gebet übergehen kann, zu enden. Hiermit haben wir offenbar die fromme Meditation, die religiöse Betrachtung, beschrieben mit ihrer Grundrichtung auf die, durch den Willen sich vermittelnde Erweckung des innern Lebens.

Die im §. bezeichneten beiden Hauptformen erscheinen nunmehr gerechtfertiget, wie sie denn immer noch dieselben bleiben, auch wenn die Poesie in Verbindung mit der Religion neue Formen der frommen Lebensäußerung hervorbringt. Denn auch das geistliche Lied läßt jenen doppelten Charakter überall nur in einer eigenthümlichen Gestalt an sich hervortreten, indem bald das Gebet, bald die Meditation, bis zur unmittelbaren Anrede an das eigene Herz des Sängers, darin das Vorwiegende ist.

Die nachfolgende Betrachtung wird sich nun mit den beiden Grundformen weiter zu beschäftigen haben.

§. 12.
Das Gebet.

Wenn zum Inhalte des religiösen Bewußtseins, sobald es sich in bestimmte Dogmen exponirt, auch Dieses als zugehörig sich zeigt, daß Gott, wie der Urgrund alles Lebens überhaupt, also auch der Anfänger und Vollender unsers leiblichen und geistigen Lebens ist: so führt dies den, sich schlechthin von Gott abhängig wissenden Frommen nothwendig darauf, sich in allen Dingen direct an ihn zu wenden und damit ein dauerndes Verhältniß zwischen sich und dem Herrn seines Daseins zu begründen. Das Gebet ist ein Gespräch des Herzens mit Gott, zum Behuf der Vereinigung mit ihm.

Hiergegen scheint zunächst einzuwerfen, daß der hier bezeichnete Zweck keineswegs im Gebet überall hervortrete, da wir viele Anliegen haben, die sich ausschließlich auf unser irdisches Dasein beziehen. Wenn das aber auch nicht geleugnet wird, so ist doch hier die Frage, ob das ein rechtes Gebet sei, dessen letzte Tendenz sich in Gott nicht endet? Alles Sichtbare und Zeitliche ist dem Frommen eine Stufenleiter zum Ewigen, und jedes auf Irdisches bezügliche Verlangen verhüllt ihm nur sein tiefer gerichtetes Sehnen nach einer Lebensgemeinschaft, in welcher die volle Befriedigung für Alles liegt; und so meint er im letzten Grunde Gott in jeder Gabe, die er von ihm begehrt. Immerhin mag daher der Cultus im Gebete gleichfalls diese Condescendenz zum Bedürfniß unsers täglichen Daseins üben: nur anders nicht, als in diesem Aufsteigen vom Sinnlichen zum

Unvergänglichen. — Hiernächst ist klar, daß, gleichwie unsere Definition den lebendigen, persönlichen Gott als Endzweck des Gebets bestimmt und dessen ultima ratio in einer Sollicitation Gottes, sich finden zu lassen, erkennt, also auch ein Bewußtsein der Persönlichkeit desselben, als bereits vorhanden, von ihr vorausgesetzt wird. Daher die Erfahrung, daß die, an das Pantheistische anstreifende theologische Denkart sich in der Regel aus dem Gebete nichts Sicheres zu machen weiß; denn der Beter muß einen Gott haben, von welchem er sich auch wirklich Etwas ausbitten kann. Selbst Schleiermacher gestattete, weil er für die Gebetserhörung im engeren Sinne keinen Platz hatte, seinem System lediglich eine heilsame Rückwirkung des Gebets auf das Gemüth zu jener Resignation, welche jedes besondere Anliegen aufgiebt.

Exponiren wir uns nun die im Gebet enthaltenen Momente, sofern sie für unsere weitere Entwickelung eine Bedeutung gewinnen. — Zunächst ist es ein Gespräch, also eine wirkliche, durch das Wort sich vermittelnde, Anrede Gottes, welche eine göttliche Antwort (vergl. die Psalmstelle 10, 17: das Verlangen des Elenden ꝛc.) voraussetzt. Erst im Worte vollbringt sich der, sich darin verleiblichende Gedanke, und auch der betende Sinn bedarf des Worts, durch welches allein erst das Gebet Bestandtheil des Cultus werden kann. —

Nächstdem wird der, auf die angegebene Art sich vermittelnde Vortrag ein Gespräch des Herzens genannt. Das Herz also ist das betende Subject; es ist die entsprechende Gemüthsstimmung, die lebendig erregte Empfindung des Göttlichen, aus deren innerster Wahrheit das Gebet hervorgehen soll; ein Zustand der Gottleidentlichkeit ist es, aus dem es sich unmittelbar producirt, und wir sind geneigt, es für ein bloßes Lippengeplärr anzusehen, wenn Jemand betet, ohne daß ihm so zu Muthe ist. — Diese beiden Momente klingen in der Vollbringung des Gebets innig und tief in einander und erhöhen sich wechselseitig. Unter dem Gespräch mit Gott gewinnt das Gefühl einen immer volleren und mächtigeren Fluß, und wiederum dieses verstärkt den Erguß der Rede, bis das Herz das Ueberschwengliche nicht mehr auszusprechen vermag, und so wird aus der lebendigen Wechselwirkung der beiden ersten Momente ein drittes geboren, die σιγή, wenn der Betende aufhört zu reden, um nur in tiefster Innerlichkeit still vor Gott stehen zu bleiben und sich selbst hingebend an ihn zu verlieren. — Wenn wir so im Gebet den Weg zur Gottinnigkeit erkennen, so müssen wir doch zugleich sagen, daß es in diesem Stadium aufhört, Gegenstand liturgischer Betrachtung zu sein; nächstdem aber begegnet uns auch sogar im subjectiven Cultus das Gebet keineswegs allein in der Form des unmittelbaren Herzensergusses, sondern gestaltet sich schon in dieser Sphäre zu einem formulirten Ausdruck, welcher sich nach Maßgabe der innern Fülle des frommen Bewußtseins allmählig zu bereichern sucht. Um jedoch in dieser Art aufzutreten, hat es eine Metamorphose zu durchlaufen, welche aus dem Bisherigen leicht zu begreifen sein wird.

§. 13.
Die Metamorphose des Gebets.

Auch in Ermangelung der gottleidentlichen Gebetsstimmung, bleibt das Gebet dem Frommen Bedürfniß, weil er sich desselben als einer Bedingung seines geistigen Lebens bewußt ist. Indem jedoch mit der entsprechenden Gemüthsaffection zugleich auch die unmittelbare, frische Production des Gesprächs mit Gott ausbleibt, findet er sich veranlaßt, eine feststehende Gebetsformel zu machen, oder einer gegebenen sich zu bedienen. Wenn es nun ein von leidentlicher Zuständlichkeit unabhängiger Wille ist, der hiezu anregt, so folgt auch, daß das betende Herz hier sich anders zum formulirten Worte verhalte, als es nach dem vorigen §. bei dem unmittelbaren Gespräch mit Gott der Fall ist. Selbst innerhalb der Sphäre des subjectivsten Cultus entdecken wir so die Anfänge eines stabilen Cultuselements, welches der treue Ausdruck eines, im Gottesbewußtsein vorhandenen, gediegenen Kerns religiöser Anschauung sein will.

Im vorigen §. haben wir als Ziel und Ende des wahren Gebets den schweigenden Aufblick zu Gott und die sich darin immer erneuernde Uebergabe an ihn zum Wandel vor seiner Gegenwart erkannt, und eben dieses macht im Bewußtsein des Frommen sich als ein beständiges, unabweisbares Bedürfniß geltend, wodurch ihm das Gebet, als eine Uebung der Gottseeligkeit über alle Abhängigkeit vom Gefühl hinaus, als ein beharrendes Moment des innern Lebens sicher gestellt wird. Der Fromme ist daher genöthigt, auch wenn ihm die Stimmung versagt, sich unmittelbar in den schweigenden Aufblick vor Gott zu stellen, ja er erkennt hierin jenes Gebet ohne Unterlaß, welches Paulus den Thessalonichern empfiehlt. Wenn dasselbe aber auch nicht aus einem, ihm vorangehenden Herzensgespräch mit Gott erzeugt wird, so bedarf es nichtsdestoweniger eines Vehikels, oder einer Stütze, durch die es unterhalten wird. Der reflectirende Verstand kann sie nicht gewähren, weil dessen vorherrschende Thätigkeit nur eine der Harmonie des religiösen Lebens entgegengesetzte, einseitige Richtung bezeichnet, und mithin das Gebet durch die Reflexion vielmehr negirt, als gefördert wird. Ebenso fehlt es aber auch an der unmittelbaren Erzeugung eines Redens mit Gott. Es bleibt daher nur die schon vorhandene Formel übrig. Wenn im

Herzensgespräch die beiden Momente der Gemüthsstimmung und ihrer Aeußerung sich lebendig durchdringen und in einander aufgehen, so ist hier das Gleiche nicht der Fall, sondern die schweigende Sammlung vor Gott und die Formel laufen neben einander so, daß jene auf diese sich von Zeit zu Zeit lehnt, um, so unterstützt, immer wieder aufs Neue aufzusteigen, ob es ihr etwa gelänge, die Formel endlich ganz hinter sich zu lassen, oder, sei es nun in unmittelbares Herzensgebet, sei es in fromme Betrachtung überzugehen. Diese Uebung bedarf so wenig einer Rechtfertigung, daß wohl im Gegentheil Niemand die Anbetung im Geist und in der Wahrheit darin verkennen wird, und von einem bloßen Lippengeplärr kann um so weniger die Rede sein, als schon aus dem Obigen hervorgeht, daß hier: „Kurz und gut!" der Wahlspruch sein muß, und in der guten Gebetsformel überall ein sententiöser Charakter, in welchem ein Moment des religiösen Bewußtseins sich zu plastisch-klarem Ausdruck bringt, vorherrschen wird.

In dem entwickelten Elemente hat sich das Princip und die psychologische Wahrheit einer stabilen Cultusform kundgegeben. Nicht allein im Ausdruck offenbart sie jene Stabilität, sondern auch in ihrem Inhalt, da in dem Gebetsformular nothwendig der dauernde, unveränderliche Kern des religiösen Bewußtseins zur Aeußerung gelangt. Je mannichfaltiger die Momente sind, in welche dasselbe sich dogmatisch exponirt, zu desto reicheren und mannichfaltigeren Formeln wird es sich liturgisch gestalten, weshalb auch die Stabilität hier nicht den Sinn einer todten Einförmigkeit hat und auch mit einem gewissen Grade von Bewegung wohl verträglich ist. Schließlich die Bemerkung, daß, obwohl der organisch geordnete Cultus einer religiösen Gemeinschaft das unmittelbare Herzensgebet nicht ausschließt, doch die Formel hier um so mehr Berechtigung hat, als dieser Cultustheil mit seinem kirchlich-symbolischen Charakter der jedesmaligen Stimmung des Liturgen so wenig anheim-, als seinem etwanigen Ungeschick preisgegeben werden kann.

§. 14.

Die begleitenden Gebehrden.

Die Religion manifestirt sich auch darin als eine, den ganzen Menschen mit Leib und Seele in Anspruch nehmende Angelegenheit, daß ihm selbst unbewußt, eine körperliche Mitbetheiligung am Gebet eintritt. Obgleich die begleitenden Gebehrden zunächst den Charakter eines so unwillkürlichen, wie unvermittelten Ausdrucks des bewegten Innern in sich tragen, so gewinnen sie doch die Bedeutung eines Elements des Cultus schon in der subjectiven Sphäre desselben, indem sie auf die innere Sammlung des Beters, sie verfestigend und umschränkend, zurückwirken.

Es gilt auch hier das allgemeine Princip, daß, gleichwie alles Innere nur dadurch, daß es sich veräußerlicht, zu einem geschichtlichen Momente wird, also auch wiederum die Verleiblichung desselben im sinnlich wahrnehmbaren Ausdruck jenem Innern erst ein beharrendes Dasein vermitteln. So wird der Betende durch die Kniebeugung noch stärker in seiner Sammlung fixirt, und so gewinnt das Falten der Hände, die Entblößung des Haupts, das Aufschlagen des Blicks zum Himmel und dergl. mehr, einen liturgischen Charakter, kraft dessen diese Elemente aus ihrer ursprünglichen Unmittelbarkeit heraustreten und zu bewußten, symbolischen Handlungen werden können. Zur vollen Bedeutung gelangt jedoch dieses Element erst im Cultus einer religiösen Gemeinschaft, durch den, ihm eigenthümlichen Charakter objectiver Darstellung, weshalb wir uns jetzt darauf beschränken, den Gegenstand nur angedeutet zu haben und die symbolische Handlung der späteren Betrachtung vorbehalten.

§. 15.
Die fromme Betrachtung.

Wenn der Trieb zu einer Erneuerung der Glaubensgemeinschaft mit Gott im Herzen vorhanden ist, ohne schon eine sichere Richtung gewonnen zu haben, so kann der fromme Wille hievon Veranlassung nehmen, der religiösen Anschauung ein bestimmtes Thema vorzuhalten und dieselbe darin sich vertiefen zu lassen, damit dieser innere Proceß rückwirkend ihm selbst — dem Willen — ein kräftiger Antrieb werde, den angedeuteten Glaubensact zu vollbringen, und demnächst das Herz sich ungehemmt im Gebet ergießen könne. Diese Einwirkung bezeichnen wir als die fromme Betrachtung.

Hier ist zuvörderst klar, daß nicht von einer Thätigkeit des nach logischem Gesetz denkenden, dem Wissen zustrebenden Verstandes die Rede sein kann, weil diese Verstandesoperation die fromme Gemüthserregung vielmehr aufhebt als fördert. Die fromme Betrachtung versirt ganz in der religiösen Anschauung, und Das ist ihr eigenthümliches Leben, daß sie dieselbe ihre besonderen Momente entfalten läßt und diese, einer Reihe zusammenhängender Bilder gleich, vor dem innern Auge aufrollt, bis der Gegenstand den vollen Reichthum seines Inhalts dargelegt hat. So steht die Betrachtung in tiefster Verwandtschaft mit dem religiösen Leben und führt zur Gestaltung eines dogmatischen Bewußtseins darüber. Ziel sowohl, als Voraussetzung derselben ergeben sich aus dem im §. Gesagten.

Sie wurzelt in einem religiös schon afficirten Gemüth; denn wenn dieses sich kalt und trocken fühlt, so gewährt es keinen Boden für die Betrachtung, welche der Wärme bedarf, wenn sie nicht in ihrer eigenen Frostigkeit sterben soll. Wiederum macht sie die vorher noch gebundenen Flügel des Gebets frei, welches nun von selbst sich emporschwingt. Ohne diese Wirkung ist die Betrachtung gar noch nicht zu ihrer vollen Realität gekommen. Offenbar ist freie Bewegung der Charakter dieses Cultuselements, und bildet dasselbe hiernach mit der beziehungsweisen Stabilität des vorigen einen Gegensatz, wiewohl andrerseits auch seine Beweglichkeit insofern nur eine relative ist, als sie doch in der festen Substanz eines dogmatischen Bewußtseins ihre Beschränkung in sich trägt.

§. 16.
Der Uebergang des Cultus zu objectiv-fester Gestaltung.

Denken wir uns die innere Lebenseinheit mit Gott im Frommen so mächtig, daß der Trieb, sich immer aufs Neue mit Gott zu verbinden, als eine, sein ganzes Dasein beherrschende Passion sich zu erkennen giebt, so wird diese letztere seine Zeit dergestalt in Anspruch nehmen, daß er im Interesse des Gehorsams, welcher auch die übrigen Angelegenheiten des Lebens treulich wahrgenommen wissen will, genöthigt sein wird, eine geregelte Zeiteintheilung in der Art eintreten zu lassen, daß darin das religiöse Bedürfniß mit den anderweitigen Erfordernissen des Lebensberufs sich auseinandersetze. Auf diesem Wege kommt in die Uebungen der Frömmigkeit eine Planmäßigkeit, in Folge welcher sie sich zu einem gesonderten

Gebiete sittlichen Thuns abschließen und hiermit schon einen Uebergang des Cultus aus der bloßen Subjectivität in die Objectivität andeuten. Viel stärker noch tritt dies in dem entgegengesetzten Falle hervor, wenn das Gemüth ohne jene vorherrschende Richtung auf Gott Gefahr läuft, die Uebungen der Frömmigkeit gegen die Geschäfte und Sorgen des täglichen Daseins hintan zu setzen. Was dort im Interesse der zeitlichen Verhältnisse geschah, geschieht hier im Interesse der Religion, damit sie nicht gegen die irdischen Beziehungen zu kurz komme, wobei mehr noch als dort die Aeußerungen des frommen Bewußtseins den Charakter eigentlicher Uebungen annehmen und sich je nach der größeren oder geringeren Unmittelbarkeit, womit der Glaube sie hervorbringt und deren Rückwirkung empfängt, unter einander verknüpfen. Wenn nun alle Aeußerungen eines innern Lebens, sofern sie in ihrer Ausführung sich planmäßig vermitteln, in die Kategorie der Darstellung fallen, so wird es hier bereits sichtbar, wie der Cultus schon von Haus aus, im rein subjectiven Entstehen, die Tendenz hat, eine objectiv-feste Gestaltung anzunehmen, und hiermit schon auf die religiöse Gemeinschaft hinüberzuweisen.

Das in den vorigen §§. Ausgeführte enthält bereits alle Andeutungen zu einer naturgemäßen Verknüpfung der einzelnen Cultusacte. Es ist klar, daß, wenn das frisch hervorquellende Herzensgebet uns für das Moment gilt, worin die Einkehr zur Gottinnigkeit sich am Kräftigsten und Unmittelbarsten vollbringt, die übrigen Cultuselemente — die Formel nämlich und die Betrachtung; denn die Gebehrde ist nur begleitend — ihre Stellung neben einander darnach erhalten müssen, wie sie entweder näher oder entfernter das Herzensgebet vermitteln.

Hieraus ergiebt sich, daß die Formel, als welche selbst das Vermitteltere ist, der Betrachtung, das stabilere Element dem beweglicheren vorangeht. Uebrigens hat die ganze zeitherige Entwicklung ihren Ausgangspunkt von der Voraussetzung genommen, daß das religiöse Leben als ein positiv-vorhandenes sich zu äußern begehrt. Wie aber der Mensch desselben auch als eines negirten sich bewußt sein kann, und auch dieses Bewußtsein zum Ausdruck gelangen will, darauf ist noch gar keine Rücksicht genommen worden. — Wenn nun schon das gegenwärtige Ergebniß der Untersuchung den Uebergang des Cultus zur Objectivität in Aussicht stellt, so wird das Nachfolgende uns in erhöhtem Grade auf diesen Weg hinüberleiten.

§. 17.
Opfer.

Die bisherigen Cultuselemente haben noch keine directe Beziehung auf den Zustand des gefallenen Menschen; aber auch diese muß im Cultus sich geltend machen. Im Bewußtsein seiner, durch die Sünde entstandnen Entzweiung mit Gott, fühlt der Mensch vor Allem das Bedürfniß der Versöhnung und gelangt so zu allerlei Opfern, Lustrationen und Reinigungen, wie sie im Cultus aller heidnischen Völker nach psychologischer Nothwendigkeit vorkommen und das allgemeine Elend der Sünde bezeugen.

Dieses merkwürdige Element, welches dem Cultus eine theurgische Richtung gibt, tritt zunächst als ein Widerspruch auf gegen unsere Grundanschauung, wonach wir eine innerlich erbauliche Tendenz in allen Cultushandlungen gefordert haben, während in den Opfern ein äußerliches Thun sich darstellt, welches nur auf eine Versöhnung des göttlichen Wesens berechnet ist. Wir müssen jedoch hiergegen geltend machen, daß dieselben erst durch die Sünde bedingt sind, welche, wie sie mit dem Fall geschichtliche Thatsache geworden ist, also auch eine Versöhnung begehrt, die gleichfalls nur objectiv vollzogen werden kann, und aus dem Grunde als die Bedingung der Gemeinschaft des Menschen mit Gott anerkannt werden muß, weil ohne dessen wiederhergestellte Gunst gegen den Sünder nur der Zwiespalt fortdauert. Indem das Opfer aber gleichzeitig die Entzweiung, die es lösen will, immer schreiender hervortreten läßt, offenbart sich darin ein Cultuselement, welches einerseits zwar, der Sünde gegenüber, seine subjective Wahrheit enthüllt, gleichzeitig jedoch in der Unmöglichkeit, den verfolgten Zweck zu vollziehen, seine völlige Nichtigkeit darthut und hiermit auf eine unmittelbare göttliche Einwirkung hinweist, durch welche der Conflict zwischen dem Bedürfniß der Versöhnung und der Unfähigkeit des Menschen, sie durch eignes Thun auszuwirken, allein gelöst werden kann. So erreichen wir hier den Punkt, wo unsere Betrachtung in ein anderes Stadium gedrängt wird.

§. 18.
Die Tendenz des Cultus zur religiösen Gemeinschaft.

Wie sehr auch das Verlangen des gefallenen Menschen nach einer Versöhnung mit Gott begründet ist, so bleibt doch bei Allem, was er zu diesem Zwecke unternimmt, der vorhandene Widerspruch selbst wesentliche Voraussetzung, und es zeigt sich daher als unmöglich, ihn durch Dasjenige zu lösen, was überall nur aus ihm heraus geschieht. Indem gleichwohl der Gefallene jene

Absicht festhält und mithin im Wahn eines Erfolgs seiner Handlungen, je länger je mehr, sich bestärkt, verfällt er im Irrthum seiner eignen Wege einer immer größeren Entfremdung von dem Leben aus Gott und der heidnischen Blindheit des Herzens. Alle selbstgewählten Opfer und Büßungen sind folglich ebensosehr Zeugnisse eines unvertilgbaren religiösen Bedürfnisses, als zugleich natürliche Aeußerungen des sittlichen Elends, welchem der Mensch anheim gefallen ist. Wofern also dem fraglichen Cultuselement Wahrheit zukommen soll, muß es auf einer göttlichen Veranstaltung beruhen, womit der zu versöhnende Gott sich selbst des Gefallenen annimmt, und demnach die Beziehung zu einer Offenbarung in sich tragen, die in ihrem, für eine religiöse Gemeinschaft berechneten Charakter als Gegenstand traditioneller Fortpflanzung die Religion aus der Subjectivität in die Objectivität hinüberführt und hiermit auch ihren entsprechenden Cultus als den einer religiösen Gemeinschaft auftreten läßt.

Was hier über die Opfer gesagt ist, bestätiget in Schauder erregender Weise die Geschichte des, bis zur Menschenschlachtung fortschreitenden Götzendienstes, und es tritt so jener unauflösliche Widerstreit der innern Wahrheit eines vorhandenen Bedürfnisses mit dämonischer Lüge in ein um so grelleres Licht, während Dieses: „der Mensch kann sich selbst nicht mit Gott versöhnen" — das sich immer neu aufdrängende Ergebniß aller vergeblichen menschlichen Anstrengungen bleibt. — Wenn nun dennoch den Opfern und Reinigungen des Gefallenen außer jener subjectiven Bezeugung des vorhandenen Sühnungsbedürfnisses, noch eine andre objective Wahrheit zukommen soll, so kann dies nur mittelst der von Gott in sie gelegten Beziehung auf eine unmittelbar durch ihn zu vollbringende Versöhnung geschehen, welche das religiöse Bewußtsein des Opfernden fortan dabei im Auge hat, so daß alle derartigen Handlungen einen typischen Charakter gewinnen und den Glauben mahnen, über sie hinaus auf ihr Gegenbild hinzublicken. Es können also nur kraft göttlicher Verheißung und Offenbarung Opfer zu objectiver Wahrheit gelangen, wie denn schon Abel's Darbringung von den Erstlingen der Heerde das Protevangelium zur Voraussetzung hat, und der spätere alttestamentliche Opfercultus nur jene typische Wahrheit in Anspruch nimmt.

Wir haben hier ein subjectives Cultuselement gefunden, welches zur Objectivität der geoffenbarten Religion hinüberführt, indem es diese letztere als unumgänglich fordert, und es ist im §. darauf hingewiesen, wie wir fortan auch in Betreff des Cultus auf dem Boden der religiösen Gemeinschaft versiren. Uebrigens ist anzuerkennen, daß die Offenbarung des lebendigen Gottes keinesweges ausschließlich die Positivität der Religion vermittelt; da wir aber den Ursprung positiver Religion überhaupt nachzuweisen nicht beabsichtigen, auch forthin überall unsere Untersuchung auf dem Boden der Offenbarung verbleiben lassen: so genügt es hier auch um so mehr, die Positivität der Religion innerhalb dieser Sphäre gefunden zu haben.

Indem der Cultus aus der bisherigen, subjectiven Betrachtungsweise in dieses Stadium übergeht, erleidet er eine durchgreifende Veränderung, welche jetzt zunächst aufzuzeigen ist.

§. 19.
Der Cultus als Darstellung eines gemeinsamen religiösen Lebens.

Sobald der Cultus als Ausdruck eines allgemeinen religiösen Bewußtseins gemeinschaftliches Handeln wird, hören die Elemente desselben auf, blos subjective Bethätigung eines innern, religiösen Lebens zu sein, und gewinnen eine neue Beziehung in dem wechselseitigen Füreinander, worin sie fortan, allseitige Mittheilung beabsichtigend, auftreten. In dieser Beziehung auf die Gemeinschaft erhebt sich der Cultus in höherem Grade noch als bisher zur Darstellung und gewinnt als ein planmäßig geordnetes Ganze den Charakter objectiver Beständigkeit.

Wir nehmen hier in den Begriff der Darstellung ein neues Moment auf. Wenn in §. 16 das: sich planmäßig vermitteln hervorgehoben wurde, so erweitert sich jetzt der fragliche Begriff, sofern die Darstellung überhaupt nunmehr als versinnlichender Ausdruck eines vorhandenen Innern, mit der Absicht, sich mitzutheilen, zu bezeichnen ist. Diese Bestimmung hat hier noch Nichts mit der Kunstdarstellung im engeren Sinne zu thun. Unsere Betrachtung ist überhaupt der Kunst im Cultus noch gar nicht begegnet. Diese ist allerdings auch Darstellung; aber sie hat keinen außer ihr liegenden sittlichen Zweck; sie begehrt blos eine innere, ideale Welt zu symbolischer Wirklichkeit zu erheben und damit auch für Andre in ihrer tiefen Wahrheit zu bethätigen. Im Cultus dagegen halten wir den, seinem Thun jenseitigen Zweck der Erbauung streng fest.

Jetzt hat sich unsre anfängliche Definition in allen ihren Momenten bestätigt; denn wir haben erstlich die Erbauung durchgreifend als Ziel aller Cultuselemente erkannt; wir haben eine Mannichfaltigkeit der Ausdrucksformen des religiösen Bewußtseins gefunden; dieses endlich hat sich als ein gemeinsames kund gegeben, und es ist so auch das Moment der objectiven Darstellung hinzugetreten. In dieser Letzteren jedoch erfahren jene subjectiven Ausdrucksformen eine Umwandlung.

§. 20.
Verwandlung der subjectiven Cultuselemente.

Wenn das Gebet seiner Natur nach, sobald es sich formulirt, einen stabilen Charakter annimmt und Ausdruck des beharrenden Inhalts im religiösen Bewußtsein wird, so gewinnt es in seiner Beziehung auf die Gemeinschaft einen symbolisch-confessionellen Charakter mit prägnanter Kürze; die Betrachtung aber gestaltet sich zu bewegter Rede (Predigt).

Wir erkannten bereits (§. 15.), daß die fromme Betrachtung schon aus dem Boden einer religiös-erregten Gemüthsstimmung hervorgeht. Diesen Ursprung verleugnet sie nicht, auch wenn sie, einer frommen Gemeinschaft gegenüber sich verlautbaren und Das, was das Herz Dessen, in dem sie entspringt, bewegt, zu Weckung eines lebendigen Gemeingefühls mittheilen will. Hiermit aber ist sie nothwendig bewegte Rede d. h. Darstellung eines bewegten Gemüthszustandes mit der Absicht, denselben auch in Andern hervorzurufen, näher: zu erbauen. Was die Betrachtung im subjectiven Cultus für Den werden soll, der sie anstellt, Das soll sie hier einer frommen Gemeinschaft werden, womit vorausgesetzt wird, daß sie es im ersten Betrachter bereits geworden und also in ihm vollendet ist, um sich nun für eine Gemeinschaft nochmals zu reproduciren und den ursprünglichen Proceß im Betrachtenden, in den Seelen der Hörenden sich wiederholen zu lassen. Aus dem Gesagten erhellt wiederum die tiefe Verwandtschaft zwischen fromm bewegter Rede und unmittelbarem Herzensgebet, möge nun der Redner die Vollziehung dieses letzteren den Hörern anheimgeben, oder am Schluß seines Vortrages ihm selbst Worte leihen und das bewegte Herz ausströmen lassen. Jedenfalls aber hat die Rede ihren Zweck verfehlt, wenn sie nicht eine Anregung zum Gebet zurückläßt.

§. 21.
Die symbolische Handlung.

Auch die fromme Gebehrde hört, sofern der Cultus nunmehr Beziehung auf eine vorhandene religiöse Gemeinschaft gewonnen hat, auf, blos subjective Bethätigung einer Gemüthsaffection zu sein, und bekommt als ein, ein bestimmtes Etwas bedeutendes Moment, den Charakter objectiver Darstellung. Die fromme Gebehrde erhebt sich zur symbolischen Handlung. In seiner Losgerissenheit von der Subjectivität gewinnt das Symbol sehr bald an Ausdehnung, und der Trieb, Geistiges zu versinnlichen, erzeugt neue Formen. Indem hierbei die Handlung sich mit dem Wort verknüpft, wird sie zur Ceremonie.

Symbolische Handlungen solcher Art hat besonders die römische Kirche in großer Menge. Hieher gehören: die Bezeichnung mit dem Kreuz, der Gebrauch des Crucifix, das Anzünden der Lichter, das Verbrennen des Weihrauchs, ja auch die Anwendung h. Kleider, und vieles Andre. Man denke an den ganzen Cultus der Stiftshütte. Wenn gleich das Symbol nicht mehr blos subjective Bethätigung eines Innern ist, sondern auch eine objective Bedeutung für die Gemeinde hat, so hört dennoch auch jene erstere hiermit nicht auf, sondern verstärkt sich vielmehr. Wie mächtig z. B. ist der Eindruck, welchen das Wechseln der Ringe, oder das Ineinanderlegen der Hände eines Brautpaars als Symbol der Bundesschließung bei diesem hervorbringt.

Die Ceremonie bezeichnet Klöpper als ein „Ineinanderfixirtsein von Wort und Handlung;" sie ist gleichsam ein, sich unmittelbar dramatisirendes Wort, hat eine große Kraft liturgischer Bethätigung Dessen, wovon das Herz durchdrungen ist, und ist daher auch mit einer höchst belebenden Rückwirkung darauf verbunden. Z. B. wenn der Liturgus auf den eingesenkten Sarg eines Entschlafenen dreimal Erde wirft mit den Worten: von Erde bist du genommen u. s. w.: so drückt sich hierin eine so erschütternde, als beruhigende Mahnung der Leidtragenden an die Ergebung aus, womit sie das Einverständniß in Gottes Rathschluß gewinnen sollen. Es ist übrigens klar, daß das, in der Ceremonie auftretende Wort sich zur prägnanten Formel plastisch zu gestalten strebt; denn es will ja selbst zu symbolischer Handlung, gleichwie diese als sinnvolle Zeichensprache, zum Worte werden.

§. 22.
Die Segnung.

Insofern in der Ceremonie eine Mittheilung an die fromme Gemeinschaft sich vollzieht, erhebt sie sich zur Segnung.

Wenn in Förderung der Lebensgemeinschaft mit Gott der Zweck des Cultus erreicht wird, so hat er einen Segen zur Folge, in welchem das fromme Bewußtsein um so lieber eine unmittelbare Segnung Gottes anerkennt, als dieser ja auch im

Cultus nie aufhört, der Anfänger und Vollender unsers Glaubens zu sein. Hiermit erscheinen alle frommen Gemüthsaffectionen, die der Cultus erzeugt, als eine Erwiderung von oben, und es erfüllt sich derselbe für die fromme Gemeinschaft mit göttlichen Gnadenmittheilungen, durch welche jener Gemeingeist geweckt wird, der die religiöse Gesammtheit erst zur lebendigen Gemeinde macht. In der Kraft dieses Gemeingeistes kann jener göttliche Segen zum Gegenstande der Mittheilung innerhalb der Gemeinschaft selbst werden. Die Hauptmomente, welche hierbei in Betracht kommen, sind also folgende: a) Die frommen Affectionen im Cultus sind Gaben. b) Diese Gaben gestalten sich bei Gemeinsamkeit zu einem religiösen Gemeingeiste. c) Kraft dieses Gemeingeistes werden sie auch innerhalb der Gemeinschaft selbst Gegenstand wechselseitiger Mittheilung.

Man hat darüber gestritten, ob die Segnung blos significative, oder auch exhibitive wirke. Im ersteren Falle würde sich Alles auf eine, an sich leere Anwünschung eines göttlichen Segens beschränken; aber selbst der alttestamentliche Segensspruch, obgleich er sprachlich die Form eines Votum hat, ist doch insofern kein bloßes Votum, als er auf göttlichem Befehl beruht und damit auch eine Verheißung in sich trägt, daß er eine reelle Segnung vermitteln solle. Vergegenwärtigen wir uns aber erst die im N. T. vorkommenden Segnungen, so stellt ihre exhibitive Natur sich außer Zweifel. Christus legt seine Hände auf die Kinder und segnet sie; er thut Dasselbe vor seinem Abschiede den Jüngern; nach seiner Auferstehung bläst er sie an und spricht: Nehmet hin den h. Geist u. s. w. Wagen wir zu behaupten, daß alle diese Acte nur leere Handlungen gewesen seien? Vollends unmöglich wird dies, wenn wir die große Bedeutung, welche später die Apostel der Auflegung ihrer Hände beimaßen, in Erwägung ziehen. Vergl. Apostelgesch. 8, 15 — 17; 19, 6; desgl. wichtige

Stellen in den Pastoralbriefen. Man hat auch nicht Ursache, aus übertriebener Besorgniß, einem todten opus operatum Etwas einzuräumen, die exhibitive Wirksamkeit der Segnung zurückzuweisen; denn eine rechte Verständigung darüber, daß alle weihenden Handlungen subjective Bedingungen ihres Erfolgs voraussetzen, wird abergläubische Meinungen ohnehin nicht aufkommen lassen. Wo aber jene Bedingungen vorhanden sind, da würde es heißen: dem Geiste wehren, welchen der Herr seiner Gemeinde gegeben hat, wenn man der priesterlichen Segnung das Gesetz auflegen wollte, nichts Wirkliches mitzutheilen. Doch mit diesen Worten wecken wir selbst einen weiteren Einwurf gegen die fragliche Exhibition. Es werde, sagt man, ein particularistisches Priesterthum dadurch zurückgeführt. Das ist zu leugnen. Priesterthum allerdings; weshalb aber dieses ein alttestamentliches sein müsse, ist nicht einzusehen, wogegen im allgemeinen Priesterthum der Gläubigen jederzeit eine ächt christliche Idee erkannt worden ist. Allein auf dieses berufen wir uns.

§. 23.
Die Opfer.

Sofern die Opfer an sich eine versöhnende Tendenz haben, bedingen sie innerhalb der religiösen Gemeinschaft das Hervortreten eines zwischen der Gottheit und dem Volk vermittelnden Priesterthums und werden priesterliche Handlungen. Sofern das einmalige Opfer vollbracht ist, welches ewiglich gilt, hören jene nothwendig auf, oder gehen in Handlungen über, welche mit dem, durch das einmal geschehene Opfer gewirkten Segen erfüllt sind und ihn der Gemeinde vermitteln. — Sacramente.

In allen Religionen, die einen Opfercultus haben, findet sich auch die privilegirte Priesterkaste. Sowohl das alte, wie das neue Heidenthum stimmen hierin überein, und die, dem Opfer zu Grunde liegende Idee der Vermittlung führt nothwendig darauf.

Gleichwie nur eine unmittelbare göttliche Institution das Opfer als typische Handlung zu einem wahren Gottesdienst durch die, daran geknüpfte Verheißung erheben kann, so bedürfen gleicher Einsetzung nach dem vollbrachten einmaligen Opfer auch jene Handlungen, welche den Segen desselben übertragen sollen, und zu welchen der frühere Opfercultus sich geistig verklärt. Wir durften sie Sacramente nennen, indem wir, ganz abgesehen von der kirchlichen Anwendung dieses Begriffs, im Allgemeinen Handlungen dadurch bezeichnet sehen, welche als wesentliche Merkmale folgende Momente in sich vereinigen: daß sie etwas Reelles, Göttliches darreichen und, damit sie dies können, auf unmittelbare göttliche Einsetzung sich gründen, wodurch ihnen der Charakter der Objectivität gesichert ist. Uebrigens zeigt sich, daß auf diesem Standpunkte die erwähnten Handlungen selbst Benedictionen werden, welche sich hier nur zu göttlichen Institutionen erheben.

§. 24.
Gegensatz zwischen der hervortretenden Thätigkeit Einzelner und der der Gesammtheit.

Schon die bisherige Betrachtung der Cultuselemente hat darauf geführt, daß sich die fromme Gemeinschaft fortan nicht mehr in ihrer ungesonderten Allgemeinheit als das, im Cultus thätige Subject ansehen läßt. Die Gemeinde wird vielmehr nothwendig eine, in sich selbst unterschiedene und läßt Einzelne mit hervorragender Thätigkeit aus der Gesammtheit heraustreten. Da jedoch hiermit die Gemeinde in ihrer Totalität nicht aufhören kann, im Cultus thätig zu sein, so zerlegt sich derselbe in eine Mannichfaltigkeit von Theilen, in welchen bald die Gesammtheit, bald ein Einzelner, welchem gegenüber die Andern sich mehr receptiv verhalten, in überwiegender Thätigkeit ist. Andererseits treten auch im Thun der Einzelnen wichtige Unterschiede hervor. Zwischen den beiden angegebenen Hauptformen läßt sich endlich noch eine dritte, die Mitte haltende, liturgische Form denken, nämlich die der Wechselwirkung zwischen der Gesammtheit und einzelnen Gliedern derselben, wodurch ein lebendiger, gleichsam dramatischer Verkehr entsteht, dessen liturgische Bedeutung in seiner Kraft liegt, zu wecken und zu ermuntern.

Was die Unterschiede betrifft, die durch Dasjenige, was nach der Natur der Sache nur Einzelne vollbringen können, bedingt werden, so ist der des Liturgen und des Redners der durchgreifendste. Sofern nun der Erstere sich innerhalb des stabileren Cultuselements bewegt, worin das Gemeinsame des frommen Bewußtseins einer religiösen Gesammtheit sich zu symbolischem Ausdrucke bringt, entsteht für ihn die Aufgabe, im Charakter einer würdevollen Repräsentation des Gesammtbewußtseins sich darzustellen. In der h. Rede dagegen offenbart sich das Princip der Bewegung, jedoch innerhalb der Schranken, welche durch das stabile Element nothwendig gesetzt sind. Der Redner wird daher darin seine Obliegenheit erkennen, seine individuelle Persönlichkeit als eine, aus aller falschen Gebundenheit befreite zu solchem Ausdruck zu bringen, daß ihm gleichzeitig auch jener repräsentative Charakter bewahrt bleibe.

Das, über die Wechselwirkung zwischen der Gemeinde und einzelnen Gliedern derselben Gesagte hat der gesunde liturgische Bildungstrieb von je her bestätigt und eine Menge sogenannter Responsorien und Antiphonieen hervorgebracht, welche auch in der evangelischen Kirche ihre belebende Kraft bewährt haben. Leider hatte es die falsche Objectivität des römischen Cultus dahin gebracht, daß auch bei diesen Elementen, durch welche die Wechselwirkung getragen werden sollte, die Gemeinde durch eine abermalige Vertretung, nämlich die des Chors, zur Passivität verwiesen wurde. In der evangelischen Kirche hat sich dies geändert. Wir werden hierauf zurückkommen.

§. 25.
Die Kunst.

Vergegenwärtigen wir uns die Thätigkeit der Gemeinde in ihrer Totalität, so führt uns dieselbe, wofern sie, mit Ueberwindung eines blos chaotischen Zusammenwirkens, als ein wohlgeordneter Bestandtheil des Cultus sich darstellen soll, auf das Bedürfniß der Kunst, und zwar zunächst der Poesie und der, mit ihr verschwisterten Musik. Hat aber einmal der Cultus mit der Kunst sein Bündniß geschlossen, so bieten sich auch die plastischen Künste alsbald zu seinem Dienste an, nicht blos, um geweihte Räume für den Cultus herzustellen, sondern sie auch durch ihre, die religiöse Idee symbolisirenden Schöpfungen zu schmücken und zu verherrlichen.

Die Kunst tritt im Cultus auch schon innerhalb seiner subjectivsten Sphäre hervor; unsere Betrachtung hat ihr jedoch, so lange sie auf diesem Gebiet die Grundelemente des Cultus durchmusterte, deshalb nicht begegnen können, weil die innere Nothwendigkeit, Kunstmittel in den Cultus hereinzuziehen, jetzt erst hervortritt. Nächstdem aber kann in der Kunst auch darum ein subjectives Grundelement des Cultus nicht erkannt werden, weil sie, wie das Fernere darthun soll, bei ihrem ersten Auftreten in diesem Gebiet nur eine eigenthümliche Form anderer Cultuselemente, nicht aber selbst ein solches im Unterschiede von den übrigen sein will.

Es ist gegen den Gebrauch der Kunst vielfach protestirt worden, wie denn die furchtbaren Bilderstreitigkeiten in der Kirche des Orients wesentlich auf diesen Widerspruch zurückzuführen sind. Auch die reformirte Kirche, wo sie ihre Einrichtungen am Unabhängigsten von anderweitigen Einflüssen ausgebildet hat, ist der Kunst ungünstig gewesen, und läßt erst in neuerer Zeit allmählich von dieser Einseitigkeit ab. Die Frage: woher jener Widerspruch? -- ist von Interesse. Jedenfalls besorgte man, daß der dem Cultus jenseitige Zweck der οἰκοδομή mit dem eigenthümlichen Charakter der Kunstdarstellung insofern unvereinbar sein werde, als diese einen, außer ihr liegenden Zweck ihrer Natur nach gar nicht verfolgt, sondern lediglich kraft des, durch sie gewirkten Kunstgenusses die Mittheilung der dargestellten Innenwelt beabsichtigt. In dem Gesagten jedoch sind bereits Andeutungen darüber enthalten, wie diese Besorgniß zu lösen ist. Eine Mittheilung nämlich beabsichtigt auch die Kunstdarstellung. Ließe sich diese nun in einem solchen Charakter in den Cultus einführen, daß die daran Theilnehmenden den eigentlichen Genuß über dem Ernst und der Bedeutung des Mitgetheilten vergäßen, so wäre hiermit auch eine solche Versöhnung der Kunst mit dem jenseitigen Zweck des Cultus gewonnen, daß jeder Grund zu der erwähnten Protestation wegfiele. Wir behaupten jedoch nicht blos Dieses, daß der Erbauung kein Abbruch durch die Kunst geschehe, sondern achten sie ihr sogar für sehr förderlich, und zwar deshalb, weil die Kunstdarstellung an sich eine tiefe Verwandtschaft mit dem religiösen Leben hat.

Wir verstehen unter Kunst eine, durch Idealität vermittelte äußere Darstellung innerer Anschauungen oder Zustände, welchen so, zur Hinüberpflanzung jener Innenwelt in Andere, die beharrende Wirklichkeit eines ideellen Daseins verliehen werden soll. Die Idealität aber ist nichts Andres, als die Negation der unmittelbaren Gemüthserregungen, wie sie das tägliche Leben veranlaßt, damit sie, von ihrer Leidentlichkeit, die immer eine Unfreiheit ist, befreit, eine vergeistigende Umwandlung erfahren und, ihrer Einzelheit entrissen, zu einer allgemeinen Gemüthsstimmung zusammenfließen, worin das schöpferische Leben der Phantasie entbunden wird. So lange der Dichter z. B. selbst noch leidenschaftlich bewegt ist, findet er die klare Ruhe nicht, die er bedarf, um productiv zu werden, und erst in der Negation jener unmittelbaren Befangenheit in den Eindrücken des gewöhnlichen Daseins, tritt dasselbe ihm in jene objective Ferne, die der idealen Innenwelt Raum gewährt, sich zu entfalten. Betrachten wir nun das Leben der Frömmigkeit, so kommt es hierbei nicht sowohl auf stets sich wiederholende Erregungen des Herzens an, als vielmehr darauf, daß die Gemüthsrichtung auf Gott je länger je mehr zu einer beharrenden Stimmung werde, in welcher es dem Frommen natürlich wird, das ganze Leben, der thatkräftigsten Praxis unbeschadet, in einem höheren Lichte zu sehen und ideell aufzufassen. Wenn die Verwandtschaft der Frömmigkeit mit der Kunst hiernach unzweifelhaft ist, so leuchtet auch ein, wie zunächst die Poesie und die mit ihr eng verbündete Musik dem Cultus ihre Dienste anbieten mußten. Es galt nicht, neue Elemente hervorzubringen, sondern das Gebet und die Betrachtung in neuer

Form ausströmen zu lassen und im h. Hymnus in ihrer innersten Wahrheit zu verklären. Denn der Hymnus enthält wesentlich jene beiden Grundelemente, wogegen ein geistliches Lied mit der Absicht zu belehren zur Lüge wird, wenn man zumal erwägt, daß es Gott vorgesungen werden soll.

Aus dem Obigen ergiebt sich, daß übrigens die Kunst im Cultus seinem durchgreifenden Zwecke der Erbauung sich überall unterzuordnen hat. Sie darf also nie hier Etwas für sich sein wollen, noch es auf selbständigen Kunstgenuß anlegen; sie darf die, ihr zu Gebote stehenden Mittel immer nur mit der Bescheidenheit brauchen, die sich der Grundabsicht des Ganzen anbequemt, und so hat sich denn auch in der evangelischen Kirche ein Stil gebildet, als dessen Charaktere Keuschheit und Würde zu erkennen sind. Mit Recht schließen wir also Productionen aus, in welchen die Kunst in reiner Selbständigkeit auftritt und die Mannichfaltigkeit ihrer reichen Mittel, ohne durch anderweitige Rücksichten gehemmt zu sein, für den Genuß auszulegen sucht.

§. 26.
Rückblick.

Unsere bisherige Betrachtung hat drei Hauptpartieen durchlaufen. Zuerst wurde der Cultus in seiner subjectiven Nothwendigkeit begriffen, und es zeigte sich, wie die Religion ihn wesentlich hervorbringe. Damit wurde der Zweck desselben offenbar. An diese Untersuchung knüpfte sich die Frage nach den psychologisch-nothwendigen Cultuselementen, deren Entwicklung drittens auf die Gemeinschaft im Cultus hinführte. Drei leitende Grundsätze sind es, welche für die Einrichtung und Ausführung des Cultus aus den drei Hauptpartieen sich ergeben, nämlich: der sittlichen Zweckmäßigkeit, der psychologischen Wahrheit, der gemeinschaftlichen Thätigkeit.

Was den Grundsatz der sittlichen Zweckmäßigkeit betrifft, so finden wir uns hierin in voller Uebereinstimmung mit der h. Schrift. Der Apostel Paulus dringt darauf, daß in den Versammlungen der Christen Alles, was nicht die οἰκοδομή befördert, beseitiget werde, und die, vom Herrn selbst geforderte Anbetung Gottes im Geist und in der Wahrheit hat gleichfalls jene sittliche Tendenz, die dem, auf Heiligung des ganzen Lebens dringenden praktischen Christenthum allein entspricht. Hiermit ist alles theurgische Wesen im Cultus, desgl. jede Art von äußerlichem Werkdienste, als unchristlich gerichtet. Und es findet auch das, im vorigen §. über die Kunst Gesagte durch diesen Grundsatz seine Bestätigung. Jedes Element des Cultus muß zunächst nach seiner Erbaulichkeit gewürdiget und, wenn ihm diese abgeht, ausgeschlossen werden.

Der Grundsatz der psychologischen Wahrheit findet seine Anwendung in einer doppelten Beziehung, nämlich sowohl rücksichtlich der Elemente des Cultus, sofern sie für sich betrachtet werden, als auch in Ansehung ihrer Verknüpfung zu einem organischen Ganzen. Was den ersten Punkt betrifft, so enthält unsere Regel die Forderung, daß sämmtliche Cultuselemente nicht blos objectiv an sich ein treuer Ausdruck des gemeinsamen religiösen Bewußtseins seien, sondern daß sie auch subjective Wahrheit für die Theilnehmenden haben. Wir verwerfen daher mit Recht alle unverständliche Symbolik; wir verwerfen den Gebrauch einer, der Gemeinde fremden Sprache; wir fordern dagegen durchgehende Verständlichkeit und eine klare Durchsichtigkeit aller Cultusformen für ihre Theilnehmer.

Mit diesem zweiten Grundsatze kommt auch die Relativität des Gegensatzes zwischen dem Festen und Beweglichen im Cultus zur richtigen Würdigung. Alles, was nicht mehr Ausdruck des gemeinsamen religiösen Bewußtseins sein kann, was sich selbst überlebt hat und dem Geschmack der Gegenwart fremd geworden ist, hat keine psychologische Wahrheit mehr und muß daher entfernt werden. Man denke an viele alte geistliche Lieder mit ihren, den heutigen Geschmack beleidigenden Bildern und manchen Ausdrücken, die unsern verfeinerten Ohren nicht mehr zusagen.

Rücksichtlich der Composition der Cultuselemente erfordert die psychologische Wahrheit einen naturgemäßen Fortschritt und ist daher jener Willkür und Planlosigkeit entgegengesetzt, welche zuweilen in einer Ueberladung hervortritt, die keinen leitenden Grundgedanken durchblicken läßt. Einfachheit und Durchsichtigkeit sind auch in dieser Beziehung wesentliche Erfordernisse; der innere Fortschritt des Cultus darf seinen Theilnehmern keine Gewalt anthun; er muß ihnen vertraut und lieb werden, wie es geschieht, wenn sie ihr religiöses Bedürfniß darin befriedigt finden. Nach dem dritten Grundsatz der gemeinschaftlichen Thätigkeit ist es für fehlerhaft zu erkennen, wenn die Gesammtheit der Gemeinde, der ausschließlichen Thätigkeit Einzelner gegenüber sich rein passiv verhält; vielmehr ist allseitiges Zusammenwirken unerlaßlich. Aber auch jene Einzelnen selbst finden in der aufgestellten Regel eine Norm für ihr hervortretendes Handeln, welches auch so noch den Charakter der Gemeinschaftlichkeit an sich tragen soll. Wiewohl daher der Einzelne über die Gesammtheit hervorragt, darf er sich doch selbst nie vereinzeln, noch sich in irgend einer Form des selbstsüchtigen Wesens der Gemeinde entgegensetzen wollen. Als Liturgus wird er darauf bedacht sein, nicht einem todten Mechanismus zu verfallen, oder in geistloses opus operatum zu gerathen. Als Prediger wird er der Gefahr ausweichen, mit Selbstgefälligkeit seine eigene Person zwischen die Zuhörer und Das, was ihre Andacht erwecken soll, in die Mitte zu schieben. Denn in beiden Fällen würde das Handeln der Einzelnen kein innerlich gemeinschaftliches mehr sein, noch auch würde ein lebendiges Zusammengehen der Gemeinde mit ihnen Statt finden können.

Zweiter Theil.

Der Cultus der positiven Religion der Offenbarung bis zum Christenthum.

§. 27.

Uebergang.

Der erste Theil hat zu der Einsicht geführt, daß der Cultus immer nur auf dem Boden einer bestimmten positiven Religion wirklich wird, und, ohne uns hierbei auf heidnische Naturreligionen einzulassen, haben wir sofort innerhalb der Sphäre der Offenbarung unsern Standpunkt genommen. Nun ist aber klar, daß Alles, was als Offenbarung sich zu erkennen giebt, nothwendig einen innern Zusammenhang und, sofern eine Mehrheit von Offenbarungen uns begegnet, eine Stufenfolge darstellen muß, kraft welcher überall das Spätere auf der Grundlage des Früheren zu geschichtlichem Dasein gelangt. Wenn hiernach schon a priori die Vermuthung entsteht, daß auch der christliche Cultus in seiner objectiven Bestimmtheit nur als auf dem alttestamentlichen Cultus basirend zu begreifen sein werde, und hinwiederum auch dieser in ein noch tieferes Alterthum zurückweist: so stellt sich der Wissenschaft die Aufgabe, bis zu den Anfängen geoffenbarter Religion überhaupt hinaufzusteigen und zunächst deren Entstehung uns zum Bewußtsein zu bringen. Denn über das Wie? dieser Entstehung haben unsere bisherigen Untersuchungen noch kein Ergebniß geliefert; wir müssen aber voraussetzen, daß hierbei formell nur dieselben Momente in Betracht kommen, welche die Entstehung der positiven Religion überhaupt bedingen. Die angedeutete Frage drängt sich jetzt um so mehr als die nächste auf, je sicherer wir erwarten dürfen, durch ihre Beantwortung die leitenden Gesichtspunkte zu finden, die wir bei der nachfolgenden religionsgeschichtlichen Entwicklung im Auge zu behalten haben.

§. 28.
Die Art der Entstehung des Cultus in der positiven Religion.

Die positive Religion der Offenbarung gründet sich nothwendig auf geschichtliche Thatsachen, welche, mit der Grundidee der bestimmten Religion erfüllt, durch ein einzelnes Individuum das in ihnen enthaltene Princip in die fromme Gemeinschaft sich ergießen lassen. Ein solches Individuum verwirklicht in sich die Idee eines Religionsstifters; der Act aber, durch welchen das betreffende Princip zum ersten Durchbruch in die Gemeinschaft gelangt, bildet die Eröffnung des, der betreffenden Religion zugehörigen Cultus und ist als solche den historischen Grundthatsachen, in welchen diese bestimmte Religion entspringt, mit beizuzählen.

Sofern das religiöse Leben sich auf ganz subjective Erlebnisse beschränkt, die aus der Sphäre der verborgenen Innerlichkeit nicht heraustreten, gelangt es auch zu keiner geschichtlichen Bedeutung. Eine positive Gottesoffenbarung kann daher innerhalb der Grenzen blos subjectiver Religiosität nicht stehen bleiben, sondern muß, um objectiv zu werden, in äußerlich erkennbaren Thatsachen sich darstellen. Jede positive Religion hat daher nothwendig bestimmte geschichtliche Anfänge, so daß, wenn z. B. der Christus unsrer Evangelien lediglich eine mythische Person wäre, es widersinnig erscheinen würde, das Christenthum in seiner lebendigen Wirklichkeit auf ihn zurückzuführen, während der Ursprung desselben vielmehr bei Denjenigen gesucht werden müßte, welchen es zuerst gelungen, der, im Mythus von Christo symbolisirten Idee zum Siege in der Gemeinde zu verhelfen; denn nur dieser Sieg, in erkennbaren Thatsachen hervortretend, würde die Anfänge unserer Religion enthalten.

Mit diesem ersten Momente der Entstehung einer Religion verbindet sich nothwendig ein zweites Moment, welches schon durch die, dem ersten eigenthümliche Objectivität gefordert wird; denn dieser Letzteren ungeachtet bleibt doch die Religiosität Sache eines subjectiven Erlebens, und es wird daher zu den Anfängen einer positiven Religion nothwendig auch ein Act erfordert, durch welchen das Lebensprincip derselben aus der Objectivität, womit es jene historischen Grundthatsachen erfüllt, in die Subjectivität der frommen Gemeinschaft überfließt. Ohne Das wäre z. B. die, in Christo objectiv vollbrachte Erlösung nie zu ihrer subjectiven Bethätigung in der Gemeinde als Reich Gottes gelangt.

Ein drittes Moment reiht sich unmittelbar den beiden ersten an, sofern es einer Vermittlung zwischen der Objectivität und Subjectivität bedarf, die nur in einem bestimmten Menschen-Individuo gegeben sein kaan. Einerseits nämlich müssen die Grundthatsachen solche sein, welche unmittelbar in das menschliche Dasein eingreifen, widrigenfalls sie ja keine religiöse Beziehung dazu haben würden; sie müssen sich also als menschliche Erlebnisse darstellen. Andrerseits erscheint es nothwendig, daß der Eintritt des religiösen Princips in die fromme Gemeinschaft in einem bestimmten Punkte seinen Anfang nehme, und von hier aus die weitere Verbreitung desselben sich vermittle. Beide Beziehungen vereinigen sich im lebendigen Mittelpunkte einer menschlichen Persönlichkeit, in deren Leben die fraglichen Thatsachen als Grundinhalt, sowie als Zweck ihres Daseins auftreten und als Erlebnisse sich darstellen, auf die ihr ganzer Entwicklungsgang sich bezieht. Sofern aber dieselben mit dem Princip der neuen Religion so erfüllt sind, daß sie deren Idee zur vollendeten Manifestation bringen, trägt dasselbe Individuum jenes Princip auch in seiner ganzen Energie in sich, um es fortan für die Gemeinde zu vermitteln. Das ist der Begriff des Religions-Stifters oder -Vermittlers, und es muß dem Gesagten zufolge jede positive Religion, auch die der Offenbarung nicht ausgenommen, in einem solchen ihren Ursprung haben.

Es ist nun klar, daß der Uebergang des Princips in die Gemeinschaft jenen Grundthatsachen mit beizuzählen ist, die sich uns an eine bestimmte Persönlichkeit geknüpft haben, und da wir jene Ausgießung des Princips im Sinne einer Eröffnung des betreffenden Cultus auffassen dürfen, so sehen wir diesen in der That bis in die grundthatsächlichen Anfänge der bestimmten Religion selbst hinabreichen und müssen seine Entstehung den geschichtlichen Begebenheiten zurechnen, welche der Religion, auf die er sich bezieht, das Leben gegeben haben. Hiermit bestätiget sich aber auch Das, was bei der encyklopädischen Uebersicht der praktisch-theologischen Disciplinen bemerkt worden, daß nämlich die religiöse Gemeinde sich erst in ihrem

Cultus verwirklicht. So war es der Tag der Pfingsten, an welchem das christliche Lebensprincip, der Geist Christi, in die Gemeinde, die eben hiermit erst wurde, sich ergoß, und deshalb erkennen wir in jenem Pfingsten zugleich den Stiftungstag der christlichen Kirche und erblicken dabei in jener Versammlung eines Volks von allerlei Zungen die typischen Anfänge eines Cultus, in welchem alle Geschlechter der Erde sich verbinden, und alle Sprachen, nach der babylonischen Verwirrung derselben, zur Verherrlichung Gottes und Christi wieder zusammenklingen sollen. — Aus dem Gesagten folgt aber auch, daß der Cultus, wie in seinem Anfange, also auch im Fortgange, mit demselben religiösen Princip, dessen Uebergang in die Gemeinschaft er ursprünglich vermittelte, erfüllt bleiben muß, wofern er nicht zur erstorbenen Form herabsinken soll. Denken wir uns eine, zu ihrem Cultus versammelte christliche Gemeinde ohne den Geist Christi, in welchem sie erst eine solche wird, so ist nur noch der äußerliche Schein der lebendigen Gemeinschaft vorhanden; aber das wahre Leben ist entflohen und hat blos eine Leiche zurückgelassen, die man höchstens schmücken, deren inneren Zerfall man aber dadurch nicht aufhalten kann.

Es ist endlich klar, daß, wenn die Entstehung des Cultus bis in die Anfänge der betreffenden Religion selbst zurückreicht, auch ihr geschichtlicher Ursprung sich in ihm unmittelbar wird abspiegeln müssen, und wir hiernach mit Recht erklären dürfen, daß jeder wahre Cultus auch schon das Gesetz seiner h. Feste und Zeiten immanent in sich trägt. Denn er kann keinen andern Inhalt haben als die, die Grundbegebenheiten erfüllende Idee; in diesen folglich sind seine Feste ihm bereits vorgezeichnet, welche, weil sie auf Thatsachen zurückgehen, die ihre erfüllten Zeiten haben, auch eine h. Chronologie schon in sich tragen.

Wenn wir nun die Culte der Offenbarungsreligionen verfolgen wollen, so liegen in dem Gesagten die Fingerzeige vor, die uns leiten müssen. Es wird unsre Aufgabe sein, in die lebendigen Anfänge der betreffenden Religionen selbst zurückzugehen und zu sehen, wie die entsprechenden Culte, sowohl ihrem Grundinhalte, als ihren h. Zeiten nach, durch jene Anfänge bestimmt worden sind. Bevor wir jedoch dies unternehmen, werde schließlich bemerkt, daß ungeachtet unsers allgemeinen Begriffs des Religionsstifters, in specie dieser sich sehr verschieden zu dem geschichtlichen Ursprunge der, durch ihn vermittelten Religion verhalten kann. Ueberall zwar vereiniget sich darin ein göttliches Thun mit einem menschlichen; aber die Art dieser Vereinigung läßt mehrere Fälle zu. Die göttliche Thätigkeit kann in dem Grade prävaliren, daß die menschliche dadurch absorbirt und der Vermittler nur zu einem leidentlichen Werkzeuge herabgesetzt wird, wodurch er jedoch als erstes, mit dem religiösen Princip erfülltes Individuum nicht aufhört, Mittler zu sein, da erst von ihm aus das Princip in die Gemeinschaft hinüberströmt. — Es können aber auch göttliches und menschliches Thun gesondert aus einander treten. In diesem Falle handelt der Religionsstifter zwar im höheren Auftrage als ein Knecht Gottes; aber doch ist es seine eigene freie Thätigkeit, womit er dem Herrn gegenüber steht, und es muß dann auch das göttliche Thun, sofern es sich manifestiren soll, als Theophanie für sich hervortreten. — Endlich können Göttliches und Menschliches dergestalt in einander aufgehen, daß die Gottesthat ganz auch freie Menschenthat, und wiederum diese auch Gottesthat ist. — Es ist leicht zu sehen, wie diese drei Fälle den Entwicklungsgang der göttlichen Offenbarungen bezeichnen — A d a m, M o s e s, C h r i s t u s.

§. 29.
Rückgang zum Anfange.

Indem wir dem Anfang geoffenbarter Religion überhaupt nachforschen, zeigt sich alsbald, daß das Christenthum sich auf das, ihm vorangehende Judenthum bezieht. Aber auch Dieses stellt nur ein zwischeneingekommenes Gesetz in sich dar und weist auf die viel frühere Verheißung zurück, die es in sich aufnahm. Verfolgen wir Diese, so reicht sie aufwärts bis zu dem Protevangelium in den Anfängen unsers Geschlechts. Aber auch hier läßt es uns nicht stehen bleiben; denn der Sündenfall selbst, welcher jene erste Tröstung veranlaßt, setzt ein Ursprüngliches voraus, dessen Wiederherstellung im Wege positiver Gottesoffenbarung davon Zeugniß giebt, daß der noch unverlorne Anfang selbst auch ein, auf Offenbarung beruhendes Verhältniß des Menschen zu Gott gewesen sei. Die Anfänge der Offenbarung reichen mithin bis zur Schöpfung hinauf.

In der Schöpfung selbst ist auch die erste Religionsstiftung enthalten, und es ist daher die Religion eine ebenso ursprüngliche Mitgift Gottes an die Menschen, wie es die Sprache ist. Diese Schöpfungsreligion ist als eine reine, positive Naturreligion, und der ihr entsprechende Cultus als ein Naturcultus aufzufassen. In der Reihe der Nachkommen Seth's, in welchen der lichte Faden des Reiches Gottes auf Erden sich fortsetzt, klingen die Töne der Ueberlieferung jener ursprünglichen Religion fort, und die Wiederherstellung nach dem Sündenfall ruht auf dem Grunde derselben, während sie in den heidnischen Naturreligionen mehr oder weniger in ihr Zerrbild verkehrt ist. Nunmehr liegt uns ob, den Grundinhalt derselben uns zu vergegenwärtigen.

§. 30.

Inhalt der Schöpfungsreligion und ihr Cultus.

Die Schöpfungswoche trägt alle Momente in sich, welche zur Stiftung einer geoffenbarten Religion gehören. Sie selbst ist daher sowohl der Inhalt der Religion des Anfangs, als auch der Entstehungsgrund ihres Cultus, mit dessen Eröffnung sie beschließt.

Zum Ursprunge einer positiven Religion gehören, wie wir gesehen haben, zuerst objective Thatsachen. Wir finden sie hier in den sechs Tagewerken Gottes, welche, als Offenbarungen seiner Allmacht, Weisheit und Güte, eine Stufenfolge in sich darstellen, bis sie in der Menschenbildung, als ihrer herrlichen Spitze, sich vollenden. Indem der Mensch, die Krone der Schöpfung, in seiner gottebenbildlichen Art aus der Hand des Schöpfers hervorgeht, tritt er ganz unmittelbar als die sich selbst wissende Natur und hiermit zugleich, weil für Gott (εἰς αὐτόν) geschaffen, als Priester derselben auf, dazu bestimmt, der in ihrem Abzielen auf Gott gut geschaffenen Natur die Entwickelung zu ihrem Endzweck durch sich selbst zu vermitteln, d. h. die ganze sichtbare Natur mit sich in Gott einzuführen. Die vorhergehenden Tagewerke Gottes schließen sich daher in der Menschenbildung alle in Eins zusammen und treten als religionsstiftende Thatsachen in Adam zugleich aus der Objectivität in die Subjectivität hinüber, da nach dem Gesagten das Grundprincip der Religion des Anfangs: die Schöpfung ein lebendiger Reflex Gottes: dem Stammvater unsers Geschlechts in seiner höchsten Energie einwohnt, um von ihm aus in die nachfolgende Gattung überzugehen. Indem Adam kraft seiner gottebenbildlichen Natur dieser, in ihm concentrirte Reflex selbst ist, erfüllt sich ihm seine Bestimmung in einer doppelten Beziehung. Einerseits soll er, den lebendigen Gott in sich selbst reflectirend, eine Wohnstette sein, darinnen der Herr seine Ruhe habe und, obwohl unendlich erhaben über die Welt, doch auch, als der ihr immanente Gott, hier zu sich selbst komme und in seinem Bilde sich wiederfinde. Andrerseits ist der Mensch zum Herrn über die ganze Erde gesetzt und hat die Aufgabe, es geltend zu machen, daß Alles unter seine Füße gethan werden. Fassen wir demzufolge die Grundidee der ersten Religion in einen prägnanten Ausdruck zusammen, so ist es Dieser: die Schöpfung ein lebendiger Reflex Gottes vollendet als solcher ihre Stufenreihe in dem, nach der imago dei geschaffenen Menschen als der sich selbst wissenden Natur und bedingt hiernach dessen doppelte Bestimmung: innerlich ein lebendiges Wohnhaus Gottes, äußerlich aber ein Herr der ganzen Erde zu sein, um Gottes willen.

Es liegt endlich auch die Eröffnung des, dieser Religion angehörenden Cultus noch mit innerhalb des Kreises der Grundthatsachen und macht im Cyklus der Schöpfungswoche den Beschluß. Gott ruhete am siebenten Tage von allen Werken, die er gemacht hatte. Diese Ruhe Gottes kann nur in Beziehung auf den Menschen richtig verstanden werden. Die Bestimmung dieses Letzteren zum gottinnigen Leben fand hier ihre erste Erfüllung. Indem so aber der Zweck der Schöpfung, den Werkmeister reflectirend zu verherrlichen, zur vollen Verwirklichung gelangte, erreichten die Tagewerke Gottes in dieser ersten Bethätigung des inhaltreichen Princips der Religion des Anfangs erst ihre wahre Endschaft. Daher knüpft sich unmittelbar an die Ruhe Gottes die Segnung des siebenten Tages und in derselben die Feststellung eines, das religiöse Princip in die werdende Gemeinschaft verpflanzenden Cultus, in welchem, als dem immer wiederkehrenden Beschlusse des Wochencyklus, die erste Schöpfungswoche sich fortan reflectiren sollte. Das Sabbatsinstitut gehört wesentlich diesem ersten Cultus an, und wir waren genöthigt, soweit zurückzugehen, weil sonst der christliche Sonntag gar nicht verstanden werden kann. Schließlich die Bemerkung, daß die Heiligung des siebenten Tages auch darin die innerste Wahrheit der ersten Naturreligion an sich ausdrückt, daß sie dem Bedürfniß der menschlichen Natur, ja man dürfte sagen, selbst der Thiere, die an der Arbeit des Menschen Theil nehmen, wunderbarlich entspricht. Das Hauptergebniß dieses §. fassen wir in der Erklärung zusammen: der Wochencyklus ist als das Urinstitut des frühesten Cultus geoffenbarter Religion anzusehen, und es ist klar, daß keine spätere Offenbarung ihn aufheben kann, da sie hierdurch mit der früheren in unauflöslichen Widerspruch treten würde. Wir haben vielmehr von den folgenden Entwickelungen nur die Affirmation desselben zu erwarten.

§. 31.

Fall und Voranstalten zur Wiederherstellung.

Sobald der Mensch in die Sünde gerieth, versetzte er sich selbst in den unauflöslichen Widerspruch des inwendigen und auswendigen Menschen, womit gleichzeitig das Bedürfniß, Gott zu versöhnen, hervortrat. Daher kommen zu dem ersten Cultus, welcher der anfänglichen, reinen Gotteserkenntniß entsprach, sogleich die Opfer als ein neues Element hinzu, von dem der Mensch in seiner Integrität Nichts gewußt hatte. Hiermit wird es aber auch offenbar, daß das Princip der ursprünglichen Religion, wenn gleich es als h. Reminiscenz fortwirkte, doch nicht mehr ausreichte, einen wahren Gottesdienst auf Erden zu erhalten. Denn der Menschen Opfer (vergl. §. 17 u. 18.) würden sofort zur Lüge geworden sein, wenn Gott nicht alsbald dem Gefallenen einen neuen Weg des Heils geöffnet und damit dem Verderben gewehrt hätte, bis zum völligen geistigen Tode fortzuwuchern. Daher knüpfen die Voranstalten der Wiederherstellung im Protevangelio sich unmittelbar an den Verlust und begründen in Kraft der Verheißung des Weibessamens, welcher der Schlange den Kopf zertreten soll, einen neuen Cultus, der sich als typischer Opferdienst darstellt, und worin ein Lebensfaden des Reiches Gottes auf Erden sich fortspinnt. Da jene göttlichen Voranstalten ihrer Natur nach etwas Partielles an sich haben, so wird es erklärlich, daß sie in der Gestalt von Familientraditionen sich vererben, und die Gemeinde der Gläubigen zu jener Zeit im patriarchalischen Charakter auftritt, bis mit Abraham jene Anstalten in eine neue Entwicklungsphase übergehen, um sich als religiös-politische Institution eines Volks zu consolidiren.

Es ist auffallend, daß, während die göttliche Gnadenwahl durchaus unabhängig von der Geburt nach dem Fleisch, überall nur Individuen aus der Masse der Menschen ausliest, um sie als lebendige Steine zum neuen Tempelbau zusammenzufügen, in den Anfängen unsers Geschlechts dagegen die Kinder des Reichs von den Kindern dieser Welt sich nach dem Geblüt zu sondern scheinen. In den Sethiten erblicken wir die Herrschaft des Lichts so mächtig, daß in Kraft des ursprünglichen Princips, sowie der hinzukommenden neuen Verheißung des Wiederherstellers ein Henoch durch sein göttliches Leben davon entbunden werden kann, den Tod schmecken zu müssen, während dagegen in den Kainiten eine Energie des Verderbens sich zu erkennen giebt, welche die Fortwucherung des Bösen soweit treibt, daß am Ende auch das entgegengesetzte Licht verlischt, bis es, nur noch in einer einzigen Familie erhalten, das ganze übrige Geschlecht der Finsterniß überlassen hat. Nach der Sündfluth begegnet uns jene auffallende Erscheinung der Urwelt aufs Neue, nur daß in den Kindern Japhet's ein Mittelglied auftritt zwischen den gesegneten Nachkommen Sem's und denen des verfluchten Cham. Es ist jedoch darin eine tiefe Weisheit Gottes zu erkennen, daß zur Zeit der ersten Voranstalten der Erlösung die Wahl der Gnaden mit der leiblichen Abstammung näher im Bunde ist, als in den Zeiten des entwickelteren Reiches Gottes auf Erden, wie sie denn unter der universellen Religion des Evangeliums ihren individualisirenden Charakter rein hervortreten läßt. Das Partielle, womit jene Anstalten nothwendig behaftet waren, machte ihre Sicherung durch Bande der Stammverwandtschaft erforderlich und bedingt das patriarchalische Wesen der Vorwelt, worin der Cultus der wahren Gotteserkenntniß als h. Familientradition fortgepflanzt wird, bis es sogar unter Sem's Nachkommen nöthig wird, daß Gott den Abraham, das Gegenstück zu Noa, ausgehen heiße aus seinem Lande und von seiner Freundschaft. Hiermit tritt aber auch das Reich Gottes in eine neue Evolution, kraft welcher die göttlichen Anstalten sich zur theokratischen Volksorganisation constituiren. Schließlich die Bemerkung, daß die Religion der Patriarchen aus zwei Hauptmomenten besteht. Theils ist sie h. Reminiscenz der Religion des Anfangs; theils erscheint sie als eine, im Fortgange der Zeit durch prophetische Aussichten auf den Wiederhersteller sich immer mehr bereichernde Vorahnung der Zukunft, wie denn schon in Abraham die Verheißung eine concretere Gestalt annimmt, um in den nachfolgenden Propheten immer deutlicher und bestimmter sich zu entfalten. Man könnte schlechtweg die Religion der Patriarchen als die der Verheißung bezeichnen; und wenn wir bedenken, daß der Entwicklungsfaden des Reiches Gottes auf Erden in ihr sich fortsetzt, so wird uns das ungemeine Gewicht begreiflich, welches Paulus auf sie legt, wenn er das Evangelium unmittelbar daran anknüpft und das Gesetz nur als ein Zwischeneingekommenes behandelt.

§. 32.
Das Judenthum.

Wenn die Religion der Patriarchen sich bestimmt als ein lebendiges Ineinander der, in der gottebenbildlichen Natur des Menschen sich erweisenden Offenbarung der Heiligkeit Gottes und andrerseits seiner Gnade in der Verheißung des Wiederherstellers: so setzt, ein inneres Leben aus Gott bedingend, dasselbe religiöse Princip auch weiterhin und in immer concreterer Vorbildlichkeit auf Christum auftretend, in einer langen Reihe von Frommen sich fort, welche den eigentlichen geistlichen Israel innerhalb eines Volks darstellen, das der Theokratie nur äußerlich angehört und durch sie gebändigt wird. Während so die Gemeinde der Gläubigen schon unter dem alten Bunde mit einem gesetzlichen Organismus sich überkleidet, welcher außer ihr noch viele Andre in sich beschließt, und das Reich Gottes auf Erden hiernach im bestimmteren Gegensatz einer sichtbaren und unsichtbaren Kirche zu entwickeln anfängt, verknüpft zwar auch jenes organische Gesetz in sich noch die Offenbarung der Heiligkeit und die der Gnade Gottes; aber Beide gehen hier nicht in einander auf, sondern fallen als äußerer Buchstabe aus einander, die Eine als Zeugniß der ursprünglichen gottebenbildlichen Natur des Menschen, dem der Wille Gottes in's Herz geschrieben war, im Sittengesetz; die Andre als Schatten der zukünftigen Güter im Ceremonialgesetz, wobei höchst bedeutsam der Sabbat selbst in den, äußerlich verbindenden Buchstaben der zehn Gebote mit aufgenommen ist.

Allerdings war die, in der Verheißung des Wiederherstellers dem gefallenen Geschlecht sich zuwendende Gnade noch nicht die Wiederherstellung selbst, sondern deutete nur darauf hin; gleichwohl aber reichte sie noch aus, ein göttliches Leben in der Menschheit zu erhalten. Denn wenn auch mit der Sünde der Tod in die Welt gekommen war, und es in ihrer Natur lag, unaufhaltsam, dem corrosiven Gifte gleich, weiter zu fressen, — so hatte sie doch nicht alsbald diesen Zerstörungsproceß vollbracht, so daß die ursprüngliche Naturherrlichkeit des Menschen auch nach dem Falle noch in viel höherem Grade sichtbar bleiben konnte, als nachdem der schwarze Brand des sittlichen Todes schon lange um sich gegriffen hatte. Fehlte es doch selbst unter den alten heidnischen Völkern, namentlich im classischen Alterthum, nicht an jenen Spuren eines höheren Lichts, welches, wenn gleich nie über den Horizont einer heidnischen Befangenheit hinaus, dennoch Viele erleuchten und die Keime eines göttlichen Lebens in ihnen bewahren und pflegen konnte. Wir behaupten nicht, daß nicht der *ganze* Mensch von der Sünde ergriffen worden sei, wohl aber, daß sie ihn nie totaliter verderbt habe, und daß in den Anfängen dies noch weniger der Fall gewesen sei, als später. Wenn nun alsbald die helfende Gnade in der Verheißung dem Gefallenen die Hand reichte, so genügte dies noch dazu, daß Licht und Finsterniß sich schieden, damit Jenes, als ein Leben des inwendigen Menschen im Gegensatz gegen das der Sünde fortdauernd, in dieser Sonderung zugleich eine Sicherung fände. Die Verheißung begegnet uns also in der Patriarchenwelt in der That als lebendigmachende Gnade, deren göttliche Wirkung in Dem aufgeht, wozu der Mensch nach seiner gottebenbildlichen Natur von Anfang bestimmt war, nämlich ein Reflex der Heiligkeit Gottes zu sein, in welchem Sinne auch der §. die Religion der Patriarchen als ein lebendiges Ineinander der Offenbarung der Heiligkeit in der Schöpfung und der Gnade in der Verheißung bezeichnet hat.

Wie beide Offenbarungsweisen sich im mosaischen Gesetz wiederfinden, ist bereits angedeutet. Wenn jedoch das Gesetz nur zwischenein kam um der Sünde willen, die dadurch erkannt, aber auch mächtiger werden sollte, um zuletzt von der noch mächtigeren Gnade der Versöhnung überwunden zu werden; wenn es also, die Sünde überall voraussetzend, nicht als ein Gesetz des Geistes, der da lebendig macht, sondern als das, in die Steine gebildete, äußere Gesetz des tödtenden Buchstabens auftrat: so konnte hier natürlich von jenem ursprünglichen Ineinander der Heiligkeit und Gnade nicht mehr die Rede sein. Denn der sündige Mensch offenbarte die göttliche Heiligkeit hinfort nicht durch sich selbst. Mithin mußte sie als Negation seines sündigen Wesens äußerlich sich ihm gegenüberstellen als Sittengesetz, welches die Verdammniß predigt. So weist dieses auf des Menschen gottebenbildliche Natur und hiermit auf die Religion des Anfanges zwar zurück; aber sie tritt darin als eine negirte auf, und selbst der ursprüngliche Sabbatscultus ist bis zu einer Reminiscenz herabgesunken und muß, weil ihm sein heimathlicher Boden im lebendigen Dasein der ersten Naturreligion gebricht, selbst starres Gesetz werden, um sich zu erhalten. Wie dieser Theil der mosaischen Gesetzgebung der herrlichen Vergangenheit des Geschlechts und seiner Schöpfungsreligion als einer negirten zugewendet ist, so blickt der andere Theil hinaus in die Zukunft der Wiederherstellung. Doch auch die hierin liegende Offenbarung der Gnade erscheint nicht als belebende Verheißung, sondern drückt, mit derselben Negativität behaftet, überall zugleich Dies an sich aus, daß das Wesen der himmlischen Güter so lange nicht erscheinen könne, als das gegenwärtige Schattenwerk fortdaure. Gleichwohl hat der ganze Opfercultus der alten Oekonomie eine typische Bedeutung auf Christum und die, sich in ihm vollendende Offenbarung des Heils. Nach dem Gesagten laufen Beide, die Manifestation der göttlichen Heiligkeit im Sittengesetz und die in den Vorbildern enthaltene Verheißung der Gnade, neben und außer einander her, so daß die mosaische Religion hierdurch sich als ein Zwischenglied ankündigt, welches noch keine, in den reinen Anfang zurückgehende Wiederherstellung des gefallenen Geschlechts ist, wie denn ebendeshalb Paulus im Br. a. d. Galater so entschieden dagegen polemisirt, daß dem Gesetz die Absicht untergelegt werde, zu gewähren, was die Verheißung zugesagt hatte. — Jenes Außereinander der Heiligkeit und Gnade in der alttestamentlichen Oekonomie, kraft dessen Jene, in den Geboten der Sittlichkeit manifest, nicht gnädig ist — denn das Gesetz richtet nur Zorn an —, und wiederum Diese, durch die Opfer sich vermittelnd, nicht heiliget — denn es ist unmöglich, durch der Böcke und Kälber Blut Sünde wegnehmen —, prägt auf eine überraschende Weise im entsprechenden Cultus sich aus, zum Zeichen, daß die Gnade hier, wie oben angedeutet, noch nicht die in den Anfang zurückkehrende Wiederherstellung selbst ist.

§. 33.
Der Cultus der mosaischen Religion.

Zwei Grundrichtungen laufen im jüdischen Cultus einander parallel. Die Sabbatsfeier, an welche im Laufe der ferneren Entwickelung des Volkslebens die gottesdienstlichen Versammlungen der Synagoge, unabhängig vom Tempeldienste, sich anknüpfen, und in welcher zunächst bei den frommen Israeliten der alte patriarchalische Geist fortlebt, — geht auf den ursprünglichen Naturcultus zurück und ist als die, sich stetig vererbende Ueberlieferung des Urcyklus der Schöpfungswoche, in welcher sie wurzelt, anzusehen. — Neben diesem Wochencyklus läuft ein, in ihm nicht aufgehender Festcyklus des Jahres, streng an den Tempel gebunden und mit seinem typischen Opfer- und Ceremoniendienst auf die Zukunft des Menschensohnes hinausdeutend. Die Vergangenheit des Geschlechts und seine Zukunft liegen außer einander; die Cyklen der Woche und des Jahres streben sich zu ergreifen; aber sie durchdringen sich nicht.

Die hervorragenden Momente des Jahrescyklus sind das Passa, das Fest der Wochen und das Laubhüttenfest. Daß diese im Wochencyklus nicht aufgehen, ist daraus zu sehen, daß z. B. die Passafeier im Monat Nisan nicht nothwendig mit der Wochenfeier des Sabbats zusammentreffen muß, sondern, nach eignem Gesetz berechnet, auf jeden beliebigen Wochentag fallen kann. Allerdings wollen die beiden Cyklen sich ergreifen, indem die Berechnung der Jahresfeste sich immer durch die Siebenzahl bestimmt, die wie der rothe Faden durch alle h. Zeiten des Tempelcultus sich verfolgen läßt; aber gleichzeitig soll es typisch sich darstellen, daß der Weg zur Heiligkeit in der Gnade noch nicht geoffenbart ist.

§. 34.
Die Wiederherstellung durch Christus.

In Christo erfolgt die Wiederherstellung des menschlichen Geschlechts nach dem Ebenbilde Gottes und weit noch über die erste Herrlichkeit hinaus, und es vereinigen sich in dieser Stiftung des neuen Bundes die drei Grundmomente, welche die Anfänge einer positiven Religion constituiren, auf die vollkommenste Weise. Erstens gehen in Christo, dem persönlichen Worte, — Gottesthat und Menschenthat in einander auf („Gott war in Christo u. s. w.") und verknüpfen sich hier zu den geschichtlichen Thatsachen der Erlösung der Menschheit. — Zweitens constituirt Christus durch sie sich persönlich zum göttlichen Lebensprincip für die ganze Welt. — Drittens ergießt er seine Fülle in die Gemeinde, in der Sendung seines Geistes, womit er den neuen Cultus eröffnet.

Wie Christus zum neuen Lebensprincip für die Welt sich constituirt so, daß die Hauptmomente, worin dies in ihm sich vollbringt, die Grundthatsachen des Heils bedingen, ist leicht nachzuweisen. Als der andre Adam und geistliche Stammvater für das gefallene Geschlecht, muß er zuvörderst, unter das Gesetz gethan, alle Gerechtigkeit erfüllen, im absoluten Gehorsam gegen den Vater. Wie jener Gehorsam mit seiner Geburt anhebt, so ist Diese auch selbst als die, in sich unendliche Entäußerungsthat des Sohnes Gottes zur Knechtsgestalt, schon jener vollendete Gehorsam, welcher hierin als erste Grundthatsache der Erlösung auftritt, um nun durch das ganze Leben dieses עֶבֶד־יְהוָה sich fortzusetzen.

Aber den Gehorsam war Christus auch für sich selbst zu leisten schuldig: wie konnte er für die Gefallenen verdienstlich werden dadurch, daß der Herr sich darin ihnen zum Lebensprincip machte? — Diese Frage führt uns dem zweiten Momente zu. Nur sofern Christus als Sühnopfer der Welt Sünde trug, konnte auch wiederum, gleichsam durch einen staunenswerthen, wechselseitigen Austausch, sein Gehorsam ihr zugerechnet werden. Daher mußte an ihm das prophetische Wort: *die Strafe liegt auf ihm* u. s. w. sich erfüllen, und durch den Tod mußte er sein Leben, welches der absolute Gehorsam selbst ist, als sein *eignes* Leben negiren, damit er, und der Vater mit ihm, — hier gelangen wir zum dritten Moment, — in seiner Auferstehung es neu affirmirte, doch nun nicht mehr als sein eignes, sondern als das Leben der Welt. Hiernach ist Christus persönlich der Menschheit zur Gerechtigkeit gemacht und es vereinigen sich in Geburt, Tod und Auferstehung die Grundthatsachen des Heils, welchen in der Ausgießung des Geistes diejenige sich zugesellt, durch welche die Ueberströmung des neuen Princips von dem, der die absolute Fülle desselben ist, in die Gemeinschaft vermittelt wird.

§. 35.

Die Beziehung der Erlösungsthatsachen zum Wochencyklus.

Daß die Erlösung als die neue geistige Schöpfung der Welt in der That die volle Wiederherstellung in sich trägt, und hiernach die in ihr erscheinende Gnade mit der in der Menschenschöpfung auftretenden Offenbarung der Heiligkeit Gottes zusammengeht, wie denn Beide — die Heiligkeit, wie die Gnade — in Christo persönlich Eins werden, Das findet darin einen bedeutsamen Ausdruck, daß die, im vorigen §. erwähnten Grundthatsachen, deren Vorbilder während der alttestamentlichen Oekonomie durch den Wochencyklus nicht bestimmt wurden, wenigstens in ihren eigentlich versöhnenden Momenten, nunmehr in den Urcyklus der Schöpfungswoche zurückkehren. Während dieser so eine neue Bestätigung erhält, erfährt er zugleich eine Verwandlung, welche im Auferstehungsmorgen den Beginn der, von den Propheten geweissagten künftigen Welt (עוֹלָם הַבָּא), im Gegensatz gegen die erste Welt (עוֹלָם הַזֶּה) ankündiget.

Sollte es wohl für zufällig geachtet werden, daß, gleichwie Gott am 6. Schöpfungstage den Adam bildete, und nachher, um ihm die Gehilfin zuzugesellen, einen tiefen Schlaf auf den ersten Menschen fallen ließ, während dessen er das Weib von dem Manne nahm, — also auch der andere Adam am 6. Tage in den Schlaf des Todes versinken mußte, damit, als seine Braut, des ersten Adam's Geschlecht, neu geschaffen, aus ihm das geistliche Leben empfinge? — oder zufällig, daß, wie am 7. Tage Gott von seinen Werken ruhte, also auch der Sohn Gottes an Demselben nach der schweren Arbeit der Versöhnung unsrer Sünde durch sich selbst seine Grabesruhe hielt? Die Kirche wenigstens hat seitdem diesen Sabbat als den großen Sabbat bezeichnet, um ihn als Gegenbild der Ruhe Gottes in der Schöpfungswoche in seiner Einzigkeit hervorzuheben. So mußte endlich auch, wie Gott am ersten Schöpfungstage sprach: „es werde Licht!“ — in dem Auferstandenen das neue Licht der Welt aus der alten Finsterniß hervorbrechen. So greift die Versöhnung aus der letzten Woche der alten Welt in die erste der neuen herüber, und wir erblicken in der Vollendung des Erlösungswerkes unmittelbar den Anfang der letzten angenehmen Zeit des Reiches Gottes auf Erden.

Die Verwandlung des Wochencyklus ergiebt sich hieraus von selbst. Denn was der Auferstehung voranging, gehörte noch der Schlußwoche des ersten Zeitlaufs, und so geschah es, daß die Gottesthaten in Christo, indem sie kraft jenes Herübergreifens den alten Cyklus nicht mehr beschlossen, sondern in ihrer Vollendung als der Beginn des Neuen sich darstellten, das Hauptgewicht auf den ersten Tag desselben fallen ließen. Mit Recht ist daher seitdem der Sonntag, schon in der apostolischen Zeit als die *ἡμέρα κυριακή* ausgezeichnet, der Festtag für die Gemeinde geworden.

Durch das Gesagte beantworten sich wichtige liturgische Fragen. Die erste, schon zwischen Victor von Rom und Polykrates von Smyrna behandelt, betrifft die Berechnung des Osterfestes: eine Angelegenheit, die noch lange da, wo römischer und griechischer Ritus sich berührten, streitig geblieben und selbst heute noch nicht durchgreifend in der Christenheit geschlichtet ist. Wenn die Thatsachen der Erlösung wirklich nach göttlichem Plan dem Cyklus der Schöpfungswoche sich eingefügt haben, so ist in Ansehung des erwähnten Osterstreits dem römischen Bischof, abgesehen von seinem hierarchisch-herrschsüchtigen Geist, zuzugestehen, daß seine liturgische Bestimmung, nach welcher das *πάσχα ἀναστάσιμον* immer auf einen Sonntag fallen sollte, allerdings in der Tiefe der christlichen Idee, für die sie einen Ausdruck suchte, gegründet war. Die seitdem in der abendländischen Christenheit stabil gewordene Berechnung des Osterfestes behalten wir einem andern Orte vor.

Eine zweite Frage von liturgischer Bedeutung, die auch schon hier verhandelt werden muß, betrifft die Institution der Sonntagfeier. Die Augsburg'sche Confession zählt diese Letztere den traditionibus humanis bei und verfährt hierin mit einer solchen Freisinnigkeit, als ob der Kirche das Recht zuzuerkennen wäre, diese h. Zeit aus wichtigen Gründen allenfalls zu ändern, während in der reformirten Kirche das entgegengesetzte Extrem hervorgetreten ist. Bei der hier herrschenden Abneigung gegen alles gottesdienstliche Wesen von blos menschlichem Ursprung, begehrte man für jede kirchliche Einrichtung göttlichen Befehl, oder, was gleichbedeutend schien, Begründung derselben aus der h. Schrift. Da dieses Interesse sich auch dem christlichen Sonntage zuwendete, und man doch denselben um keinen Preis aufzugeben gedachte, wurde reformirterseits eine doppelte Fiction zu Hilfe genommen. Erstens betrachtete man das mosaische Sabbatsgebot, gleich den Sittengesetzen, als fortdauernd verbindlich, auch für die Christenheit, und verkannte in dieser Beziehung auffallend, daß die Endschaft des Gesetzes in Christo jenes alte Gebot als solches nicht mehr stehen läßt. Da man jedoch auch so demselben keinen Gehorsam leistete — denn wie hätte sonst statt des Sonnabends der Sonntag gefeiert werden dürfen? —, so war man genöthigt, eine apostolische und daher mit göttlicher Autorität bekleidete Einrichtung zu erdichten, durch welche die Sabbatsfeier vom letzten auf den ersten Wochentag gesetzlich übertragen worden sei.

Das Recht ist vollständig weder auf lutherischer, noch reformirter Seite, sondern in der Mitte liegt die Wahrheit. Nicht unter die unabänderlichen göttlichen Gebote gehört dem Christen die Sonntagfeier, wie denn auch in Betreff ihrer ein solches daraus nicht nachzuweisen ist, daß der Sonntag als die *ἡμέρα κυριακή* im N. T. uns begegnet, und deutliche Spuren verrathen, daß er durch gottesdienstliche Versammlungen ausgezeichnet worden sei. Wohl aber ist die Sonntagfeier unter die göttlichen Ordnungen zu rechnen. Es ist ein Unterschied zwischen Ordnungen und Geboten Gottes. Diese sind unmittelbare Reflexe der göttlichen Heiligkeit, wogegen Jene die Großthaten Gottes in der Geschichte abspiegeln. Wie sie daher Zeugnisse der ordnenden Liebe, welche Licht und Klarheit in die menschlichen Entwicklungen bringt, in sich darstellen, so kann auch dieselbe Liebe, die zugleich das neue Gebot ist, worin das ganze Gesetz sich erfüllt, um eines noch höheren Zwecks willen den einzelnen Gläubigen über jene Ordnungen erheben, ohne daß er verbunden wäre, irgend einem Buchstaben hierin ein Recht über sich einzuräumen. „Des Menschen Sohn ist ein Herr auch des Sabbats." Andrerseits wird die Befugniß der Kirche, die Sonntagfeier zu ändern, geleugnet werden müssen, da nicht abzusehen ist, wie Jene, so lange sie als ein äußerer gesetzlicher Organismus dasteht, und im Gegensatz von Kirche und Reich Gottes befangen bleibt, einen Standpunkt gewinnen sollte, auf welchem sie sich über die alte göttliche Ordnung erhaben achten dürfte. —

Unsere Betrachtung ist nunmehr zu dem Punkte gelangt, wo sie unmittelbar in den christlichen Cultus übergeht, und wir sehen uns hiermit dem **dritten Theile** zugeführt.

Dritter Theil.

Der christliche Cultus.

§. 36.

Die göttliche Institution des Cultus.

Der christliche Cultus tritt ganz unmittelbar in den Anfängen unserer Religion selbst auf, indem ihre geschichtlichen Grundthatsachen den uralten Wochencyklus nicht blos bestätigen und zugleich verwandeln, sondern mit der Hervorbringung des ersten christlichen Sonntags zugleich auch die bedeutungsvollste Eröffnung des betreffenden Cultus, als das zur Stiftung der christlichen Religion gehörende Endereigniß selbst in sich schließen, während gleichzeitig die Kirche Christi damit ihren Anfang gewinnt, daß das neue Lebensprincip sich ergießt, und so die Gemeinde der Gläubigen zur Verwirklichung gelangt. Es ist klar, daß der christliche Cultus kraft seiner göttlichen Institution auch von Haus aus schon seine ideelle Bestimmtheit in sich trägt.

Uebrigens versteht sich von selbst, daß mit der, in den Erlösungsthatsachen enthaltenen Affirmation des Wochencyklus der umfassendere Festcyklus des Jahrs um so weniger ausgeschlossen war, als derselbe unmittelbar den mosaischen Jahresfesten sich anschließen konnte, und das christliche Princip, wie wir gesehen haben, nur Dies erforderte, daß der Jahrescyklus sich in seinen Hauptmomenten immer wieder in den der Woche auflöste. Es kann daher nur als eine Schroffheit des Presbyterianismus erkannt werden, wenn er den Jahresfestcyklus als bloße Menschensatzung abschaffen zu müssen geglaubt hat.

Was den Inhalt des christlichen Cultus betrifft, so ist er in denselben Momenten gegeben, welche seine h. Zeiten bedingen; denn was könnte die Kirche sonst wohl feiern, als die Erlösung, die durch Jesum Christum geschehen ist? In ihr begegnen uns Facta, welche mit der, ihnen zu Grunde liegenden Idee so unendlich erfüllt sind, daß sie vollständig darin aufgehen. Das göttliche Wort aber ist's, worin jene Facta sowohl in ihrer reinen Geschichtlichkeit, als ihrer göttlichen Idealität nach aufbehalten sind, um immer auf's Neue durch den Geist, welcher das Wort selbst zu Geist und Leben werden läßt, in die tiefste Innerlichkeit der Gemeinde überzugehen und hier als beharrende Momente ihres geistigen Daseins in Gotteskraft sich zu bethätigen. Wir werden hierauf zurückkommen.

§. 37.
Construction.

Aus dem Bisherigen hat sich schon ergeben, daß der christliche Cultus unmittelbar durch die geschichtlichen Anfänge der betreffenden Religion selbst eine objective Bestimmtheit hat, die er nie verleugnen kann, ohne sich selbst aufzugeben, und nächstdem ist einleuchtend, wie rücksichtlich derselben noch der rein abstracte Charakter als vorherrschend erscheint. Hiermit ist uns bereits der erste Abschnitt unserer Theorie vorgezeichnet. Wir geben ihm die Ueberschrift: die abstract-objective Bestimmtheit des christlichen Cultus durch die geschichtlichen Anfänge des Christenthums. — Wenn nun das, in Christo objectiv gegebene neue Princip in die Gemeinde übergehen muß, um in ihr subjectives Leben zu werden, und insonderheit im Cultus als Solches manifest werden soll, so muß es nothwendig auch innerhalb der gottesdienstlichen Versammlung in allen den Gestalten sich offenbaren, deren innere psychologische Nothwendigkeit der erste Haupttheil aus allgemeinen Principien nachgewiesen hat. Hiermit gewinnt der christliche Cultus neben seiner objectiven noch eine subjective Bestimmtheit von ganz concreter Art, indem Dasjenige, was der erste Abschnitt als das abstract Allgemeine aufstellt, hier als das concret Wirkliche, gottesdienstliche Formen bildend, wiederkehrt. So entsteht ein zweiter Abschnitt mit der Ueberschrift: die concret-subjective Bestimmtheit des christlichen Cultus durch das religiöse Leben der Gemeinde. — Die bisherigen beiden Betrachtungsweisen lassen die Bestimmtheiten des Cultus so parallel neben einander laufen, daß in praxi dabei der gläubigen Subjectivität selbst zugemuthet wird, sich mit dem objectiven Inhalte zu erfüllen und durch einen Verinnerlichungsproceß ihn zu eignem Leben zu machen, wobei die Voraussetzung besteht, daß das objectiv vorhandene Princip auch seinerseits als ein Lebendiges, Wirksames der frommen Subjectivität entgegenkomme. — Ist nun aber diese Voraussetzung gegründet, so darf die Objectivität des Princips auch das Recht in Anspruch nehmen, ganz unmittelbar selbst sich als Solche geltend zu machen und, bestimmte Mittheilungsformen schaffend, in der Art wirksam an die Subjectivität heranzutreten, daß diese zwar zu lebendig reagirender Thätigkeit dadurch sollicitirt, aber doch die selbständige Energie des objectiv vorhandenen Princips durch sie nur im Sinne einer conditio sine qua non bedingt werde, wogegen allerdings auch zu denken ist, daß eine ähnliche Erweisung der Objectivität zwar erstrebt, aber nur insoweit reell werde, als auch positiv eine subjective Vermittelung des christlichen Gemeingeistes hinzukommt. Hiermit haben wir nach dem allgemeinsten Begriff der Sache das Wesen der Benedictionen ausgesprochen als solcher Momente, wo die Objectivität des Princips als Gnadenmittheilung mehr oder weniger unmittelbar und selbständig in die Subjectivität hinübertritt, um sie mit ihrem Inhalte zu durchdringen. Für die wissenschaftliche Betrachtung im ersten und zweiten Theil waren die beiden Bestimmtheiten des Cultus, die objective und die subjective, außereinander liegende Momente. In den Benedictionen aber als objectiv festen, mit dem lebendigen Princip erfüllten Darreichungsmitteln göttlicher Gaben gehen Beide dergestalt in einander auf, daß die Objectivität selbst durch die Subjectivität, sei es nun blos negativ, oder auch positiv, sich vermittelt. So entsteht ein dritter Abschnitt mit der Ueberschrift: das Ineinandersein der objectiven und subjectiven Bestimmtheit des christlichen Cultus in den kirchlichen Benedictionen.

In den angegebenen drei Abschnitten verläuft nothwendig die Theorie des christlichen Cultus. Zwar könnte noch ein vierter erforderlich scheinen, sofern die christliche Gemeindeversammlung nicht nur in bestimmten Raumen erfolgt, sondern auch rücksichtlich dieser Letzteren der Anspruch vorhanden ist, daß sie, sich individualisirend, auch ihrerseits die christliche Idee zu symbolischem Ausdruck bringen. Es ist jedoch nicht zu übersehen, daß gleichwohl die h. Räume den christlichen Cultus so wenig bedingen, daß sie vielmehr ihm immer wesentlich äußerlich bleiben, wie sie denn auch unmittelbar in das Gebiet der Kunst hinüberweisen. Demnach wird gerechten Anforderungen Genüge geschehen, wenn wir nur zum Schluß ein Wort anhangsweise über die h. Räume des Cultus beifügen.

Rücksichtlich des zweiten Abschnitts ist noch zu bemerken, daß, wenn hier die, im ersten Theil als psychologisch nothwendig nachgewiesenen Grundformen religiöser Lebensäußerung wiederkehren müssen, sie doch nunmehr in ihrer eigenthümlich christlichen Gestalt auftreten, wie sie auch geschichtlich einen bestimmten Charakter gewonnen haben.

Erster Abschnitt.

Die abstract-objective Bestimmtheit des christlichen Cultus durch die geschichtlichen Anfänge des Christenthums.

§. 38.

Einleitung.

Wenn die Grundidee der christlichen Religion diese ist, daß Christus kraft der durchgehenden Verdienstlichkeit seines ganzen Lebens, so wie seines Sterbens und Auferstehens, sich selbst zum neuen Lebensprincip für die ganze Welt gemacht hat, so ist hiermit auch der entsprechende Cultus seinem wesentlichen Inhalte nach fest bestimmt. Dieser Inhalt ist: Christus, sofern er sich offenbart als Lebensprincip für die Gemeinde der Gläubigen. — Das erlösende Leben des Sohnes Gottes hat aber, als ein, der Geschichte angehöriges, alle seine Momente, welche in die Innerlichkeit der Gemeinde übergehen sollen, in einem bestimmten zeitlichen Nacheinander entfaltet und hiermit dem christlichen Cultus im Gesetz seiner h. Zeiten auch die Form vorgezeichnet, nach welcher die inhaltsreiche Feier desselben sich zu gestalten strebt.

Es ist folglich die objective Bestimmtheit des christlichen Cultus eine Bestimmtheit nach Inhalt und Form.

Der Proceß, durch welchen Christus als Lebensprincip für die Menschheit sich bethätigt, d. h. in die Innerlichkeit der Gemeinde übergeht, vermittelt sich durch den, von ihm gesendeten Geist der Wahrheit, und es darf hiernach der Inhalt des christlichen Cultus auch dahin bestimmt werden, daß er Christus sei, sofern derselbe durch seinen Geist in der Gemeinde lebt, um in dieser Weise sein persönliches Dasein auf Erden fortzusetzen. Wo der Cultus von diesem Inhalte verlassen ist, ist die Seele entflohen und nur der todte Leichnam zurückgeblieben. Es leuchtet übrigens ein, daß Inhalt und Form sich aufs Innigste durchdringen, da nur dasselbe erlösende Leben, welches inhaltsschwer den Cultus erfüllt, auch seine h. Zeiten bedingt; weshalb es uns obliegen wird, bei den christlichen Festen überall auch wieder auf deren leitende Grundgedanken zurückzukommen.

§. 39.

Der Inhalt des Cultus.

Der Geist Jesu Christi verklärt den Herrn in seiner Gemeinde durch das göttliche Wort. Indem dasselbe sich in ihr als eine seligmachende Kraft Gottes bethätigt, hat sie den Erlöser selbst in dem, von ihm zeugenden Wort und erfährt darin seine persönliche Nähe und Gegenwart. Hiernach bestimmt sich der Inhalt des Cultus noch specieller als: Christus, sofern er durch den Geist in seinem Worte bei der Gemeinde ist.

Wir haben hier den Punkt erreicht, wo die römisch-katholische und die evangelische Theologie in ihren Theorieen vom

Cultus definitiv auseinandergehen. Es ist nämlich zwar auch dem römischen Katholicismus Christus der Grundinhalt des Cultus, aber in ganz anderer Art, als nach der Lehre der evangel. Kirche. Wenn Dieser zufolge die Erlösung der Welt objectiv einfürallemal vollbracht ist, so bleibt ihr nunmehr auch für ihren Cultus nur das Eine übrig, daß Christus, nachdem er objectiv Lebensprincip für Alle geworden, demgemäß auch subjectiv das Leben Aller werde, und Dies ist es, wodurch sich der Grundinhalt des Cultus wesentlich für uns bestimmt hat. Nicht so verhält es sich in der römischen Kirche; denn sie ist so fern davon, eine einfürallemalige Vollendung des Erlösungswerks zu behaupten, daß sie vielmehr den großen Versöhnungsproceß in derselben Objectivität, wie er durch Blutvergießen am Kreuz vollbracht worden, als unblutiges Opfer unaufhörlich in der Kirche sich fortsetzen läßt. Wenn nun dieses sacrificium expiatorium als das innerste Geheimniß des römischen Cultus auftritt, so zeigt sich als Grundinhalt desselben: Christus, wie er in dem immerwährenden objectiven Versöhnungsprocesse bei der Gemeinde ist. Es leuchtet ein, daß der ganze Cultus hiernach eine veränderte Richtung, dem evangel. gegenüber, nehmen muß. Der römische Christ betritt das Haus des Herrn mit einem ganz andern Blicke auf den geweihten Altar, als der evangelische das Seinige; denn Jener schaut, abgesehen davon, ob ein einziger Gläubiger da sei, der den Herrn im Herzen trage, seinen Gott objectiv gegenwärtig im Tabernakel. Dort hat er eine wirkliche Wohnung genommen und will hier von den Gläubigen angebetet sein. Daß dieses immerwährende Opfer der Kirche die Mittlerschaft eines, vom Volk abgesonderten Priesterthums erfordere, versteht sich von selbst, gleichwie auch, daß, wenn im betreffenden Cultus nicht sowohl Dasjenige, worin sich das subjective Leben der Gemeinde bethätiget, als vielmehr Dasjenige, was vom Priester äußerlich vollbracht wird, die Hauptsache ist, — nun eigentlich gar Nichts mehr daran gelegen sein kann, ob dem andächtigen Volk ein Verständniß Dessen, was der Priester thut, beiwohnt, wenn es jenem priesterlichen Thun nur mit dem Glauben, daß ihm dadurch Heil gewirkt werde, zugewendet bleibt. Denn darauf allein ja kommt es an, daß das h. Werk nur recht gethan werde. Deshalb ist überall auch die Landessprache gar nicht erforderlich; ja, wenn eine bestimmte Sprache einmal jenen allgemeinen, h. Typus, durch welchen sie der kirchlichen Opferhandlung durchweg angepaßt ist, gewonnen hat und hiermit die sicherste Bürgschaft für die richtige Vollbringung derselben gewährt, so verdient sie sogar, jeder Landessprache vorgezogen zu werden. Schließlich bemerken wir, daß der römische Cultus sich natürlich auch seiner ganzen innern Anordnung nach durch seinen angegebenen Grundinhalt bestimmt, da dieser einen Mittelpunkt bezeichnet, auf welchen näher oder entfernter alle Elemente desselben bezogen sein wollen. Die römische Liturgik wird folglich von diesem Ausgangspunkte in völliger Verschiedenheit von der Unsrigen sich wissenschaftlich zu gestalten haben, und wir scheiden hier also von Rom mit dem klaren Bewußtsein, weshalb wir genöthigt sind, einen entgegengesetzten Weg einzuschlagen.

§. 40.

Die h. Schrift.

Das göttliche Wort hat die doppelte Aufgabe zu lösen: einerseits Christum nach seinem ganzen geschichtlichen Dasein auf Erden mit vollkommener Treue der Gemeinde immerdar zu vergegenwärtigen; andrerseits ihn derselben mit gleicher Treue auszulegen. Beides vollbringt die h. Schrift, — das Erste im evangelischen, das

Zweite im apostolischen Worte, — mit absoluter Lauterkeit; und wir gewinnen hiermit eine noch speciellere Inhaltsbestimmung für unsern Cultus, nämlich: Christus, wie er im Evangelio der Gemeinde durch den Geist vergegenwärtigt und durch denselben Geist in den, die Wirksamkeit seiner Apostel bezeugenden Schriften ihr ausgelegt ist.

Nach dem ursprünglichsten Begriff des Wortes Gottes, ist es Christus selbst. Denn der Vater spricht den Sohn aus als sein wesentliches Wort; Er bleibt dieses aber auch, sofern er des Menschen Sohn ist; und so verstehen wir unter dem Wort den Erlöser mit seinem ganzen Erlösungswerke, wie in Wort, so in That. Denn die That ist selbst nur ein sichtbares Wort, gleichwie das Wort eine hörbare That, — Beides aufgehend im Begriff des vollkommenen Gehorsams, durch welchen der Herr sich frei zu Dem gemacht hat, was er wesentlich war, — zum Lebensprincip für die Welt. Jetzt sollte der objectiv vollendete Erlösungsproceß in einen subjectiven Lebensproceß, durchaus identisch mit der Entwickelung des Reiches Gottes auf Erden, übergehen, damit die Gemeinde als das *πλήρωμα τοῦ τὰ πάντα ἐν πᾶσι πληρωμένου* d. h. als der andre mystische Christus zur Gleichheit mit dem persönlichen Christus sich gestalte.

Zum Behuf dieses Ueberganges der Erlösung aus der Objectivität in die Subjectivität muß vor Allem Christus seinem ganzen geschichtlichen Leben nach der Welt kund werden; und es bedurfte hiezu eines, der Wirklichkeit seines irdischen Daseins genau entsprechenden treuen Abrisses der historischen Persönlichkeit des Erlösers, damit diese so, gleichwie durch ein wohlgelungenes Portrait, der Menschheit immer neu sich vergegenwärtigen könnte. War dieses Bild einmal treu entworfen, so blieb es nothwendig das Einzige, von welchem künftig zwar fort und fort neue Bilder treu copirt werden konnten und sollten, an welchem jedoch Nichts mehr zu ändern war, da einmal ein andrer Christus, als der geschichtliche, nicht zu machen ist. — Dieses wohlgetroffene Portrait des Menschensohnes, für alle Zeiten in der Kirche zu immer neuer Beschauung aufgestellt, besitzen wir in den Evangelien, und die, bei ihrer Entstehung wirksam gewesene Theopneustie bürgt uns dafür, daß der Christus, den wir hier abgeschattet vor uns sehen, in allen Zügen des Gemäldes Derjenige ist, welchen der Vater in die Welt gesandt hat. Wir suchen in ihnen nicht eine, in chronologischer Folge fortlaufende Lebensgeschichte, noch begehren wir, daß der h. Geist bei den vier Erzählern das Wunder einer wie verabredeten durchgehenden Uebereinstimmung bis auf die kleinsten Züge der Geschichte gewirkt habe; wir verlangen blos eine Treue der Zeichnung, wie Derjenige sie sucht, welcher, vor dem Bilde des theuren Freundes stehend, ihn gern ganz wiederfinden und ausrufen will: Das ist er! Dieses leisten die Evangelien, und ihnen gebührt daher vom wesentlichen Worte Gottes, welches sie in sich tragen, und kraft des Geistes, der ihre Schreiber geleitet hat, der Name des göttlichen Worts mit gleichem, vollem Rechte. Sie mußten nothwendig h. Schrift werden, da das beabsichtigte Bildniß nur auf diesem Wege vor der Gemeinde dauernd aufzustellen war.

Zur Entstehung des subjectiven Erlösungsprocesses genügt indessen der historische Bericht vom Leben Jesu noch nicht. Der Herr selbst verweist seine Jünger auf den Geist, welcher Christum in ihnen verklären und sie in alle Wahrheit leiten werde. Hierdurch erst konnte der Erlöser sich ihrem innersten Verständniß lebendig vermitteln, und es bedurfte also einer Auslegung desselben durch jenes geheime Einsprechen des Parakleten, welches die Herzen aufthut und das Auge des Glaubens zum Erkennen Christi als des Gottes- und Menschensohnes erleuchtet. Kraft dieser Auslegung des Erlösers durch den Geist offenbart sich das göttliche Wort in einer zweiten Gestalt, die wir als das apostolische Wort neben dem evangelischen bezeichnen dürfen. Es entsteht jenes Erstere aus dem in der Gemeinde sich unaufhörlich erneuernden Verinnerlichungsprocesse, durch welchen Christus ihr Leben wird. Da es immer verjüngt in der Kirche sich erzeugen soll und als Manifestation der, durch alle christlichen Jahrhunderte zu verfolgenden Succession des Lebens aus dem Geist auftritt: so giebt sein Charakter im bestimmten Gegensatz zu den Evangelien sich zu erkennen. Diesen erschien es wesentlich, einfürallemal geschrieben zu sein, wogegen das, Christum auslegende Wort unaufhörlich neu hervorgebracht wird, weshalb es sich auch, dem geschriebenen Wort gegenüber, als das lebendige, traditionelle Wort der Kirche bezeichnen ließe. Nun hat aber diese Letztere die Verheißung des, Christum verklärenden, d. h. auslegenden Geistes absolut nur in den Aposteln empfangen, und sie besitzt daher keine Sicherheit für wahrhaftige Auslegung oder göttlich gewisse Erkenntniß Jesu, als insofern sie sich in ihrem Auslegungsgeschäft an die Apostel hält. Diese allein haben den Herrn in vollkommen normaler Weise ausgelegt, und es war daher die Nothwendigkeit vorhanden, daß der Apostolat als der sichere Grund, auf welchen fort und fort die Kirche sich erbauen muß, sich ihr ebenso verewigte, als dies rücksichtlich des Bildnisses Christi erfordert wurde. Eine solche Verewigung des Apostolats für die Kirche ist dadurch bewirkt, daß die, von demselben gegebene authentische Auslegung, welche für alle nachfolgende Erklärung Christi Regel und Richtschnur zu sein begehrt, gleich dem Evangelio durch Schrift fixirt worden ist, wie wir sie denn im andern Theile des N. T., in der alten Kirche sehr prägnant ὁ ἀπόστολος genannt, besitzen. Die im § aufgestellte Inhaltsbestimmung für den christlichen Cultus zeigt sich hiermit vollständig gerechtfertigt.

§. 41.
Die Regel und Richtschnur des evangelischen Cultus.

Aus dem vorigen § ergiebt sich unmittelbar die hohe Bedeutung der h. Schrift für den evangelischen Cultus. Nicht nur ist die Forderung dadurch gerechtfertigt, daß dessen Grundinhalt, Christus, nunmehr auch durch den Anspruch der h. Schrift auf eine ihr gebührende Stelle im Cultus zu seinem wirklichen Recht gelange, sondern auch, daß Alles, was sonst im Cultus vorkommen kann, in durchgehender Schriftmäßigkeit seine Rechtfertigung finde.

Es liegt in der Idee des evangelischen Cultus, daß die h. Schrift, sowohl aus ihren evangelischen, als apostolischen Bestandtheilen Abschnitte für ihn liefert, und daß diese eine centrale Beziehung der mannichfaltigen Cultuselemente zu ihnen geltend machen. In welcher Weise dies durch die doppelte Perikopenreihe verwirklicht worden, wird das Nachfolgende lehren; doch ist zu bemerken, daß in dem bisher Entwickelten die Nothwendigkeit einer fixirten Perikopensammlung allerdings noch nicht motivirt ist. — Die im § enthaltene Forderung durchgehender Schriftmäßigkeit ist eins von den unterscheidenden Momenten des evangelischen Cultus im Vergleich mit dem römisch-katholischen. Wie die objective Bestimmtheit des christlichen Cultus rücksichtlich seines Inhalts uns auf das göttliche Wort geführt hat, so könnte auch das Sacrament hieher zu gehören scheinen, da Christus in diesem gleichfalls der Gemeinde sich darbietet. Es ist jedoch zu erwägen, daß im Sacramente die Bestimmtheit des Cultusinhalts nicht dieselbe reine Objectivität hat, wie im göttlichen Worte, sofern bei Jenem das Vorhandensein des objectiven Charakters, negativ wenigstens, nämlich, wie wir sehen werden, durch eine conditio sine qua non, an eine subjective Bedingung gebunden ist. Hiernach rechtfertiget es sich, wenn vom Sacrament erst im dritten Abschnitt die Rede sein kann.

§. 42.

Die objective Bestimmtheit des Cultus in formeller Hinsicht.

Rücksichtlich der objectiven Bestimmtheit des Cultus in Ansehung der Form sind wir nothwendig an die h. Zeiten desselben gewiesen. Indem das erlösende Leben Christi sich in bestimmten Grundthatsachen exponirt, welche in der Idee der Versöhnung schlechthin aufgehen, gleichwie umgekehrt auch die Idee in ihnen dergestalt zur vollendeten Erfüllung kommt, daß der Gesammtinhalt des Cultus nunmehr in die betreffenden, der Gemeinde zu verinnerlichenden Facta sich auseinanderlegt: so tragen diese Letzteren auch schon ein Gesetz h. Zeiten insofern immanent in sich, als sie selbst in ihren Beziehungen zu einander ein inneres Zeitverhältniß von tiefer ideeller Bedeutung beobachten. Da die hiermit gegebenen h. Zeiten eo ipso dadurch, daß die Idee sich darin abspiegelt, für die christlichen Gemeindeversammlungen maßgebend werden, so enthalten sie eine objective Bestimmtheit derselben, die nicht sowohl deren Inhalt, als ihre Form betrifft.

Die folgenden §§ haben sich hiernach mit den h. Zeiten und Festen der Kirche zu beschäftigen, rücksichtlich welcher der Grundsatz anzuerkennen ist, daß sie ihren Grundmomenten nach in den geschichtlichen Anfängen des Christenthums selbst gegeben sind, nie aber durch menschliche Uebereinkunft äußerlich gemacht werden können. Wir werden auf diesem Gebiet zwar einem mächtigen organischen Bildungstriebe der Kirche begegnen, dabei aber überall die Ueberzeugung gewinnen, daß alle Feste aus einer geschichtlichen Nothwendigkeit hervorgehen müssen, wenn sie Bestand haben sollen. — Da neben den Grundthatsachen des Heils, welche die Hauptzeiten der Kirche bedingen, auch die Lebensentwicklungen der Gemeinde selbst Festmomente in sich tragen, welche Gegenstand frommer Feier werden können, so rechtfertiget sich hierdurch die Eintheilung in primäre und secundäre h. Zeiten.

§. 43.

Die primären h. Zeiten der Kirche.

A. Der christliche Sonntag.

Der allgemeine Charakter der Sonntagsfeier bestimmt sich dadurch, daß dieser Tag der Auferstehungstag des Herrn ist. Nach den Sonntagen berechneten die ersten Christen das Jahr, und die christliche Sitte, später auch durch obrigkeitliche Anordnungen unterstützt, zeichnete die Feier derselben frühzeitig in einer Weise aus, die dem jüdischen Sabbat entlehnt war.

Es war natürlich, daß die ersten Christen der im römischen Reiche üblichen Berechnung des bürgerlichen Jahres sich sehr abgeneigt zeigten; denn sie fanden sich hier überall an Das, was ihnen als heidnischer Greuel erschien, erinnert. Daher vermieden sie die gangbaren Benennungen der Monate und Wochentage, theilten das Jahr in 52 Septimanen und unterschieden ihre einzelnen Tage, unter der allgemeinen Bezeichnung: feria, durch deren Zählung als feria prima, secunda, tertia u. s. w. Es ist nicht dieses Orts, specieller darauf einzugehen, wie die ἡμέρα κυριακή allmählich den jüdischen Sabbat verdrängte. Es ist oben nachgewiesen, was das christliche Princip hierin mit sich brachte, und die Kirche war durch eine innere Nothwendigkeit ihres Bildungsganges darauf hingewiesen, behufs der Selbständigkeit ihrer Entwicklung, sich aus aller Befangenheit in hergebrachter jüdischer Weise zu emancipiren. Daß gleichwohl die jüdische Sabbatsruhe, wenn auch nicht in der alten Buchstäblichkeit des starren Gesetzes, auf den Sonntag überging, lag im Bedürfniß des religiösen Lebens. Anfänglich versammelten sich die Christen an jedem Tage zu gemeinschaftlichen Uebungen der Andacht. Aber diese erste, für die Endentwicklung des Reiches Gottes auf Erden vorbildliche Zeit ging schnell vorüber; und wie die Kirche genöthiget war, sich mit der Welt einzurichten, welche durch sie mit dem Sauerteige des Evangeliums durchdrungen werden sollte, trat auch das alte Bedürfniß des menschlichen Herzens nach der Ruhe des siebenten Tages im Bewußtsein der Gläubigen wieder hervor und brachte so Das, was durch die Schöpfung selbst principiell in der Natur des Geschlechts Adams begründet liegt, auch in der Oekonomie des neuen Bundes wieder zu seinem ursprünglichen Recht, nur mit dem Unterschiede, daß die Ansprüche des Sabbats dem Sonntage zu Theil wurden. Die Zeugnisse der Kirchenväter hierüber sind zahlreich. Wenn später, was ursprünglich aus der christlichen Freiheit hervorging, Gegenstand bürgerlicher Zwangsgesetze wurde, so lag dies überhaupt in der hierarchischen Richtung, kraft welcher die Kirche einen Ausbau nach Analogie der weltlichen Staaten erstrebte. Wenn in unsern Tagen, wo man eifrig auf die Trennung von Kirche und Staat bedacht ist, die Frage: inwiefern der Sonntagsfeier durch die bürgerliche Obrigkeit zu helfen sei, zur Verhandlung kommt, so verdient hierin nur ein Gesichtspunkt noch Anerkennung. In rein geistliche Dinge darf der weltliche Arm sich nicht einmischen; sofern aber ein öffentliches Aergerniß zu verhüten ist, liegt es ihm ob, seines Amts zu warten. Stellt sich's demnach heraus, daß eine gewisse Art der Profanirung des Sonntags die christliche Volkssitte beleidigt, so muß die Obrigkeit einschreiten, nicht sowohl, um eine Heiligung des Tages zu erzwingen, als vielmehr, ein Aergerniß abzustellen, — womit zugleich eine Grenzlinie gezogen ist, über welche das bürgerliche Gesetz nicht hinausgehen darf.

§. 44.
B. Das Kirchenjahr.

Außerdem, daß die Thatsachen der Erlösung den Wochencyklus neu sanctionirt und umgebildet haben, gaben sie auch zu bestimmten, jährlich wiederkehrenden Gedenktagen Veranlassung und legten hiermit den Grund zu einem Jahresfestcyklus, welcher zunächst an den Jüdischen sich anlehnte. Wenn sonach gewisse Hauptfeste schon von Anbeginn in einem bestimmten Zeitverhältnisse zu einander standen und dadurch neben der innern auch eine äußere Wechselbeziehung an sich ausdrückten, so entstand von selbst die Folge, daß sie auch den sie umgebenden Sonntagen durch Mittheilung ihres festlichen Charakters einen bestimmten Grundton verliehen. So bildeten sich verschiedene Festcyklen immer mehr aus, und die Kirche gewann ein Interesse, die innerhalb derselben liegenden Sonntage zu Gedenktagen verwandter wichtiger Momente im verdienstlichen Leben des Erlösers zu erheben. Hierin sind die frühesten Anfänge der evangelischen Perikopenreihe angedeutet. — Bald gewannen jene Festcyklen einen immer größeren Reichthum, als zu den bedeutenden Momenten der evangelischen Geschichte des Herrn aus der Gemeinde der Heiligen selbst noch andere hinzukamen, welche nicht weniger Anspruch darauf machten, durch kirchliche Feier im bleibenden Andenken der Gemeinde erhalten zu werden. Denn Christus hatte sich ja in seinen Aposteln und Märtyrern durch den Geist ebenso verklärt, wie er durch sein Erlösungswerk persönlich zur Herrlichkeit eingegangen war. — Allmählich gingen die verschiedenen Festcyklen in ein System zusammen und umfaßten ein Jahr, dessen kirchliche Berechnung, unabhängig von der bürgerlichen, sich zur Selbständigkeit erhob. Wenn nun Nichts mehr daran gelegen war, welche Nummer jedem Sonntage in der Reihenfolge des bürgerlichen Jahrs zukam, so war hierin um so mehr das Streben begründet, einem jeglichen endlich eine bestimmte Signatur zu geben, was in der That auch durch die sich fixirende Reihe der evangelischen und demnächst auch der epistolischen Perikopen erfolgt ist.

Daß das Versöhnungswerk Christi mit dem jüdischen Passa, gleichwie später die Ausgießung des h. Geistes mit dem Pfingsttage zusammenfiel, geschah gewiß nicht ohne tiefen göttlichen Plan, und es begegnen uns darin auch bereits die Grundprincipien der Bildung des christlichen Kirchenjahres.

Es lag eine göttliche Absichtlichkeit darin, daß die h. Zeiten der Kirche auch rücksichtlich ihrer äußeren Berechnung in einer Beziehung zu einander stehen sollten. Auch das jüdische Festjahr fiel mit dem bürgerlichen, welches mit dem Monat Tisri seinen Anfang nahm, nicht zusammen, und es dürfte kaum zu leugnen sein, daß die hiermit gegebene Analogie nicht ohne Einfluß auf die entsprechende Institution der christlichen Zeit geblieben ist.

Rücksichtlich der, nach Maßgabe der betreffenden Festcyklen erfolgten Auszeichnung einzelner Sonntage durch verwandte Begebenheiten der evangel. Geschichte, dürfte es wohl nicht zufällig sein, daß z. B. die Perikopen vom letzten Gange Jesu nach Jerusalem, sowie von seiner Versuchung in der Wüste am Eingange der großen Fastenzeit zu stehen gekommen sind. Aehnliches ist von den evangel. Abschnitten der Sonntage Palmarum und Quasimodogeniti zu sagen. Wenn im Weihnachtscyklus hinter dem Epiphanienfeste die Perikopen vom zwölfjährigen Jesus, sowie von seinem ersten Wunder zu Kana ihre Stelle gefunden haben: so erfolgte dies ohne Zweifel ebenso planmäßig, als man das Fest des ersten Märtyrers, sowie den Tag der unschuldigen Kindlein unmittelbar dem Weihnachtsfeste folgen ließ. Genug, wir behaupten, daß die Entstehung der Festcyklen nicht weniger den ersten Anstoß zur Perikopenbildung gab, als dann wiederum auch diese auf die systematische Ausbildung jener Ersteren zurückwirkte. Gleicherweise lag es im Interesse für die Schöpfung des Kirchenjahres, endlich jedem einzelnen Sonntage neben seinem allgemeinen Charakter noch jenen specielleren aufzuprägen, der ihm durch seine bestimmte evangel. Perikope zu Theil geworden ist, und bei der Bedeutung, welche neben dem evangel. Wort das epistolische frühzeitig im Bewußtsein der Gläubigen gewann, erschien es nur natürlich, der, dem Ersteren entnommenen Reihe eine gleiche aus dem Andern für alle Sonn- und Festtage zur Seite zu stellen. Jedenfalls wäre es irrig, anzunehmen, daß von Haus aus irgend eine dogmatische oder ethische Idee der Entstehung des Kirchenjahres zu Grunde gelegen habe; denn so schön wir jetzt auch in demselben den tiefsinnigen Gedanken ausgedrückt sehen, daß die Gemeinde der Gläubigen durch die ganze Zeit ihres Lebens nur Christum, sowohl wie er in ihr, als wie sie in ihm lebt, d. h. sowohl in seinem persönlichen Dasein auf Erden, als auch in seinem mystischen Dasein durch den von ihm gesendeten Geist in der Gemeinde, zu verherrlichen habe: so hat doch dieser Gedanke eine Institution nicht geschaffen, welche ursprünglich zwar aus höchst gesundem, aber doch nur unbewußtem Bildungstriebe erwachsen und später erst sich selbst darüber, was der christliche Geist damit eigentlich gemeint habe, klar geworden ist.

Die, einzelnen Sonntagen zu Theil gewordenen Namen sind liturgischen Ursprungs und bestehen aus den Anfangsworten der Bibelsprüche, welche den sogenannten Introitus der betreffenden Sonntagsliturgieen ausmachen.

Die Geneigtheit des christlichen Alterthums, den Anfang des Kirchenjahres mit dem Osterfeste zu datiren, findet nicht blos darin ihren Grund, daß im Tode und in der Auferstehung des Herrn der Mittelpunkt seines Erlösungswerkes zu erkennen ist, sondern stützt sich auch auf die Analogie des jüdischen Festjahres, welches mit der Passafeier, der die Versöhnung durch Christus als das neue Passa sich unmittelbar anschloß, begann. In Betreff der Weihnachtsfeier konnte ein durchgehendes Einverständniß ursprünglich um so weniger stattfinden, als hier jener Anschluß an ein entsprechendes jüdisches Fest gebrach, und das kirchliche Bewußtsein der ersten Jahrhunderte sich vor Allem über den Anfang der erlösenden Thatsachen klar mit sich selbst verständiget haben mußte, bevor eine durchgehende Vereinbarung in Ansehung der dritten Hauptfeier erfolgen konnte. Man suchte einen solchen Anfang; man war aber ungewiß, in welches Moment er zu setzen sei. Ein besonderes Gewicht auf den Tag der Geburt des Sohnes Gottes zu legen, zeigten manche Kirchenväter sich sogar abgeneigt. Clemens Alexandrinus tadelte Diejenigen, welche Jahr und Tag der Geburt Christi ängstlich zu erforschen suchten, und selbst noch ein Hieronymus und Augustinus, zu deren Zeit der 25. December als Weihnachtstag bereits feststand, scheinen demselben noch keinen großen Werth beizulegen, wie denn auch aus einer, am 25. December 386 von Chrysostomus gehaltenen Rede hervorgeht, daß das fragliche Fest damals erst seit zehn Jahren in Antiochien und Syrien eingeführt war. Das christliche Bewußtsein schwankte eben in den ersten Jahrhunderten über die Bestimmung des Punktes, von welchem der Beginn des, in der Zeit vollbrachten Erlösungswerkes zu datiren sei. In der Kirche des Orients hob man die Taufe Christi am Stärksten hervor, die Epiphanienfeier wurde daher hier als ein hohes Fest begangen und vertrat die Stelle von Weihnachten, wogegen das sinnigere Abendland früher als der Orient die Menschwerdung des Sohnes Gottes überhaupt in seiner Geburt von der Jungfrau festlich auszuzeichnen geneigt war, bis endlich das kirchliche Bewußtsein, klar über sich selbst verständiget, in diesem Momente mit Recht den wesentlichen Anfang der Erlösungsgeschichte erkannte. So hat es geschehen können, daß die Wege, die die beiden Feste durch die Christenheit genommen, sich gekreuzt haben. Während der Lauf der Epiphanienfeier überwiegend vom Orient nach dem Occident gerichtet ist, verfolgt Weihnachten mehr den umgekehrten Gang, bis es im vierten Jahrhundert allgemein wurde und dann auch das Epiphanienfest in seinen Cyklus mit aufnahm. Hierbei noch die Bemerkung, daß die erwähnten Thatsachen keineswegs die einzigen waren, an welche das christliche Bewußtsein der ersten Jahrhunderte den Anfang der Erlösungsgeschichte anzuknüpfen suchte; denn nicht blos die Erscheinung des Sternes im Morgenlande hob man neben der Taufe Christi hervor, sondern auch das zu Kana vollbrachte Wunder, da es als die erste Offenbarung seiner Herrlichkeit vorgestellt ist.

Als mit der Weihnachtsfeier das kirchliche Festsystem des Jahres sich abschloß, war es natürlich, daß nun auch sie den Anfang machte. Es ging jedoch schon im sechsten Jahrhundert in der Kirche Galliens derselben eine Adventszeit voran, und es lag dieser Einrichtung das Streben zu Grunde, Weihnachten ebenso wie Ostern durch eine Quadragesimalvorbereitung zu verherrlichen, wie denn noch vom siebenten bis zum neunten Jahrhundert Spuren von sechs Adventsonntagen anzutreffen sind. Gregor der Gr., welcher diese Institution von Gallien entlehnte, reducirte sie zugleich auf die dem Weihnachtsfeste zunächst vorangehenden vier Sonntage, deren Feier im angegebenen Sinne seitdem allgemein wurde. Hiermit war zugleich ein sicherer Anfangspunkt des Kirchenjahres gewonnen. Jetzt liegt uns ob, zu den einzelnen Festcyklen überzugehen.

§. 45.

C. Die Festcyklen.

1. Der Weihnachtscyklus.

Die Grundidee des Weihnachtsfestes ist die Offenbarung Gottes im Fleisch, einerseits als geschichtliche Begebenheit in der Menschwerdung des λόγος, andrerseits als ein, durch die Wiedergeburt des Menschen aus dem Geist sich immer wiederholender subjectiver Lebensproceß, durch welchen der von der reinen Jungfrau Geborne hinfort in der Gemeinde geistig geboren wird, damit diese auch ihrerseits als eine, in die Lebensgemeinschaft mit Christo hineingeborne sich darstelle. — Wenn es nun in der Natur der Sache lag, daß der an dieses Fest sich anschließende Cyklus solche Momente aus dem Leben des Erlösers in sich aufnahm, welche den geschichtlichen Entwicklungsgang des Menschensohnes und die successive Entfaltung der unendlichen Bedeutsamkeit seines irdischen Daseins zur Anschauung bringen, wie denn die Reihe der hieher gehörigen Sonntagsperikopen sehr ausdrucksvoll mit der Verklärung Christi auf dem Tabor schließt: so erscheint es nicht weniger significant, daß die Weihnachtsfeier gleichzeitig mit einer Fülle solcher Festmomente sich umgab, worin die Gemeinschaft der Heiligen, wie sie hienieden durch Kampf und Sieg als ein Kreuzreich sich manifestirt, in ihrer reichen Mannichfaltigkeit abgespiegelt ist. Die in der Geburt des Weltheilands erfolgte Offenbarung Gottes in der Knechtsgestalt findet so ihr großes Gegenbild in der gleichen Gestalt, welche Christus auch in den lebendigen Gliedern seines Leibes, der Gemeinde, worin er mystisch ausgeboren wird, immerdar offenbaren muß.

Es ist nicht unwahrscheinlich, daß die, in der zweiten Hälfte des vierten Jahrhunderts zu Stande gekommene Vereinbarung der katholischen Kirche über die Feier des Weihnachtsfestes hauptsächlich im Gegensatz gegen die Dogmen und Gebräuche der Gnostiker, Manichäer, Priscillianisten u. anderer Häretiker erfolgte, u. daß überhaupt die unendliche Bedeutsamkeit der natürlichen Geburt Jesu mittelbar erst durch allerlei sectirerische Meinungen zu ihrem vollen Rechte im Bewußtsein der Kirche gebracht wurde. Hiermit würde zugleich die Ansicht als falsch sich darstellen, daß eine Anknüpfung an gewisse, christlich umzubildende heidnische Feste, welche derselben Zeit angehörten als die Brumalien, Saturnalien, Juvenalien, Corollarien u. s. w. im Interesse gelegen habe. Wenn auch zuzugeben ist, daß das christliche Bewußtsein, nachdem die kirchliche Feier selbständig zu Stande gekommen war, eine beziehungsreiche Anknüpfung derselben an analoge heidnische Feste zu machen, nicht unterließ, wie es denn nahe lag, z. B. die eigentliche Brumalfeier in einem geistigeren Sinne aufzufassen, und es sich so erklärt, daß in der Folge der Zeit, als man es mit Reinerhaltung der christlichen Heortologie von heidnischer Idololatrie nicht mehr allzu genau nahm, eine tiefgreifende Vermischung von Christlichem und Heidnischem sich mehr und mehr anbahnen konnte: so ist doch in Beziehungen solcher Art um so weniger ein Entstehungsgrund der Weihnachtsfeier zu suchen, als die Kirchenväter jener Zeit selbst sehr entschieden gegen derartige Verwandtschaften protestiren. Zwar machten, wie aus Augustin zu ersehen, die Manichäer den Katholiken den Vorwurf: Solemnes gentium dies cum ipsis celebratis, ut Calendas et Solstitia (Weihnachten und Johannis); aber Leo der Gr. erklärt dergl. Vermischung für ein Blendwerk des Satan's, welcher „de quorundam persuasione pestifera, quibus haec dies solemnitatis nostrae non tam de nativitate Christi, quam de novi, ut dicunt, solis ortu honorabilis videatur", die Leute betrüge. — Wir würden diese Beziehungen hier ganz übergangen haben, wenn nicht unleugbar auch in der Jahreszeit, die das Weihnachtsfest einnimmt, ein tiefer Sinn läge, durch welchen der liturgische Charakter dieser Feier mit bestimmt ist.

Schon in der alten Kirche war es herrschende Ansicht, daß der Sohn Gottes in den Tagen des Jahres geboren worden sei, wo die winterlichen Nächte die Oberhand gewinnen, und der erstarrende Frost das erwärmende Sonnenlicht überwältigen zu wollen scheint, gleichwie auch der Tradition zufolge der Herr inmitten der Nacht zur Welt gekommen sein soll. Hierin hat man mit Recht von je her eine tiefe Symbolik gefunden. Aus der geistigen Nacht, die das Erdreich deckte, und dem Dunkel, das über die Völker gelagert war, bricht in Christo die Sonne der Gerechtigkeit hervor, um einen neuen Gnadentag über die in Sünden verlorene Welt heraufzuführen. So war es natürlich, daß nicht blos bei dieser schon vorhandenen Analogie zwischen den Wendepunkten in der moralischen und physischen Welt die christliche Idee ihres bedeutsamen Gegenbildes im Gebiete der Letzteren sich bewußt wurde, sondern auch in der vorzüglich feierlichen Hervorhebung der, dem 25. December vorangehenden Weihnachtsvigilie einen entsprechenden Ausdruck suchte. In Uebereinstimmung hiemit erscheint die Bezeichnung des 24. December, mit welchem die Vigilie anhebt, im Kalender durch: „Adam und Eva" höchst sinnreich. An den ersten Adam, in welchem Alle sterben, schließt sich so unmittelbar der andere Adam an, in welchem sie Alle lebendig gemacht werden sollen.

Schon aus dem Gesagten erhellt es, wie das Weihnachtsfest, die geistige Beherrscherin des Winters (so Klöpper), seinem liturgischen Charakter nach, als ein ganz besonderes Fest allgemeiner, jubelnder Freude im christlichen Bewußtsein sich geltend machen mußte. Wenn es überhaupt als Aufgabe der christlichen Feste zu erkennen ist, die objectiven Thatsachen der einfürallemal vollbrachten Erlösung der Gemeinde so zu verinnerlichen, daß sie als dauernde Momente ihres Lebens im Glauben sich ihr verewigen: so sollicitirt insonderheit das Weihnachtsfest diesen Verinnerlichungsproceß so, daß vorherrschend hier jenes prophetische Wort (Jes. 9, 3): vor dir wird man sich freuen, wie man sich freuet in der Ernte — zur Erfüllung kommt. In der That ist die erste, noch ganz im reinen

Blick auf das unendliche Geschenk Gottes in Christo aufgehende Freude, welcher die Aussichten auf Kampf, Schmerz u. Tod noch alle im fernen Hintergrunde liegen, der Grundton einer Feier, die das Auge zunächst nur auf diesem staunenswerthen Wunder ruhen läßt: „daß man Gottes liebstes Kind unter Adam's Kindern find't," — „Er ist ein Kindlein worden klein, der alle Ding' erhält allein." Wenn das, in seinen innersten Tiefen hierdurch bewegte Herz sich's nun lebendig bewußt wird, wie in diesem Kinde, dessen Name Immanuel, die Menschheit dem Vater wieder angenehm geworden, und wie fortan unsere natürliche Geburt, sonst eine Geburt zur Gemeinschaft des Todes, in den hoffnungsreichen Eintritt zur Gemeinschaft des Lichtes und Lebens umgewandelt ist: so richtet sich der Blick des Glaubens natürlich hier mit besonderer Vorliebe auf die Kinderwelt und erkennt in Weihnachten das höchste christliche Kinderfest, in welchem die Idee des Christkindes schon der frühesten, zartesten Kindheit nahetritt und ihr Denken erfüllt.

Rücksichtlich der, die Menschwerdung des Sohnes Gottes begleitenden Nebenumstände verdient es Beachtung, daß dieselben in dem Grade, als die oben erwähnte Verinnerlichung sich vollzieht, für den Glauben sich zu einer symbolischen Bedeutsamkeit verklären, kraft welcher die h. Geschichte selbst durch die tiefsinnigste Bildersprache unmittelbar zu uns redet. Der sinnreiche Name Bethlehem, die Herberge, die für den in die Welt kommenden großen Gast keinen Raum gewährt, der Stall, die Krippe, die Hirten auf dem Felde, die englische Botschaft, die himmlischen Heerschaaren u. s. w. — alle diese ausdrucksvollen Züge geben dem Feste eine Physiognomie, die den unendlichen Reichthum der, das geschichtliche Factum erfüllenden Idee zurückstrahlt, und es darf zumal die Predigt, als die Auslegerin der Thaten Gottes, nicht unterlassen, jene h. Zeichensprache zu deuten und ihre wunderbare Chiffre-Schrift in das Herz der Gemeinde hineinzutragen.

Der, die Weihnachtsfeier umgebende Cyklus beginnt mit dem Advent, durch welchen die Kirche die, nach der Gnadenökonomie Gottes dem, in Christo erfolgenden, vollen Anbruch des Himmelreiches auf Erden vorausgehende Zeit der Vorbereitung auf ihn sich immer neu wiederholen läßt. Diese Vorbereitung ist objectiver und subjectiver Art. In ersterer Hinsicht kommt vorzüglich die Weissagung in Betracht, als das den Messias unmittelbar ankündigende Moment in den Voranstalten der erziehenden Liebe Gottes, wogegen in enger Verbindung hiemit die subjective Bereitung auf das nahende Heil in dem sehnenden Verlangen des bußfertigen Herzens nach dem Trost Israels zu finden ist. Beide Beziehungen vereinigen sich in Johannes dem Täufer, dem letzten und größten Repräsentanten der ersten Haushaltung Gottes. Denn während in ihm, als dem Wegbereiter des Herrn, objectiv die Voranstalten des Heils zu Ende gehen, tritt er gleichzeitig als der Bußprediger auf, welcher sowohl durch seine Botschaft an das Volk, als auch durch die Macht seines, die Buße symbolisirenden Lebens selbst die Herzen mahnt, subjectiv zur Aufnahme des Himmelreiches sich geschickt zu machen. Indem nun aber auch die Christenheit in dem Falle ist, ihr Heil und Leben durch das immer neue Kommen Christi im Geist bedingt zu sehen, gewinnt so der Advent ihr die Bedeutung einer besonderen Zeit der Mahnung daran, sich ihrer selbst bewußt zu werden als einer Gemeinde Gottes, die gleich den Vätern des alten Bundes, obschon in anderer Weise, noch im Harren auf den vollen Anbruch des Tages begriffen ist und, gleichwie sie dem Aufgehen des Morgensterns in den Herzen ihrer Angehörigen (2 Petr. 1, 19.) stets neu entgegensicht, also auch rücksichtlich der Gesammtentwicklungen des Reiches Gottes auf

Erden, auf die selige Hoffnung und Erscheinung der Herrlichkeit des großen Gottes und unsers Heilandes Jesu Christi noch zu warten hat (Tit. 2, 13). Hiernach ermuntert sie sich in der vorbereitenden Adventzeit, bußfertig und heilsbegierig ihre Arme nach Christo auszustrecken, und richtet das gläubige Auge auf die zunächst bevorstehende Zukunft des Herrn, wobei ihr Johannes der Täufer als der lebendige Repräsentant der Buße sich vergegenwärtiget, und in ihm die Stimme des Predigers in der Wüste ihr immer wiederholt hörbar wird. Ein Blick auf die evangelischen Perikopen der Adventzeit genügt, um zu sehen, wie die Kirche bei Bestimmung der hierher gehörigen Sonntage von der eben entwickelten Idee geleitet worden ist.

Wie an das Geburtsfest des Herrn der Stephanustag sich unmittelbar anreihen konnte, das findet sich in dem schönen Spruche der alten Kirche: heri Christus natus est in terris, ut hodie Stephanus nasceretur in coelis — treffend ausgesprochen. Wenn das christliche Bewußtsein im Tode der Märtyrer ihre Geburt in den Himmel, gleichwie in ihrem Leidensgange den triumphirenden Einzug derselben in das Reich der Herrlichkeit erblickte: so lag es um so näher, die Vollendung des ersten Blutzeugen in jene unmittelbare, innere Verbindung mit dem Kommen des Sohnes Gottes in das Fleisch zu setzen, als, wie schon oben erwähnt, die Kirche ein Interesse hatte, dem neugebornen Christus sofort auch sein Gegenbild in der Gemeinde zur Seite zu stellen und diese in derselben Gestalt der Erniedrigung und des Schmerzes in Kreuz und Tod erscheinen zu lassen, wie der Herr der Herrlichkeit in seinen Menschensohnstagen erschienen ist.

Schön und bedeutungsvoll knüpft sich daher auch an den Stephanstag der Tag Johannis des Evangelisten; denn hier erscheint Christus wiederum in einer andern Gestalt, wie ihn das vollendete Alter eines durch alle Lebensstufen durchgegangenen menschlichen Daseins zur Anschauung bringt, welchem das lang hingehaltene Harren und Sehnen, daheim zu sein bei dem Herrn, zuletzt selbst zum schwersten Kreuze wird. — Der diesem Feste folgende Tag der unschuldigen Kindlein zeigt endlich auch die zarteste Kindheit als Theilnehmerin am Leiden Christi, aber hiermit auch als Genossin der Herrlichkeit darnach, wie denn schon früher in der Kirche die Bethlehemitischen Kinder als ihre flores martyrum betrachtet wurden. Fassen wir so die hier durchlaufene ganze Zeit zusammen, so vergegenwärtiget sie in einem großartigen Bilde die Entwicklungen des Himmelreiches auf Erden. Gott, geoffenbaret im Fleisch, stellt in der Weihnachtsfeier sich in die Mitte. Ihr vorangehend die in die neutestamentliche Oekonomie noch immer hineinragende Wartezeit der ersten Haushaltung Gottes, bezeichnet durch das sehnende Verlangen der Väter nach dem Heil; ihr folgend eine, in dreifacher Repräsentation sich vermittelnde, gleichsam allegorische Darstellung der von Christo herkommenden Gemeinde der Heiligen, wie sie zwar in mancherlei Gestalten, aber immer als ein Kreuzreich sich offenbart, um so, allezeit kämpfend und siegend, zuletzt doch das Erdreich zu besitzen. In diesem Sinne schließt sich die Epiphanienfeier höchst bedeutungsvoll den bisherigen Festmomenten an; wir werden bald darauf zurückkommen.

Der in diesem Festcyklus zunächst sich aussondernde Tag ist die Octava circumcisionis Domini, deren Feier erst später aufgekommen zu sein scheint. Doch findet sich schon bei Beda Venerabilis eine Homilie über die evangelische Perikope dieses Tages, und die Mainzer Synode von 813 erwähnt dies Fest unter der Octava Domini. Vergegenwärtigen wir uns zuvörderst den kirchlichen Inhalt derselben, so liegt das stärkste Moment darin, daß Christus hier unter das Gesetz gethan wird und sein erstes Blut gleichsam zum Unterpfande giebt, daß der von ihm zu leistende vollkommene Gehorsam ein verdienstliches Büßen werden soll für alle Kinder Adam's, welche er in seiner Menschwerdung als Brüder erkannt hatte. Daher empfängt er bei seiner Beschneidung den Namen über alle Namen, der ihn als Das bezeichnet, was er fortan der Welt wesentlich sein will, ihr Heiland. — Wenn nun zu unserer Zeit in der Feier dieses Tages der bürgerliche Jahresanfang als das vorherrschende Moment zur Geltung gelangt ist, so darf hier darauf hingewiesen werden, wie gleichwohl die Kirche hierdurch nicht genöthiget ist, die ursprüngliche Bedeutung des Festes aufzugeben, wie vielmehr beide Beziehungen sich in die schönste Uebereinstimmung mit einander bringen lassen. Denn auch das irdische Dasein des Christen, für dessen zeitliche Entwicklungen in Arbeit und Mühe mit jedem Neujahrstage ein neuer Abschnitt beginnt, kann nur insofern ein Gegenstand religiöser Betrachtung werden, als es sich lebendig bewußt wird, daß seine höchste Aufgabe diese sei: sich in Christo zu verklären. So liegt in jedem Jahreswechsel für den Gläubigen eine sich immer erneuernde Mahnung, seinen Lauf in Jesu Namen zu beginnen, fortzusetzen und zu vollenden, in der Kraft des verdienstlichen Gehorsams seines Herrn und Meisters das ihm befohlene Tagewerk unter Arbeit in der Liebe und Geduld in der Hoffnung hinauszuführen, im Hinblick endlich auf die noch verhüllten Wege der Zukunft, einer ewigen Vorsehung sich zu getrösten, welche alle seine Tage, schon ehe derselben einer da war, in ihrem Buche verzeichnet hatte. Diese Momente aber finden sich sämmtlich in der erwähnten evangelischen Perikope, welche nicht bloß den Namen Jesu bedeutungsvoll hinstellt, sondern den Herrn in seiner Beschneidung auch unmittelbar als Den vor Augen bringt, welchem es gebührte, alle Gerechtigkeit zu erfüllen, endlich aber in seiner

Namengebung einen ewigen Rathschluß Gottes hervorblikken läßt.

Die auf den 6. Januar fallende Epiphanienfeier kündigt in der, in der Kirche des Orients ihr gewordenen Bezeichnung als die ἡμέρα τῶν φωτῶν ihre ursprünglich daselbst vorherrschende Beziehung auf die Taufe Christi an und wurde wohl auch in demselben Sinne unter dem Namen θεοφανία, oder ἐπιφανία hervorgehoben. Denn auch hierin sollte eine Andeutung auf die, zuerst in der Taufe des Sohnes Gottes offenbar gewordene Herrlichkeit desselben liegen, wogegen im Occident, welcher der Epiphanienfeier nicht dieselbe hohe Bedeutung beilegle, bald anfänglich, als sie auch hier zur Anerkennung gelangte, die Beziehung auf die Erscheinung des Sterns im Morgenlande als das eigentliche Festmoment sich geltend gemacht zu haben scheint, indem man hierin das erste thatsächliche Aufdämmern der welterlösenden Bedeutung des Lebens Christi, den ersten Durchbruch durch den jüdischen Volksparticularismus in der Geschichte seines irdischen Daseins erblickte. Diese Grundbeziehung ist nun auch dem Feste verblieben, nachdem die γενέθλια τοῦ κυρίου in den Mittelpunkt des ganzen betreffenden Cyklus, in welchen das Epiphanienfest hinfort sich einzurangiren hatte, getreten waren, und so trägt es, wie bereits oben angedeutet, eine ausdrucksvolle Symbolik in sich, kraft welcher die μάγοι ἀπὸ ἀνατολῶν als eine lebendige Verheißung des Siegs des Reiches Gottes unter allen Völkern der Erde auftreten. — Es erhellet aus dem Gesagten, wie kein Tag zur kirchlichen Missionsfeier geeigneter sein dürfte, als der des Epiphanienfestes. Wenn derselbe, ungeachtet des in unserer Zeit erwachten Missionseifers, eine solche Bedeutung sich bis jetzt nicht errungen hat, vielmehr dem Bewußtsein der evangelischen Kirche, welche größtentheils die besondere festliche Begehung desselben aufgegeben, gleichgültig geblieben ist, so liegt der Grund wohl hauptsächlich darin, daß die evangelische Mission selbst zu einer eigentlich kirchlichen Angelegenheit bis jetzt nicht hat werden können. Mit den, der Epiphanienfeier folgenden Sonntagen post Epiphanias läuft der Weihnachtscyklus aus.

§. 46.
2. Der Ostercyklus.

Die Grundidee dieses Festes ist die Erlösung der sündigen Welt durch Christum, unter dem zwiefachen Gesichtspunkte, aus welchem das große Werk zu betrachten ist. In Beziehung auf Gott ist es dessen Versöhnung durch die, von der Gerechtigkeit erforderte Genugthuung; in ihrer Beziehung dagegen auf die sündige Welt manifestirt sich die Erlösung als Ueberwindung des Reiches der Finsterniß, als Sieg über Sünde, Tod und Teufel. Dem Sterben des Herrn folgt daher nothwendig die Auferstehung desselben, einerseits als die thatsächliche Declaration des Vaters, daß kraft des vollbrachten, wohlgefälligen Opfers die zuvor verlorene Welt fortan ihm angenehm geworden sei in dem Geliebten; andererseits als Hervorbringung unserer wesentlichen Gerechtigkeit in dem verklärten Christus, welcher, nach der im Tode erfolgten Negation seines Lebens, auferstehend dasselbe wiederum affirmirt, aber nicht mehr als sein eigenes, sondern als das Leben der Welt, deren vollkommene Gerechtigkeit er nunmehr selbst ist. Indem nun die Osterfeier das Werk der Erlösung in seinem ganzen, großen Verlauf immer neu vergegenwärtiget, zerfiel sie schon von Anfang nothwendig in zwei Hauptacte, das πάσχα σταυρώσιμον und das πάσχα ἀναστάσιμον.

Kein christlicher Festmoment ist so, wie Ostern geeignet, das innerste Bewußtsein darüber aufgehen zu lassen, daß Gott und Welt sich unmittelbar in einander reflectiren, dergestalt, daß kein Zustand der Letzteren zu denken ist, der nicht in seiner Bestimmtheit eine der göttlichen Offenbarungsweisen an sich ausdrückte, die wir durch die Begriffe der Eigenschaften Gottes zu bezeichnen pflegen. Auch die in die tiefste Verschuldung gerathene Welt als solche spiegelt die Heiligkeit ab, welche, indem sie dem Sünder sich entzieht und ihn sofort auf sich selbst zurückstößt, es also geordnet hat, daß der Sünde als That die die Sünde als Zustand folgen muß, und hiermit der Tod aus ihrem Schooße geboren wird. Wenn daher selbst im Hinblick auf das sittliche Elend unsers Geschlechts die unauflösbare Zusammengehörigkeit von Gott und Welt sich klar herausstellt, so ergiebt sich schon hieraus, daß weder ein Sieg über die Sünde zu erhalten war ohne Versöhnung Gottes, noch auch diese anders stattfinden konnte, als in der Art, daß sie unmittelbar sich zum reellen Siege über die Mächte der Finsterniß fortbestimmte. So mußte sich erfüllen, was der Apostel Paulus prägnant in dem Worte ausspricht, daß Christus um unserer Sünde willen dahingegeben und um unserer Gerechtigkeit willen auferwecket sei. Erst in der Auferstehung des Sohnes Gottes treten jene beiden Beziehungen in ihrer Einheit herrlich an's Licht; denn der Erstandene, fortan göttliches Lebensprincip für die Welt, ist ebensosehr als der Sieger über Tod und Hölle aus dem Grabe hervorgegangen, als er kraft dieser seiner Auferweckung auch gleichsam als ein persönliches Gnadenmanifest Gottes für die ganze Welt zu erkennen ist. — Wenn es nun auch der Osterfeier Aufgabe ist, die erwähnten Grundthatsachen als den eigentlichen Mittelpunkt der Heilsgeschichte der Gemeinde zu verinnerlichen, so erhellt aus dem Gesagten, wie diese Letztere Christum den Gestorbenen und Auferstandenen nur insofern als ihr wahrhaftiges Leben in sich werde aufnehmen können, als sie selbst auch unmittelbar in ihm als eine immer sterbende und auferstehende sich darstellt, um dem Herrn in allen seinen Ständen gleich zu werden. Hiernach dürfte die Grundidee unsers Festes auch dahin zu bestimmen sein: die Erlösung der Welt, durch Sterben und Auferstehen des Sohnes Gottes objectiv einfürallemal vollbracht, subjectiv aber durch Sterben und Auferstehen mit Christo in der Gemeinde immerdar fortzusetzen.

Der, auf unser Fest übertragene alttestamentliche Name des Passa kündigt die tiefe Zusammengehörigkeit der in beiden Oekonomieen einander entsprechenden Großthaten Gottes an. Wie dort der Würgengel an den Wohnungen, deren Thürpfosten mit dem Blute des von Gott verordneten Lammes bestrichen waren, vorüberging, daher jenes Lamm selbst das Lamm des Uebergangs, Passa, genannt wurde: so wird hier die unendlich größere Verschonung durch das wahrhaftige Gotteslamm ausgewirkt, welches sich für die ganze Welt aufopfert, damit der Tod hinfort an Allen vorübergehe, die sich im Glauben mit dem Blute jenes Lammes bezeichnet haben. Wie daher Alles, was das Passa des alten Bundes vorbildete, im Versöhnungsopfer Christi wesentlich erfüllt ist, so war es auch in den Veranstaltungen Gottes selbst gegründet, daß das Leiden und Sterben des Herrn in die jüdische Osterfeier fiel, welche hiermit unmittelbar sich in die christliche verklären sollte.

Schon die Ansicht der alten Kirche setzte den Anfang unseres Festes mit dem vorhergehenden Sonntage, der Dominica Palmarum, und hob die, der ganzen folgenden Woche zukommende, einzige Bedeutung auf das Stärkste hervor, indem sie dieselbe als ein abgeschlossenes Ganzes, das *πάσχα σταυρώσιμον*, durch die ausdrucksvollsten Namen als die letzte und größeste Woche der alten Welt bezeichnete. Daher die Benennungen: Hebdomas sancta, magna, salutaris, poenalis, laboriosa, ultima. „Die große Woche heißt sie, sagt Chrysostomus" (Hom. 30. in genes.), weil es große und überschwengliche Güter sind, welche uns in derselben zu Theil geworden; denn in dieser Woche ist der lange Krieg geendigt, die Macht des Todes vernichtet, der Fluch hinweggenommen, die Tyrannei des Satans aufgelöst worden, die Versöhnung Gottes mit den Menschen gestiftet, der Himmel zugänglich geworden, Engel und Menschen wieder vereinigt, der Gott des Friedens hat im Himmel und auf Erden Frieden gemacht." Dem ganz entsprechend verräth die Kirche jener Jahrhunderte überall das lebendigste Bewußtsein davon, daß die, in der Osterfeier sich immer neu vergegenwärtigenden Thatsachen als der Kern und Stern des Lebens der Gläubigen zu betrachten sind, weshalb auch bei dieser Feier die praktische Bethätigung des in Christo gewonnenen Heils durch allerlei Werke der Liebe und Wohlthätigkeit als ein besonderes Festmoment hervortrat, wie denn namentlich am Ostertage die Gefangenen, bis auf gewisse schwere Verbrecher, losgelassen zu werden pflegten.

Unter den hervorragenden Tagen der großen Woche folgt dem Palmsonntage zunächst der Gründonnerstag: eine Bezeichnung, deren Etymologie zweifelhaft ist. Man zeichnete diesen Tag außer dem, an unsere deutsche Benennung erinnernden Namen dies viridium noch mit verschiedenen anderen Namen aus. An die Einsetzung des h. Abendmahls erinnern die Ausdrücke: dies natalis eucharistiae, dominica coenae, dies panis, dies secretorum oder mysteriorum, dies natalis calicis; nächstdem hieß dieser Tag auch dies indulgentiae, weil an ihm früher die Büßenden wieder zu dem h. Abendmahl zugelassen wurden; von der Fußwaschung, welche heute noch in der römisch= und griechisch=katholischen Kirche als ein gottesdienstlicher Act beibehalten ist, rührt die Bezeichnung dies pedilavii her; eine Beziehung endlich auf die zu taufenden Katechumenen, welche in der abendländischen Kirche an diesem Tage das Gebet des Herrn hersagen mußten und darüber geprüft wurden, liegt in der Benennung dies competentium. — Jedenfalls ist das letzte Ostermahl, welches der Herr, bevor er seinen Leidensgang antrat, mit seinen Jüngern hielt, und wobei er an der Stelle des alten Passalammes sich selbst als das wahrhaftige Osterlamm zum sacramentlichen Genuß hingab und verordnete, — das höchste Moment der betreffenden Tagesfeier, welches daher auch überall in der evangelischen Kirche, wo dieselbe in Gebrauch geblieben, mit Recht vorzugsweise geltend gemacht wird. Es entspricht dem festlichen Charakter dieses Tages, wenn insonderheit er zur Confirmation der Katechumenen und zu deren erstem Abendmahlsgenuß ausgewählt wird, wie denn hierin eine Analogie der heutigen kirchlichen Sitte mit der, in der Benennung dies competentium angedeuteten Sitte des kirchlichen Alterthums zu erkennen sein dürfte.

Dem Gründonnerstage folgt der Charfreitag, rücksichtlich dessen die Etymologie ebenso, wie bei jenem zweifelhaft ist, indem man das „Char" bald von carus, in Uebereinstimmung mit dem noch üblichen Ausdrucke: „der gute Freitag", bald von χάρις, bald auch von dem alten deutschen Worte: „kühren," desgl. von „charen" herleitet. Das Erstere bedeutet erwählen, in diesem Sinne z. B. in „Curfürst" erkennbar, und würde den stillen Freitag als den auserwählten bezeichnen, wogegen „charen" soviel ist als: leiden, büßen. Wenn endlich noch Andere das Wort von dem deutschen „Kar oder Gar" ableiten, daher „Gartag," so würde hierin eine Ueber=

setzung der alten Benennung dies parasceves, entsprechend dem lutherischen: „Rüsttag“ zu erkennen sein.

Schon in der alten Kirche wurde der Charfreitag, welchen die Griechen wohl schlechtweg *τὰ σωτήρια* nannten, als ein Tag des tiefsten Ernstes, der trauernden Versenkung in die Passion des Herrn ausgezeichnet. Die Töne der Freude mußten verstummen; man läutete keine Glocken; die Orgeln schwiegen; statt der Hymnen wurde das *Κύριε ἐλέησον* gesungen; man entkleidete die Altäre ihres Schmucks; keine Lichter wurden angezündet. Bis auf den heutigen Tag hat sich Etwas von diesem Charakter der Feier des Tages erhalten, wie denn derselbe in der evangel. Kirche den wichtigsten Festen beigezählt wird, wogegen die neuere katholische Kirche ihn nur unter die halben Festtage rechnet und in der feierlichen Legung des Crucifixes (in das h. Grab) noch einen Ueberrest der dramatischen Aufführungen des Todes Jesu, welche in der mittelalterlichen Zeit, nicht selten in sehr unanständiger Weise und zur Beförderung des Aberglaubens, üblich wurden, — aufzeigt.

Der dem Charfreitage folgende große Sabbat war der Erinnerung an die, der Ruhe Gottes nach der Schöpfung entsprechende Grabesruhe des Erlösers, gleichzeitig auch wohl, wie aus einer Rede des Bischof Epiphanius zu ersehen ist, dem Andenken an die Höllenfahrt des Herrn geweiht. Ganz besonders festlich beging man die Vigilie dieses Tages, daher: die große Nacht, die h. Nacht. Zu vergl. Apost. Constit. I. 19, wonach das Fasten bis zum Hahnenschrei dauern und die Gemeinde mit Gesetz, Propheten und Psalmen, mit Vorlesung der Evangelien und h. Gesängen, desgl. mit der Taufe der Katechumenen sich beschäftigen sollte, worauf dann mit dem: „der Herr ist auferstanden“ die Osterfeier ihren Anfang nahm.

Mit dem Ostertage beginnt die zweite Festwoche, das *πάσχα ἀναστάσιμον*. Der alten Kirche galt dieser Tag für die Krone und Mutter aller Feste; Gregor von Nazianz nennt ihn: ἡ βασιλίσσα τῶν ἡμερῶν ἡμέρα, ἡ ἑορτῶν ἑορτή, καὶ πανήγυρις πανηγύρεων. Erst seit dem Ende des elften Jahrhunderts wurde die dreitägige Osterfeier eingeführt. Von der chronologischen Berechnung derselben ist früher bereits (§. 35.) die Rede gewesen. Wenn die Bestimmung des Nicänischen Concils hierüber, wonach die Osterfeier immer auf den, dem 14. des Nisan folgenden Sonntag treffen soll, noch eine gewisse Abhängigkeit vom jüdischen Passafest durchblicken läßt, so hat in der, späterhin allgemein gewordenen Berechnung, wonach sich der Ostertag beständig nach dem, auf das Frühlings-Aequinoctium zunächst eintretenden Vollmonde richtet, die christliche Idee endlich zur vollen Selbständigkeit, der jüdischen Heortologie gegenüber, sich emancipirt.

Schon in der alten Kirche wurde die ganze, der Osterfeier folgende funfzigtägige Zeit bis Pfingsten festlich ausgezeichnet, wie denn in dieser Quinquagesimalfeier der Ostercyklus dergestalt in den Pfingstcyklus verläuft, daß es rücksichtlich der hier hervorragenden Punkte zweifelhaft sein kann, welchem Cyklus sie eigentlich beizurechnen seien. Der erste Sonntag, welcher seinen Namen: Quasimodogeniti dem in der Liturgie dieses Tages üblichen Introitus 1 Petr. 2, 2 verdankt, verräth schon hierin die ihm eigenthümliche Beziehung auf die neu-Getauften, welche an diesem Tage in weißen Kleidern an der gottesdienstlichen Feier Theil nahmen. Daher auch die Bezeichnung dies neophytorum, desgl. dominica in albis.

Das Himmelfahrtsfest, dessen Feier vor dem vierten Jahrhundert nicht allgemein wird, läßt sich als die Vollendung des Ostercyklus betrachten und führt so unmittelbar in den Pfingstcyklus hinüber. Die letzte Stufe des Hingangs Christi zum Vater, um forthin zur Rechten Gottes sitzend, die Zügel des Weltregiments zu übernehmen, ist der Grundgedanke dieses Festes. Während einerseits mit dieser definitiven Verherrlichung des Menschensohnes zur göttlichen Majestät die von ihm ausgehende Gnade alle Schranken ihrer bisherigen particulären Beziehung auf das Volk Israel durchbricht, um hinfort sich als die schlechthin allgemeine Gnade zu erweisen und das durch Christum vermittelte Heil über den ganzen Erdboden laufen zu lassen, bezeichnet die Himmelfahrt andererseits die Entfernung des letzten Hindernisses, welches subjectiv der Mittheilung der ganzen Fülle des göttlichen Geistes an die Apostel noch im Wege stand. Diese Letzteren durften Nichts mehr auf Erden haben, woran ihre Herzen noch hängen konnten; auch ihr höchster Schatz selbst mußte im Himmel sein, damit sie hinfort all ihr Sehnen und Hoffen über alles Irdische und Sichtbare hinaus dorthin richteten, wo ihr Heiland hingegangen war, ihnen die Stätte zu bereiten. Indem so die Himmelfahrtsfeier objectiv wie subjectiv die Grundbedingungen der vollen Ausgießung des h. Geistes zum lebendigen Bewußtsein bringt, kündigt sie sich noch immer als die tiefste Mahnung für jedes gläubige Herz an, daß des Christen Wandel im Himmel sei, und trägt in den hier angedeuteten Beziehungen einen Reichthum von Festmomenten in sich, welche sowohl in liturgischer, als in homiletischer Hinsicht zu ihrem Rechte kommen müssen.

Schon in der alten Kirche wurde der Ostercyklus durch ein großes, vorbereitendes Fasten eingeleitet, welches im fünften und sechsten Jahrhunderte auf 36 Tage festgesetzt war und decimatio anni genannt wurde, weil man diese Zeit als den zehnten Theil des Jahres berechnete. Es ist nicht gewiß zu bestimmen, wann zu diesen Tagen die, an der quadragesima noch fehlenden vier Tage hinzugekommen seien, indem bald Gregor der Gr., bald Gregor II. im achten Jahrhundert als Urheber genannt werden. Jedenfalls lag der Gedanke zu

Grunde, in diesem vierzigtägigen Fasten den gleich langen Aufenthalt des Herrn in der Wüste und sein Fasten daselbst durch ein, jedes Jahr sich wiederholendes Gegenbild desselben in der Christenheit zu ehren und auch hierin die Gemeinde in Gleichförmigkeit mit ihrem Haupte sich darstellen zu lassen. Mit dem dies cinerum nahm die Fastenzeit ihren Anfang und reichte bis zum großen Sabbat. In der evangel. Kirche, welche das kirchliche Fasten, sofern es auf einem Gebote beruht, um der irrigen Einbildung willen, die darin etwas zum Heil Nothwendiges erkannte, abgeschafft hat, ist die dem Osterfeste vorangehende Quadragesimalzeit immer noch dadurch von hoher Bedeutung, daß sie vorzüglich der homiletischen Behandlung der Leidensgeschichte in sogenannten Wochenpredigten gewidmet ist, wobei in vielen Kirchen die bekannte, von Bugenhagen herrührende Synopsis derselben in sieben Abschnitten zu den Altarlectionen gebraucht zu werden pflegt. Bei diesen Gelegenheiten ist es die Aufgabe des Predigers, die betreffenden evangel. Berichte in dem unerschöpflichen Reichthume der darin enthaltenen erbaulichen Momente dem Bewußtsein der Gemeinde nahe zu bringen. Sowohl in dogmatischer, wie in ethischer Hinsicht dürfte kaum irgend ein anderer größerer Abschnitt der h. Schrift an homiletischer Fruchtbarkeit der Leidensgeschichte gleich kommen. Wenn überhaupt das zeitliche Leben unseres Erlösers darin einzig in seiner Art ist, daß ein geschichtliches Dasein in ihm sich darstellt, welches in der, es bewegenden Grundidee der Erlösung so rein aufgeht, daß der sich vertiefenden Betrachtung nicht das mindeste Residuum des Thatsächlichen zurückbleibt, welches in die Idee sich nicht auflöste: so gilt dies rücksichtlich der Passion des Herrn im höchsten Grade. Selbst die geringfügig scheinenden Nebenumstände der Geschichte tragen hier die tiefste und reichste Symbolik in sich und spiegeln so mit wunderbarer Klarheit die Idee zurück; daher denn auch der kindlich fromme Glaube von je her auf diesem Felde die reichste Nahrung gefunden und hier überall süß duftende Passionsblumen, wenn dieser Ausdruck erlaubt ist, zu pflücken gewußt hat. Dem Homileten liegt es ob, die h. Zeichensprache der Geschichte zu deuten und das innere Ohr der Gemeinde sie vernehmen zu lassen. Aber auch in psychologischer Beziehung welch eine unergründliche Fülle! Denn es begegnet uns hier ein Reichthum von Charakterbildern in einer so mannichfaltigen Gruppirung, wie sie nicht leicht sonst irgendwo anzutreffen sein möchte. Die innerlich schwer versuchten Jünger des Herrn, wie sie im Widerstreite des, in ihnen noch unüberwundenen Weltsinns mit ihrer Liebe zum Erlöser sich an ihm ärgern und zur verhängnißvollsten Stunde in Schlaf versinken, um sich unmittelbar darauf, als das Gewicht des entscheidenden Moments auf sie fällt, unvorbereitet, wie sie sind, zu zerstreuen; der Verräther Judas, welcher den Meister mit einem Kuß in die Hände der Feinde überliefert; der, sich immer wiederholt übereilende Petrus, dessen vermessenes Selbstvertrauen nicht eher zusammenbricht, als bis er seine, ihm zuvorverkündigte, dreimalige Verleugnung mit den heißesten Reuethränen beweinen muß; der Jünger an der Brust Jesu, dessen reine Liebe zu Christo ihn allein unter allen Mitaposteln in der Nähe des Leidenden bis zum Kreuze festhält; die h. Frauen, welche an Seelenstärke die Männer übertreffen und das edelste Exempel davon aufstellen, zu welch einem hohen Muth in ausharrender Treue die tiefe Innigkeit göttlicher Liebe das zarte Geschlecht befähigen kann; der, einst durch Menschenfurcht schüchtern zurückgehaltene, aber bei wachsender Glaubenskraft in immer entschiedenerer Männlichkeit auftretende Nikodemus, im Bunde einer Freundschaft mit Joseph von Arimatia, welche hier zum ehrwürdigsten Geschäfte, dem Begräbnisse Jesu, verbunden ist; der Schächer am Kreuz, dessen im Tode geöffnetes Glaubensauge in dem neben ihm Gehängten den Herrn eines Reichs, das nicht von dieser Welt ist, erblickt; der heidnische Hauptmann, eine andere Erstlingsfrucht der Schmerzen Jesu! und nun auf der entgegengesetzten Seite die Feinde, hier ein Bild der bewußtesten Bosheit, dort der gewissenlosen Schwäche! ein Hannas, ein Kaiphas, in der Hartnäckigkeit ihres heuchlerischen Unglaubens allem göttlichen und menschlichen Rechte Trotz bietend! ein Pilatus, in seiner Verzweiflung an der Wahrheit einem schwankenden Rohre vergleichbar, abergläubisch und feigherzig bei allem Römerstolze, von Menschengunst abhängig, ein ungerechter Richter! wiederum ein Herodes, der glattzüngige, vereitelte Weltmensch, bereit, seinem Götzen jedes Opfer zu bringen, nachdem er im Blute Johannes des Täufers auch die letzte, bessere Regung erstickt hat! zuletzt ein Volk, welches in raschem Wechsel dem: „Hosianna!" das: „Kreuzige, kreuzige!" folgen läßt, eine blinde, bethörte Heerde, ohne eigenes Urtheil seinen Führern preisgegeben! — In der That, wenn das bittere Leiden und Sterben des Sohnes Gottes als ein Spiegel der ewigen Liebe zu erkennen ist, so erblicken wir in der Geschichte derselben zugleich einen unvergleichlichen Spiegel des menschlichen Herzens, welches hier in seinen verborgensten Falten und tiefsten Abgründen, wie in seinem höchsten Adel offen daliegt und in den lehrreichsten Beispielen erkennen läßt, wie so arm und hilfsbedürftig der natürliche Mensch dem Erlöser gegenübersteht, wie herrlich ihn die Gnade machen, in welchem Grade er aber auch in Nacht versinken kann. Es braucht kaum erwähnt zu werden, daß es den Passionsbetrachtungen der Fastenzeit obliegt, in reicher Ausbeutung aller, hier angedeuteten Züge, das große Bild des Leidensganges Jesu aufzurollen und durch gründliche Erklärung seiner einzelnen Partieen zur Totalanschauung desselben hinzuleiten.

§. 47.

3. Der Pfingstcyklus.

Die Grundidee dieses Festes ist der, durch die Sendung des h. Geistes vermittelte Uebergang des Lebens Christi aus seinem persönlichen Dasein auf Erden in sein mystisches Dasein in der Gemeinde der Gläubigen. Hiermit ist der Pfingsttag zugleich Stiftungstag der christlichen Kirche, als des Leibes des Herrn, welcher die Fülle Dessen, der Alles in Allem erfüllt, in sich darstellt (τὸ πλήρωμα τοῦ τὰ πάντα ἐν πᾶσι πληρουμένου Ephes. 1, 23.) und bei dieser Gelegenheit unmittelbar in der feierlichen Eröffnung ihres Cultus zur Geburt gelangt, um von diesem Anfangspunkte aus über die ganze Erde zu laufen und bis an's Ende der Tage sich fortzusetzen. Demgemäß zeigt das große Pfingstwunder sich reich an den bedeutungsvollsten Symbolen, welche den Sieg des Evangeliums unter allen Sprachen und Zungen verheißen und den Geist des Herrn als jenes Feuer ankündigen, welches er auf Erden anzuzünden gekommen war, und dessen unwiderstehlicher Gewalt es gelingen wird, endlich die ganze Menschheit, diese massa perditionis, zu durchläutern und zu einem h. Gottesreiche umzuschmelzen. Bemerkenswerth ist, daß die abendländische Kirche früher mit dem ersten Mai ein Fest aller Apostel verband, an welchem sie das initium praedicationis domini feierlich beging, wogegen späterhin jener Tag nur noch den Aposteln Philippus und Jakobus gewidmet blieb. Es dürfte auch hierin ein Zusammenhang mit der Pfingstidee insofern zu erkennen sein, als erst von der Ausgießung des Geistes an die Predigt von Christo über die Erde schreiten konnte.

Auch das christliche Pfingstfest, *πεντηκοστή*, *ἡμέρα τοῦ πνεύματος*, knüpfte sich an ein entsprechendes jüdisches, welches eine Doppelbeziehung auf die erste Ernte sowohl (*ἑορτὴ θερισμοῦ*, *πρωτογεννημάτων*), wie auf die Thorah in sich trug, welche Grundgedanken beide in der christlichen Feier zur höheren Einheit sich verklären. Denn wie am christlichen Pfingsttage das vollkommenere Gesetz des Geistes, der da lebendig macht und frei von dem Gesetz der Sünde und des Todes, als ein nicht mehr äußerliches, noch in steinerne Tafeln gebildetes, sondern als ein, in die Herzen geschriebenes Gesetz, welches selbst Geist und Leben ist —, aufgerichtet wird: so sammelt sich hierin auch der Herr der Ernte in seiner, die *ἀπαρχαὶ τοῦ πνεύματος* in sich tragenden Gemeinde auf Erden immerdar jene Erstlingsgarben, welche den einstigen großen Erntetag des Reiches Gottes prophetisch verkündigen. Es gilt übrigens auch von diesem Feste, daß die besondere ausgezeichnete Feier desselben vor dem vierten Jahrhundert in der Christenheit nicht allgemein wurde, was namentlich darin seinen Grund haben dürfte, daß man die ganze funfzigtägige Zeit nach Ostern als Pfingstzeit behandelte und die Pfingstidee als ihren festlichen Grundton darin durchklingen ließ, was in der That auch heute noch im Bewußtsein der Kirche sich geltend macht. Auch rücksichtlich des Pfingstfestes ist es erst das Concilium Constantiense des J. 1094 gewesen, welches die dreitägige Feier desselben angeordnet hat. —

Diesem Cyklus gehört nun zunächst das Trinitatisfest an. Das höchste Alter desselben reicht nicht über das neunte Jahrhundert, und vor Ende des vierzehnten ist es wahrscheinlich nicht allgemein geworden. Die evangelische Kirche dürfte vorzüglich den, im Zeitalter der Reformation mächtig hervortretenden Unitariern gegenüber ein Interesse dabei gefunden haben, das Trinitatisfest beizubehalten, und in der That bildet es einen würdigen Schlußpunkt der sogenannten festlichen Hälfte des Kirchenjahres, wofern man nicht etwa die ganze lange Reihe der ihm folgenden Sonntage post trinitatis als mit zum Pfingstcyklus gehörig ansehen will. Jedenfalls liegt die tiefste Bedeutung der Feier der h. Dreieinigkeit in einer schließlichen, summarischen Zusammenfassung der drei sogenannten hohen Feste, welche in ihrer Beziehung auf einander die Offenbarung des Vaters und des Sohnes und des h. Geistes in den großen Gotteswundern der ewigen Liebe, Gnade und Wahrheit verherrlichen. Denn nachdem die Liebe des Vaters zuerst in der Schöpfung des Menschen nach dem Bilde Gottes erschienen ist, aber in Folge des eingetretenen Verderbens der Sünde es ihn gereuet hat, den Menschen gemacht zu haben, erscheint sie zum andern Male überschwenglicher noch in der Sendung seines Sohnes, in welchem der Schöpfer aller Dinge das Edelste und Theuerste, was er besitzt, gleichsam sein eigenes Herz, der verlorenen Welt hingiebt, um in ihm der Menschheit alle seine Freundlichkeit und Leutseligkeit aufgehen zu lassen und die im Tode Liegenden zur Wiedergeburt des Lebens zu erneuern. — Demnächst offenbart der Sohn die unendliche Fülle der Gnade, indem er als Gottes Lamm der Welt Sünde trägt, hiermit dem Tode die Macht nimmt und durch seine Auferstehung Leben und unvergängliches Wesen an's Licht bringt. — Der Geist endlich bethätiget sich als Geist der Wahrheit in der Sammlung der erlösten Kinder Adam's zu einem großen Gottesreich auf Erden, um in diesem zuletzt als ein Geist der Herrlichkeit offenbar zu werden. Alle diese großen Beziehungen vereinigt wie zu einem letzten Ueberblick das Trinitatisfest in sich und wird so zu einem ergreifenden Schluß-Resumé der in ihm endenden Festzeit, entsprechend einem tiefen Bedürfnisse des christlichen Bewußtseins der Gemeinde. — Nachdem das breviarium Romanum, seit dieses Fest allgemein geworden war, an der Stelle der alt hergebrachten Perikope von der Wiedergeburt den evangelischen Abschnitt Math. 28, 18 — 20 für die Octave der Pfingstfeier bestimmt hatte, ist die Kirche der Reformation zu der alten Perikope zurückgekehrt, welche wirklich auch alle Festmomente des Tages in einer so reichen Verknüpfung enthält und in ihrer Beziehung auf die eine Grundidee der Wiedergeburt sie in diesen großen Centralpunkt aller wahrhaftigen Lebensentwicklungen so schön zusammenlaufen läßt, daß nicht leicht eine geeignetere Stelle der h. Schrift für das Trinitatisfest zu finden sein dürfte.

§. 48.
Die secundären h. Zeiten.

Die evangel. Kirche hat eine Menge katholischer Feste, welche alles Schriftgrundes ermangeln, verworfen; sie kommen daher auch hier nicht weiter in Betracht. Andere sind dem Namen nach stehen geblieben, thatsächlich aber aus dem evangelischen Gemeindebewußtsein beinahe entschwunden. Unter den secundären Festen, welche noch gegenwärtig eine tiefere Wurzel in der evangelischen Kirche haben, sind der allgemeine Buß- und Bettag, der Michaelistag, das Erntefest, das Reformationsfest, die mit diesem in einiger Verwandtschaft stehenden sogenannten Kirchmessen, endlich in der Landeskirche Preußens die Todtenfeier die bedeutendsten.

Die Reformation behielt diejenigen Marientage, welche sich auf bestimmte Begebenheiten der evangel. Geschichte beziehen, bei, und noch lange Zeit hindurch wurden die Feste: Mariä Verkündigung, Mariä Heimsuchung, desgl. Mariä Reinigung an ihren besonderen Calendertagen gefeiert. Es war dem Geiste des evangel. Protestantismus angemessen, daß man die besondere Feier dieser Tage aufgab und sie mit den zunächstliegenden Sonntagen verband, obwohl es billig dahin gestellt bleibt, ob diese Veränderung mehr durch den kirchlichen Indifferentismus der Zeit, oder aus einem evangel. Bewußtsein heraus erfolgt sei. Jedenfalls ist zu bedauern, daß seitdem die genannten Feste ihre Bedeutung im Herzen des evangel. Volks großentheils verloren haben. Da denselben in der That höchst wichtige Momente der h. Geschichte zum Grunde liegen, erscheint es noch jetzt wünschenswerth, daß diese im Bewußtsein der Gemeinde wieder zu ihrem Rechte kommen. — Mehr noch als die Marienfeste haben die sogenannten Aposteltage in unserer Kirche ihre Bedeutung verloren.

Der tiefste Sinn des allgemeinen Buß- und Bettages liegt darin, daß es der Staat, als christlicher Staat ist, welcher eigentlich diese Feier begeht, gleichwie er sie auch aus dem innersten Bewußtsein heraus, wie er ganz durchdrungen sei mit christlichen Institutionen und sonach mit der Kirche in engster Verbindung stehe, selbst angeordnet hat. Kraft dieser Einrichtung legt er ein gutes Zeugniß davon ab, daß auch alle bürgerliche Ordnung Christo, dem ewigen Könige, unterworfen, und Gerechtigkeit die Grundveste der Staaten sei; daß es daher nur da im Gemeinwesen des Volks wohlstehe, wo unter dem Scepter des himmlischen Königs Güte und Treue einander begegnen, Gerechtigkeit und Friede sich küssen; dagegen wo die Gottesfurcht schwindet, und aus den Wegen des Herrn gewichen wird, sein gerechter Zorn über das Land komme, und innere Zerrüttung und Auflösung der Bande heilsamer Zucht überhand nehme. Im tiefen Gefühl davon, wie er Gefahr laufe, durch öffentliche und geheime Sünden Gottes Segen zu verscherzen, will daher der christliche Staat hier immer auf's Neue seines Bedürfnisses, bußfertig zum Herrn umzukehren, sich bewußt werden. — Gustav Wasa war es, welcher im J. 1544 den ersten allgemeinen Bettag für Schweden verordnete. In Deutschland ging Cursachsen i. J. 1633 unter den furchtbaren Drangsalen des dreißigjährigen Krieges mit dem Beispiel der ersten Feier des Bußtags voran, und seitdem ist dieselbe allmählich überall im protestantischen Deutschland üblich geworden. — Die Preußische Landeskirche hat nur einen Bußtag im Jahre und ebendeshalb dürfte derselbe dem Volke um so wichtiger geblieben sein. Denn wenn z. B. im Würtembergischen jährlich zwölf bis dreizehn Bußtage sind, so hat dies auch nothwendig die Folge, daß nun eigentlich gar kein rechter Bußtag gefeiert wird. — Gegen die Stellung desselben zwischen Ostern und Pfingsten sind Einwendungen erhoben worden. Jedenfalls wäre nicht zu rathen, dem Bußtage in der festlosen Hälfte des Kirchenjahres seinen Platz anzuweisen, da gerade der allgemeine Charakter der festlichen Zeit viel dazu beiträgt, die Feier desselben zu heben. Dagegen urtheilen Manche, daß es angemessener sein würde, ihn der Quadragesimal-Fastenzeit einzuordnen. Unsere Gemeinden sind indeß an die heutige Stellung des Bußtages gewöhnt, und es dürfte zu besorgen sein, daß eine Veränderung derselben nicht ohne praktisch-nachtheilige Folgen bliebe. Dazu kommt noch, daß es überhaupt nicht die Betrachtung der Passion des Herrn ist, welche durch die darin liegenden Reize zur Buße die Feier eines besonderen Bußtages veranlassen kann — denn die ganze Fastenzeit ist eine Bußzeit —, da vielmehr diese in unserm bestimmten Falle von einem Gemeingeiste herrührt, welcher sich auch im bürgerlichen Leben als ein christlicher bethätigen will. Von diesem Gesichtspunkte aus müssen wir den oben bezeichneten Platz des Bußtages für den rechten erkennen.

Wenn es wahr ist, daß alle Feste, wofern sie im Leben der Gemeinde Wurzel schlagen sollen, einer geschichtlichen Basis bedürfen, so würde die Entstehung und Fortdauer des Michaelisfestes unerklärlich sein, wenn nicht die Legende wenigstens in gewissen Engelerscheinungen diesem Feste eine historische Unterlage gewährte. Es mag dahingestellt bleiben, inwiefern die herrschende Stimmung einer gewissen Zeit rein subjectiv in dergleichen Erscheinungen sich selbst erst einen entsprechenden Ausdruck zu geben suchte, oder inwiefern ein wirkliches Factum, durch jene Stimmung seiner eingeschränkteren Bedeutung entrissen, die erforderliche ideelle Erweiterung erfahren habe, um Träger einer allgemeineren religiösen Anschauung vom Reiche Gottes zu werden: genug, das Michaelisfest hat seine ursprüngliche geschichtliche Veranlassung weit hinter sich zurückgelassen und gewinnt in der römisch-katholischen Kirche besonders dadurch eine hohe Bedeutung, daß in demselben eine Idee, für welche sonst in dem dogmatischen System dieser Kirche gar kein Raum ist, eine ganz eigenthümliche Vertretung gefunden hat. Wir meinen die Vollendung des Reiches Gottes auf Erden, und zwar hier in der besondern Beziehung, sofern sie durch wichtige Vorgänge in der unsichtbaren, himmlischen Welt, sowie durch die, von hier aus in das Reich der Sichtbarkeit sich erstrecken den Einflüsse bedingt wird. Dem Romanismus bleibt kein Platz für ein endliches Ziel der Entwicklungen der Kirche, wo diese zur sichtbar-herrlichen Erscheinung des Reiches Gottes auf Erden sich entfalten soll; denn sie macht Anspruch darauf, das schon immer fertige Reich Gottes selbst zu sein und anticipirt hiernach die h. katholische Kirche der Zukunft. Die an die nächste Wiederkunft des Herrn sich knüpfenden Erwartungen der

Gläubigen bezeichnen daher nur eine leere Stelle in ihrem christlichen Bewußtsein, und so wird es erklärlich, wie das Michaelisfest, gleichsam in eine fühlbar gewordene Lücke eintretend, eine Bedeutsamkeit sich erringen konnte, die ihm unter andern Umständen wohl kaum geworden wäre, und die es daher auch in der Kirche der Reformation bei dem hier evangelisch geläuterten Begriff von der Kirche nicht zu behaupten vermocht hat. Für Diese vertreten vielmehr die evangelischen und epistolischen Perikopen der letzten Trinitatissonntage die eschatologischen Ideen so ausreichend, daß sie einer besonderen Feier des Michaelistages um so weniger bedarf, als überdies nicht zu verkennen ist, wie die Kirche Rom's in derselben die eschatologischen Erwartungen sich nicht einmal in eine recht concrete Nähe kommen, sondern sie in einer gewissen Himmelsferne bleiben läßt. — Gleichwohl hat das Michaelisfest in der evangelischen Kirche nicht alle Wichtigkeit verloren und wird hier vorzüglich in der Beziehung, welche Hebr. 1, 14 angedeutet ist, namentlich mit besonderer Rücksicht auf die christliche Kinderwelt, aufgefaßt. Es ist schön und sinnreich, daß in vielen Gegenden Deutschlands hieran die tiefe Mahnung an Dasjenige sich anschließt, was die Mündigen in Christo den Kindern sein sollen, um dieselben, mit den Engeln im Bunde, dem guten Hirten in die Arme zu führen. Hiernach pflegt im Preußischen überall an dem auf den nächsten Sonntag verlegten Michaelisfeste die sogenannte Schulpredigt gehalten zu werden.

Dem bezeichneten Sonntage folgt das allgemeine Ernte-Dankfest, besonders für die Landgemeinden von großer Bedeutung. Es ist hierbei die Aufgabe des Predigers, bei der Ungewißheit der Erfolge des menschlichen Fleißes, die Nothwendigkeit des göttlichen Segens zu allem Vornehmen der Menschenhand zu lebendigem Bewußtsein zu bringen, hierdurch an den dankenden Aufblick zum Geber jeder guten Gabe kräftig zu mahnen und in der festen Ordnung des, alljährlich sich vollendenden Kreislaufs der Natur eine väterlich waltende, ewige Liebe erkennen zu lassen, welche durch kindliches Vertrauen von unserer Seite geehrt sein will und dessen Bethätigung in allerlei Werken der Barmherzigkeit an den darbenden Brüdern erwartet. Nächstdem deutet das Erntefest in seiner Beziehung auf die Mühe und Arbeit unsers irdischen Daseins und bei der, in dieser Feier so häufig sich aufdrängenden Erinnerung an die Unsicherheit unserer oft getäuschten Hoffnungen und an die Drangsale des gegenwärtigen Lebens, welche keine vollkommene Lösung hienieden finden, auf einen künftigen höheren Erntetag, wo zuletzt doch Alle, die hienieden mit Thränen gesäet haben, mit Freuden kommen und ihre Garben bringen werden. In dieser tiefen symbolischen Bedeutung gewinnt die, ohnehin einem Bedürfnisse des gläubigen Herzens entsprechende Feier einen noch allgemeineren Zusammenhang mit den christlichen Grundideen, welche gegen das Ende des Kirchenjahres hin vorwalten. — Städtischen Gemeinden hat natürlich das Erntefest mindere Wichtigkeit; um so mehr aber wird der christliche Prediger hier darauf hinweisen müssen, in welch einen kunstreichen Organismus die menschliche Gesellschaft nach Gottes Willen zusammengeschlungen ist, also, daß alle Ordnungen derselben einander bedürfen, und die Gesundheit des Gesammtleibes durch das Wohlsein eines jeglichen Gliedes daran bedingt wird; dann wird die Feier auch hier sich reich erweisen an reizender Liebe zu guten Werken.

Das Reformationsfest kann nur insoweit im Bewußtder evangelischen Kirche sich geltend machen, als das Grundprincip, von welchem die Reformation ausgegangen ist, die Rechtfertigung des Sünders vor Gott allein aus dem Glauben, in ihr lebendig und kräftig ist; denn der blos negirende

Protestantismus hat kein Vermögen in sich, die Feier eines Wendepunkts in den Entwickelungen der christlichen Kirche zu behaupten, welchen er nicht versteht, und welcher, wenn er Das wäre, wozu jener Protestantismus ihn macht, nicht verdiente, festlich begangen zu werden. Dagegen sieht die evangelisch-gläubige Gemeinde die Begebenheit, von welcher der Anfang der Reformation datirt wird, in ihrem wahren Licht als den geschichtlichen Anbruch einer neuen Zeit in dem Entwicklungsgange des Reiches Gottes auf Erden. Nach dem hier Angedeuteten war es natürlich, daß die Reformationsfeier während der sogenannten Aufklärungsperiode fast um alle Bedeutung kam, wogegen sie in der neuesten Zeit sich wieder gehoben hat.

Daß die Kirchweihungen bis in das hohe christliche Alterthum hinaufreichen, ist außer Zweifel, wie aus den Zeugnissen bei Eusebius (Hist. eccl. L. X. C. 2—5) und Sozomenus (Hist. eccl. L. II. C. 26) hervorgeht. Natürlich aber kann hier von einem allgemeinen Feste nicht die Rede sein, da die einzelnen Gemeinden ihre eigenthümlichen Tage der Kirchweihe haben. Dagegen sind hievon die weit verbreiteten und in die Herbstzeit fallenden sogenannten Kirchmessen oder Kirmessen zu unterscheiden. Der Ursprung derselben ist dunkel; man hat ihn in der christlichen Umbildung heidnischer Gebräuche finden wollen, wie solche z. B. von Gregor dem Gr. für die Angelsachsen empfohlen wurde. So Augusti in seiner Archäologie III. S. 317. — In den Kirmessen tritt übrigens mehr die, in allerlei Belustigungen unterhaltene, gesellige Fröhlichkeit des Volks, als der kirchliche Charakter hervor, und es dürfte die mit dem allgemeinen Jubel sich verbindende kirchliche Feier vorzüglich nur als ein heilsames Gegengewicht gegen die Ausgelassenheit der Freude zu betrachten sein, obwohl überhaupt zu bemerken ist, daß in der gegenwärtigen Zeit der sich steigernden Verarmung der unteren

Volksklasse die Kirmessen das nicht mehr sind, was sie waren. Sofern sie nun gottesdienstlich begangen werden, ist es des Predigers Aufgabe, auf die Segnungen, die uns im göttlichen Worte zu Theil werden, hinzuweisen und an die Wohlthat, bei ungestörter Gewissensfreiheit, dem angenommenen Glauben gemäß, Gott öffentlich verehren zu dürfen, eindringlich zu erinnern.

Nach der erneuerten Preußischen Agende wird das Kirchenjahr durch ein allgemeines Todtenfest beschlossen. Man thut demselben zu viel Ehre an, wenn man es, wie wohl zuweilen geschieht, den wichtigsten Festen beizählt, wogegen von andern Seiten dasselbe als ein neuer Tag Aller-Seelen innerhalb der evangelischen Kirche mit Entschiedenheit verworfen worden ist. Jedenfalls ist diesem sogenannten Todtenfeste durchaus kein weiterer Werth beizulegen, als der einer frommen Sitte, am Schlusse des Jahres noch einmal aller im Laufe desselben Abgeschiedenen zu gedenken und eine ernste Mahnung an Tod, Gericht und Ewigkeit daran zu knüpfen. Nur in diesem Sinne hat die in Rede stehende Feier eine gewisse Anerkennung im Bewußtsein unserer evangelischen Gemeinden erlangt. —

Zweiter Abschnitt.

Die concret-subjective Bestimmtheit des Cultus durch das religiöse Leben der Gemeinde.

§. 49.

Das Verhältniß der Objectivität des christlichen Princips zur religiösen Subjectivität der Gemeinde.

Der gegenwärtige Abschnitt tritt unmittelbar mit der Forderung auf, daß das objectiv-vorhandene christliche Princip in das subjective Leben der Gemeinde übergehe und es vollständig durchdringe, und daß hiernach auch die beiden Bestimmtheiten des Cultus sich rein in einander auflösen sollen. Wenn dies in abstracto allgemein anerkannt werden dürfte, so kommt nunmehr in concreto Alles darauf an, wie überhaupt das Verhältniß des objectiv gegebenen Princips zur menschlichen Subjectivität aufgefaßt wird; denn wir werden uns überzeugen, daß hiernach ganz verschiedene Grundcharaktere im Cultus sich entwickeln können und sich wirklich entwickelt haben.

Nachdem der vorige Abschnitt unsere Untersuchung dem Punkte zugeführt hat, wo wir den römischen Katholicismus und den evangelischen Protestantismus haben auseinander gehen sehen, so befinden wir uns jetzt an dem Scheidewege, wo sich die lutherische und die reformirte Kirche auch im Cultus von einander trennen, wobei auch für unsere Wissenschaft der Entscheidung für eine von beiden nicht auszuweichen sein wird.

§. 50.
Der Unterschied zwischen den beiden evangelischen Schwesterkirchen.

Es ist einleuchtend, daß in der Art, wie eine jede derselben das Verhältniß der Objectivität des christlichen Princips zur menschlichen Subjectivität denkt, nur dieselbe dogmatische Eigenthümlichkeit wiederkehren kann, welche an beiden Kirchen in ihrer Auffassung der Vereinigung beider Naturen in Christo zu einer gottmenschlichen Persönlichkeit zu bemerken ist, da auch rücksichtlich des oben erwähnten Verhältnisses die Frage wesentlich darauf zurückzuführen ist, wie das Göttliche und Menschliche überhaupt sich zu einander verhalten.

Bekanntlich leugnet die reformirte Kirche die lutherische communicatio idiomatum. Ihr hat die menschliche Natur überhaupt nicht, folglich auch nicht in Christo, die Ausdehnbarkeit, die sie haben müßte, um die ganze Fülle der Gottheit in sich zu fassen. Wie daher die menschliche Natur in Christo nach dieser Lehre nie bis zur vollständigen Vergottung verherrlicht werden kann, so bleibt ihr andererseits auch die Gottheit des Sohnes immer unendlich transscendent, so daß Gott und Mensch in der Person des Erlösers in Ewigkeit nicht in einander aufgehen. Die Vereinigung beider Naturen kommt nach diesem Systeme also nimmer über eine blos äußerliche Zusammenschließung hinaus, und als letzte Consequenz zeigt sich hier überall der Nestorianismus. —

Im Gegensatze hiermit sind nun zwar die diesfälligen lutherischen Bestimmungen der Concordienformel aus dem Grunde sehr mangelhaft, weil es der damaligen Theologie überhaupt an einer gründlicheren philosophischen Bildung gebrach; aber wenigstens die Grundtendenz kann in den Bestimmungen der lutherischen Dogmatik über die Person des Erlösers nicht verkannt werden, die Gottheit und Menschheit in Christo so vollständig zur persönlichen Einheit in einander aufgehen zu lassen, daß Alles, was Jene ist von Natur, Diese erlange durch Mittheilung (communicatio idiomatum). Wie also die Gottheit hier auftritt als die unendlich sich erschließende und gebende, so die Menschheit als die zum Empfangen unendlich sich öffnende, wogegen im reformirten Dogma die Erstere in unnahbarer Ferne, starr und unerweichlich, der Letzteren gegenüber bleibt.

Derselbe Grundcharakter beider Kirchen offenbart sich nun auch rücksichtlich des Heilsprocesses, durch welchen das in Christo objectiv-vorhandene göttliche Princip der menschlichen Subjectivität sich mittheilen soll. Indem die lutherische Kirche mit größter Entschiedenheit die allgemeine Gnade hervorhebt, steht jenes Princip ihr da als ein, durch die ewige Liebe der Menschheit frei und ohne beengenden Rückhalt sich Aufschließendes. Dem nur entsprechend erscheint es, wenn dieselbe Kirche auch in der menschlichen Subjectivität das Moment der Freiheit auf das Bestimmteste hervorhebt und hiernach die, nicht blos simulirte, sondern ernstlich gemeinte Zumuthung an sie richtet, sich dergestalt mit der Objectivität des Princips zu durchdringen, daß sie Beide, die Subjectivität und die Objectivität, schlechthin in einander aufgehen.

Anders verhält es sich in der reformirten Kirche, denn hier bleibt das Princip des Heils in der nie zu durchbrechenden Umschränkung des ewigen, unabänderlichen Rathschlusses der Erwählung oder Verwerfung; es kann also von einem rückhaltlosen Sichaufschließen hier so wenig die Rede sein, als von einem freien Sichöffnen von Seiten der menschlichen Subjectivität; einer gratia irresistibilis gegenüber ist die Freiheit nothwendig zu negiren. Wofern dieses System sich ganz consequent durchbildete, würde ihm vorzuwerfen sein, daß es überhaupt ein eigentliches Aufgehen der Subjectivität in der Objectivität des Göttlichen gar nicht statuire. Wenn wir aber auch der Consequenzmacherei fernbleiben, welche Alles, was aus einem Princip gefolgert werden kann, Denjenigen, die dasselbe vertreten, wirklich beilegt, so gehen wir doch gewiß nicht zu weit, wenn wir sagen, daß der subjective Geist in der reformirten Kirche in Folge ihrer Grundrichtung mehr oder weniger daran gehindert worden ist, sich selbst sicher und klar zu objectiviren, und es wird sich nunmehr zeigen, wie für den beiderseitigen Cultus die wichtigsten Folgen aus dem hier Entwickelten sich ergeben haben.

§. 51.
Folgerungen für den Cultus beider Kirchen.

Wenn in der lutherischen Kirche die religiöse Subjectivität nothwendig die Tendenz verfolgt, mit dem objectiv vorhandenen Princip vollständig bis zur Selbstobjectivirung sich zu durchdringen, so konnte aus diesem Streben nur ein Cultus hervorgehen, in welchem das religiöse Leben der Gemeinde selbst gleichsam zu organischer Verleiblichung objectivirt ist und immer auf's Neue diesen Proceß vollzieht, um sich in Kraft desselben zu stärken und zu erheben. Hier ist demnach der Cultus nur das, in organischer Veräußerlichung manifest werdende und sich bezweckende innere Leben der Gemeinde selbst, und es bestimmt sich sein Grundcharakter zu einer Objectivität der Darstellung dieses Lebens, in welcher die subjective Vereinzelung schlechthin überwunden ist. — Anders die reformirte Kirche. Wie sie selbst ihre tiefste Bedeutung darin findet, daß nur der ewige Rathschluß Gottes in ihr manifest wird, so dient auch ihr Cultus lediglich der Ausführung desselben und ist als dessen Vollziehungsproceß anzusehen. Da nun aber die Predigt des Evangeliums, sofern der Glaube aus ihr kommt, das alleinige Mittel zur Sammlung der Erwählten ist, so erklärt sich hieraus ebenso einerseits das starke Vorwiegen des doctrinalen Elements im Cultus der reformirten Kirche, als andererseits die, uns hier begegnende Berechtigung des Subjects, sich in seiner christlichen Besonderheit geltend zu machen.

Wie wenig der Cultus der reformirten Kirche Anspruch darauf macht, das in einem äußeren Organismus sich darstellende religiöse Gemeindeleben selbst zu sein, das tritt besonders klar darin hervor, daß, wo die reformirte Kirche sich in ihrer ganzen Strenge durchgeführt hat, ihr auch das Kirchenjahr in seiner herrlichen organischen Gliederung durchaus fremd geworden ist. In ihm hat das, in den großen Momenten der Erlösung wurzelnde innere Leben der Christenheit seinen organischen Bildungstrieb in das Abstracteste, die Zeit selbst, hineintreten lassen und dieselbe zu einem Organismus gestaltet, welcher jenes Leben auf allen Punkten wunderbar reflectirt. Für eine solche Schöpfung konnte der Puritanismus in seiner Begeisterung für die abstracte Erhabenheit des Göttlichen kein Interesse behalten. Ihm blieben rücksichtlich der h. Zeiten nur die objectiv feststehenden Momente, welche unveränderlich den Festcyklen zu Grunde liegen; aber er verlegte sie alle in den einen Tag des Herrn und hatte keinen Raum für ein anderweitiges System der Zeit übrig.

§. 52.
Die Union.

Indem die gegenwärtige Liturgik sich selbst als der lutherischen Entwicklung des Cultus wesentlich zugehörig zu erkennen giebt, bedarf es hier zugleich der Erklärung, daß zur Zeit sowohl die dogmatischen als die rituellen Gegensätze der beiden evangelischen Schwesterkirchen noch in frischem Leben sind, und die kirchliche Gegenwart bis jetzt überhaupt gar kein Vermögen gezeigt hat, aus den Schwesterkirchen eine, auf sicherem Grunde stehende, confessionell, wie rituell klar und fest bestimmte, lebendige dritte Kirche als die concrete Union beider hervorgehen zu lassen. Hiermit aber ist eo ipso ausgesprochen, daß die bisher getrennten Kirchen vor Allem noch weiter in ihren eigenthümlichen Entwicklungswegen sich werden durchzubilden haben, bevor sie in die allgemeine evangelische Kirche der Zukunft organisch zusammengehen können.

Wenn die evangelisch-theologische Wissenschaft in dem Fall ist, einen confessionellen Standpunkt annehmen zu müssen, welcher die Union, ungeachtet sie als vollzogene Thatsache sich geltend macht, ignorirt: so ist es ihre Pflicht, sich offen auszusprechen. — An sich ist die Union nie etwas menschlich zu Machendes; ja es lassen sich überhaupt bestehende Kirchen gar nicht uniren, obgleich es allerdings geschehen kann, daß kirchliche Gegensätze in freier, von Innen ausgehender Entwicklung in einem lebendigen dritten Kirchenwesen sich versöhnen. Eine solche Kirche der Versöhnung aber ist immer eine dritte, nicht aber eine äußere Union zweier anderen, welche nothwendig nur Confusion sein kann, d. h. Verwischung der beiderseitigen kirchlichen Eigenthümlichkeiten, farblose Indifferenzirung der verschiedenen confessionellen Standpunkte. Daß eine solche Union nichtsdestoweniger von der dritten Säcularfeier der Reformation an versucht wurde und endlich in's Leben trat, das wird der Geschichte der Nachwelt für das stärkste Zeugniß der Unkirchlichkeit und des Indifferentismus dieser Zeit gelten. Von Oben her meinte man es gut; man hatte da gewiß nicht die Absicht, die normative Autorität der kirchlichen Symbole ohne Weiteres aufzugeben; sondern, wie die zeither getrennten Schwesterkirchen durch Annahme derselben Agende liturgisch sich einigen sollten, so sollten sie auch rücksichtlich ihrer Bekenntnisse in Demjenigen, was diese gemeinsam haben, einig sein und bleiben. Dieser guten Meinung jedoch fehlte es an Einsicht. Eine solche nivellirende Union mußte nothwendig vom confessionellen Indifferentismus im Sinne einer Abschaffung aller symbolischen Bestimmungen aufgefaßt werden, und hauptsächlich deshalb, weil sie sich hierzu hergab, wurde sie mit Jubel bewillkommnet, wogegen auch andererseits grade diese Wendung der Dinge besonders geeignet war, das erstorbene kirchlich-confessionelle Bewußtsein wieder aufzuwecken. Nun wurde im Preußischen kräftiger Widerspruch gegen eine solche Union laut und brachte es dahin, daß man die ursprüngliche Unionstendenz der erneuerten Agende verleugnete und demnächst die unirte Landeskirche als Solche anscheinend aufgab. Denn es wurde jetzt erklärt, daß man auch innerhalb derselben nicht unirt sein könne: und um so weniger zeigte man sich geneigt, einer kirchlichen Separation außer ihr das mindeste Recht zuzugestehen. Höchst beklagenswerth war hierbei, daß jene Erklärung auf leere Worte hinauszulaufen schien, da, sobald es sich um ihre nothwendigen Consequenzen handelte, diese jederzeit entschieden zurückgewiesen wurden, und thatsächlich zuletzt doch immer wieder die erzwungene Union als die eigentliche kirchliche Wirklichkeit ihre Macht den gedrückten Gewissen fühlbar werden ließ. Denn im Grunde genommen war Niemand im Stande, einen sicheren, nachhaltigen Unterschied zwischen den Lutheranern und den Unirten der evangelischen Landeskirche Preußens aufzuweisen. Einen confessionellen nicht; denn, sofern man nicht etwa auch die Union im Sinne der Augsburgischen Confessionsverwandtschaft behandeln wollte, wußte man gar nicht anzugeben, welches Bekenntniß sie habe, da doch wahrlich der blos abstract gedachte consensus doctrinae für ein Solches nicht wird gelten dürfen. Einen rituellen nicht; denn sämmtlichen Gemeinden der Landeskirche blieb dieselbe Agende aufgenöthigt. Einen kirchenregimentlichen auch nicht; denn sie werden ohne Ausnahme von denselben Behörden regiert. Unter diesen Umständen ist die Sache der Union in eine solche Verwirrung gerathen, daß nur der Geist des Herrn selbst Licht und Klarheit in das Dunkel zurückführen kann. Wenn es anginge, zu sagen: „die Union ist überall nichts Anderes, als die Aufhebung des zeitherigen Kirchenbanns zwischen den beiden evangelischen Schwesterkirchen und läßt dieselben in der Fortentwicklung ihrer kirchlichen Eigenthümlichkeiten unangefochten. Die ganze Landeskirche ist hiernach unirt und besteht aus einer lutherischen und reformirten Fraction!“ wenn sich Dies sagen ließe, so würde ein Weg hierin bezeichnet sein, auf welchem eine Lösung der Verwirrungen anzubahnen wäre. Aber da steht die zahlreiche und mächtige Partei Derjenigen, welche in der That die Union im Sinne einer Verschmelzung der beiden Kirchen wollen, und die man selbst vollständig hiezu berechtiget hat. Sie protestiren dagegen, daß sie wieder lutherisch sein sollen, und lassen sich auf den einmal aufgegebenen Standpunkt nicht wieder zurückführen. Es bleibt also nur übrig, daß man die Union als eine dritte Fraction neben der lutherischen und reformirten in der Landeskirche anerkennen muß, und es ist noch eine Frage an die Zukunft, ob sie fähig sein wird, durch ein entschiedenes evangelisches Bekenntniß sich als eine, auf reformatorischem Grunde stehende Form und Gestalt kirchlicher Entwicklung zu legitimiren. Vor der Hand ist noch Alles in ihr vag und unbestimmt, und die Berliner Generalsynode wenigstens hat das Vermögen nicht gehabt, ein unzweideutiges Unionssymbol aufzustellen. Wie lange unter diesen Umständen die, in die kirchliche Praxis subsidiarisch aufgenommene, ordinatorische Verpflichtung auf die Augsburgische Confession auch für die Union zu behaupten sein werde, bleibt dahin gestellt.

Aber wie soll es mit der lutherischen Fraction in der Landeskirche werden? Man hört gegenwärtig aus den Reihen derselben eine immer lauter werdende Berufung auf die ihr gewordene Zusage, daß ihr das Recht, wirklich lutherisch zu sein, unverkümmert verbleiben solle. Sie ist nachgerade nicht mehr mit der bloßen Versicherung zufrieden; sie will endlich auch sehen, daß es so sei, und daran erkennen, daß jene Zusagen ernstlich gemeint worden. Vor Allem begehrt sie gegenwärtig eine rituelle Unterscheidung; sie will zu ihren alten lutherischen Agenden zurückkehren. Es wäre ein großes Glück, wenn das Kirchenregiment sich den Entschluß abgewinnen könnte, Ansprüchen dieser Art mit Zugeständnissen entgegenzukommen;

es dürfte dann noch möglich sein, den lutherischen Tropus für die Landeskirche zu retten und der sie bedrohenden Auflösung einen Damm entgegenzusetzen. Ob dagegen auch die geringeren Bewilligungen, zu welchen das Regiment erbötig ist, dasselbe Resultat erzielen werden, muß die Zukunft lehren. Um die liturgische Einheit der Landeskirche festzuhalten, ist man zwar geneigt, alte lutherische Formulare, namentlich bei Verwaltung der Sacramente, als Modificationen in die erneuerte Agende aufzunehmen und auf diesem Wege der rituellen Unterscheidung des lutherischen Tropus Statt zu geben; sie selbst aber, die Agende, soll principiell nicht zurückgewiesen werden dürfen. Wir bezweifeln, daß diese Auskunft sich als zureichend erweisen wird, und besorgen, daß der inzwischen unaufgelöst bleibende Conflict zwischen ertheilten Versicherungen und deren gehemmten Consequenzen noch viele lutherisch Gesinnte aus der Landeskirche hinausdrängen dürfte, bis es zuletzt vielleicht einmal dahin kommt, daß das separirte Lutherthum selbst durch die Menge der ihm Zutretenden genöthiget wird, die engen Schranken, womit es sich jetzt umzogen hat, zu erweitern und einer Versöhnung mit der Landeskirche Raum zu geben.

Nach diesen Erklärungen wird es unserer Liturgik nun verstattet sein, hinfort vom lutherisch-kirchlichen Standpunkte aus den evangelischen Cultus zu behandeln.

§. 53.

Construction.

Sofern in diesem Abschnitt das religiöse Leben der Gemeinde, abgesehen von seiner positiven Bestimmtheit durch das objectiv-vorhandene christliche Princip, in Betracht kommt, können nur die subjectiven Ausdrucksformen jenes Lebens, deren psychologische Nothwendigkeit und Wahrheit der erste Theil bereits nachgewiesen hat, unsere Aufmerksamkeit fesseln. Obgleich daher dieser Abschnitt überall auf den ersten Theil zurückblicken wird, darf er doch keine Wiederholung desselben sein, da die erwähnten Darstellungsformen nunmehr als christliche Cultusacte, wie sie in concreto sich kirchlich bestimmt haben, in Erwägung gezogen werden müssen. Hiernach wird ein erstes Capitel jene Cultusacte einzeln ihrer Natur und ihrem Wesen nach durchzugehen haben. — Perikopen, Gebet, liturgische Salutationen und Gesänge, geistliches Lied, Predigt, Segen bezeichnen die Reihenfolge, in welcher der Stoff sich entwickeln wird. — Die hier genannten Theile bleiben in der wirklichen Ausführung des Cultus nicht in der Vereinzelung stehen, worin das erste Capitel sie betrachtet; es kommt zu einer organischen Verknüpfung sämmtlicher Elemente. Wenn nun auch bereits der erste Theil auf eine solche hinwies und von seinem Standpunkte nur begehrte, daß die verschiedenen Elemente sich mit psychologischer Wahrheit zusammensetzen sollten: so bestimmt sich dieser abstracte Gesichtspunkt nunmehr näher durch die christliche Idee selbst, welche im Cultus sich zu lebendigem Ausdruck bringen will, und wir gewinnen ein zweites Capitel: von der ideellen Verknüpfung der, in der christlichen Subjectivität gegründeten Cultustheile zu einem organischen Ganzen. — Es ist offenbar, daß hier die harmonische Einheit sämmtlicher Elemente gleichsam zu einem vollständigen Leibe als herrschender Grundgedanke auftritt, und hiermit die Idee der sogenannten

Hauptgottesdienste gegeben ist. Es hat jedoch der Cultus nicht nothwendig überall die Tendenz, den ganzen Leib in seiner organischen Totalität darzustellen, sondern begnügt sich auch wohl damit, denselben in seinen einzelnen Functionen hervortreten zu lassen. Ohne Bild: die Cultuselemente können sich so verknüpfen, daß ein bestimmtes Einzelnes derselben, auf welches es vorzugsweise abgesehen ist, prädominirt, und die anderweitig hinzutretenden Acte mehr nur dazu bestimmt sind, das Eine zu heben. Hiernach gewinnen wir ein drittes Capitel: von der Verknüpfung der Cultustheile zu particulären Gottesdiensten.

Erstes Capitel.

Die in der Subjectivität des christlichen Lebens begründeten einzelnen Cultustheile.

§. 54.

Die Perikopen.

Nachdem bereits der erste Abschnitt Christum, wie er im Wort ist, als Grundinhalt des evangelischen Cultus hat erkennen lassen, könnte es scheinen, daß dorthin auch Alles gehöre, was über die sogenannten Perikopen zu sagen ist; es stellt sich jedoch die Sache anders, wenn, wie es wirklich der Fall, die fraglichen Schriftabschnitte hier lediglich aus subjectivem Gesichtspunkte in Betracht kommen. Zunächst begründet der erste Abschnitt die richtige Voraussetzung, daß, wenn der, im Wort zu den Seinigen kommende Christus Grundinhalt des Cultus ist, er in demselben nothwendig auch in dieser Gestalt, nämlich im Wort, unmittelbar auftreten muß. Wenn jedoch weiterhin die Frage entsteht, in welcher Art und Weise das göttliche Wort im Cultus Platz finden, wie seine berechtigte Stellung darin ihm gesichert werden solle: so ist dies nach Grundsätzen zu entscheiden, die aus der religiösen Subjectivität herzuleiten sind, und es bezeichnen daher die Perikopen hier eine Stelle, wo die objective Bestimmtheit des christlichen Cultus unmittelbar in die subjective hereinragt, und sich Beide berühren.

Wenn also hier blos davon die Rede wäre, daß überhaupt das, Christum in sich schließende Wort Gottes eine centrale Stellung im Cultus beanspruche, in der Art, daß alle übrigen Theile sich darum zu gruppiren haben: so würde hierin lediglich eine aus dem ersten Abschnitte herzuleitende Folgerung vorliegen; aber die Frage entsteht jetzt nach dem Wie? —

§. 55.
Fortsetzung.

Von Alters her hat eine bestimmte Reihe von Schriftabschnitten aus beiden Haupttheilen des N. T., in einigen Fällen auch unter Zuziehung prophetischer Stellen aus dem A. T., zu gottesdienstlichem Gebrauch in der Kirche sich festgestellt, und es ist so eine kirchliche Einrichtung entstanden, gegen welche neuerdings sehr scheinbare Widersprüche erhoben worden sind. Gleichwohl darf das Institut der Perikopen einem gesunden Lebenstriebe der Kirche zugeschrieben werden und erklärt sich vorzüglich aus dem subjectiven Bedürfnisse eines religiösen Normalstoffs.

Nach einer ziemlich verbreiteten Meinung hängt die Entstehung der Perikopen mit der jüdischen Sitte zusammen, wonach der Pentateuch in sogenannte Paraschen eingetheilt war, gleichwie auch aus den Propheten passende Lesestücke, die sogenannten Haphtharen, zum Gebrauch der Synagoge ausgehoben wurden. Wir bezweifeln diesen Ursprung des, mit der Bildung des christlichen Kirchenjahres eng verflochtenen Perikopeninstituts. Ebensowenig dürfte dasselbe in das apostolische Zeitalter hinabreichen, wie auch wohl mit Berufung auf ein Zeugniß des Walafried Strabo behauptet worden ist. — Andere nennen den Hieronymus, oder den Presbyter Musäus, oder Gregor den Gr.; die den Perikopen im Allgemeinen ungünstigen reformirten Theologen auch wohl den ehrwürdigen Beda, ganz besonders aber Carl den Gr. als Urheber unserer Perikopensammlung. Der Letztere namentlich soll durch Alcuin oder Paul Warnefried die betreffende kirchliche Einrichtung gemacht haben. Jedenfalls muß zwischen der ganzen Sammlung und ihren einzelnen Bestandtheilen unterschieden werden. Was die Erstere betrifft, so würde ihr definitiver Abschluß wohl kaum vor das Ende des vierzehnten Jahrhunderts zu setzen sein; denn, da allmählich noch mancherlei neue Feste zu den alten hinzukamen, so wurden dieselben auch stets mit ihren evangelischen und epistolischen Abschnitten ausgestattet, so daß der Schluß der ganzen Reihe erst spät erfolgen konnte. Dagegen ergiebt sich rücksichtlich der einzelnen Bestandtheile aus den wichtigsten Lectionarien, so dem von Mabillon herausgegebenen lectionarium Gallicanum, desgl. aus dem, dem Hieronymus zugeschriebenen, welches unter dem Namen Comes bekannt ist, u. a. m., daß mit wenigen Ausnahmen unsere heutigen evangelischen und epistolischen Perikopen als Solche schon in der alten Kirche im Gebrauch waren, wie denn bereits bei vielen Kirchenvätern, z. B. bei Athanasius, Basilius, Gregor von Nazianz, Epiphanius und Chrysostomus, desgl. im Abendlande bei Ambrosius, Augustinus u. s. w. Homilieen, namentlich über unsere heutigen Festperikopen, sich vorfinden.

Der scheinbarste Einwand gegen dieses kirchliche Institut besteht darin, daß die Bekanntschaft der Gemeinde mit der h. Schrift allzusehr dadurch beschränkt werde, wogegen es dem Prediger obliege, den ganzen Reichthum des göttlichen Wortes seinen Zuhörern zugänglich zu machen. Wenn immer auf's Neue über dieselben Texte gepredigt werden solle, so entschwinde allzusehr aus den Kanzelvorträgen der Reiz der Neuheit; in einen beschränkten Ideenkreis gebannt, überlasse der Redner sich um so leichter einem Schlendrian, als ihn die bestehende kirchliche Sitte selbst fast nöthige, auf Abwechselung und Mannichfaltigkeit zu verzichten. — Hierauf dürfte zuvörderst zu erwidern sein, daß, seit der sogenannte Perikopenzwang von seiner früheren Strenge nachgelassen hat, unserm christlichen Volke doch keinesweges der Ruhm einer umfassenderen Kenntniß der h. Schrift eigen geworden ist. Nächstdem bewährt sich die unendliche Fülle und Tiefe des Bibelwortes noch beständig darin, daß wohl kaum ein Geistlicher, welcher mit lebendiger Heilserkenntniß, einem reichen Schatze christlicher Erfahrung und dem innigen Verlangen, Seelen für Christum zu gewinnen, ausgerüstet, in eindringender Meditation in unsere Perikopen sich versenkt und hierbei durch die, im Leben der Gemeinde sich unmittelbar herausstellenden Bedürfnisse derselben sich leiten läßt, — jemals zu der Klage veranlaßt sein dürfte, daß irgend einer dieser Texte ihm vollständig versiegt, und er hiermit in die Unmöglichkeit versetzt sei, bei fernerer Predigt darüber sich noch als den Schriftgelehrten, zum Himmelreich gelehrt, zu bewähren, nach dem Wort des Herrn einem Hausvater gleich, der Altes und Neues aus seinem Schatze hervorbringt. Wenn der Prediger selbst seine Texte wählen soll, so stünde in vielen Fällen wenigstens zu besorgen, daß einem rein subjectiven Interesse der Bequemlichkeit oder Einseitigkeit mehr als billig nachgegeben, und dem Bedürfniß der Gemeinde noch weniger die erforderliche Rücksicht gewährt werden würde, als es bei unsern Perikopen möglich sein soll. -- Dazu kommt endlich, daß der, rücksichtlich derselben bestehende Zwang überhaupt nicht streng ist; denn es wird keinem Geistlichen verwehrt, bei besonderen Veranlassungen einen, der Gelegenheit entsprechenden Text zu wählen, und außerdem auch gewinnt die Sitte, in jedem dritten Jahre über freie Texte zu predigen, immer weitern Eingang. Allerdings ist zuzugeben, daß, wenn die christliche Predigt überall auf einzelne Abschnitte der h. Schrift sich beschränken müßte, ein fühlbarer Mangel für die Gemeinden zurückbleiben würde. Dem ist jedoch nicht so, da außer den Hauptgottesdiensten noch eine Menge sogenannter Nebengottesdienste mehrfache Veranlassung darbietet, ganze Bücher der h. Schrift in fortlaufender Reihenfolge homiletisch zu behandeln und hiermit die Gemeinden allseitiger in das Bibelwort einzuführen. Alle bisherigen Entgegnungen auf die, gegen die Perikopen erhobenen Bedenken sind negativer Art und zeigen lediglich, daß die obigen Einwände nicht Stich halten, womit das fragliche Institut an sich selbst noch gar nicht gerechtfertiget ist. Es fehlt diesem jedoch keineswegs an einem bestimmten positiven Grunde. Die christliche Gemeinde bedarf eines religiösen Normalstoffs aus dem göttlichen Worte, einer Basis ihres christlichen Bewußtseins, welche breit genug, und zugleich beschränkt genug sei, um einerseits durch die gründlichste Analysis derselben die vollständigste geistige Assimilation zuzulassen, andererseits aber auch der evangelischen Erkenntniß der Gemeinde ein sicheres und umfassendes Fundament zu gewähren. Diesen Stoff soll sie dergestalt in sich aufnehmen und in Saft und Blut übergehen lassen, daß sie ihr eigenes geistiges Leben in der Gemeinschaft mit Christo überall darin wiederfinde, ihre inneren Erfahrungen und Erlebnisse durchgängig daran anzuknüpfen vermöge und ihr ganzes religiöses Bewußtsein hier gleichsam objectivirt vor sich sehe. Erst so tritt die Gemeinde aus der bloßen Subjectivität der Heilserkenntniß heraus und gewinnt in dem Grade für dieselbe eine göttliche Bekräftigung und Besiegelung durch das Wort, als das auf dem bezeichneten Wege Gewonnene als Gemeingut sich darstellt und im Bewußtsein der Gesammtheit getragen, tiefe Wurzeln schlägt. Im Interesse dieser Objectivirung also müssen wir uns für die Perikopen erklären und bleiben auch hierin dem Charakter des lutherischen Cultus treu, während die Abgeneigtheit der reformirten Kirche gegen das Perikopeninstitut gleichfalls ihrer oben entwickelten Eigenthümlichkeit entspricht. — Wenn schließlich die kirchliche Zweckmäßigkeit unserer gegenwärtigen Perikopenreihe in Frage kommt, so ist allerdings zuzugeben, daß eine Revision derselben wünschenswerth erscheint. Abgesehen davon, daß der erste Advent und der Palmsonntag denselben evangelischen Abschnitt haben, sind auch die Wundererzählungen hier und da zu einseitig gehäuft, wie denn z. B. beide Speisungsgeschichten in der Reihe sich vorfinden; dagegen werden höchst wichtige Lehrstücke, z. B. die Parabel vom verlornen Sohn u. a. ungern vermißt. Es dürfte eine Veränderung hier ohne Schwierigkeit anzubahnen sein, wenn das Kirchenregiment, anknüpfend an die oben erwähnte Sitte, in jedem dritten Jahre über freie Texte zu predigen, die Bestimmung dieser Letzteren für das ganze Kirchenjahr selbst in die Hand nähme.

Eine wichtige Frage anderer Art ist die: ob die apostolischen Briefe mit den Evangelien gleiches Recht haben, gottesdienstlich, namentlich in der Predigt, gebraucht zu werden —: eine Frage, welche in der Homiletik abgehandelt zu werden pflegt, eigentlich aber der Liturgik gehört. Die widersprechendsten Ansichten sind hierüber laut geworden. Wenn Claus Harms in seiner Pastoraltheologie aus dem Grunde auf epistolische Texte dringt, weil bei den evangelischen der Rationalismus seine Rechnung finde, und bei ihnen grade das Evangelium nicht geprediget werde, so hat dagegen neuerdings Palmer in seiner Homiletik den evangelischen Texten einen Vorzug vor den epistolischen zugesprochen und das gleiche Recht dieser Letzteren geleugnet. Wir halten beide Ansichten für falsch. Wenn die Evangelien für das, Christum in seinem geschichtlichen Dasein der Gemeinde unmittelbar vergegenwärtigende Wort Gottes zu erkennen sind, so redet dagegen der, durch den Geist ihr schon verinnerlichte und im Bewußtsein der Gemeinde verklärte Christus aus den apostolischen Briefen. Sofern nun die christliche Predigt jenen Verklärungsproceß selbst mit vollbringen und darin eine Dienerin des h. Geistes sein soll, ist sie allerdings zunächst an die Evangelien gewiesen und erfreut sich in deren Behandlung jener freieren Bewegung, welcher sich hier die synthetische Form vorherrschend empfiehlt. Es ist bemerkenswerth, wie dieses eben angedeutete Moment der Freiheit die beiden genannten Männer zu den entgegengesetzten Urtheilen hat veranlassen können; denn offenbar werden Beide durch dasselbe bestimmt; der Eine will die Evangelien nicht, weil er der freien Bewegung abgünstig ist; der Andere bestebt auf dieser und spricht daher den Episteln das gleiche Recht ab. Nun hat allerdings der Prediger bei epistolischen Texten den darin bereits erklärten Christus der Gemeinde nur nachzuerklären, und eben, weil er hierdurch eingeschränkter ist und mehr gebunden an die strengere analytische Form, ist seine Aufgabe hier die schwierigere. Um so mehr aber gilt es in diesem Fall, den Text lebendig zu reproduciren und ihn in eine, die gegenwärtige Gemeinde unmittelbar angehende Predigt zu übersetzen. Wo irgend Dies gelingt, wird diese Letztere nicht weniger ihre Bestimmung erfüllen, den Hörern die tiefe Verinnerlichung der evangelischen Botschaft zu vermitteln, und dabei noch den Vortheil genießen, im apostolischen Wort ihnen den reinsten Spiegel alles wahrhaftigen Lebens in Christo vorhalten zu können. So darf abschließend erklärt werden, daß, wenn die Harms'sche Ansicht aus Furcht vor dem falschen Geist auch dem h. Geist in der Gemeinde in Etwas gewehrt wissen will, wiederum die Palmer'sche nur dann haltbar sein würde, wenn überhaupt dem Worte der Apostel nicht dasselbe Recht in der Kirche gebührte, welches wir dem eigenen Worte Christi zugestehen. Es sei aber fern von uns, das Wort des Sohnes von dem Worte des h. Geistes in solcher Art zu unterscheiden und hiermit den einigen Schriftgrund der evangelischen Kirche zu zerspalten.

§. 56.
Das Gebet.

Im ersten Theile ist bereits nachgewiesen worden, wie eine bestimmte Formulirung des Gebets an sich schon mit psychologischer Nothwendigkeit erfolgt; um so mehr muß sie in einer religiösen Gemeinschaft, welche ein gemeinsames religiöses Bewußtsein im Gebet zum Ausdruck bringt, sich entwickeln; denn es begehrt dieses, in nicht blos zufälligen Aeußerungen hervorzutreten, sondern in fester Form und Gestalt sich zu objectiviren. Daher finden sich auch in der christlichen Kirche frühe schon Gebetsformulare als Cultuselemente von äußerst stabilem Charakter.

Bestimmte Gebetsformeln begegnen uns bereits bei den Juden und waren hier mit mancherlei in's Spielende ausartenden Vorschriften und peinlichen Beobachtungen verbunden. In Ansehung des christlichen Cultus sind uns die ältesten Formulare in den apostolischen Constitutionen aufbehalten, wo jedenfalls Gebete, wie sie schon sehr früh in der Kirche wirklich gebraucht worden, vorliegen. Es athmet in ihnen die edelste Simplicität, Kraft und Wahrheit; sie sind aus dem innersten Herzen einer wahren Gemeinde Gottes herausgebetet und gewähren in Gemeinschaft mit den uns anderweitig erhaltenen Liturgieen einen Gebetsschatz, der uns anzuerkennen nöthiget, daß die alte Kirche in der That der ganzen Christenheit aller nachfolgenden Jahrhunderte in einer Weise vorgebetet hat, welche die Gemeinde der Gläubigen noch immer und überall nöthiget, ihr nachzubeten. Daher giebt auch die Geschichte des christlichen Cultus selbst davon Zeugniß, daß in den Erweisungen des Geistes des Gebets im kirchlichen Alterthum jene *κοινωνία τοῦ πνεύματος* sich offenbart hat, deren apostolischem Charakter es gegeben war, für alle nachfolgenden Zeiten nach Inhalt und Form bewährte objective Normen des Kirchengebets aufzustellen, worin die Gemeinde der Gläubigen immer auf's Neue den entsprechendsten Ausdruck ihres innersten Lebens wiedergefunden hat. Blicken wir in die alten evangelischen Kirchenagenden, so tönen uns auch hier großentheils die alten Gebete, aus den früheren Liturgieen entnommen, entgegen, obwohl der Geist der Reformation sich auch darin als einen ächt evangelischen bewährt hat, daß er nicht unfruchtbar gewesen ist, neue treffliche Gebete von wahrhaft kirchlichem Charakter zu den alten hinzuzufügen. — Erst in der traurigen Periode der Aufklärerei drang die Verwüstung des Heiligthums auch in diesen wichtigen Cultustheil ein und brachte den Gräuel der Lüge und des Götzendienstes auf die evangelischen Altäre, auf welchen unter dem Namen des Gebets hinfort fades Geschwätz, würdig eines unlebendigen Gottes der subjectiven Einbildung, sich langweilig breit machte.

§. 57.
Der Charakter des Kirchengebets.

Vor Allem kommt hier in Betracht, daß es im christlichen Cultus nicht um das Gebet Einzelner sich handelt, sondern daß die Gemeinde als Solche das betende Subject ist. Es ist daher für das Kirchengebet der Charakter objectiver Allgemeinheit in Anspruch zu nehmen, wodurch sich der Inhalt desselben zu einem treuen Ausdruck des confessionellen Gesammtbewußtseins bestimmt. — Andererseits darf ihm jene subjective Wahrheit nicht fehlen, welche es allen Mitbetenden erst möglich macht, sich zu einer wahren Betgemeinde in Christo innig zusammenzuschließen und in der verlautbarten Formel ihr innerstes Herz und Gemüth reden zu hören. Demnach soll das Kirchengebet das Gespräch eines, in gläubiger Zuversicht unmittelbar an Gott dringenden Herzens sein und sich also rücksichtlich des in ihm wehenden Geistes durch kindlichen Gebetston und Kraft, rücksichtlich des Ausdrucks durch Einfachheit und prägnante Kürze auszeichnen. Wir fassen alle diese Erfordernisse in Einem zusammen: biblischer Geist und biblische Sprache müssen bei kernhafter Kürze den Grundcharakter aller kirchlichen Gebete ausmachen.

Der einzelne Gläubige kann vielleicht am Christlichsten beten, indem er sein individuellstes Leben vor Gott entfaltet und die besondersten Anliegen seines Herzens vor ihm ausschüttet. Aber daraus wird doch kein eigentliches Kirchengebet, da Das, worin eigenthümliche Zustände sich ankündigen, niemals Ausdruck eines gemeinsamen Bewußtseins sein kann. In Ansehung dieses Letzteren ist daher jene abstracte Allgemeinheit, bei welcher der Einzelne als Solcher im Ganzen verschwindet, nothwendiges Erforderniß. -- Andererseits muß der christlich confessionelle Charakter im Kirchengebet dergestalt hervortreten, daß Das, was das dogmatische Bewußtsein Aller Gemeinsames enthält, bestimmt durchklingt. Ein Gebet, welches auch in einer jüdischen oder muhammedanischen Versammlung gebraucht werden könnte und also des specifisch christlichen Charakters entbehrte, taugte nicht in den christlichen Cultus. — In dieser Beziehung ist es besonders bemerkenswerth, wie in den Gebetsformularen des kirchlichen Alterthums überall der Glaube an den dreieinigen Gott nachdrücklich sich geltend macht. In der That geht das dogmatische Bewußtsein des Christen im Glauben an Gott, den Vater, den Sohn und den h. Geist, auf, und es liegt hierin, allen andern Religionen gegenüber, das Eigenthümliche der lebendig christlichen Gotteserkenntniß. Aus diesem Grunde hat auch die evangelische Kirche mit Recht denselben confessionellen Charakter festgehalten und giebt namentlich in der immer wiederkehrenden Schlußformel: „durch Jesum Christum, deinen lieben Sohn, unsern Herrn!" — zu erkennen, wie sie durchgehend nur im Namen Jesu den Vater zu bitten beabsichtige und lediglich so erhörlich beten zu können, sich bewußt bleibe.

Hieran knüpft sich eine nicht uninteressante Frage, wer vorzüglich im Gebet der Kirche angeredet werden solle: ob der Vater, oder der Sohn? Es fehlt bekanntlich nicht an einer besonderen Richtung des religiösen Lebens, welche mit der entschiedensten Vorliebe sich an den Sohn wendet, und in der evangelischen Brüderunität macht dies nicht blos im persönlichen Umgange ihrer Glieder mit Gott, sondern auch im öffentlichen Cultus einen Grundzug ihres Wesens aus. — Wir können nicht umhin, im Interesse der kirchlichen Objectivität uns für die althergebrachte Form zu erklären, wonach der Vater gebeten wird im Namen Jesu. Die wahrhaftige Gottheit Christi wird ohne Zweifel auf Erden geglaubt werden, so lange eine Gemeinde der Heiligen vorhanden ist; gleichwohl aber darf diese sich's nie aus ihrem Bewußtsein entschwinden, oder nur in den Hintergrund treten lassen, daß ihr Weg durch Christum zum Vater geht, und das Höchste hienieden darin, daß ihr Leben mit Christo in Gott verborgen ist, erreicht wird. Wer vorherrschend nur zum Sohne betet, beweist damit, daß Christus ihm noch überwiegend die Stellung des Vermittlers zwischen Gott und dem sündigen Elende des Menschen einnimmt; er thut hiermit dar, daß er über die sündige Singularität seines Verhältnisses zu Gott noch nicht hinauszukommen vermocht hat, um in der Menschheit des Sohnes, dessen ewige Gottheit nicht blos zu glauben, sondern auch wahrhaftig zu finden. — Wenn wir aber auch darauf bestehen, daß im Gebet der Kirche dieses Bewußtsein durchklingen soll: durch den Sohn zum Vater! — so leugnen wir doch keineswegs das Recht der Gemeinde, auch direct zu Christo zu beten, wozu namentlich bei sacramentlichen Veranlassungen, wo das Herz ganz speciell von der unendlichen Liebe Jesu ergriffen wird, die stärkste Aufforderung vorhanden ist.

Neben diesem kirchlich symbolischen Charakter haben wir als gleichwichtig den der subjectiven Wahrheit für das Kirchengebet in Anspruch genommen. Vor Allem gilt hier, daß ein Gebet auch wirklich solches sei, d. h. ein Gespräch mit Gott, eine nicht blos simulirte und im Grunde etwas Anderes beabsichtigende, sondern ernstlich auf ihn zielende Anrede. In der

Periode „des Aufklärigts" hatte man im Cultus überall nur Belehrung im Sinne. Nicht blos die immer schaaler werdende Predigt, sondern auch alle andern Cultustheile, das Lied, wie das Gebet, sollten dem Volke predigen, und so wurde Beides zur Lüge. Gebetsformulare entstanden, aus welchen kein warmer, Gott zugewendeter Trieb, sondern eine seichte, herzlose Reflexion redete und in der langweiligsten Breite dem Anschein nach Gott, in Wahrheit aber der so gemißhandelten Gemeinde ein Moralgeschwätz auftischte, welchem oft selbst noch der sittliche Ernst des Pelagianismus gebrach. Natürlich, daß man hierbei wie allem biblischen Gehalt, so auch der biblischen Sprache sich entschieden entfremdete.

Zur subjectiven Wahrheit des kirchlichen Gebets reicht es jedoch noch nicht hin, daß dasselbe wirklich Gebet sei; es soll auch die eigenthümliche christliche Wahrheit haben; diese aber liegt in dem Kindesverhältniß zu Gott in Christo. Wir fordern daher den kindlichen Gebetston, den Ausdruck gläubiger Zuversicht und herzlichen Vertrauens, worin die Kraft und Würde des Gebets besteht, rücksichtlich dessen die alte Katechismusregel: „daß wir getrost und mit aller Zuversicht ihn bitten sollen, wie die lieben Kinder ihren lieben Vater bitten," — in beständiger Gültigkeit bleiben muß. Man soll es dem Beter anhören, daß seine Worte unmittelbar in Gottes Vaterherz hineintreffen, daß sein Glaube ihn, den Herrn, gegenwärtig hat, als sähe er ihn, daß Antwort von Oben in die gläubige Seele zurückkommt. Als Jesus, im Begriff, dem Jairus in sein Haus zu folgen, von einer großen Volksmenge gedrängt wurde, war es doch nur das eine blutflüßige Weib, welches ihn anrührte also, daß eine Kraft von ihm ausging; denn ihr Glaube hatte den Herrn berührt, wogegen die Andern ihn nur äußerlich drückten und stießen. Da sehen wir sinnbildlich vorgestellt, wie es mit dem kirchlichen Gebet sich verhalten soll.

Es ist traurig, wenn die christlichen Gottesdienste so beschaffen sind, daß das Volk nur äußerlich sich um sie drängt; wenn unwahre, saftlose Gebete mit den übrigen Cultustheilen sich zu einem todten Werkdienste vereinigen, durch welchen Gottes Vaterherz nie angerührt wird.

Die weiteren Eigenschaften des Kirchengebets ergeben sich aus dem Bisherigen von selbst. Ein Kind studirt nicht auf schöne Worte und wohlgesetzte Rede, wenn es mit dem Vater reden will; es bringt kunstlos und einfach sein Anliegen vor; rücksichtlich der prägnanten Kürze aber ist nicht das die Meinung, daß ein Kirchengebet nicht auch lang sein könnte, — bekanntlich unterscheidet sich hierin die reformirte Kirche von der lutherischen — sondern daß der Vortrag im Einzelnen in nachdrucksvolle Kürze gefaßt werde. Lange, verwickelte Perioden, Einschachtelungen u. dergl. erscheinen schon deshalb hier unangemessen, weil sie mehr Reflexion verrathen, als die fromme Unmittelbarkeit des Gebets verträgt. — Die Sprache der Bibel bezeichnet den normalen Gebetston im ausgedehntesten Sinne; denn nicht nur besitzt sie alle Eigenschaften, welche nach Theil I. der religiösen Sprache überhaupt zukommen, in der vollendetsten Weise, sondern trägt auch die Wahrheiten des christlichen Glaubens und Lebens in Worten vor, die der h. Geist lehrt, und bewährt sich daher allezeit als der entsprechendste Ausdruck des christlichen Bewußtseins. Es ist nicht nothwendig, daß die kirchlichen Gebete aus bestimmten Bibelstellen sich zusammensetzen, wohl aber, daß sie als eine lebendige Reproduction des Bibelwortes sich zu erkennen geben.

§. 45.
Die Hauptarten des Kirchengebets.

In der evangelischen Kirche begegnet uns das Kirchengebet in fünf Grundformen, welche merklich von einander verschieden sind. Das gewöhnliche Buß- und Beichtgebet, die sogenannte Collecte, das allgemeine Kirchengebet und das Gebet des Herrn; endlich die speciellen Fürbitten und Danksagungen bei allerlei Vorkommenheiten in der Gemeinde umfassen Alles, was Object des betenden Anliegens vor Gott werden kann.

Das wichtigste Erforderniß des Buß- und Beichtgebets besteht darin, daß sich ein klares Bewußtsein der evangelischen Heilsordnung darin abspiegelt. Dieses leistet das in der evangelischen Kirche gangbare Gebet dieser Art vollkommen. Reuig und bußfertig stellt darin der Mensch als ein armer, elender, aber gnadenhungriger Sünder sich vor Gottes Angesicht und bittet um Vergebung seiner Schuld allein um des Verdienstes Jesu Christi willen. Wie hierin die wesentlichen Voraussetzungen des lebendigen Glaubens höchst einfach und in würdevoller Kürze vorgetragen sind und eine Gemüthsstimmung ausdrücken, in welcher Gottesfurcht und kindliches Vertrauen zur tiefsten Ehrerbietung, womit ein sündiger Mensch dem h. Gotte sich naht, zusammenklingen: so ist es andererseits auch die Rechtfertigung allein aus dem Glauben, welche unzweideutig in diesem Gebete bekannt wird und gleichzeitig als Princip eines neuen göttlichen Lebens dem Beter vor Augen steht. — Daß sich die Absolutions- und Retentionsformel daran anknüpft, ist in der Ordnung, und wir werden später darauf zurückkommen.

Unter den Collecten sind kurze Bitt-, Lob- und Dankgebete zu verstehen, in besonderen, die Gesammtheit der Gemeinde angehenden Beziehungen. Der Ursprung des Namens Collecte ist zweifelhaft; am Wenigsten dürfte die Ableitung: a collecto populo die Sache treffen, wogegen Bingham's Erklärung, welche den Charakter dieser Gattung von Gebeten in dem fraglichen Ausdruck angedeutet findet, sofern sie ihrem Inhalte nach eine collectio et ἀνακεφαλαίωσις sive recapitulatio waren, mehr Beachtung verdient. Wenn aber diese Erklärung allerdings dem altkirchlichen Sprachgebrauch, namentlich in der griechischen Kirche, entspricht, so läßt sie auch, ihre Richtigkeit vorausgesetzt, ersehen, wie die bewußte Bezeichnung gegenwärtig eine eingeschränktere Bedeutung gewonnen hat. In der Kirche des Orients nämlich begegnet uns das allgemeine Kirchengebet mit seinen, die Anliegen der ganzen Christenheit umfassenden Fürbitten unter dem Namen der συναπτὴ μεγάλη, wovon der Ausdruck collecta augenscheinlich nur eine Uebersetzung ist. Die, schon in den apostolischen Constitutionen sich findende προςφώνησις ὑπὲρ τῶν πιστῶν, sowie die ἐπίκλησις τῶν πιστῶν ebendaselbst bilden die Grundlage jener großen Synapte, welche späterhin bedeutende Erweiterungen erfahren und mit den, in der Kirche des Occidents vorkommenden großen Litaneien viel Aehnlichkeit hat. Hiernach dürfte kaum zu bezweifeln sein, daß der ursprüngliche Sprachgebrauch von Collecte eine Beziehung auf das allgemeine Fürbittengebet der Kirche in sich schloß, daß man aber auch wohl kleinere ἐπικλήσεις mit demselben Namen benannte. Denn ganz ebenso unterschied man in der römischen Kirche von der Litania major (dieses ist der hier vorherrschende Ausdruck für die kirchlichen Rogationes) von den Litaniis minoribus, und diesen Letzteren ist nachher die Bezeichnung Collecta eigen geblieben. Der hier bemerkten speciellleren Bedeutung des Worts entspricht vorzüglich eine dritte Erklärung desselben: quia ex selectis sacr. scripturae et ecclesiae verbis compendiosa brevitate collectae sunt —, aber sie trifft offenbar nicht den Ursprung der Sache, und kann, nur abgeleitet aus der kirchlichen Praxis selbst, auf die, von Bingham gegebene keineswegs zurückgeführt werden.

Nunmehr drängt sich die wichtige Frage auf, was für specielle Beziehungen in dieser Gattung des Kirchengebets Aufnahme finden sollen. Bei Beantwortung derselben kann uns zunächst nur das Kirchenjahr selbst leiten. Außerdem, daß die Festcyklen hier eine eigenthümliche liturgische Auszeichnung in Anspruch nehmen, hat, wie wir im ersten Abschnitt erkannt haben, jeder Sonntag seine besondere kirchliche Signatur gewonnen und trägt in dem Moment der evangelischen Geschichte, welches die betreffende Perikope enthält, seinen eigenthümlichen Festcharakter in sich. Hiernach müssen wir es für durchaus angemessen erkennen, daß jeder Sonntag seine, mit dem ihm gewidmeten evangelischen Schriftabschnitt übereinstimmende, besondere Collecte hatte. In der That finden wir es so in altlutherischen Kirchenagenden, namentlich in der Wittenberger Agende. Es kann allerdings hiergegen eingewendet werden, daß auf diesem Wege eine Mannichfaltigkeit kirchlicher Gebete entstehe, welche die tiefere Einprägung derselben in das Gedächtniß und Herz der Gemeinde dadurch hindere, daß die einzelnen Gebete zu selten vorkommen, um behalten zu werden. Es giebt jedoch noch andere Mittel, dem Gedächtniß der Gemeinde zu Hilfe zu kommen. Denn wenn die Perikopen sich auch dadurch als religiöser Normalstoff geltend machen, daß schon die christliche Volksschule sie der Jugend zum Auswendiglernen vorlegt und neben dem Katechismus ihnen die ausführlichste katechetische Behandlung widmet, so dürfte es sich um so mehr als angemessen empfehlen, eine ähnliche Aufmerksamkeit am bezeichneten Ort auch den kirchlichen Collecten zuzuwenden, als überhaupt die Volksschule noch zu wenig das kirchliche Leben unterstützt und nicht hinlänglich ihre Beziehung auf den Cultus, in welchen sie einführen soll, an sich hervortreten läßt.

Wie die reformirte Kirche in ihrer strengeren Gestalt das christliche Kirchenjahr nicht kennt, so entspricht es auch ihrem Charakter, daß ihr die, lutherischerseits uns begegnende reiche Mannichfaltigkeit der Collecten fremd ist. Der Abwechselung auf liturgischem Boden abgeneigt, läßt sie gern allsonntäglich dasselbe eine Gebet wiederkehren, in welchem die allgemeinen Beziehungen auf die Zwecke der Feier des Tags des Herrn überhaupt den vorherrschenden Inhalt an die Hand geben.

Auf einen Mittelweg zwischen den liturgischen Eigenthümlichkeiten der evangelischen Schwesterkirchen in der vorliegenden Frage hat Marheineke in seiner praktischen Theologie §. 278 hingedeutet, indem er, „um eine mit dem Begriff der Agende nicht unvereinbare Mannichfaltigkeit und Abwechselung in den agendarischen Formularen zu bewirken," unter Anderem auch den Rathschlag ertheilt, „die sonntägliche Liturgie in Bezug zu setzen auf die drei hohen Feste und dem dreifachen Zug der, sie vorbereitenden Sonntage einen dreifachen Cyklus von Formularen zu geben, der vierten festlosen Zeit von Trinitatis an aber den vierten allgemein christlichen Inhalts." Etwas Aehnliches liegt in der erneuerten Preußischen Kirchenagende in der That vor, und es bleibt dann dem Geistlichen selbst anheimgegeben, jedesmal eine, seinem Zweck entsprechende Collecte auszuwählen. — Schließlich ist zu bemerken, daß die, im Kirchenjahr liegenden Beziehungen keineswegs die einzigen sind, welche in dieser Gattung von Gebeten ein Recht in Anspruch nehmen. Der Unterricht der Jugend und allerlei sonstige kirchliche Veranlassungen, sowie Vorkommenheiten des Lebens, die nicht blos Einzelne, sondern das Ganze angehen, u. dergl. m.

erfordern hier Berücksichtigung, wie denn auch in den alten lutherischen Kirchenagenden eine nicht geringe Anzahl von Collecten für specielle Veranlassungen der bemerkten Art zu finden ist. Wenn jedoch Marheineke §. 279 „Vermischungen dessen, was Ausdruck der Kirche als solcher ist, mit demjenigen, was theils der speciellen Seelsorge, theils der Privatandacht angehört," in den Agenden vermieden wissen will, so möchte ihm hierin allerdings nicht zu widersprechen sein.

Das allgemeine Kirchengebet enthält den Inbegriff aller Fürbitten, die die Gemeinde Gott vorträgt. Der Grundcharakter desselben zeigt sich vorzüglich darin, daß hier der alte Wahlspruch: Einer für Alle und Alle für Einen! — mehr als irgendwo sonst die Losung ist. Alle Anliegen, die in den verschiedensten Verhältnissen und Beziehungen des Lebens Menschen in kleineren oder größeren Kreisen haben können, erscheinen jetzt als eine gemeinsame Sache, gestalten sich zu hochwichtigen Interessen der ganzen Christenheit und werden so als ein wohlgefälliges Gebetsopfer, zu welchem Aller Lippen sich vereinigen, Gott dargebracht. In diesem Gebet tritt daher das, die Glieder Christi zu einem Leibe zusammenschlingende Band der Liebe erkennbar hervor, so daß die Erfüllung des hohenpriesterlichen Anliegens Jesu: daß sie Alle eins seien, gleichwie du, Vater, in mir und ich in dir (Joh. 17, 21), — bei dieser Gelegenheit sich thatsächlich darstellt. Wenn der entwickelten Idee nach die ganze Christenheit als einige große Betgemeinde in den allgemeinen Fürbitten der Kirche zusammenfließt, so erscheint es Dem nur entsprechend, daß das fragliche Gebet auch überall dasselbe sei, ja der Grundgedanke desselben fordert es sogar, und es ist hierin das Moment bezeichnet, worin der Hauptunterschied zwischen der in Rede stehenden Form, deren eigenthümliches Wesen Einheit begehrt, und der Collecte mit ihrer Mannichfaltigkeit zu suchen sein dürfte. Die alte Kirche bestätigt das Gesagte. Wenn auch die oben bereits erwähnte συναπτὴ μεγάλη im christlichen Orient manches Besondere aufnahm und sich darin der lateinischen Kirche gegenüber unterschiedlich gestaltete, so enthält sie doch ganz denselben Grundstoff, welcher uns auch in der Litania major Gregor's des Gr. begegnet, so daß nicht zu verkennen ist, wie in beiden eigentlich dasselbe Gebet vorliegt. Derselbe Grundstoff ist endlich auch in das allgemeine Kirchengebet der alten lutherischen Agenden übergegangen, und es läßt sich daher sagen, daß die Kirche der Reformation hierbei in der That mit der gesammten Christenheit auf Erden betet. Schließlich soll nicht unbemerkt bleiben, daß, gleichwie in der abendländischen Kirche das allgemeine Kirchengebet außer seinem regelmäßigen Gebrauch noch in einer besonderen Gestalt und Beziehung auftritt, also auch die lutherische Kirche Aehnliches darbietet. Als durch Gregor den Gr. die, dem Himmelfahrtsfeste unmittelbar vorangehenden drei dies rogationum mit ihren Bitt- und Bußgängen, nicht ohne vielfachen Widerspruch Solcher, welche Tage dieser Art in der Quinquagesimalzeit für unschicklich hielten, eingeführt waren, gewann die Litania major, die bei diesen Veranlassungen angewendet wurde, eine noch eigenthümlichere Bedeutung und nahm die lebendige Theilnahme und Mitwirkung der Gemeinde in Anspruch. Diese Litania major Gregor's des Gr. hat nun Luther mit Ausscheidung alles Ungehörigen auch für die evangelische Kirche als Gebet der Gemeinde zurecht gemacht, und in dieser erneuerten Form ist sie auf unsere Bußtage übergegangen und hat denselben einen kirchlichen Charakter aufgedrückt, der sie, mutatis mutandis, den oben bemerkten dies rogationum ähnlich macht. Leider ist aber in der neueren Zeit die Litanei sehr außer Gebrauch gekommen.

Einzelne Fürbitten knüpfen sich an die Mittheilung specieller casus in jeder Localgemeinde. Es sind Geburten,

Kirchgänge der Sechswöchnerinnen, Krankheiten, Todesfälle, Aufgebote u. dergl., welche eine fürbittende Theilnahme in Anspruch nehmen, und nächstdem pflegt der jedesmaligen Communicanten besonders gedacht zu werden. Diese Form des Gebets begründet insofern eine nicht unerhebliche liturgische Frage, als hier die kirchliche Praxis in der Regel mit Uebelständen verbunden ist, welche aus der, nicht zu umgehenden, aber zerstreuenden Anzeige einer, mehr oder weniger langen Reihe einzelner Vorfälle herfließen. Wenn so das Gebet leicht zu einer bloßen, mechanisch hergesagten Formel wird, so erfordert die wahre Theilnahme daran ein um so reicheres Maß innerer Sammlung in selbstloser Liebe. Es wird übrigens schwer sein, in der althergebrachten kirchlichen Sitte Etwas zu ändern.

Rücksichtlich des Gebets des Herrn wurde schon frühzeitig die bei Tertullian sich findende Ansicht herrschend, daß Christus darin der ganzen Kirche eine stehende Formel zum Gebrauch vorgeschrieben habe. Wenn es auch bei Justin dem Märtyrer noch zweifelhaft bleibt, inwiefern die oratio dominica in seiner Beschreibung des christlichen Gottesdienstes bereits vorkomme, so ist doch gewiß, daß sie im zweiten Jahrhundert als wichtiger Bestandtheil des christlichen Cultus allgemein anerkannt wurde. Da sie aber zur disciplina arcani gehörte, so knüpfte sich auch vorzüglich an dieses Gebet die alte Sitte der *εὐχὴ διὰ σιωπῆς*, zu welcher die *εὐχὴ διὰ προσφωνήσεως*, oder das lautgesprochene Gebet, den Gegensatz bildete. So viel steht fest, daß die Katechumenen das Vater Unser in der Gemeinde nicht zu hören bekamen und erst, wenn sie in die Zahl der competentes getreten und der Taufe nahe waren, die nöthige Unterweisung darüber empfingen, wie denn die disciplina arcani überhaupt nichts Anderes gewesen zu sein scheint, als Einleitung in den Cultus durch Unterricht über dessen h. Handlungen, welche den, außer der Gemeinde Stehenden gegenüber als Geheimniß behandelt wurden. Daß man auch das Gebet des Herrn hierher rechnete, fand darin seinen Grund, weil man das innerste Wesen des Christenthums in demselben ausgesprochen sah. — Uebrigens dürfte die Benutzung des Vater Unser zur εὐχὴ διὰ σιωπῆς keineswegs blos geschichtlich, sondern auch aus dem Charakter dieses wahrhaft einzigen Gebetes selbst zu erklären sein, indem dasselbe sich ganz vorzüglich dazu eignet, in jener liturgisch eigenthümlichen Form gebraucht zu werden, denn das Allgemeinste wird hier der Andacht auch das Concreteste. Während wir einen Inhalt vor uns haben, so umfassend, daß kein wohlbegründetes menschliches Anliegen gedacht werden kann, welches nicht in den sieben Bitten beschlossen läge, reden doch dieselben zugleich so aus dem innersten Herzen des wahren Gläubigen heraus und leihen seinem tiefsten Sehnen und Verlangen Worte mit einer solchen Fülle von Kraft und Wahrheit, daß gewiß jedes fromme Gemüth hier seine eigenste Sprache wiedererkennt. Ebendeshalb fordert aber auch das Gebet des Herrn die tiefste Versenkung in die Innerlichkeit und eine Sammlung vor Gott, welcher schon das hörbare Wort zu laut sein kann. Es erscheint natürlich, daß die alte Kirche bei dem hohen Werth, den sie auf das Vater Unser legte, es bei allen ihren gottesdienstlichen Handlungen zur Anwendung brachte, und so begegnet es uns auch gegenwärtig noch in der evangelischen Kirche nicht allein bei den Sacramenten, sondern auch als die beständige Begleitung der kirchlichen Benedictionen.

§. 59.

Wechselwirkung zwischen Liturgus und Gemeinde; liturgische Salutationen und Gesangformen.

Da nach dem Evangelio alle Gläubigen ein priesterliches Volk sind, so war auch lebendige Theilnahme der Gemeinde am Gebet schon von Anfang durch den Geist des Christenthums selbst geboten. Es konnte jedoch die Gemeinde nur in einer solchen Art zu ihrem Rechte im Cultus gelangen, wie die Natur der Sache es zuließ, da nothwendig Einzelne mit überwiegender Thätigkeit hervortraten. So geschah es schon sehr früh, daß der λαός die Gebete des Liturgen mit seinem Amen! bekräftigte; es kam der schöne liturgische Gruß auf: Der Herr sei mit euch; — welchen die Gemeinde mit dem bekannten: Und mit deinem Geiste! — erwiderte; oder der Mahnung zur Erhebung der Herzen in Gebet und Preis Gottes folgte eine Antwort, die es zu bestimmtem Ausdruck brachte, wie hier Priester und Laien in unmittelbarer Wechselwirkung auf ein Ziel hinarbeiteten. — Nächstdem entstanden außer den Psalmen, welche die neue Kirche aus dem alttestamentlichen Gottesdienste unmittelbar in den Ihrigen mit hinübernahm, sehr bald fest bestimmte anderweitige Gesangformeln, welchen in der Regel gewisse Schlagverse aus der Schrift, oder Worte der evangelischen Tradition, die auch wohl mancherlei Erweiterungen erfuhren, zu Grunde lagen. Dergleichen Hymnen und Doxologieen oder Bittformeln wurden im christlichen Cultus gleichsam stehende Lettern von ganz bestimmter Bedeutung und gewannen so einen rein objectiven liturgischen Charakter, indem diese Stereotypen des Kirchengesanges so zu sagen als die termini technici für gewisse Momente des christlichen Bewußtseins der Gemeinde bald dem Gefühle des Bedürfnisses nach Vergebung der Sünden, bald auch der, einer bestimmten Zeit des Kirchenjahres eigenthümlichen Feststimmung den entsprechenden, allgemein recipirten Ausdruck verliehen. Hiernach drängt sich rücksichtlich der Anfänge des Gesangs im christlichen Cultus, sofern jener selbständig aus dem Leben der Gemeinde hervorgegangen ist, der genaueren Beobachtung ganz dieselbe Bemerkung auf, welche wir bereits oben in Ansehung des Gebets gemacht haben. Es begegnet uns nämlich dort wie hier ein Charakter von Allgemeinheit, in welchem auch die singende Gemeinde als solche ein Streben an den Tag legt, sich als die einige, auf den Grund der Apostel gebaute Kirche Gottes darzustellen, und erst in Folge der weiteren Entwickelungen konnte auch das individuellere Kirchenlied zu seinem Rechte kommen. In Gemäßheit des Gesagten offenbarte sich sehr bald in den Gesängen der Kirche ein innerer Unterschied zwischen jenen allgemeinen, noch gar nicht als eigenthümliche geistliche Dichtung auftretenden objectiv festen Formeln, welche sich enger mit dem liturgischen Gebet verknüpften und, indem sie ihre nothwendige Stelle im Gesammtorganismus des Cultus errangen, gewissermaßen die Katholicität der Kirche selbst manifestirten, und andererseits den geistlichen Liedern von individuellerer Bedeutung, welche je nach den Veranlassungen der Zeiten und Feste zur Anwendung gelangten und der Objectivität einer fest geordneten Liturgie gegenüber, der freien Bewegung des subjectiven Lebens der Gemeinde Spielraum gestatteten. Hierbei leuchtet schon von selbst ein, daß die zuerst erwähnten Bestandtheile des Kirchengesanges nach dem natürlichen Verlauf der Sache vorwiegend Eigenthum jener Gesangchöre werden mußten, welche sehr früh aufkamen und gleichsam eine liturgische Mitte darstellen zwischen dem Priester und dem Volke. Denn Chöre dieser Art gingen um so nothwendiger aus der naturwüchsigen Entwicklung des Cultus hervor, als die angedeutete Objectivität des liturgischen Gesangs im engeren Sinne von selbst darauf führte, ihn auch äußerlich der Gemeinde zu objectiviren. Nun wurde zwar Diese in Folge der Reformation des Kirchengesanges durch Gregor den Gr. fast ganz zur Passivität verwiesen, indem der Chorgesang allein noch übrig blieb, und in der lateinischen Kirche des Abendlandes jene Objectivität des Cultus, welche nur äußerlich Alles dem gläubigen Volke vorüber führte, sich die Alleinherrschaft errang. Gleichwohl ist selbst in der mittelalterlichen Zeit der oben bemerkte Unterschied zwischen objectiv-liturgischen, allgemeinen Gesangstücken und solchen von individuellerem Charakter nicht ganz entschwunden, und es hat rücksichtlich dieser Letzteren das Streben der Gemeinde nach ihrem natürlichen guten Rechte nie vollständig zurückgedrängt werden können. Seit aber mit der Reformation der evangelische Gemeindegesang zur höchsten Entwicklung gekommen, ist auch der alte Gegensatz zwischen ihm und den in Rede stehenden liturgischen Stereotypen zwar wieder hervorgetreten, jedoch mit der unverkennbaren Tendenz innerhalb der lutherischen Kirche, jene stehenden Gesangformeln gleich dem geistlichen Liede an die Gemeinde zu bringen und sie so selbst im Liede aufgehen zu lassen, nächstdem aber nur gewisse geheiligte Formen der Wechselwirkung zwischen Liturgus und Volk beizubehalten. Der Sängerchor mußte auf diesem Wege ein bloßes Organ der Leitung des Gemeindegesanges werden; dagegen hat die erneuerte Preußische Kirchen-Agende, wenigstens dem lutherischen Cultus gegenüber, eine reactionäre Bewegung eingeleitet.

Die hebräische Formel Amen (vergl. Jesaia 65, 16; 25, 1) scheint nach 1 Cor. 14, 16 schon bei den ersten Christen in gottesdienstlichem Gebrauch gewesen zu sein. Die erste sichere Nachricht darüber giebt Justin der Märtyrer Apol. I. §. 65 u. 67, aus welcher Stelle zu ersehen ist, daß die Gemeinde Gebete und Consecration (denn so dürften die Worte: *οὗ οὖν τελέσαντος τὰς εὐχὰς καὶ τὴν εὐχαριστίαν* u. s. w. zu verstehen sein) mit ihrem Amen beschloß. Welch ein hoher Werth bei der Eucharistie auf diese Formel gelegt wurde, zeigen die apostolischen Constitutionen und viele Stellen der Kirchenväter, deren einige entnehmen lassen (so bei Ambrosius, Augustinus u. a., vergl. Augusti Archäologie Bd. II. p. 88 u. 89), daß die Communicanten, indem sie die gesegneten Elemente empfingen, zu dem priesterlichen Darreichungswort das Amen zu sagen pflegten. — In gleicher Weise wurde dasselbe auch bei der Taufformel angewendet. — Im Occident erfuhr seit dem sechsten Jahrhundert die oben erwähnte Sitte beim Altarsacrament eine Veränderung. Der Gregorianische Meßkanon hat das Amen der einzelnen Communicanten nicht mehr und behielt zwar das Collectiv-Amen, womit vordem die ganze Gemeinde die Consecration besiegelte, bei, aber übertrug es dem Chor, was auch dem

Grundcharakter dieser Liturgie völlig entsprach. — In der evangelischen Kirche ist die Formel beibehalten worden und tritt hier in mancherlei Beziehungen auf, wie gleichfalls das bereits in den alttestamentlichen Doxologieen uns begegnende Doppel-Amen, in der alten Kirche zu Ehren des dreieinigen Gottes in ein dreifaches verwandelt, noch gegenwärtig gebräuchlich ist. Selbst das sogenannte Amen prolongatum hat da, wo es beinahe schon in Vergessenheit gerathen ist, noch gewisse Spuren zurückgelassen, wie z. B. bei dem: Herr Gott dich loben wir, wogegen es manche evangelische Kirchen bis heute kennen und liebhaben.

Zwei Salutationsformeln begegnen uns in der alten Kirche. Bei den Griechen wurde die Gemeinde mit dem *εἰρήνη πᾶσιν* gegrüßt, und daß auch die abendländische Kirche denselben Gruß mit den Worten: Pax vobiscum ertheilte, erhellt schon aus Tertullian und anderen Zeugnissen späterer Kirchenväter. Aus dem Ersteren (de praescript. haeret. c. 41.) geht hervor, daß diese Friedensformel sich streng auf die Fideles beschränkte, wie dies auch den Zeiten der disciplina arcani völlig angemessen ist. Die Segenssprüche der Kirche waren damals nicht todter Buchstabe, sondern Geist und Leben, und es konnten daher nur Diejenigen, die in der *κοινωνία τοῦ πνεύματος* standen, daran Theil haben. Später wurde es nicht mehr so streng damit genommen, wie bereits aus Chrysostomus zu ersehen ist. — Die, neben dieser Salutation im Occident gebräuchliche: Dominus vobiscum! kannte der Orient nicht. Aus dem ersten Concilium zu Braga v. J. 561 ergiebt sich, daß sie damals in der abendländischen Kirche bereits allgemein üblich war, und es stellte sich hier die liturgische Sitte fest, daß nur die Bischöfe bei dem ersten Gruß an die Gemeinde sich der Worte: Pax vobiscum bedienten, dagegen bei den späteren Grüßen mit den übrigen Priestern die andere

Formel anwendeten, welche das Volk, nachher der Chor, mit Et cum spiritu tuo erwiderte. — Beide Salutationen sind in die evangelische Kirche übergegangen, wo die Formel: Der Friede des Herrn sei mit euch Allen! besonders schön in die Administration des Altarsacraments eingreift.

Zur Zeit der Arcan-Disciplin, wo die verschiedenen Classen der Betenden streng unterschieden wurden, bedurfte es jener liturgischen Aufforderung zum Gebet, welche vom Diakon in der Formel: Oremus (δεηθῶμεν) gegeben wurde, und die man auch später noch, namentlich bei Collecten und der Feier des Abendmahls beibehielt. Der Aufruf: Laßt uns beten! in der lutherischen Kirche ist aus jener uralten Sitte hervorgegangen.

Die priesterliche Mahnung bei der Feier der Eucharistie: Sursum corda! —, worauf das Volk erwiderte: Habemus ad Dominum, findet sich schon in den apostolischen Constitutionen, wird aber auch bereits von Cyprian (de oratione Domin. Opp. T. I.) bei dem allgemeinen Gebet erwähnt. In der römischen Kirche des Mittelalters brachte man die Formel in enge Verbindung mit der, zur Anbetung Christi in der consecrirten Hostie auffordernden Elevation. Dies ist vielleicht der Grund gewesen, weshalb die lutherische Kirche sie nicht ausdrücklich beibehalten hat, wogegen sie in der Preußischen erneuerten Kirchen-Agende sich vorfindet.

Diese Letztere hat unter den liturgischen Gesangformeln zuerst das: Kyrie eleison, mit der, auf Gregor den Gr. zurückzuführenden Variation desselben; es ist jedoch von manchen Seiten die Angemessenheit des ferneren Gebrauchs der griechischen Sprache bei diesem Bestandtheile der Liturgie für die evangelische Kirche in Frage gestellt worden. In dieser Beziehung ist interessant, was nach Bona rer. liturg. II. c. 4 u. a. in Gavanti Thesaur. sacr. rit. T. I. (vergl. Augusti l. c. p. 99) über die Anwendung hebräischer und griechischer Worte im lateinischen Meßkanon gesagt wird. In den drei Hauptsprachen, welche auch in der Ueberschrift am Kreuze Christi zusammengestellt waren, soll die ganze Kirche auf Erden in ihrer Einheit repräsentirt sein, und eben deshalb zieme es sich, daß dieselben auch im unblutigen Opfer der Messe bei einander bleiben. Darin wenigstens dürfte diese Erklärung ein wahres Moment enthalten, daß der, den liturgischen Gesangformeln eigenthümliche Charakter objectivster Allgemeinheit, den wir im §. hervorgehoben haben, auch in dem stereotyp gewordenen griechischen Ausdruck sich abspiegelt. Wir haben daher gegen dessen ferneren Gebrauch um so weniger Etwas einzuwenden, als doch auch die hebräische Sprache im Halleluja und Hosianna beibehalten wird, obwohl allerdings das: Herr erbarme dich unser! von manchen christlichen Völkern der ersten Jahrhunderte, z. B. den Syrern, Armeniern und Gothen in ihren Landessprachen gebetet wurde, und erst Sylvester zu Constantin's des Gr. Zeit das Kyrie eleison in die lateinische Kirche recipirt haben soll. — Die Gemeinde bringt darin ihr tiefes Bedürfniß nach Gnade und Vergebung der Sünden zum Ausdruck, und eine, dem entsprechende Stellung hat es in der Preußischen erneuerten Agende gefunden.

Die sogenannte große Doxologie, oder das Gloria spricht das seelige Bewußtsein der Gläubigen von dem, in Christo erschienenen Heil mit den Worten aus, die die himmlischen Heerschaaren der Botschaft des Engels: Ich verkündige euch große Freude u. s. w. — folgen ließen. Nachdem schon der römische Bischof Telesphorus um 126 das Gloria für die Weihnachts-Vigilie angeordnet hatte, wurde es von Pabst Symmachus im Anfange des sechsten Jahrhunderts für alle Sonn- und Festtage, mit Ausnahme des Advents, des Festes der unschuldigen Kindlein und der Zeit von Septuagesima bis Ostern, bestimmt. Seitdem ist es ein stehender Theil der Messe geworden und gelangte auch noch in der großen Woche, am Grün-Donnerstage und in der Missa Sabbati magni zur Anwendung. Diese Doxologie hat übrigens eine bedeutende Erweiterung erfahren, welche bereits im siebenten Jahrhundert vorhanden war. Rücksichtlich der evangelischen Kirche werden wir auf das Gloria zurückkommen. Vergl. Augusti l. c. p. 100 u. 101.

Die sogenannte kleine Doxologie: Ehre sei dem Vater und dem Sohne und dem h. Geiste, wie es war im Anfang u. s. w., ist der großen nahe verwandt und nur eine weitere Ausführung des ersten Theils dieser Letzteren: Gloria in excelsis Deo, im Sinne der Trinitätslehre. Sie findet sich gleichfalls in der Preußischen erneuerten Kirchen-Agende.

Das Halleluja ist aus der jüdischen Osterliturgie in den christlichen Cultus übergegangen. Auch Christus sang ohne Zweifel bei der Feier des Passamahles mit seinen Jüngern das große Hallel, vergl. Matth. 26, 30. Man hatte schon früh in der Kirche die Ansicht, daß man die hebräische Formel, ohne Uebersetzung derselben in eine andere Sprache, beibehalten müsse, und besonders scheinen die bekannten Stellen in der Apokalypse C. 19 hiezu Veranlassung gegeben zu haben. Interessant ist die hierher gehörige Erklärung Isidor's v. Sevilla (Orig. lib. VI. c. 19 de div. offic.), welcher eine Veränderung des Ausdrucks wegen seiner vorzüglichen Würde und Heiligkeit für unstatthaft hielt, wiewohl er sich der hebräischen Abstammung desselben noch vollkommen bewußt war. Später ging man weiter, indem schon Männer, wie Beda u. Alcuin u. A., in dem Halleluja ein aus dem Himmel herrührendes Wort zu erkennen glaubten, bis Anselm v. Kanterbury gradezu behauptete, daß es als ein verbum angelicum aus keiner menschlichen Sprache hinlänglich erklärt werden könne. Vergl. über dieses Alles Augusti l. c. p. 91—93.

Den gottesdienstlichen Gebrauch dieser Formel leitet Gregor der Gr. (Epist. lib. IX. cp. 12) von der Kirche zu Jerusalem her, wo sie bei der Osterfeier und während der Quinquagesimalzeit angewendet wurde und die h. Freude der Gläubigen über die Auferstehung des Herrn ausdrückte. Schon aus Augustin ist zu ersehen, daß, während die ganze Kirche im Gebrauch des Halleluja zur angegebenen Festzeit einig war, demselben doch schon ziemlich früh eine weitere Ausdehnung gegeben wurde, hierin aber zugleich der griechische und der lateinische Ritus auseinander gingen. Bereits im fünften Jahrhundert war in der Kirche des Abendlandes die Quadragesimalfastenzeit dadurch rituell ausgezeichnet, daß man in Betreff des Halleluja, welches sonst immer gesungen werden durfte, sie speciell ausnahm und auch hierin den Charakter eines büßenden Ernstes hervortreten ließ. Hiezu kam die Beseitigung unserer Formel aus der Missa defunctorum und nächstdem aus der Adventsfeier, bei welcher der römische Meßkanon auch heute kein Halleluja gestattet. Desgleichen untersagt es das vierte Concil zu Toledo ausdrücklich für den ersten Januar „propter errorem gentilitatis." Bei den Griechen jedoch behielt man es auch in der Fastenzeit bei, ohne es deshalb zu einem Ausdruck der Trauer machen zu wollen. In der evangelisch-lutherischen Kirche ist es gleichfalls festgehalten worden, kommt aber auch hier während der Quadragesimalzeit nicht vor, wogegen die Preußische erneuerte Agende das Halleluja für alle Sonn- und Festtage bestimmt. Schließlich dürfte zu bemerken sein, daß überall, wo es auftritt, die specielle Beziehung auf die Auferstehung Christi demselben zu Grunde liegt. Dem großen Amen, womit Gott dadurch, daß er Jesum von den Todten erwecket, das Versöhnungswerk bekräftiget, folgt billig das Halleluja der Menschen, welche damit in die himmlischen Loblieder, zu Ehren des Lammes, das erwürget ist, einstimmen. Vergl. Offenb. Joh. C. 5. Wenn das Gloria vorzüglich zur Weihnachtsfeier sich eignet und die Liebe des Vaters, der den Sohn in die Welt gesandt hat, mit den himmlischen Heerschaaren verherrlicht, so gilt das Halleluja in eminentem Sinne dem Osterfeste als eine Stimme der Freude und des Dankes für die Gnade unseres Herrn Jesu Christi, und wir werden bald sehen, wie auch die *κοινωνία τοῦ πνεύματος* ihr Hosianna hat. Da die Feier des Sonntags als des Tages des Herrn alle Festmomente der Kirche in sich vereinigt, so verbinden sich auch in der Liturgie desselben sehr angemessen das Gloria, das Halleluja und Hosianna und bezeichnen gewisse Hauptbestandtheile in der liturgischen Gliederung.

Rücksichtlich des Hosianna machten bereits Hieronymus und Augustin (vergl. Augusti l. c. p. 96) dieselbe Ansicht geltend, welche in Ansehung des Halleluja herrschend war, daß es nämlich, ohne Uebersetzung, als hebräische Formel beibehalten werden müsse, wie es auch bei den Evangelisten in der Erzählung des letzten Einzuges Christi in Jerusalem vorkommt. Die Verbindung mit einer Doxologie, worin es uns an den bezeichneten Stellen begegnet, mag Veranlassung gegeben haben, daß man schon früh in der Kirche den Charakter des Bittgebets im Hosianna zurück- und den hymnologischen darin hervortreten ließ, wobei bemerkenswerth erscheint, daß es auch im A. T. in derselben Verbindung am Schluß des großen Hallel, Ps. 118, 25 sich findet. — Auf diesem Wege geschah es, daß das Hosianna schon in den apostolischen Constitutionen, wo uns der älteste liturgische Gebrauch desselben begegnet, mit der großen Doxologie verknüpft werden konnte. Im römischen Meßkanon ist es in eine nahe Beziehung zum sacrificium missae gebracht, und so hat es auch die lutherische Kirche für die Feier des h. Abendmahls in sich aufgenommen. Daß die Worte: Gelobet sei der da kommt im Namen des Herrn! als wesentlich dazu gehörig betrachtet worden sind, liegt in der Natur der Sache; es ist jedoch außerdem das Trisagium bei Jesaia 6, 3 mit dem Hosianna in stehende Verbindung gesetzt worden. — Die tiefste Bedeutung desselben ist in seiner Beziehung auf das, stets sich wiederholende Kommen des Herrn in der Gemeinde der Gläubigen zu suchen, bei welcher Christus bis an das Ende der Tage, wenn gleich nicht persönlich, doch in Kraft seines h. Geistes, zu sein verheißen hat, und so erscheint jene eigenthümliche Beziehung des liturgischen Gebrauchs der Formel auf das Altarsacrament vollkommen angemessen.

Die lutherische Kirche hat nun zwar, wie der §. bemerkt, die hier berührten liturgischen Formeln in ihrem stereotypischen Charakter beibehalten, aber von Anfang die Tendenz gezeigt, auch sie, soweit es möglich, vom Chor auf die Gemeinde zu übertragen. So ist die große Doxologie in das sonntäglich wiederkehrende Lied: Allein Gott in der Höh' sei Ehr — übergegangen; gleicherweise hat das Kyrie, sowie das Halleluja in einer Menge kirchlicher Kernlieder, welchen früher wenigstens eine Art von symbolischer Bedeutung zukam, die aber zum Theil auch schon vorreformatorischen Ursprungs sind, Platz gefunden; ja selbst das Heilig, heilig — bei der Feier des Abendmahls wurde in dem alten Liede: Jesaia, dem Propheten, das geschah — zu einem Gemeindegesange, der sich in vielen lutherischen Kirchen einbürgerte. — Hatte also auch ehedem der Chor die Bestimmung gehabt, die Gemeinde zu vertreten, und war er hiernach in der That ein liturgisches Mittelglied zwischen ihr und dem Priester geworden: so konnte er nach dem Geiste des Protestantismus diesen Charakter nicht ferner behaupten und darf gegenwärtig Nichts weiter sein wollen, als ein liturgisches Organ zur Bildung und Leitung der Gemeinde hinsichtlich des Gesanges. — Hiernach dürfte es als ein Rückschritt zu bezeichnen sein, daß die Preußische erneuerte Agende dem Sängerchor insofern wieder eine Stellung über der Gemeinde angewiesen hat, als demselben Bestandtheile des Cultus, welche nach ältester Observanz Eigenthum der Gemeinde geworden waren, hier auf's Neue übertragen sind, z. B. die große Doxologie, das Credo u. a. Es genügt in dieser Beziehung nicht, daß der Wunsch ausgesprochen wird: die Gemeinde möge mit dem Chor mitsingen, da dies doch nicht durchgehend geschieht, und der Regel nach das Volk sich kein rechtes Herz dazu faßt, — wenn ihm das zu Singende nicht bestimmt als Kirchenlied zugewiesen ist.

Schließlich soll nicht unbemerkt bleiben, daß eine liturgische Eigenthümlichkeit der evangelisch-lutherischen Kirche darin besteht, daß sie in einer Fülle von Responsorien und Intonationen eine Wechselwirkung zwischen Liturgus und Gemeinde selbständig hervorgebracht hat, welche der frühere Cultus nicht kannte. Sämmtliche Collecten pflegten auf diese Weise eingeleitet zu werden, und es dienten dazu biblische Sprüche, die in Angemessenheit der, durch die jedesmalige Perikope sich bestimmenden Physiognomie des Sonntags oder der besondern Veranlassungen, worauf die betreffenden Collecten sich bezogen, ausgewählt waren. Bei diesen Gelegenheiten fand dann auch das Halleluja reichliche Anwendung. — Mit der angegebenen Sitte hängt genau zusammen, daß die Collecten selbst in recitativischer Weise gesungen zu werden pflegten. Es entspricht auch dieses dem lutherischen Charakter, sofern derselbe den bereitwilligsten Anschluß an die alten, geheiligten Formen des Gottesdienstes, wo es ohne Verletzung der evangelischen Wahrheit und Freiheit geschehen konnte, mit sich brachte. Die Preußische erneuerte Agende ist jenem recitativischen Singen des Geistlichen nicht günstig; aber die Zukunft wird es zu lehren haben, inwieweit sie überhaupt das Vermögen in sich trägt, den gottesdienstlichen Ritus der lutherischen Kirche, an welchen sie im Grunde genommen sich eng anschließt, allmählich in der Art zu modificiren und fortzubilden, daß endlich als rituelle Grundlage der sich anbahnenden Union eine neue Gestalt des liturgischen Elements in einer vereinigten evangelischen Kirche daraus hervorgehen könne.

§. 60.
Das Kirchenlied.

Nachdem vorzüglich seit Gregor dem Gr. die christlichen Gemeinden des Abendlandes ihr von Anfang unbestrittenes Recht, das Lob Gottes in ihren eignen Sprachen zu singen, eingebüßt hatten, und der Cultus immer entschiedener die, schon früher eingeschlagene theurgische Richtung verfolgte, wurde derselbe so ausschließend das Geschäft des, eine vermittelnde Stellung zwischen Gott und den Gläubigen einnehmenden Priesterthums, daß auch die Alleinherrschaft der lateinischen Sprache ganz naturgemäß aus der angegebenen hierarchisch-einheitlichen Grundtendenz hervorging und den Gottesdienst in eine objective Erhabenheit hinaufrückte, bei welcher dem Volke Nichts übrig blieb, als mit dunklen Gefühlen einer unerleuchteten Andacht und mit staunender Ehrfurcht dem unverstandnen, aber für heilsam gehaltenen Thun der Priesterschaft zuzusehen. So geschah es, daß auch das, einst im Munde der Gemeinde selbst lebende Kirchenlied vollständig in den liturgischen Altardienst sich einfügen mußte und, wie reich auch das Mittelalter zu manchen

Zeiten an lateinischen Productionen auf diesem Gebiete war, gleichwohl auf die theilnahmlose Menge der Laien wenig Segen davon zurückfloß. — Wie jedoch überhaupt zu bemerken ist, daß der Geist der Opposition gegen die starre Einheit der römischen Hierarchie in mittelalterlicher Zeit immer von hervorbrechenden nationalen Bestrebungen getragen wird: so sind es auch in liturgischer Hinsicht die Anfänge des deutschen Kirchenliedes, an welche auf dem Boden des germanisch-kirchlichen Lebens die Bemühungen, jener priesterlichen Alleinherrschaft Schranken zu setzen und das Volk zu seinem Rechte zu bringen, sich anknüpfen. — Aber erst der Reformation war es vorbehalten, durch Geltendmachung des allgemeinen Priesterthums der Gläubigen der Gemeinde wiederzugeben, was ihr gebührte und das geistliche Volkslied als Kirchenlied in den Cultus förmlich einzubürgern.

Wir dürfen hier auf Das zurückweisen, was der erste Theil über die Kunst im Cultus überhaupt gesagt hat. Daß das religiöse Bewußtsein seinen innersten Gehalt auch im Liede zum Ausdruck bringen will, ist in der Natur selbst begründet; da die, dem menschlichen Geiste angeborene Kunstanlage es mit sich bringt, und alle der lebendigen Schöpfung eingepflanzten Kräfte den Schöpfer verherrlichen sollen. Daher begegnet uns auch der religiöse Gesang selbst im Heidenthume bei allen einigermaßen gebildeten Völkern; im Judenthume aber bestand er in hoher Ausbildung, wie denn die Psalmen auch als die Anfänge des christlichen Gesanges betrachtet werden können. Es würde der Religion des Evangeliums an einer ihrer schönsten Lebensäußerungen, durch welche sie sich als die absolute Religion des Geistes bethätigt, gefehlt haben, wenn sie nicht auch auf diesem Gebiete selbständig die reichste Fülle schöpferischer Kraft entfaltet hätte; der abendländischen Kirche aber war es beschieden, eine Blüthe christlicher Poesie zu entwickeln, welche den Orient weit hinter sich zurückließ. Es kann hier nicht unser Zweck sein, in dürftigen Auszügen eine Geschichte des Kirchenliedes zu geben, nachdem in neuester Zeit treffliche Arbeiten dieser Art (vergl. u. a. Koch's Geschichte des Kirchenlieds und Kirchengesangs, Stuttgart 1847) helles Licht über den historischen Entwickelungsgang dieses Theils des Cultus verbreitet haben. Genug, daß mit Ambrosius im Abendlande, und für dasselbe ein Wendepunkt in der Sache eintrat, kraft dessen die Gemeinde selbst den lebendigsten Antheil am Gottesdienste erlangte und in den Stand gesetzt wurde, ihre geistlichen lieblichen Lieder auch in rührenden und melodischen Weisen dem Herrn zu singen. Von da an kam die kirchliche Poesie zu hoher Vollendung, und es darf Männern, wie Ambrosius, Prudentius, Sedulius, Fortunatus, Gregor der Gr. u. A. nachgerühmt werden, daß sie für alle folgenden Zeiten gesungen haben. — Auch nach der durchgreifenden Reformation des Kirchengesangs im Geiste der mittelalterlichen Hierarchie hat das lateinische Kirchenlied noch die herrlichsten Blüthen getrieben, da es nicht an Männern fehlte, durch welche von Zeit zu Zeit ein neuer mächtiger Impuls gegeben wurde. So gab ihn Notker der Aeltere von St. Gallen durch die von ihm erfundene Form der Prosen oder Sequenzen, in welcher späterhin die schönsten Lieder gedichtet wurden. Nicht minder kam im elften Jahrhundert von Damiani, Bischof zu Ostia, dem Sänger des Märtyrerthums eines büßenden Lebens, fruchtbare Anregung, welche mit dem reformatorischen Geiste, der damals im Sinne der Hierarchie durch die abendländische Kirche wehte und viel treffliche Bauleute für das sichtbare Gottesreich auf den Plan rief, im innigsten Einklange war. Das zwölfte

Jahrhundert zeichnete sich durch einen hohen Aufschwung der geistlichen Dichtung aus und hat Männer aufzuweisen, wie Bernhard von Clairvaux, dessen in Gott verschlungenes Leben, wie es ihn, als das Orakel seiner Zeit, auf eine wunderbare Höhe geistiger Herrschaft stellte, also auch die tiefste Innigkeit und demüthig feurige Liebe des himmlisch gesinnten Mannes in Liedern ausströmen ließ, welche es verdienten, von einem Paul Gerhard nachgesungen zu werden. Nächst ihm ist Adam von St. Victor als einer der fruchtbarsten geistlichen Dichter des Mittelalters zu nennen. — Den Bettlerorden des dreizehnten Jahrhunderts war es vergönnt, das lateinische Kirchenlied zur schönsten Blüthe zu entfalten. Denn nachdem schon Franciscus selbst, welchem Angelus Silesius die Grabschrift setzen durfte:

Hier liegt ein Seraphin; mich wundert's, wie der Stein
Von solchem Flammenfeu'r noch ganz kann blieben sein —

dem Herrn ein neues Lied gesungen hatte, folgten ihm drei Männer seines Ordens: Bonaventura, Thomas von Celano, Jacoponus, welche in der äußeren Gestalt ihres geistlichen Lebens und Wandels dem Stempel ihres Meisters treu, das lateinische Kirchenlied zur höchsten Vollendung brachten, während der ihnen geistig ebenbürtige Thomas von Aquin aus dem Dominicanerorden in Frankreich das Geheimniß des Altarsacraments dichtend verherrlichte.

Bei dem Allem war nur das arme Volk überall zu kurz gekommen, und die priesterliche Alleinherrschaft der lateinischen Sprache hatte im öffentlichen Cultus ihm Nichts übrig gelassen, als das Kyrie eleison. Aber doch konnte der Gemeinde der Gläubigen ihr natürliches Recht nie so völlig entzogen werden, daß es nicht seine unverjährbaren Ansprüche immer wieder auf's Neue hätte geltend machen sollen. Gleichwie Notker Balbulus auf den Gedanken gekommen war, den musikalischen Modulationen, in welchen man damals die letzte Sylbe des Halleluja eine Weile festzuhalten und zu tragen pflegte, einen Text unterzulegen, wodurch er Schöpfer der Prosen und Sequenzen wurde, so begann man etwa um dieselbe Zeit auch das Kyrie eleison für das Volk auf gleiche Art auszustatten und hiermit in den sogenannten Leisen, deren beständiger Refrain jene liturgische Formel war, ein deutsches Kirchenlied in's Leben zu rufen, dessen schwachen Anfängen es zwar nicht gelang, das starre Gesetz des priesterlichen Meßkanons zu durchbrechen, welches aber doch seitdem nie das Streben aufgab, der Herrschaft der lateinischen Sprache im Cultus Boden abzugewinnen. Schon im zwölften Jahrhundert entstand so die bekannte körnige Osterleise: Christ ist erstanden, und später die Pfingstleise: Nun bitten wir den heilgen Geist, u. a. m., welche als geistliche Volkslieder bald so allgemein sich verbreiteten und so großes Ansehen erlangten, daß man sie allmählich auch in den Kirchen selbst, wenigstens bei den, neben der streng gebundenen Meßliturgie herlaufenden freieren gottesdienstlichen Formen dem Volke verstattete, und die Erstgenannte am Ende des funfzehnten Jahrhunders sogar im Meßkanon sich hier und da einen Platz erringen konnte. Desto mehr sangen die Gemeinden außerhalb der Gotteshäuser, bei Bitt- und Bußgängen, Processionen und ähnlichen Veranlassuugen ihre geliebten deutschen Lieder und wurden hierdurch für die Reformation vorbereitet. Wenn gleich, wie schon angedeutet, dieser geistliche Volksgesang des vorreformatorischen Zeitalters noch nicht eigentlicher Kirchengesang zu werden vermochte, so war ihm doch eben hierdurch ein um so freieres Feld geöffnet, sich volksthümlich auszubilden und selbständig zu erstarken, wie denn in dieser Hinsicht sehr bemerkenswerth ist, daß nicht blos Altes aus dem vorhandenen Schatze des lateinischen Kirchengesanges hervorgesucht und deutsch umgearbeitet wurde, sondern daß man auch insofern aus dem innersten Herzen des deutschen Volkes heraus dichtete und sang, als man es nicht verschmähte, durch Umbildung weltlicher Volkslieder und Melodieen, die der Menge vertraut nud werth waren, das Geistliche in einer Form darzubieten, welche geeignet war, es in das innerste Fühlen und Denken der Gemeinde hinein zu tragen und dieselbe ihr eigenstes, durch das Evangelium gereinigtes Leben darin wiederfinden zu lassen. In dieser Art bahnte sich für die Reformation auch in dieser Beziehung immer mehr der Weg, bis der Gedanke des allgemeinen Priesterthums der Gläubigen den mächtigen Funken in das Herz der deutschen Nation werfen und darin zünden sollte.

Dieser Gedanke gab dem Geiste der Subjectivität in der Gemeinde einen ungeheuren Anstoß. Bisher war ihr die Botschaft des Heils in einer Objectivität gehalten worden, die dem Gläubigen das Höchste immer in unerreichbarer Ferne bleiben ließ. Er mußte sich begnügen, zu wissen, daß ihm kraft des priesterlichen Wortes und Sühnopfers der Antheil daran zugesichert sei; dagegen bestritt ihm die Kirche das Recht der Forderung, daß der objectiv vorhandene Schatz der Verdienste Christi durch gläubige Zueignung auch in sein subjectives Leben übergehen solle und trat daher als die natürliche Widersacherin aller Aeußerungen desselben auf. Sie verstattete dem Volke nicht, das Wort Gottes in seiner eigenen Sprache zu lesen und gebot Schweigen den Lippen, welche sich nicht blos bei einzelnen Gelegenheiten, sondern durchgehend im Cultus zum Preise des Herrn öffnen wollten. Dies änderte sich nothwendig mit der Reformation und deren Princip, dem rechtfertigenden Glauben. In der Gemeinde erwachte fortan das Bewußtsein, daß die objectiv vorhandenen Heilsgüter nur insofern nütze seien zur Seeligkeit, als sie auch subjectiv in das innerste Leben aufgenommen würden; daß Christus, nachdem er wesentlich der

Erlöser geworden für Alle, nur insofern als solcher in der Gemeinde sich bethätige, als er geistig in ihr geboren werde und eine Gestalt gewinne. Hatten aber nun einmal die geistigen Lebensströme durch das Evangelium sich in die Gemeinde ergossen, so verlangte sie natürlich auch, im Cultus sich äußern zu dürfen, und daß dafür nur die eine Form des Gesanges übrig blieb, wenn die Selbstthätigkeit des Volks im Gottesdienste aus der Roheit und Verworrenheit in Klarheit und Ordnung übergehen sollte, ist schon im ersten Theil angedeutet worden. Sonach erkennen wir im Kirchenliede die Form der subjectiven Lebensäußerung der Gemeinde als solcher im öffentlichen Cultus.

§. 61.

Natur und Wesen des Kirchenliedes.

Das evangelische geistliche Lied ist wesentlich auf drei Rubriken zurückzuführen, welche zugleich drei einander folgende Hauptphasen seiner geschichtlichen Entwicklung darstellen. In seinen Anfängen sehen wir es mit dem überwiegenden Charakter kirchlicher Objectivität auftreten, entsprechend dem, so zu sagen nackten Glauben, welcher, ohne in den, vom Geist der Gnade zu durchdringenden und zu heiligenden natürlichen Kräften des seelischen Lebens eine Stütze zu suchen, in reinster Unmittelbarkeit aus dem Worte Gottes allein lebt, die ewigen Heilswahrheiten sich mit höchster Energie zueignet und hiermit ganz direct in Gott selbst seine Anker wirft. Wenn der Glaube auf dieser Stufe seine überall hin sich verzweigenden Wurzeln in den reflectirenden Verstand, in Gefühl und Phantasie noch nicht geschlagen hat; wenn ihm alle Ueberkleidungen noch fehlen, die er bei tieferem Eindringen in die Subjectivität des Lebens unfehlbar auch gewinnt: so bethätiget er dafür in dieser Unmittelbarkeit um so entschiedener seine göttliche Stärke, und es charakterisiren sich hiernach auch die Lieder, welche dieser ersten Entwicklung angehören. Sie haben hohen poetischen Werth; aber der poetische Gehalt liegt nicht sowohl in Dem, was ihre Verfasser aus dem eigenen Schatze ihres religiösen Bewußtseins hineingetragen haben, sondern es ist der gewaltige Stoff selbst, welcher seine reiche, tiefe Poesie darlegt und so aus den h. Sängern herausredet. Ungemeine Kraft, Einfalt und Wahrheit sind daher die Hauptmerkmale dieser Lieder, welche am Angemessensten als kirchliche Glaubenslieder zu bezeichnen sein dürften.

Die Natur der geschichtlichen Entwickelung selbst brachte es mit sich, daß das evangelische Kirchenlied in seinem Ursprung den angegebenen Charakter offenbarte. Denn das neue Princip des rechtfertigenden Glaubens trat aus einer starren Objectivität heraus, welche bis daher alles kirchliche Leben gebunden hatte: wie konnte es also ohne Weitere' schon in Saft und Blut der Gemeinde übergegangen sein? — wie hätte es nicht vielmehr den Ursprung, von welchem es herkam, sehr bestimmt verrathen sollen? Ueberdies besaß auch die alte Kirche selbst einen herrlichen, dem Volke nur ungenießbaren Liederschatz, welcher für dasselbe ausgebeutet werden konnte, und dazu war der Weg bereits gebahnt worden. — Gleichwohl ist Luther als der eigentliche Vater des evangelischen Kirchenliedes anzuerkennen, wobei nicht unbemerkt bleiben soll, wie in diesem Anfänger der Reformation das neue Licht und Leben in solchem Grade sich concentrirte, daß, wie die gesammte geschichtliche

Entwickelung der evangelischen Kirche überhaupt, also auch die späteren Entwickelungen des Kirchenliedes in ihm vorgebildet daliegen. Denn neben der großartigsten Objectivität begegnen uns in den Gesängen dieses Reformators auch bereits Aeußerungen eines individuellen Glaubenslebens von so zarter Innigkeit des Gefühls, ja von so edler Sentimentalität, daß auch ein Paul Gerhard die fromme Andacht eines in Christum sich vertiefenden Gemüths nicht herzlicher zu singen vermochte. Man vergl. das herrliche Weihnachtslied: Gelobet seist du Jesu Christ, oder: Vom Himmel hoch, da komm' ich her. Rücksichtlich des Erstgenannten ist dem Gesagten eine thatsächliche Bestätigung dadurch geworden, daß es nach einer schönen alten Sitte am Christabende hier und da mit dem bekannten Weihnachtsliede Christian Friedrich Richter's: Auf, frohlocket Christi Glieder! —, einem Liede von ganz individuellem Charakter, in der Art als Wechselgesang gebraucht werden konnte, daß jedem, von der Gemeinde angestimmten Verse des lutherischen Liedes der vom Chor gesungene entsprechende Vers des andern folgte, und überall beide ihre tiefe Uebereinstimmung immer neu bewährten.

Luther durchbrach zuerst das bisherige starre Gesetz des römischen Altardienstes mit kräftiger Hand, indem er wichtige Bestandtheile desselben, z. B. das Credo, das Sanctus in Gesänge verfaßte, und das christliche Volk einlud, selbstthätig in den Cultus eingreifend, den Priester an geeigneten Punkten abzulösen. So entstand eine Wechselwirkung, welche immer durchgreifender werden mußte. Mit richtigem Blick erkannte der große Reformator die, im lateinischen Kirchenliede vorhandenen herrlichen Schätze und ging sofort selbst an's Werk, sie der Gemeinde zugänglich zu machen. Er bearbeitete eine Menge der schönsten Lieder so, daß sie zugleich in ächt evangelischem Geist erweitert und in wirklich neue deutsche Gesänge umgewandelt wurden. Insonderheit knüpfte er die evangelische Hymnologie an den Psalter, in welchem er das Gebetbuch aller Gläubigen auf Erden erkannt hatte. Denn wenn auch der Ausleger desselben es schwierig finden mag, die besonderen Beziehungen und individuellen Situationen, die den einzelnen Stücken zu Grunde liegen, festzustellen und den Sinn darnach zu bestimmen: für Luther waren die Psalmen die concretesten Lebensbilder geworden, und er fand die innersten Erfahrungen und Zustände des gläubigen Gemüths, er fand die ganze streitende Kirche hienieden, mit ihrer Trübsal, ihrer Angst und Freude am Herrn, darin wieder. Indem so der Psalter von seinen ursprünglichen Veranlassungen sich gleichsam ihm losriß, verklärte sich dessen Buchstabe um so völliger in seinem Herzen in Geist und Leben und gestattete ihm eine Behandlung dieser h. Gesänge und eine Unmittelbarkeit ihrer Anwendung, kraft welcher sie ihm Gegenwärtiges und Zukünftiges abspiegelten und eine Weck-, Klage- und Troststimme der gesammten Gemeinde Gottes auf Erden aus sich hervortönen ließen. In diesem Sinne nun führte Luther die Psalmen in den evangelischen Liederschatz der Kirche ein und gab damit einen Anstoß, welcher die edelsten Kräfte zur Nachfolge in Bewegung setzte. Nicht minder dichtete er aus der eigenen Fülle seines lebendigen Glaubens neue Lieder, worin derselbe schöpferische Geist athmet, der auch im Gebiet der Lehre eine reformatorische Entwicklung hervorbrachte, und so geschah es, daß die neue Gestaltung der Dinge ganz vorzüglich durch die mächtigen Wirkungen des Gesanges die Herzen des Volkes gewinnen konnte. In seinem geistlichen lieblichen Liedern sang dieses fröhlich in die Reformation sich hinein und sah sich nach langer Dürre auf eine evangelische Weide geführt, wo ihm zuvor nie gekannte Erquickungen bereitet waren. — Bald schlossen treffliche Männer an Luther sich an, welche zu dem kirchlichen Liederschatz ic nach ihrem Vermögen zusammentrugen. Justus Jonas, Paul Eber, Lazarus Spengler, Paul Speratus, Johann Poliander, Nicolaus Decius, Johann Matthesius, Bartholomäus Ringwaldt, Nicolaus Selneccer, Ludwig Helmbold, Philipp Nicolai u. A., theils Luthers persönliche Gehilfen im Werke der Reformation, theils Beförderer desselben nach ihm, haben sich auch rücksichtlich des kirchlichen Gesanges bleibende Verdienste erworben. —

Als Grundcharakter dieser ersten Entwicklung des geistlichen Liedes ist im §. dessen kirchliche Objectivität bezeichnet worden. Diese offenbarte sich zuerst in solchem Grade, daß es in manchen Fällen nur Abschnitte der h. Geschichte waren, in singbare Form gebracht, worin die Gemeinde reiche Nahrung fand, gleichwie auch bereits das kirchliche Alterthum hierin mit seinem Beispiele vorangegangen war. So sang man am Feste der Heimsuchung Mariens das sogenannte Magnificat, desgl. am Feste der Verkündigung den englischen Gruß und ebenso am entsprechenden Sonntage den Lobgesang des Zacharias. — An jenem objectiven Charakter nehmen alle angeführten Männer mehr oder weniger Theil, und so sei es uns hier vergönnt, einige schöne Worte des Dr. Fortlage, des Uebersetzers vorzüglicher Kirchenlieder des christlichen Alterthums, als der ersten Entwicklungsstufe des evangelischen Kirchenliedes gleichfalls geltend, hier anzuführen: „Unter der Worte höckrigter Decke sprühet feurige Schlagkraft, Gewalt des Alles zersprengenden geoffenbarten Worts. Die Empfindung redet nicht sich, sondern allein ihren Gegenstand in unverzierter Haltung. Man kann dies den Urgesang des Christenthums, den Gesang seiner moralischen Energie nennen. Denn es gebiert sich bei ihm in der Seele ein weltüberwindender Stoicismus, eine Stimmung, deren wahrhaft römische Größe darin besteht, über Eindrücken erhaben zu stehen und sich sowohl

Schmerz als Lust zum bloßen Gegenstande zu machen, über welchem der höhere Grundsatz walte mit einem Glauben, der aus Entschluß bei seinem Dogma beharrt, ohne zu sehr nach Beglaubigung durch stets zu erneuernde innere Erfahrungen und Gefühle zu ringen. Solcher Glaube ist seiner Natur nach der unerschütterlichste, weil er nicht in der Gefühlsregion, sondern in der moralischen Sphäre des religiösen Entschlusses wurzelt und seine Stellung nicht anders auffaßt, als einen Kampf mit der Welt im Innern und der Welt von Außen — derselbe männliche Geist, der auch wieder die Reformation in ihrer Ausbreituug beseelte."

§. 62.

Fortsetzung.

Wenn es überhaupt des lebendigen Glaubens Art ist, den ganzen Menschen zu durchdringen und alle seine Kräfte zu heiligen, so mußte er auch im Kirchenliede diesen Uebergang in die Sphäre des Gemüthslebens und der dichtenden Phantasie offenbaren, und es folgt daher der ersten Entwicklungsphase des evangelischen Kirchenliedes eine andere, welche den geistlichen Liederschatz mit Gesängen der zweiten Hauptkategorie bereichert hat. Die Objectivität des kirchlichen Bewußtseins und die Subjectivität des individuellsten Lebens im Glauben sind hier im schönsten Gleichgewicht. Einerseits ist es das gemeinsame Bekenntniß, welches, kräftig von Allen getragen, aus diesen Liedern hervortönt; andererseits hat dasselbe hier die Gestalt angenommen, wie es als innerster Lebenssaft der Gemeinde, als tiefster Inhalt ihres Denkens, Fühlens und Wollens, als fester Ankergrund ihres Vertrauens und Hoffens sich bethätiget. Das Objective, subjectiv ergriffen, offenbart sich gleichsam als nährendes Blut, wie es, die Adern des nach Gott geschaffenen, inwendigen Menschen durchströmend, ihm Wachsthum und Gedeihen nach allen Punkten unabläßig neu zuführt. Wenn die Lieder der ersten Kategorie wie unmittelbar aus dem Worte Gottes herausgesungen sind, so ertönen die der zweiten aus dem innersten Herzen der evangelischen Gemeinde und geben ihrem religiösen Bewußtsein den reinsten, entsprechendsten Ausdruck, so daß wir sie mit Koch als volksthümlich gläubige Andachtslieder bezeichnen dürfen. Die Spitze dieser Entwicklungsphase bildet Paul Gerhard.

Es ist sehr bemerkenswerth, wie die Opitz'sche Schlesische Dichterschule dieser neuen Entwicklung des Kirchenliedes den Weg bahnen mußte. Denn da nunmehr das Streben dahin ging, nicht blos den h. Stoff selbst durch seinen ihm immanenten Reichthum an Poesie, ohne individuelle Zuthat der Sänger, auf das gläubige Herz wirken zu lassen, sondern ihn auch durch eigne poetische Productionen zu verherrlichen, so reichte die bisherige Behandlung der Sprache jetzt nicht mehr aus. Man war gewohnt gewesen, ohne Beachtung der prosodischen Regeln nur die Sylben zu zählen und, unbekümmert um Härten in der Wortfügung, das Formelle überhaupt zu vernachläßigen. Vor Allem bedurfte daher die deutsche Sprache selbst einer bildenden Meisterhand, ehe sie dem dichtenden Geiste gerecht werden konnte, und diese wurde ihr in dem Bunzlauer: Martin Opitz von Boberfeld zu Theil. In seinem Buche: von der deutschen Poeterei, lehrte er die Gesetze der Prosodie, des Reims und der Quantität der Sylben und drang auf Correctheit und Sprachreinheit. Das durch ihn geweckte Bewußtsein über die Aufgabe der deutschen Poesie und die, von ihm ausgehende, lebendige Anregung zur Thätigkeit auf diesem Gebiete trieben alsbald auch in der Sphäre des geistlichen Liedes herrliche Blüthen und Früchte mitten unter den Stürmen des dreißigjährigen Krieges. Johann Heermann, Andreas Gryphius, Paul Flemming, Johann Rist u. A. sind als Liederdichter zu bezeichnen, in welchen die neue Entwicklung der kirchlichen Poesie anerkennenswerthe Vertreter findet; aber über sie Alle ragt Paul Gerhard hervor, dem es nächst Luther am Meisten gegeben war, als Sänger des gläubigen Volkes, dessen innerstes Herz reden zu lassen und dem eigensten Denken und Fühlen der Gemeinde den entsprechendsten Ausdruck zu verleihen. An ihn reihen sich zahlreiche Zeitgenossen; unter denselben Georg Neumark, der Sänger des heute noch beliebten Liedes: Wer nur den lieben Gott läßt walten; desgl. Johann Frank, dessen tiefe Gottinnigkeit in dem Liede: Eins ist Noth, ach Herr dies Eine ꝛc. sich ein bleibendes Denkmal gesetzt hat, das in keinem evangelischen Gesangbuch fehlen darf. Auch gekrönte Häupter zieren die schöne Gruppe; so die fromme Curfürstin Louise Henriette von Brandenburg und der Herzog Anton Ulrich von Braunschweig; desgl. Wilhelm II. Herzog zu Sachsen-Weimar, mit seinem, der ganzen evangelischen Kirche theuer gewordenen Liede: Herr Jesu Christ, dich zu uns wend'.

Wenn den Gesängen der ersten Kategorie überwiegend ein liturgisch-symbolischer Werth zuzuschreiben ist, kraft dessen sie ihre hohe Bedeutung für den evangelischen Cultus nie verlieren können: so sind es wiederum vorherrschend die der zweiten, welche die subjectiven Lebensäußerungen der Gemeinde als solcher im Gottesdienste tragen und daher bei der Auswahl der Lieder für denselben die vorzüglichste Beachtung verdienen.

Denn sie sind es, bei welchen nicht blos die Stimmen im gemeinsamen Choralgesang, sondern auch die Herzen harmonisch zusammenfließen, so daß in der That hier Einer für Alle singt und Alle für Einen.

§. 63.
Fortsetzung.

Die dritte Kategorie des evangelischen Kirchenliedes charakterisirt sich durch vorherrschende Subjectivität. Wenn in den zuvor geschilderten volksthümlich gläubigen Andachtsliedern das objective und subjective Element des religiösen Bewußtseins ein schönes Gleichgewicht offenbarten, so wurde im weiteren Verlauf das Letztere das vorherrschendere, indem zunächst durch die Einflüsse des von Harsdörffer gestifteten Pegnesischen Blumenordens, welcher eine Art Schäferpoesie in's Leben rief, auch die geistliche Dichtung eine innere Umwandlung erfuhr und ihren bisherigen, dem Psalter entsprechenden Davidischen Charakter mit dem Salomonischen des hohen Liedes vertauschte. Hierdurch kam jene weiche Sentimentalität in das geistliche Lied, welche leicht in's Krankhafte ausarten konnte. Nicht minder gab die zweite Schlesische Dichterschule vorzüglich durch Angelus Silesius demselben die beschaulich-mystische Färbung. In beiden Beziehungen lief die geistliche Dichtung Gefahr, dem kirchlichen Charakter sich zu entfremden, da auch rücksichtlich der letzteren, bei der Richtung, die die genannte Schule in einem Hoffmannswaldau und Lohenstein genommen hatte, es nicht an bedrohlichen Einflüssen fehlte. Wenn glücklicherweise doch der edle, ernste Geist, der in den reich poetischen Liedern Scheffler's wehte, die Oberhand behielt; und schon in Schlesien selbst durch den trefflichen Caspar Neumann eine Versöhnung jener subjectiven Lyrik mit einem allgemeineren kirchlichen Standpunkte angebahnt wurde: so bethätigte sich vollends die von Spener ausgehende reformatorische Bewegung in der evangelischen Kirche Deutschlands auch rücksichtlich der geistlichen Dichtung in der Art, daß ihr der Geist eines biblisch praktischen Christenthums eingehaucht und ein wahrhaft erbaulicher Charakter der vorherrschende wurde. Nichtsdestoweniger zeigte sich die Richtung auf das Persönliche, Individuelle schon insofern überwiegend, als hinfort vorzüglich die inneren Erlebnisse und Erfahrungen des Heils in Christo sich geltend machten und nächstdem eine subjective Reflexion, wie z. B. in Jakob Rambach, allmählich Boden gewann, welche, obwohl anfänglich noch im lebendigen Glauben wurzelnd, doch bereits den Uebergang zur bedauerlichen Tendenz der Aufklärungsperiode, durch das Lied selbst nur belehren zu wollen, vermittelte.

Der Spener'sche Geist hat auch im Gebiete der geistlichen Poesie die köstlichsten Blüthen und Früchte hervorgetrieben; die Richtungen aber, in welchen sie seitdem sich entfaltet, sind von sehr verschiedener Art. Einerseits war ein tief mystisches Element nun einmal in der evangelischen Kirche vorhanden und nahm jetzt, neu befruchtet durch die Spener'schen Einflüsse, um so entschiedener eine separatistische Richtung, als die wiederbelebte Idee des allgemeinen Priesterthums der Gläubigen und der hiermit zusammenhängenden ecclesiolae in ecclesia ohnehin dazu wirkte, daß man das, in dem bisherigen todten Orthodoxismus erstarrte äußere Kirchenwesen gering zu schätzen anfing. Hierher gehören namentlich Gottfried Arnold und der als Fanatiker verschrieene Joh. Wilh. Petersen; vorzüglich aber Gerhard Tersteegen, dessen wahrhaft erhabene Lieder noch heute hier und da unsere evangelischen Gesangbücher zieren. — Bei Weitem einflußreicher jedoch hat im Gebiete des geistlichen Liedes der, in seinen Anfängen so edle Pietismus sich erwiesen. Joh. Casp. Schade, Aug. Herrm. Franke, Jos. Anastas. Freylinghausen, Joach. Justus Breithaupt, Christ. Fried. Richter, Carl Heinr. von Bogazky, Leop. Franz Friedr. Lehr, Ernst Gottl. Woltersdorf und viele Andere, unter welchen sich auch fromme Frauen, zum Theil aus edelstem Geschlecht befinden, — haben in dieser Beziehung einen Namen für alle Zeiten erlangt.

Endlich schloß, gleichfalls durch Spener'sche Einflüsse vorbereitet, der besonderen Entwickelung des geistlichen Liedes in der Oberlausitz die erneuerte Mährische Brüderkirche sich an, entfaltete jedoch sehr bald in ihrer Hymnologie einen durchaus eigenthümlichen Charakter. Es wird erlaubt sein, das auserwählte Rüstzeug Gottes in Stiftung der Brüder-Unität hierüber selbst reden zu lassen: „Der eine Punkt, der von mir und der Brüder-Unität ins Herz gefaßt und zum Mittelpunkt aller Lehre und aller Lieder gemacht wurde, ist — das Erkennen des wahrhaftigen Gottes in seinem Sohne, was unter allen Aposteln Johannes am Deutlichsten bezeichnet hat: hierin zeigt sich der Hauptcharakter unserer Lieder — das innige Gefühl der Liebe des Heilandes und der Gemeinschaft mit ihm; ein zweiter Punkt ist damit verwandt — eine Einfalt und Andacht, Innigkeit und eine Brüder-Gemeinschaft." — Es entstand in Folge dieser für das Reich Gottes höchst wichtigen Evolution des christlichen Geistes ein reicher, neuer Liederschatz, welcher auch der größeren Kirche Frucht getragen hat, und dem zum Unterschied der Innigkeit des Spenerisch-Franke'schen Gesanges das Merkmal der Sinnigkeit im Gewand einer ganz eigenthümlichen Familiensprache von Kindern mit Gott und von Geschwistern unter einander gebührt (also Koch l. c. p. 363). Wenn allerdings sehr bald auch eine krankhafte Empfindelei und tändelnde Spielerei sich in diese Gesangweise einmischte, von welcher jedoch die, den Abweg erkennende Brüdergemeinde selbst schnell genug sich reinigte: so charakterisirt gleichwohl auch noch das heutige Brüdergesangbuch, bei seiner, übrigens reichen Fülle herrlicher Gesänge, sich durch jene unverkennbare Vorliebe für den Ausdruck des innig zerflossenen Gefühls im persönlichen Umgange mit dem Heilande, welche Lieder dieser Art wenigstens für den allgemeineren kirchlichen Gebrauch nicht angemessen erscheinen läßt. — Jedenfalls gab im Gegensatze sowohl gegen den Pietismus, als auch gegen die sogenannte Herrenhutische Richtung, der von tüchtigen Männern geltend gemachte kirchlich-orthodoxe Standpunkt, welcher in einem Erdmann Neumeister, sowie dem gesegneten Benjamin Schmolke u. A. selbst in Hervorbringung wahrhaft erbaulicher Lieder seine schöpferische Kraft bewährte, noch ein sehr heilsames Gegengewicht gegen das, immer entschiedener hervortretende Walten des, allmählich in Unkirchlichkeit umschlagenden subjectiven Geistes.

Schließlich drängt sich die liturgisch wichtige Frage auf, inwieweit Lieder der dritten Hauptkategorie bei ihrer vorherrschenden Subjectivität als für den kirchlichen Gebrauch geeignet zu erkennen sind? Es leuchtet ein, daß hierin wenigstens gehörige Unterscheidung und Würdigung der verschiedenen religiösen Standpunkte der Gemeinden dringend zu empfehlen sein möchten. Wenn ein Geistlicher seiner Gemeinde nachrühmen darf, daß eine lebendige Heilserkenntniß in ihr ziemlich allgemein verbreitet sei, so werden erbauliche Andachtslieder, welche die inneren Erfahrungen eines gläubigen Gemüths in Uebereinstimmung mit der gesunden evangelischen Heilsordnung einfältig und klar besingen, jederzeit gesegnete Wirkung thun. Nicht leicht aber dürften Lieder im Salomonischen Geschmack des Hohen Liedes, oder andere von tief mystischem Gehalt, wenn auch an sich schön und innig, dem allgemeineren kirchlichen Bedürfnisse entsprechen. Wo wäre z. B. wohl die Gemeinde zu finden, welche in dem erhabenen Liede Tersteege'ns: Gott ist gegenwärtig ꝛc. einen angemessenen Ausdruck ihrer Andacht zu finden vermöchte, oder welcher man eine Strophe wie folgende:

O wie seelig sind die Seelen,
die mit Christo sich vermählen,
die sein sanfter Liebeswind
so gewaltiglich getrieben,
daß sie ganz daselbst geblieben,
wo sich ihr Magnet befind't!

bieten dürfte? — Es ist daher für den Geistlichen rücksichtlich des vorherrschend Individuellen im evangelischen Liederschatze ein ebenso richtiger Takt, als gründliche Beurtheilung des kirchlichen Standpunktes seiner Gemeinde dringend erforderlich. Dagegen lassen die Lieder der beiden ersten Kategorieen keinem Zweifel Raum. Für das volksthümlich gläubige Andachtslied, wie es ein Joh. Heermann, ein Paul Gerhard gesungen, — auch der in diesem Gebiet so fruchtbare Benj. Schmolke darf hieher gezählt werden, — wird unser evangelisches Volk stets eine Vorliebe hegen und nicht minder werden die kirchlichen Glaubenslieder der ersten Entwicklungsperiode mit ihrer streng objectiven Haltung, vorzüglich in den Festzeiten des Kirchenjahrs, ihr angestammtes Recht geltend machen, wie denn noch gegenwärtig wenigstens Luther's herrliche Gesänge sich in allgemeinerem Gebrauch erhalten haben. Leider ist unverkennbar, daß der Verfall der gesunden Lehre in der Aufklärungsperiode und die dadurch veranlaßte Versunkenheit der heutigen Gemeinden in Blindheit und Unwissenheit mächtig dazu gewirkt haben, daß die alten symbolischen Lieder dem Geschmack einer, dem formalen und materialen Princip unsrer Kirche entfremdeten Zeit nicht mehr zusagen wollen; daß man z. B. des Speratus bekanntes Lied: Es ist das Heil uns kommen her 2c. nicht mehr genießbar findet, wozu noch der betrübende Umstand kommt, daß ungeachtet der, auf Gesangbildung gerichteten Bestrebungen der modernen Volksschule, diese gleichwohl nicht das Vermögen gezeigt hat, im Dienst der Kirche etwas recht Ersprießliches zu leisten. Denn schon sind viele alte, schöne Melodieen in Vergessenheit begraben, und der Kreis der bekannten Gesangweisen droht immer enger zu werden. Um so erfreulicher sind die neuesten Bemühungen um den Liederschatz der evangelischen Kirche.

§. 64.
Verfall des Kirchenliedes.

Es war dem durchgreifenden Pelagianismus der sogenannten Aufklärungsperiode ganz entsprechend, daß man überall von der Ansicht ausging: der Mensch bedürfe zu seiner Beruhigung und sittlichen Veredlung — das war aus der Rechtfertigung und Heiligung geworden — Nichts weiter als richtige Einsicht. Wenn er diese erlangt habe, so finde sich alles Andere von selbst. So gerieth man bald in das Bestreben, durch alle Theile des öffentlichen Cultus das Volk zu belehren. Es entstanden jene sentimentalen gleißnerischen und ekelhaften Gebete, welche nur den Schein eines Gesprächs mit Gott vor sich trugen, im Grunde aber etwas ganz Anderes meinten und, mit der innern Lüge eines falbungslosen, langweiligen, sich aber doch pathetisch spreizenden Geschwätzes behaftet, herzlos dem lieben Gott Etwas vorplauderten, dabei aber immer nach den Zuhörern hinüberschielten, die durch den kraft- und saftlosen Kohl eigentlich gespeist werden sollten. So geschah es natürlich, daß auch im Kirchenliede dieselbe Tendenz herrschend wurde. Es sollte ja Alles predigen, mithin auch das Lied, und man legte großes Gewicht darauf, daß, bevor des Predigers fades Moralgeschwätz die Kanzel bestiege, die Gemeinde das Gleiche, was ihr nachher aufgetischt werden sollte, sich selbst schon zugesungen hätte. Nun machte man die Entdeckung, daß der evangelische Liederschatz zwar an Ueberflüssigem — hierher gehörten besonders die Glaubenslieder — reich, am Nothwendigsten aber arm sei; denn man brauchte Lieder für alle Titel und Ueberschriften der Moral, auch die vernünftige und pflichtmäßige Selbstliebe nicht ausgenommen; ja das ganze Moralsystem sollte gereimt werden, und grade Dies hatten die lieben alten Sänger vergessen. Daher machte man sich alsbald an die Arbeit, und wer irgend ein dichterisches Vermögen sich zutraute, (Solcher aber waren nicht Wenige) half zu dem Wuste des „Aufklärigts“ mit zutragen. Indem so viel hundert Hände an der neuen Erbauung der gemißhandelten Gemeinden arbeiteteten, entstand nur zu bald, aus gereimter Prosa zusammengesetzt, jener bisher unerhörte, moderne Psalter, welcher höchst geistlos mit forcirter Begeisterung Tugend und Religion als himmlische Genien verherrlichte und dem christlichen Volke zumuthete, diese hohlen abstracta anzureden und die widrigsten Trivilitäten als nahrhafte

Speise hinzunehmen. Gleichzeitig hatte „Johann Balhorn" sich aufgemacht, die alten evangelischen Kernlieder zu sichten und sie zur Revision des aufgeklärten achtzehnten Jahrhunderts zu bringen. Das Werk der „Liederverböserung" ging rasch von Statten; überall in den Städten waren bald die alten Gesangbücher abgeschafft, und neue an deren Stelle getreten; die Haushalter über Gottes Geheimnisse aber waren es, welche am Frevelhaftesten mit dem Eigenthum der Kirche wirthschafteten und auch hier wieder das alte Spiel der, den Eckstein verwerfenden Bauleute mit ihrer Falschmünzerei fortsetzten. Erst in Folge der Wiederbelebung des christlichen Geistes ist die auf dem bezeichneten Wege entstandene ungeheure Gesangbuchsnoth an den Tag gekommen, und es hat sich seitdem als eine der schwierigsten Aufgaben des Kirchenregiments herausgestellt, ein neues kirchliches Landesgesangbuch zu Stande zu bringen und darin den berechtigten Ansprüchen eines gebildeteren Geschmacks zu genügen, ohne vom kernhaften Gehalt, von der Glaubenskraft und religiösen Innigkeit des alten Liederschatzes Etwas aufzuopfern. In welchem Grade dieses nicht länger hinauszuschiebende Werk gelinge, das wird vorzüglich davon abhängen, inwieweit man sich dabei gesunder liturgischer Principien als leitender Richtschnur bewußt sein wird, wozu glücklicherweise schon viel treffliche Vorarbeiten die Bahn gebrochen haben.

Da es eine Aufgabe des Kirchenregiments ist, kraft des ihm beiwohnenden liturgischen Rechtes, das allgemeine Landesgesangbuch ausgehen zu lassen, so kann an diesem Orte auf die Grundsätze der Anordnung und Auswahl der geistlichen

Lieder, welche Aufnahme darin verdienen, nicht näher eingegangen werden; vielmehr genügen die durch Bezeichnung unserer drei Hauptkategorieen gegebenen Andeutungen. Jedenfalls liegt es dem Gesangbuch ob, neben der kirchlichen Erbauung auch die häusliche zu berücksichtigen; es gebührt aber der Theorie des Kirchenregiments, unter Bezugnahme auf die von der Liturgik nachgewiesenen Bedürfnisse, die ausführlichere Behandlung der erwähnten Punkte. — Demnach sollen hier blos noch einige leitende Grundsätze folgen, deren Beobachtung den Geistlichen bei Auswahl der Lieder für den öffentlichen Gottesdienst dringend zu empfehlen ist. Vor Allem dieser: es ist eine ganz irrige Meinung, daß das sogenannte Hauptlied dem Inhalte der Predigt in der Art entsprechen müsse, daß Dasselbe, was diese in petto hat, schon zuvor von der Gemeinde gesungen werde: eine Ansicht, welche lediglich in jener verkehrten Aufdringlichkeit der, in Alles sich mischenden Predigt wurzelt, die wir schon oben gerügt haben. Die nachreformatorische Zeit hatte eine verhältnißmäßig geringe Anzahl Lieder, welche mit den einzelnen Sonntagen und festlichen Zeiten gleichsam als liturgische Stereotypen verbunden waren, und es bewährten sich dieselben dem Volke als unerschöpfliche Quellen immer neuer Erbauung. In der That kommt es hier nicht sowohl auf eine reiche Mannichfaltigkeit an, welche durch Reize der Neuheit zu fesseln sucht, als vielmehr darauf, daß die ewigen Wahrheiten des Glaubens immer wiederholt ihre göttliche Kraft an den Herzen bethätigen, und dann veralten die, der Gemeinde einmal werth gewordenen Gesänge nie. Es darf daher den Prediger bei dem oft so schwierigen Geschäft der Auswahl der Lieder nur die eine Rücksicht leiten, daß seine Zuhörer im Allgemeinen in die, dem beabsichtigten Vortrage, oder überhaupt dem festlichen Charakter des Tages angemessene Stimmung versetzt und so zur Anhörung der Predigt vorbereitet und nach weiterem Segen aus dem Worte Gottes begierig werden. — Nicht minder wichtig erscheint der zweite Rathschlag: daß kein Geistlicher den Gottesdienst durch ein Lied entweihen lasse, welches in die Kategorie bloßer gereimter Prosa gehört. Denn nur Lieder von wirklichem poetischen Werth, mögen sie nun Gebet, oder fromme Betrachtung sein, haben, sofern sie auf biblisch-kirchlichem Grunde ruhen, eine Berechtigung im evangelischen Cultus, und es gilt auch in dieser Beziehung des Apostels Ausspruch: feget den alten Sauerteig aus! Der Tag muß kommen, wo der ganze neue Liederkram, exceptis excipiendis den Flammen überantwortet wird.

§. 65.
Der Choral.

Schon Gregor's des Gr. cantus firmus oder choralis hatte durch die ferneren mittelalterlichen Entwickelungen der geistlichen Musik wesentliche Veränderungen erfahren; aber erst der Reformation war es vorbehalten, auch in dieser Beziehung ein Neues zu schaffen. Nachdem sie der Gemeinde zu ihrem gekränkten Recht, im Cultus das Lob Gottes selbst zu singen, wieder verholfen hatte, wurde auch das Bedürfniß geistlich-volksthümlicher Weisen für den kirchlichen Volksgesang sogleich fühlbar, und Luther gab auch hier den ersten kräftigsten Anstoß zur Befriedigung desselben. Es gehörte zu den besonderen Veranstaltungen des Herrn der Kirche, daß dem großen Reformator auch die trefflichen Tonkünstler nicht fehlen sollten, welche mit herzlicher Liebe zur Sache auf seine Absichten eingingen und mit ihm an der Wiedergeburt des christlichen Gottesdienstes arbeiteten. Wie man rücksichtlich des Liedes selbst damit begann, die alten vorhandenen Schätze zu durchmustern, so that man auch in Ansehung der Gesangweisen und war bemüht, Dasjenige, was der bedeutende Vorrath aus früheren Jahrhunderten darbot, für die Gemeinde zurechtzumachen. Nicht minder verfolgte man für den Choral denselben Weg, welcher für die Texte bereits durch Umbildung weltlicher Volkslieder bezeichnet war, indem man keinen Anstand nahm, weltliche Melodieen geistlichen Liedern anzubequemen, oder sie für die, den betreffenden Volksliedern entsprechenden Umbildungen derselben beizubehalten. Hiezu kam endlich die Erfindung neuer Gesangweisen, worin Luther's eigene musikalische Meisterschaft mit dem leuchtendsten Beispiel voranging, wiewohl in den Anfängen der neuen Entwicklung so überwiegender Werth auf die Harmonie der Tonsätze gelegt wurde, daß überhaupt die, von der Mittelstimme des Tenor geführte Melodie selbst nicht zugleich zu dem, ihr gebührenden Rechte gelangte, und es dem singenden Volke erschwert wurde, sie herauszuhören und einen sicheren Gang zu gewinnen. Aber die Herrlichkeit des evangelischen Chorals entfaltete sich noch im Verlauf des sechszehnten Jahrhunderts, sowie in der ersten Hälfte des folgenden zum innigsten Bunde zwischen Melodie und Harmonie, welche hinfort, in ihren Ansprüchen versöhnt, zusammenwirkten, um den, aus dem innersten Herzen der Gemeinde gedichteten Liedern Gesangweisen zu geben, welche schnell ein volksthümliches Leben gewinnen konnten. Hierbei verdient es vorzügliche Beachtung, daß der evangelische Choralgesang zu jenen Zeiten, wo der kirchlich-schöpferische Geist auch in diesem

Gebiete am Kräftigsten war, sich rhythmisch bewegte, und erst in dem Maße eine Veränderung hierin vorging, als der ursprüngliche Geist der kirchlichen Objectivität im Liede selbst dem allmählich immer herrschender werdenden Geiste der Subjectivität Platz machte, und die singende Gemeinde als Solche aufhörte, stets neu sich wiederholende Thaten ihres kirchlichen Bekenntnisses zu vollbringen. Nun gewann die Orgel allmählich ein Uebergewicht und wurde Herrscherin, statt nur leitende Begleiterin zu sein. Sie fand ihr Interesse dabei, wenn der Choral ohne rhythmisches Leben in lauter gleichgemessenen halben Noten steif einherschritt; denn allein auf der Basis eines solchen Gesanges vermochte sie die ganze Fülle ihrer Mittel zu entfalten und durch die nunmehr üblich werdenden Interludien ihre Macht thatsächlich zu beurkunden. Mit dem Verfall des Kirchenliedes selbst verfiel auch der Choral immer mehr. Alte, schöne Melodieen kamen gänzlich in Vergessenheit; man verknüpfte hinfort mit ebenso großer Gedanken- als Geschmacklosigkeit, Gesangweisen und Lieder mit einander, die nicht die mindeste innere Uebereinstimmung hatten; die Gemeinden selbst verloren je länger je mehr den Sinn für einfachen lieblichen Gesang und gewöhnten sich an den Unfug eines Orgelspiels, welches den kirchlichen Charakter abgestreift hatte und nicht selten die Gemeinden in die Oper, oder auf den Tanzsaal versetzte. In neuerer Zeit ist das wiedererwachte kirchliche Bewußtsein auch bereits dem Choral und seiner Begleitung zu Gute gekommen.

Es ist beachtenswerth, wie die Geschichte des evangelischen Chorals mit Der des geistlichen Liedes Hand in Hand geht.

Innig verwandt mit der, in der Zeit der Reformation vorherrschenden kirchlichen Objectivität des Letzteren ist das anfängliche Uebergewicht der Harmonie über die Melodie: ein Uebergewicht, durch welches erklärlich wird, wie man damals den Erfindern sogenannter neuer Weisen ein verhältnißmäßig nur geringes Verdienst, ein um so größeres dagegen den Tonsetzern zuschreiben konnte. Der Kirchengesang regenerirte sich eben zunächst als Harmonie, und indem die einzelne Stimme für sich allein Nichts oder nur Wenig sein wollte, war der Choral überhaupt nur als die rhythmische Einheit vieler zusammentönenden Stimmen Etwas. Dies entsprach jedoch vollkommen dem Standpunkte eines Glaubens, welcher in jenen Anfängen des evangelischen Kirchenwesens als reine Objectivität des kirchlichen Bewußtseins sich darstellte. — Nicht minder tief verwandt mit der Entwicklung des Kirchenliedes in die zweite Hauptkategorie hinein ist der, ihr zum Theil voranlaufende und sie vorbereitende, fernere Bildungsproceß, der uns in der Geschichte des Chorals begegnet. Gleichwie auf jener zweiten Stufe das volksthümlich-gläubige Andachtslied ein schönes Gleichgewicht zwischen objectiver Kirchlichkeit und subjectiver Frömmigkeit offenbart: so sehen wir auch im Choral, unter dem Vorgange des edlen Meisters Johann Eccart, die Melodie als Trägerin des subjectiven Lebens im Glauben aus ihrer Versenktheit in die Harmonie heraustreten, um, fortan nicht mehr darin aufgehend, auch für sich selbst Etwas zu sein, aber nichtsdestoweniger voll rhythmisch-kräftiger Bewegung im engsten Bunde mit ihr zu verharren. Bei dieser Gestalt der Dinge hatte man noch keine Ahnung von einer Herrschaft der Orgel, wie sie, durch die Einflüsse der neueren Italienischen Musik hervorgerufen, nur in Folge des, allmählich hinsterbenden Zeugengeistes der evangelischen Gemeinde selbst hat entstehen und sich allmählich befestigen können. Die Orgel hat seitdem die Harmonie des Chorals allein in Beschlag genommen und, mit der subjectivsten Willkür in der Kirche waltend, den unrhythmischen Gesang der Gemeinde immer mehr zu einer unerquicklichen Monotonie, welche häufig in wüstes Geschrei ausartet, herabgesetzt. — Gegenwärtig haben bereits viele Stimmen trefflicher Männer der künftigen Wiedergeburt des evangelischen Kirchengesanges den Weg gebahnt. Die hierher gehörigen Schriften der Herren von Winterfeld und von Tucher u. A. haben das Bessere mächtig angeregt; desgl. ist von der Evangelischen Kirchenzeitung zu wiederholten Malen ein Wort geredet worden, welches nicht ungehört verklingen wird.

Der Verfasser dieser Zeilen darf als Laie in der fraglichen Beziehung zwar kein selbständiges competentes Urtheil in Anspruch nehmen; gleichwohl aber sollen diese Blätter nicht unterlassen, mit Anknüpfung an höchst beherzigenswerthe Vorschläge, alle Diener am Evangelio wenigstens dringend daran zu mahnen, daß es zu der, ihnen befohlenen Arbeit am Werke des Herrn gehört, auf Erneuerung des evangelischen Kirchengesangs hinzuwirken. Wir freuen uns, daß auch aus dem Schooße unsers Schlesischen Vaterlandes heraus im Evangelischen Kirchen- und Schulblatt für die Provinz Schlesien (Jahrg. 1847 No. 1, 2, 32, 33, 34; Jahrg. 48 No. 1 u. 2) ein Sachverständiger aufgetreten ist, welcher mit so tiefer Einsicht als evangelisch-kirchlicher Gesinnung die wichtige Angelegenheit besprochen hat. Vor Allem soll die Orgel genöthiget werden, ihre usurpirte Herrschaft wieder aufzugeben: die Zwischenspiele sollen fallen; hierdurch aber sei die Wiederherstellung des rhythmischen Choralgesangs anzubahnen, welcher allmählich aus den Kreisen der aufwachsenden Jugend in die Gemeinden selbst hinüberzupflanzen sein werde. Daß kirchliche Choralbücher hiezu dringend erforderlich sind, versteht sich von selbst; es dürften aber zweckmäßige Leistungen in diesem Gebiete um so willigere Anerkennung und Aufnahme finden, je allgemeiner bereits das Bedürfniß gefühlt worden ist, die Willkür der Organisten durch feste Tonsätze zu zügeln und sie daran zu erinnern, daß sie zum Dienst der Kirche berufen sind. Möge der Herr auch auf dieses schwache Wort einen Segen legen und es demselben gelingen lassen, daß es Vielen, welche inneren und äußeren Beruf dazu haben, eine Mahnung werde, freudig die Hand an den Pflug zu legen.

§. 66.

Die Predigt.

Die Predigt gehört wesentlich in das Gebiet des göttlichen Wortes, welches der Geist des Herrn immer neu und lebendig und kräftig aus der Gemeinde der Gläubigen herausredet, und ist daher als das lebendige Geisteswort der Kirche in der Gestalt freier, bewegter Rede zu bezeichnen. Hiernach tritt sie zwar als eine individuelle That des Redners auf, welcher, vom Geist getrieben, des Herrn Wort verkündigt, geht aber nichtsdestoweniger ebensowohl aus dem unerschöpflichen Brunnquell des h. Geistes, als aus dem innersten Lebensgrunde der Gemeinde selbst immer frisch und warm hervor.

Der Begriff des Wortes Gottes ist in verschiedenem Sinne zu nehmen. Des Vaters ewiges und wesentliches Wort, in welchem er die ganze Fülle seiner Gottheit ausspricht, ist der Sohn. Das Wort des Sohnes besitzen wir im Evangelio, worin uns der ganze Christus mit Allem, was er als der Erlöser der Menschheit gethan und gelehrt hat, bleibend vergegenwärtiget ist. Wer von Gott ist, der redet Gottes Wort, und ebendeshalb gebührt den evangelischen Zeugnissen von ihm dieser

Name im höchsten Sinne. Als der Herr im Begriff stand, durch Leiden und Schmerzen des Todes zum Vater zu gehen, von dem er ausgegangen war, verhieß er seinen Jüngern den h. Geist, der sie in alle Wahrheit leiten und den Erlöser im Herzen der Gemeinde verklären sollte; denn ohne diesen, durch den Geist sich vermittelnden Verinnerlichungsproceß, welcher das Wort Christi in Denen, die es aufnehmen, zu Geist und Leben macht, kann der Herr nimmer ihr wahrhaftiges Leben werden, wogegen er nach seinem Hingange, in Kraft des verheißenen Parakleten sein persönliches Dasein auf Erden in seinen Gliedern fortsetzt und sie zu einem großen Leibe, dessen Haupt er selbst ist, zusammenfügt. Hinfort gilt aber auch von allen lebendigen Gliedern am Leibe des Herrn jener Ausspruch: wer von Gott ist, der redet Gottes Wort —, und es ist dieses als das unaufhörliche, immer sprechende Wort des Geistes in der Kirche zu bezeichnen, gleichwie es sein Geschäft ist, dem Geiste zu dienen und das, in der tiefsten Innerlichkeit der Herzen zu vollbringende Amt desselben zu unterstützen und zu vermitteln. In diese Sphäre des göttlichen Wortes verweisen wir die Predigt und fügen hinzu, daß sie im Evangelio ihren wesentlichen Inhalt, dagegen im apostolischen Wort, als dem normativen Geistesworte der Kirche, ihre Regel und Richtschnur zu erkennen hat. Aus dem Bisherigen ergiebt sich schon, daß die Predigt ihrer Natur nach als der beweglichste Cultustheil sich ankündigt, und daß ihre Vollendung darin bestehen würde, wenn ihr Vortrag an h. Stätte überall deren unmittelbare Entstehung aus dem frischen Brunnquell des göttlichen Geistes selbst wäre. Da das menschliche Unvermögen dies nicht zuläßt, und die Erfahrung lehrt, daß wohl die Meisten, wo nicht Alle, sofern sie es sich zum Gesetz machen, aus solcher Unmittelbarkeit heraus zu predigen, ihre Leistungen auf der Kanzel durch die, aus persönlichem Ungeschick oder blos menschlichem Wollen hervorgehenden Mängel und Zuthaten verderben: so ist schon oben eine ernste und würdige Vorbereitung auf die Predigt für einen wesentlichen Theil des Kirchendienstes erklärt worden, und es bleibt der Homiletik dessen wissenschaftliche Behandlung vorbehalten. Gleichwohl knüpfen sich an die hier entwickelte Natur der Predigt als bewegter Rede alle ferneren liturgischen Grundsätze, die wir in Ansehung ihrer aufzustellen haben, wobei einleuchtend ist, daß in der Theorie des Cultus die Predigt überall nur insoweit in Betracht kommen kann, als der Inbegriff als Dessen, was zusammenkommen muß, bevor sie als eine vollzogene That angesehen werden darf, gewisse Erfordernisse in sich schließt, die erst unmittelbar in der Ausübung des Cultus selbst vollbracht werden können. Die Gesammtheit dieser Erfordernisse aber ist im wirklichen Halten der Predigt beschlossen.

§. 67.
Das Halten der Predigt.

Indem wir das wirkliche Halten der Predigt im bestimmten Gegensatze gegen die, auf sie bezügliche Vorbereitung fassen und den ersten Gesichtspunkt als den wesentlich liturgischen, gegenüber dem homiletischen, bezeichnen, wird eine genaue Grenzbestimmung beider Thätigkeiten in dem Grade wichtig, als Viel daran gelegen ist, daß weder die Vorbereitung Das, was der Kanzel aufbehalten bleiben muß, anticipire, noch andererseits das Halten der Predigt selbst die versäumte Vorbereitung nachzuholen habe und deren Mangel verrathe. Das Letztere nun stellt sich liturgisch unter zwei Hauptgesichtspunkte, indem zunächst die unmittelbare Hervorbringung der Predigt von Innen heraus, dann aber deren äußerer Vortrag in Betracht kommt.

§. 68.
Die unmittelbare Hervorbringung der Predigt.

Da die Predigt der beweglichste Cultustheil ist, sofern sie immer neu aus innerer, göttlicher Bewegtheit hervorgehen und sonach dem Herzen des Redners frei entströmen soll: so ist es in dieser Hinsicht als Hauptgrundsatz zu erkennen, daß sie durchweg den Charakter frischer Production an sich trage. Da jedoch diese ihrem vollen Umfange nach durch die, ihr vorangehende Vorbereitung ausgeschlossen ist, so nimmt die Kanzel wenigstens eine lebendige Reproduction des zuvor Producirten in Anspruch. Diese aber ist ihr auch jedenfalls vorzubehalten.

Aus diesem Grundsatz folgen wichtige Regeln. Einerseits nämlich darf die Vorbereitung nicht so weit gehen, daß sie der h. Stätte selbst auch jene Reproduction nicht mehr übrig läßt. Es ist daher immer ein Uebelstand, wenn der Redner an wörtliches Memoriren der zuvor aufgeschriebenen Predigt gebunden ist. Allerdings bleibt dieses seine Pflicht, so lange er sich der von uns geforderten freieren Bewegung nicht gewachsen fühlt. In diesem Falle aber muß er sein Concept wenigstens so vollständig und sicher sich angeeignet haben, daß er seine Abhängigkeit vom Memoriren in keiner Art verrathe und weder in ein schülerhaftes Hersagen, wozu vorzüglich eine, bei Anfängern oft zu rügende Schnelligkeit des Vortrags gehört, verfalle, noch auch genöthiget sei, sein Concept selbst auf der Kanzel blicken zu lassen, was wir auf das Nachdrücklichste für unstatthaft erklären müssen. Sieht sich der Redner einmal zu wörtlichem Memoriren gezwungen, so erkenne er es auch als hochwichtige

Aufgabe, wenigstens Dasselbe zu leisten, was von jedem guten Vorleser gefordert wird, dessen Geschäft im Grunde genommen auch eine freie Reproduction des Geschriebenen ist. Um jedem Mißverstande auszuweichen, fügen wir daher noch ausdrücklich hinzu, daß das wörtliche Memoriren an sich keineswegs nothwendig den Charakter der freien Reproduction ausschließt und nur darum uns nichtsdestoweniger als ein Uebelstand erscheint, weil jener Charakter dabei nicht in der vollen innern Wahrheit auftritt, welche die hohe Würde des öffentlichen Gottesdienstes fordert. — Wenn andererseits die Frage entsteht, wie weit nun eigentlich die Vorbereitung sich auszudehnen habe: so ist klar, daß sie den Redner auf den Standpunkt erheben muß, auf welchem er sich befähiget sieht, die zu haltende Predigt in freier Unmittelbarkeit aus sich hervorzubringen. Viele Geistliche gewinnen jenen Standpunkt erst dadurch, daß sie die Predigt ausführlich niederschreiben, und haben dann nicht mehr nöthig, sie wörtlich zu lernen, indem ein einziges nochmaliges Ueberlesen und Durchdenken des Ganzen zur tieferen Einprägung genügt. Hier gilt es nun vor Allem, daß ein Jeglicher als treuer Haushalter der empfangenen Gaben sich zu bewähren suche. Noch Andere bedürfen blos eines gründlichen, streng logisch geordneten Entwurfs, und die daran anknüpfende Vertiefung in die stille Meditation thut alles Uebrige. Sofern der Prediger hierbei der Sprache vollkommen mächtig ist, nehmen wir keinen Anstand, diese, jedenfalls einen durchgebildeten Geist voraussetzende Art der Vorbereitung schon deshalb für die vollkommenste zu erklären, weil sie das klarste logische Bewußtsein über die, auf der Kanzel zu vollbringende That voraussetzt und in Kraft desselben dem Redner nicht blos die sicherste und freieste Bewegung übrig läßt, sondern ihm auch den geordnetsten Fortschritt im strengen Zusammenhang aller Theile verbürgt. Freilich besitzen immer nur Wenige das hiezu erforderliche Vermögen; selbst ein Reinhard war an strenges Memoriren gebunden, was freilich durch seine äußerliche Art zu disponiren erklärlich wird; aber die Wissenschaft urtheilt aus der Idee der Sache und hält Allen wenigstens ein Ziel ihres Strebens vor, wenn auch nie Viele es erreichen.

§. 69.

Der Vortrag der Predigt.

Mit dem bisher Gesagten steht der Vortrag der Predigt in genauster Verbindung. Es theilt sich derselbe in die Declamation und Action. Jene begreift Alles in sich, was zu der, für die Predigt erforderlichen Thätigkeit der Sprachorgane gehört; Diese umfaßt die das Sprechen begleitende Gesticulation. Was nun die Rhetorik überhaupt in diesen Beziehungen verordnet, verdient auch für die Predigt Beachtung.

Wir dürfen uns hier kurz fassen und rücksichtlich mancherlei Rathschläge und Vorschriften den Prediger auf die allgemeine Redekunst verweisen, wie es sich denn auch von selbst versteht, daß er nicht blos der deutlichsten Aussprache sich zu befleißigen, desgl. die, seiner Stimme zu gebende Kraft nach den Erfordernissen der Localität zu beurtheilen und die, an sich rohe Natur durch das Maß, welches der denkende Geist ihr anlegt, zu beherrschen hat. So wirkt ein heftiges Schreien, welches des Predigers Kräfte erschöpft, daß seine Stimme da, wo sie der vollen Stärke bedürfte, ermattet herabsinkt, immer unangenehm und für die Andacht störend. Nicht minder auch fordert die unfreie, linkische und überladene Bewegung jederzeit den Spott des gebildeteren Hörers heraus und macht, daß die, sich hervordrängende Persönlichkeit des Predigers störend und verdunkelnd vor den h. Gegenstand hintritt. An diesem Orte sollen nur einige Regeln gegeben werden, sofern dieselben außer dem allgemein-humanistischen Interesse noch durch ein besonderes christliches Interesse geboten sind.

§. 70.
Declamation.

Wenn die Predigt den Charakter frischer Production an sich tragen muß, so ergeben sich hieraus von selbst die rücksichtlich der Declamation zu beobachtenden Hauptregeln. Denn da die Rede als eine, in reiner Unmittelbarkeit dem Herzen des Redners entströmende sich ankündigen soll, so muß derselbe seinen Zuhörern durchgehend den Eindruck machen, daß er ganz im Bewußtsein des h. Gegenstandes, der ihn beschäftigt, aufgehe, und darf durch Nichts eine Nebenabsicht verrathen, deren Verfolgung allerlei äußerliche Vermittelungen zur Voraussetzung hat. Seine Declamation muß daher einfach und natürlich sein. — Nicht weniger erfordert der Hauptgesichtspunkt, von welchem wir ausgegangen sind, daß auch das bekannte: pectus disertos facit an der Predigt sich auszudrücken habe, und ist daher zweitens jene Lebhaftigkeit des Vortrags, die die Aufmerksamkeit rege erhält, für sie in Anspruch zu nehmen. — Mit dieser hängt drittens die richtige Betonung aller einzelnen Theile genau zusammen und wird bei dem Prediger kraft der, oben angedeuteten Ursprünglichkeit, womit er seine That vollbringt, eben so nothwendig, als bei jeder freien Mittheilung im Verkehr des geselligen Lebens vorausgesetzt.

Jede Art von Ziererei und Affectation, desgl. jener, an Predigern nicht selten auffallende wichtigthuende, salbungsvolle und mit allerhand Eigenheiten versetzte Ton deuten selbst dann, wenn Auswüchse solcher Art, zu festen Angewöhnungen fixirt, der Willkür des Redners sich entzogen haben, auf Vermittelungen eines, der h. Sache fremden, selbstischen Willens hin und stören nothwendig den Eindruck der Unmittelbarkeit, den die Verkündigung des göttlichen Wortes machen soll. Am Wenigsten darf der Prediger seine Vorträge auf äußeren Effect berechnen, will er nicht als ein Frevler am Heiligsten die Gemeinde herabwürdigen und sich selbst zum Schauspieler auf der Kanzel erniedrigen. — Rücksichtlich der Betonung kommt vorzugsweise der sogenannte emphatische Accent in Betracht. Durch diesen empfangen die Worte des Redners erst ihre Beseelung und jenen musikalischen Ausdruck, worin unmittelbar deren Sinn sich reflectirt. Daher haben Prediger es sehr zu beachten, daß den Zuhörern das Verständniß des Gehörten ganz besonders durch eine richtige Accentuirung vermittelt werden muß.

§. 71.

Die Action.

In der Gesticulation erblicken wir eine Zeichensprache, welche nach einem tiefen psychologischen Gesetz in allen Kreisen des Lebens das Wort des Mundes begleitet und, dasselbe unterstützend und hebend, in innigster Correspondenz mit ihm steht. Sofern nun die h. Rede frisch aus bewegter Brust hervorgeht, muß sie nothwendig auch von den entsprechenden Bewegungen des Körpers begleitet sein, und es kann sich nicht sowohl davon handeln, Solche zu gebieten — denn sie machen sich natürlich von selbst —, als vielmehr davon, sie nicht zu verbieten, wie wohl mißverständlich geschehen ist. Im Interesse der h. Sache nehmen wir den Charakter der Wahrheit, der Freiheit und Würde für die Action in Anspruch.

In Betreff des ersten Merkmals verdient hervorgehoben zu werden, daß die Gesticulation niemals, vom gesprochenen Worte gleichsam emancipirt, ihren eigenen Weg gehen darf, da vielmehr ihre wesentliche Bedeutung darin liegt, als äußere Versinnlichung oder Verleiblichung des Wortes mit demselben ein untrennbares Ganze zu bilden, wodurch ihre Einfachheit und Natürlichkeit bedingt wird. Verknüpfte sich daher mit einem ruhig entwickelnden Vortrage eine lebhaft bewegte Action oder umgekehrt; verriethe überhaupt die ganze Gebehrdensprache des Redners durch Mangel an Uebereinstimmung mit den Worten eine, nur äußerlich angenommene Manier: so entstünde zweierlei Rede, und es müßte das, unberechtigt mitwirkende fremdartige Motiv nothwendig den Eindruck der Unmittelbarkeit aufheben.

Rücksichtlich des Merkmals der Freiheit machen wir an den Prediger denselben Anspruch, welchen eine feinere gesellschaftliche Bildung an jeden ihrer Jünger erhebt. Allerdings ist hier zunächst zwischen innerer und äußerer Bildung zu unterscheiden. Jene bezeichnen wir als eine Erweiterung der, natürlich-beschränkten Subjectivität zur Universalität des objectiv-menschlichen Daseins überhaupt. Diese dagegen ist eine gewonnene Fertigkeit freier Bewegung in den, conventionell angenommenen Formen, durch welche jene Universalität zur äußeren Darstellung gelangt. Zu ihr gehört die ganze Sphäre der feineren geselligen Sitte, sofern sie dem Gesagten zufolge schon darum nothwendig einen Charakter von Repräsentation offenbart, weil das Individuum nicht blos sich selbst, sondern in sich eine höhere Objectivität zur Anschauung bringt. Daß nun in dieser Beziehung die Bewegung des Körpers ein wichtiges Moment ist, braucht kaum erwähnt zu werden. Sie soll eine Freiheit und im Maß eine Gefälligkeit an den Tag legen, worin sich die Herrschaft des Geistes über den Leib manifestirt, und die rohe Natur selbst zum lebendigen Reflex des Geistes verklärt wird. Diese Freiheit, diese Gemessenheit ohne Steifheit in der Action fordern wir um so entschiedener nun auch vom Prediger, je mehr derselbe es mit den höchsten Angelegenheiten zu thun hat und ein Heil verkündigt, welches, unendlich über Alles, was außer ihm Bildung sein will, erhaben, die Menschheit zu einem großen Gottesreiche sammelt. Es macht immer einen unangenehmen Eindruck, wenn der christliche Redner nicht weiß, wohin er seine Glieder thun soll; wenn dieselben mit einer blinden Willkür der Bewegungen ihm selbst überall störend in den Weg kommen; wenn vielleicht sogar allerlei Drolligkeiten den Nachahmungstrieb herausfordern. — Rücksichtlich der Würde der Action endlich, welche der Freiheit eng verwandt ist, bemerken wir, daß sie nicht sowohl in einer Angemessenheit der Gesticulation zur jedesmaligen, in der Predigt auftretenden individuellen That des Redners — denn diese könnte grade eine unwürdige Bewegung motiviren —, als vielmehr in der Angemessenheit dieser Letzteren zur Heiligkeit des Gegenstandes, um den es sich handelt, überhaupt besteht. Wenn der Redner z. B. von leidenschaftlichem Eifer hingerissen wird, so ist ihm freilich das Aufschlägen mit der Hand auf das Pulpet, das Ballen der Faust, oder die drohende Bewegung des Armes natürlich, aber nichtsdestoweniger unwürdig.

§. 72.
Der Segen.

Daß man den christlichen Gottesdienst von Anfang an in einen bestimmt markirten Schlußpunkt auslaufen ließ, das machte sich natürlich von selbst, und es waren in dieser Beziehung verschiedene liturgische Formeln, wie z. B. *ὁ κύριος μεθ' ἡμῶν; εἰρήνη μεθ' ἡμῶν; προέλθετε ἐν εἰρήνῃ* u. s. w. in Gebrauch. In allen diesen Formeln jedoch ist keine Segnung im engeren Sinne enthalten, sofern diese als Ceremonie, d. i. als dramatisirte Formel gedacht wird, in welcher Wort und symbolische Handlung unmittelbar zur Einheit zusammengegangen sind. Es ist nicht unwahrscheinlich, daß erst die Idee des vermittelnden Priesterthums der Kleriker die Einführung des eigentlichen Segens in den Gottesdienst veranlaßt, und die A a r o n i t i s c h e Segensformel um so leichtere Aufnahme gefunden haben dürfte, je mehr das neue christliche Priesterthum nur eine veränderte Gestalt des alten jüdischen war. Daher blieb auch die Anwendung jenes Spruches: 4 Mose 6, 24 ff., welcher nicht vor dem vierten Jahrhundert gebräuchlich geworden zu sein scheint, zunächst den Bischöfen vorbehalten, wogegen die, zuerst erwähnten liturgischen Formeln den Diakonen überlassen waren. Die Grundidee des Schlußsegens ist die der Bekräftigung und Besiegelung aller, im Gottesdienst empfangenen Gnadengaben durch eine letzte Gnadenmittheilung, wozu in keinem Falle eine angemessenere und gehaltreichere Formel gewählt werden konnte, als die Aaronitische, welche durch das, mit ihr verknüpfte Zeichen des Kreuzes den eigenthümlich-christlichen Stempel empfangen hat. Es streitet keineswegs mit den Grundsätzen des evangelischen Protestantismus, anzunehmen, daß der, den Segen sprechende Geistliche solchen auch in Wahrheit spende, und ist daher weder im Interesse des Protestantismus, noch auch um der angeblichen Unverständlichkeit der alttestamentlichen Formel willen deren Beseitigung aus dem evangelischen Cultus geboten. Ja sie würde selbst dann nicht zu entfernen sein, wenn mit Evidenz nachgewiesen wäre, daß erst die judaisirende Priesteridee in der christlichen Kirche ihre Einführung veranlaßt habe.

Im §. finden sich die beiden hauptsächlichen Bestimmungsgründe, die die Aufklärerei bewogen haben, die Entfernung des Aaronitischen Segens aus dem evangelischen Cultus zu fordern, angedeutet. Man wollte ängstlich jeden Schein vermieden wissen, als könnte von Seiten des Geistlichen wirklicher Segen gegeben werden; man besorgte, dadurch sogleich wieder in die römische Priesteridee zurückzufallen. Nun ließe sich zwar von demselben Standpunkte aus zur Vertheidigung des fraglichen Spruchs geltend machen, daß auch der jüdische Priester selbst nach dem Zusammenhange der Stelle: 4 Mose 6, 24 ff. nicht als der wahre Spender des Segens zu erkennen sei, da Jehova erkläre V. 27: ihr sollt meinen Namen auf die Kinder Israel legen, daß ich sie segne, — sich also die Segnung ausdrücklich vorbehalte. Aber wir verzichten auf diese Instanz. Denn daß überhaupt nur in innigster Uebereinstimmung mit Gott eine Segnung Statt finden könne, und daher auch der Mensch darin lediglich mit Gott zusammenwirke, d. h. in der Kraft und im Namen desselben segne, das versteht sich im A. wie im N. Bunde von selbst. Was kann aber wohl heißen:

den Namen Jehova's auf die Kinder Israel's legen? Ein an sich leeres Anwünschen göttlichen Segens ist da wahrlich zu Wenig; vielmehr drängt sich der Gedanke an etwas höchst Reelles auf, was dem Volke durch die priesterliche Vermittelung zu Theil werden sollte. Wir erinnern hierbei an Das, was bereits der erste Theil über die Wirkung der Ceremonie, ob sie blos significativer, oder exhibitiver Natur sei, gesagt, sowie daran, wie die allgemeine Einleitung Capitel 3, über die evangelische Priesteridee sich ausgesprochen hat. Jene Peinlichkeit, womit man es dem Geistlichen untersagt, ja nirgends sich beikommen zu lassen, daß er etwas Reelles mittheilen könne, womit man daher auch alle tief bedeutsamen christlichen Symbole zu bloßem todtem Buchstaben herabsetzen möchte, läuft zuletzt in der That auf abgeschmackte Gespensterfurcht hinaus. Oder haben die Apostel, wenn sie den Gläubigen betend die Hände auflegten, damit dieselben den h. Geist empfingen, vielleicht auch blos etwas ganz Leeres gethan? Es ist Zeit, uns einmal darüber zu besinnen, daß dem evangelischen Protestantismus das göttliche Priesterthum in keiner seiner Erweisungen fremd ist, und bei begrifflicher Bestimmung desselben nur die eine Grundregel gilt, daß weder unserem ewigem Hohenpriester Christus Etwas entzogen, noch durch Aufrichtung einer bevorzugten Kaste von Einigen ausschließlich in Beschlag genommen werde, was der gesammten Gemeinde der Gläubigen zugehört, womit nichtsdestoweniger die Beobachtung bestehender kirchlicher Ordnungen wohl verträglich ist. Lediglich in Diesen ist es begründet, daß nur den ordinirten Geistlichen das: der Herr segne dich ꝛc. vorbehalten bleibt, wogegen eine ziemlich allgemein gewordene Sitte Candidaten die Anwendung der Formel so gestattet, daß sie das directe Dich mit dem communicativen Uns vertauschen. Es dürfte kaum auf diese Sache so viel Gewicht zu legen sein, als Hüffell Liturgik §. 22 ihr beilegt, indem er in diesem Unterschiede etwas ganz Unstatthaftes zu sehen glaubt. — Die lutherische Kirche hat das Dich in Euch verwandelt, wogegen wir uns unbedingt für das schriftgemäßere Erste erklären müssen.

Der zweite Einwurf gegen den Aaronitischen Segensspruch ist von dessen orientalisch-bildlicher Fassung, die ihn der heutigen Gemeinde unverständlich mache, hergenommen. Das heißt in der That: das Volk des N. Bundes unter das des A. herabsetzen! Wenn die Gemeinde den Segen nicht versteht, so ist es die Sache des Geistlichen, ihn zu erklären, nicht aber, etwas Eigenes an die Stelle zu setzen, was im Vergleich mit dem wunderbaren Tiefsinn der alten Formel überall nur matt und dürftig herauskommen kann. Von den ältesten Zeiten her ist man in der Kirche geneigt gewesen, eine Beziehung auf Gottes dreieiniges Wesen in unserem Spruch zu finden, dessen erstes Glied den Herrn als den Urgrund alles Guten, sowohl in positiver, wie in negativer Hinsicht, darstellt, während die beiden andern Glieder zweimal des Angesichtes Gottes Erwähnung thun und in näherer Beziehung der göttlichen Offenbarung auf der Menschen Heil und Leben, Gnade und Frieden von ihm ausgehen lassen. Wenn in der Vergebung der Sünden als neuer Lebensmittheilung das Höchste, was die Gnade verleiht, zu erkennen ist, so stimmt hiermit das Wort des zweiten Gliedes: der Herr lasse sein Angesicht leuchten über dir ꝛc. auf das Schönste und Tiefste zusammen, indem es die Freundlichkeit und Leutseligkeit Gottes wahr und auf eine, jedem gesunden Gefühl zusagende Weise ausdrückt und zugleich eine, nicht minder treffende Nebenbeziehung auf das, die Gnade vermittelnde Licht des göttlichen Wortes in sich schließt. — Der innere Frieden endlich, seinem Ursprunge nach eine Frucht der Rechtfertigung aus dem Glauben, dagegen rücksichtlich seiner Festigkeit und wachsenden Vertiefung durch ein fortgesetztes Leben in der Heiligung bedingt, hängt überall davon ab, daß der Geist des Herrn als Lehrer, Tröster und Führer bei den erlösten Kindern der Gnade bleibe, was wiederum tief und sinnvoll durch das dritte Glied der Segensformel: der Herr erhebe sein Angesicht über dich rc. ausgesprochen ist. Denn jedenfalls dürfte diesen Worten die Anschauung zu Grunde liegen, daß nur, sofern Gottes Angesicht, näher: sein Geist, bleibend auf uns ruhe, wir des Friedens, welcher höher ist denn alle Vernunft, so theilhaftig sein können, daß derselbe nimmer von uns genommen werde. — Wir interpretiren also den Aaronitischen Segensspruch durch den bekannten Paulinischen: die Gnade unsers Herrn Jesu Christi, die Liebe Gottes und die Gemeinschaft des h. Geistes sei mit euch Allen! — und nur dieser Letztere könnte, wenn, was keineswegs der Fall ist, die Beseitigung des Ersteren rathsam erschiene, an dessen Stelle treten. Schließlich bemerken wir, daß das in die Segnung aufgenommene Kreuzeszeichen als christliches Symbol uralt ist und uns schon bei den frühesten Kirchenvätern begegnet.

Zweites Kapitel.

Von der ideellen Verknüpfung der bisher entwickelten Cultustheile zu einem organischen Ganzen.

§. 73.

Gegenseitiges Verhältniß der Hauptbestandtheile des evangelischen Gottesdienstes.

Schon früher haben wir in Gebet und Predigt den liturgischen Hauptgegensatz erkannt, indem Diese das beweglichste Element des Cultus, Jenes dagegen in Verbindung mit dem Worte Gottes und den fixirten liturgischen Formeln, das stabilste in sich darstellt, weshalb das Letztere auch in fest bestimmten agendarischen Formen auftritt. Daß aber nichtsdestoweniger dieser Gegensatz nur relativ sei, indem weder die freie Bewegung des Predigers in eine, das gemeinsame Bekenntniß ignorirende Willkür umschlagen, noch die vorgeschriebenen Gebetsformulare, dem Gemeindebewußtsein gegenüber, als erstarrender Buchstabe festgehalten werden dürfen, ist gleichfalls bereits angedeutet worden. In der Mitte zwischen diesen beiden Haupttheilen nun steht als dritter das geistliche Lied und repräsentirt in dieser Stellung das, sich unablässig wiederherstellende Gleichgewicht zwischen der Beweglichkeit und der Stabilität der beiden andern Haupttheile. Im Kirchenliede ist nämlich der Ausdruck des gemeinsamen religiösen Bewußtseins, sofern dieses als lebendiges Gemeingefühl sich ankündiget und in dieser Gestalt zum Worte kommen will, zu erkennen. Daher wird dieser Cultustheil wesentlich von der Gemeinde als Solcher vertreten, und es nimmt diese als singende gottesdienstliche Versammlung die, in den andern Elementen hervorragenden Thätigkeiten der Einzelnen, sowohl die repräsentativen, als die individuellen, beständig auf's Neue wieder in sich zurück. Welcher Grundgedanke daher auch die Composition des evangelischen Gottesdienstes bestimmen möge, jedenfalls gebührt dem Kirchenliede die Bedeutung des, sämmtliche Theile desselben verknüpfenden und die Uebergänge vermittelnden Bandes, und ist dasselbe als der gemeinsame mütterliche Boden anzusehen, auf dessen Grunde die übrigen Communionacte in freier Bewegung sich vollbringen können.

Gegen die Erklärung des §., daß das Kirchenlied ein Gleichgewicht zwischen der Beweglichkeit der Predigt und der Stabilität des Gebetsformulars in sich darstelle, ließe sich einwenden, daß auch das Gesangbuch selbst nur eine Sammlung fester Lieder sei, an welchen von Einzelnen Nichts geändert werden könne; mithin gebe sich auch hier der Charakter der Stabilität als der vorherrschende kund. Es kommt jedoch hierbei nicht sowohl der Umstand in Betracht, daß die Gemeinde in ihren Gesängen stehende gottesdienstliche Formen erblickt, als vielmehr, daß die Liedersammlung ihrer Natur nach in reichster Mannichfaltigkeit sich ausbreitet und für den öffentlichen Gottesdienst daher die umfassendste Auswahl darbietet. Dies aber bedingt sich nothwendig dadurch, daß im geistlichen Liede das gemeinsame religiöse Bewußtsein die Sprache des lebendigen Gemeindegefühls zu reden begehrt, das Gefühl aber seiner Natur nach ein höchst bewegliches Element unseres seelischen Lebens ist. Endlich bestätigt sich auch in dieser Beziehung, daß die volksthümlich-gläubigen Andachtslieder, die wir als die zweite Hauptkategorie bezeichnet haben, für die, dem kirchlichen Gebrauch entsprechendsten schon aus dem Grunde erkannt werden müssen, weil sie die oben entwickelte Bedeutung des Liedes im evangelischen Cultus bei Weitem am Bestimmtesten an sich hervortreten lassen.

§. 74.

Der evangelische Gottesdienst im Charakter der Allgemeinheit.

Da wir nunmehr eine Gestaltung des evangelischen Gottesdienstes für die Gesammtheit der Gemeinde, wie sie in concreto gegeben ist, im Auge haben, so darf das christliche Lebensprincip darin sich nur in seiner reinen Objectivität offenbaren und hat die Aufgabe, in diesem Charakter an allen bisher entwickelten, subjectiv-nothwendigen Formen der gemeinsamen Erbauung seine Macht in der Art zu bethätigen, daß sie sämmtlich von jenem Princip erfüllt werden. Das Wort Gottes ist demnach kraft seiner reinen Objectivität, womit es das, in Christo vorhandene Heil dem Glauben nahe bringt, als die Grundsubstanz des, aus den erwähnten subjectiven Formen sich zusammensetzenden Cultus zu betrachten, und bleibt daher das Sacrament in den Culten von allgemeinem Charakter ausgeschlossen.

Im Jahre 1837 hat Herr Dr. Höfling in Erlangen in einer interessanten Schrift: von der Composition der christlichen **Gemeinde-Gottesdienste** oder von den zusammengesetzten Akten **der Communion** — den Gedanken ausgesprochen, daß dem Sacramente des Altars bei jedem evangelischen Hauptgottesdienste die Bedeutung der eigentlichen Spitze desselben zukomme, daß daher alle übrigen Communionacte in eine innere Beziehung dazu treten sollen, und einer evangel. Gemeinde wohl zugemuthet werden könne, allsonntäglich ohne Ausnahme am h. Abendmahle Theil zu nehmen. Wir wollen hier davon absehen, daß dieser Vorschlag unverkennbar eine Annäherung an die römisch-katholische Messe in sich schließt — denn so Etwas hat Herr Dr. Höfling in keiner Art beabsichtigt —; aber auch außerdem unterliegt jener Gedanke gewichtigen Bedenken. Jedenfalls wird das Sacrament dadurch zu einer Objectivität erhoben, die wir demselben wenigstens in diesem Grade nicht zugestehen können, und nächstdem liegt die Gefahr oftmaliger Entweihung des Heiligsten, was Christus der Kirche anvertraut hat, durch die Unwürdigkeit der Communicanten, an sich schon allzunahe, als daß ihr durch die vorgeschlagene Einrichtung noch recht der Weg gebahnt werden dürfte. Im Gegensatz gegen die erwähnte Ansicht, welche als die äußerste Consequenz der lutherischen Abendmahlstheorie mit ihrer, nicht ohne Einseitigkeit geltend gemachten Objectivität des Sacraments überhaupt betrachtet werden kann, müssen wir daher festhalten, daß der allgemeine evangelische Gottesdienst sich wesentlich aus den subjectiven Aeußerungsformen des religiösen Lebens, welche aber objectiven Inhalt aus dem Worte Gottes anzuziehen und sich damit zu erfüllen begehren, zusammensetzt und jede anderweitige Zuthat wenigstens in seiner Idee nicht begründet ist.

§. 75.

Der evangelische Hauptgottesdienst.

Es ist schon früher darauf hingewiesen worden, wie die lutherische Kirche in ihrem Gottesdienste den Grundgedanken maßgebend sein läßt, daß derselbe als Organismus des christlichen Gemeindelebens in einem subjectivnothwendigen Fortschritt seiner verschiedenen Elemente sich zu gestalten habe. Sofern nun der Cultus in der Vollständigkeit der subjectiven Aeußerungsformen des religiösen Lebens sich organisch zusammenfügt, entsteht der sogenannte Hauptgottesdienst.

§. 76.

Die erneuerte Preußische Landesagende.

Um nunmehr einen bestimmten Grundgedanken in der Composition der verschiedenen Bestandtheile des evangelischen Cultus nachzuweisen, wird es nothwendig, von einer schon gegebenen agendarisch-liturgischen Form den Ausgangspunkt zu nehmen. Diese kann allen bisherigen Erklärungen zufolge nur die Lutherische sein. Nun schließt aber die erneuerte Preußische Landesagende bei ihrem Rückgange auf reformatorische Grundlagen einerseits den, von Luther gegebenen Erklärungen über die neue Gestaltung des evangelischen Gottesdienstes mit ziemlicher Treue sich an und begeht hierbei blos den Fehler, in ihrem größeren liturgischen Formular mehr als billig in die Zeit der ersten Entwickelungen, wo das Neue in noch unentschiedener Bildung begriffen war, zurückzuführen und darüber das seitdem Festgewordene nicht gehörig zu berücksichtigen; andererseits jedoch stellt sie der größeren Liturgie eine abgekürzte Liturgie mit Chören an die Seite und gestattet in der Letztgenannten außerdem solche, dem lutherischen usus entsprechende Modificationen, daß aus dieser abgekürzten Form nicht blos eine, den lutherischen Typus treu wiedergebende Gestalt des evangelischen Gottesdienstes festgestellt werden kann, sondern sogar auch eine, dem Princip der lutherischen Kirche angemessene Fortbildung ihrer gesammten Liturgie darin zu erkennen sein dürfte. Es wird daher unsere Aufgabe sein, die sogenannte abgekürzte Liturgie mit Chören, unter Berücksichtigung der erwähnten Modificationen, unseren ferneren wissenschaftlichen Erörterungen im gegenwärtigen Capitel zu Grunde zu legen.

Ein Blick auf die größere Liturgie der Preußischen Agende genügt, um die Ueberzeugung zu gewinnen, daß ihr ein sicheres Princip der Composition und des organischen Fortschritts mangelt. Dem, im Eingange stehenden Sündenbekenntnisse folgt der sogenannte Introitus mit der kleinen Doxologie. Wenn dies auch einen schönen Sinn hat, so wird doch sogleich durch das, auf die Worte des Liturgen: Gott sei uns gnädig rc. folgende Kyrie eleison des Chors der, jener Doxologie zu Grunde liegende Gedanke wieder abgebrochen, und es stellt sich das Kyrie etc. überhaupt mit dem, sich ihm anschließenden Gloria und der großen Doxologie lediglich als eine unmotivirte Wiederholung des Sündenbekenntnisses und Dessen, was in nächster Verbindung damit steht, heraus. — Wenn ferner schon Luther selbst für angemessen hielt, wichtige liturgische Bestandtheile des alten Meßkanon in Gemeindegesänge umzuwandeln, und demnach das Gloria etc., desgl. das Credo etc. die Gestalt stehender Kirchenlieder von liturgisch-symbolischer Bedeutung im evangelischen Gottesdienste annahmen: so erscheint die Beseitigung dieser ächt reformatorischen Einrichtung nicht minder als eine Abweichung vom Grundprincip der evangelischen Kirche und erweckt den Schein, als könne es in der Absicht liegen, auf's Neue einen Chor nach dem alten Sinne zwischen den Liturgen und die Gemeinde in die Mitte zu stellen. — Am Wenigsten endlich möchte im letzten Theile der großen Liturgie ein sichrer Plan nachweisbar sein. Denn hier steht das Sanctus etc., seiner uralten Beziehung zum Sacramente des Altars entrissen, unmittelbar vor dem allgemeinen Kirchengebet, und diesem wiederum folgt das Vater Unser, als hätte es in der Absicht des Ordners gelegen, nur um jeden Preis, auch ohne leitendes Princip, die genannten Theile sämmtlich in die Liturgie hineinzubringen. Sofern das Sanctus mit dem, ihm zugehörigen Benedictus und dem Hosianna auf eine besondere Offenbarung des, immer auf's Neue zu seinem Volke kommenden Herren voller Gnade und Wahrheit hindeutet, stimmt es allerdings sehr schön zur Verwaltung des h. Abendmahls; was es aber in der oben bezeichneten

Verbindung soll, ist nicht wohl einzusehen; und Gleiches dürfte in Ansehung des Vater Unser zu sagen sein. Auch Dieses haben die lutherischen Agenden in Uebereinstimmung mit dem alten Meßkanon eng mit der Consecration verknüpft und nächstdem auf der Kanzel ihm eine doppelte Stelle zugewiesen, wogegen demselben in der Preußischen Agende wohl überhaupt nicht der rechte Platz zu Theil geworden sein dürfte.

Diese hier gerügten Uebelstände können bei der abgekürzten Liturgie mit Chören fast durchweg vermieden werden. Bevor wir jedoch unsere Gedanken über den, nach Maßgabe derselben zu gestaltenden Organismus des evangelischen Cultus näher darlegen, müssen wir uns erst das vorliegende Material dazu vergegenwärtigen, wobei vorläufig die Entscheidung über die Composition der einzelnen Elemente dahingestellt bleibt. Wenn für's Erste die kleine Doxologie am angegebenen Orte wegfällt, und nur der sogenannte Introitus, zu welchem leicht ein, mit dem vorhergegangenen Sündenbekenntnisse harmonirender Bibelspruch sich darbietet, stehen bleibt, so gewinnt das Kyrie eleison des Chors von selbst die Bedeutung einer Zustimmung zu dem, eben gesprochenen Bußgebet des Liturgen, und beide Elemente verknüpfen sich einheitlich zu einem Ganzen, welchem nun das Gloria mit der großen Doxologie sehr angemessen folgt. Aber auch diese Letztere, sammt dem Credo, hat die hier in Rede stehende Form, wenn nicht ausdrücklich der Gemeinde zurückgegeben, ihr doch wenigstens wiederzugeben gestattet. Endlich weigert sie sich nicht, die Predigt zwischen das Credo und den, noch übrigen Theil der Liturgie zwischenein treten zu lassen und demnächst die alte Beziehung des Sanctus und des Hosianna zum Sacrament des Altars wiederherzustellen. Bei näherer Vergleichung der hier angegebenen liturgischen Form mit Der der älteren Sächsischen Agende stellen sich hauptsächlich nur drei Punkte heraus, welche der ersteren eigenthümlich sind: wir meinen das, den Anfang bildende Sündenbekenntniß mit dem dazu gehörigen Introitus und dem ihm folgenden Kyrie eleison, und sodann das, zwischen den jedesmaligen beiden Sonntagsperikopen in der Mitte stehende Halleluja, welchem ein biblischer Spruch unmittelbar vorangeht, und welches die ältere Sächsische Liturgie nur allenfalls als Schlußwort der, die sogenannte Collecte einleitenden Responsorien beibehalten hat. Beide Veränderungen jedoch nehmen wir keinen Anstand als eine Fortbildung zu bezeichnen, auf die wir zurückkommen werden. Endlich giebt sich rücksichtlich des Gebets überhaupt als leitender Grundsatz zu erkennen, daß der Altar seine eigentliche und rechte Stätte sei, und es wird sich hieran die, die Stellung des allgemeinen Kirchengebetes betreffende Frage anzuknüpfen haben. Daß in der lutherischen Kirche dasselbe der Predigt folgt, ist bekannt; die Praxis der Gemeinde jedoch dürfte schon deshalb einiges Bedenken dagegen veranlassen, als jenem Gebete an diesem Orte nur selten noch das, ihm gebührende, lebendige Interesse sich zuwendet.

§. 77.
Princip der Composition des evangelischen Hauptgottesdienstes.

Wie im christlichen Leben überhaupt des Herrn Wort: wer da hat, dem wird gegeben, daß er die Fülle habe ꝛc. — sich beständig erfüllt, und daher alles Wachsthum in der Gnade und Erkenntniß Jesu Christi auch für den Einzelnen dadurch bedingt ist, daß er immerdar als ein Habender vor dem Herrn sich darstelle, um als Solcher unabläßig neue Segensmittheilungen von Oben zu empfangen: so muß eben Dieses auch im Cultus der christlichen Gemeinde sich bewahrheiten. Der leitende

Grundgedanke im Organismus desselben ist daher folgender: als eine Habende erscheint die Gemeinde vor dem Herrn, indem sie das in ihr vorhandene Leben erweckt, um, hierauf von Gott gegrüßt, immer auf's Neue in contemplativer Erhebung des ganzen Inbegriffs ihres Glaubens, Hoffens und Liebens sich bewußt zu werden und demnächst alle Anliegen der gesammten Christenheit vor ihm auszubreiten. Hiermit sieht nunmehr jeder Einzelne sich auf sein individuelles Bedürfniß zurückgeführt, und es ist ein geistlicher Hunger nach neuer Nahrung aus dem Worte Gottes in ihm wach geworden. Das Herz wendet sich daher jetzt mit voller Empfänglichkeit der himmlischen Speise zu und findet in der Predigt des Evangeliums eine Befriedigung seines Bedürfnisses, welche ihm schließlich durch die Ertheilung des Segens versiegelt wird.

Dem Gesagten zufolge gliedert sich der evangelische Hauptgottesdienst in drei Theilen, welchen ein dreimaliges Erscheinen des Geistlichen im Charakter des Liturgen und des Predigers vor der Gemeinde entspricht. Der erste Theil vollendet sich in Demjenigen, worin die Gemeinde das in ihr vorhandene Leben zum Ausdruck bringt und als eine Solche, die da hat, vor dem Herrn sich darstellt. — Der zweite Theil charakterisirt sich dadurch, daß hier der Herr mit der, sich immer wiederholenden Offenbarung seiner Gnadengegenwart im Worte mitten unter die Gemeinde tritt, welche ihr freudiges Halleluja ihm entgegensingt und die Gesammtheit ihrer Anliegen, Einer für Alle und Alle für Einen, in Gebet und Flehen vor seinem Angesichte kund werden läßt. — Im dritten Abschnitte theilt darauf der Herr mittelst der Predigt des göttlichen Wortes die neuen Gaben der Gnade, die er jedesmal mitbringt, unter die Einzelnen aus. — Geistliche Lieder endlich bilden, wie Anfang und Schluß des Ganzen, also auch die vermittelnden Uebergänge von einem Abschnitte des Gottesdienstes zum andern.

Offenbar ist der erste Abschnitt von vorbereitender Natur und wird durch ein Morgen- oder Sonntagslied angemessen eingeleitet. Sofern nun die Gemeinde darin ihr christliches Leben als ein bereits Vorhandenes in sich erweckt, und hiermit eine Selbstermunterung, in gläubigem Verlangen nach den zu erwartenden himmlischen Segnungen sich auszustrecken, vollbringt, erscheint vor Allem beachtenswerth, daß jenes Leben in Christo wesentlich sich als ein doppeltes Bewußtsein, nämlich Das der Sünde und Das der Gnade, manifestirt, und es daher vollkommen hiermit übereinstimmt, wenn diese beiden Momente auch im ersten Theile als dessen Grundgedanken hervortreten. So aber verhält es sich bei der oben besprochenen abgekürzten Liturgie mit Chören. Schön und erbaulich beginnt ihr zufolge das Geschäft des Liturgen mit der einleitenden Formel: Im Namen des Vaters, des Sohnes und des h. Geistes, Amen. Unsere Hilfe sei im Namen des Herrn, der Himmel und Erde gemacht hat. Nicht leicht dürfte Jemand dieser ächt kirchlichen Einleitung der Liturgie ihre erweckende und ermunternde Kraft absprechen. Unmittelbar hierauf folgt das Sündenbekenntniß, welches der Liturgus im Namen der ganzen Gemeinde ausspricht. Wenn einerseits darin das Gesammtbewußtsein der gemeinsamen Schuld und Strafwürdigkeit vor Gott laut wird, so gewinnt dasselbe außerdem noch eine anderweitige tiefe Bedeutung. Die Gemeinde begehrt nämlich mit gereinigten Herzen und Lippen ihre Lob- und Dankopfer darzubringen und hat daher das Bedürfniß, vor Allem in bußfertigem Flehen ihre Schuld zu sühnen und der Vergebung versichert zu werden. Es bedarf kaum der Erwähnung, wie zweckmäßig ein angemessener Introitus sich hieran reiht. Die Preußische Landesagende hat hiezu in Uebereinstimmung mit dem uralten Gebrauch Bibelsprüche gewählt, welche theils einen, dem Sündenbekenntnisse überhaupt entsprechenden Inhalt haben, wie z. B. die Worte: kommet her zu mir Alle, die ihr mühselig und beladen seid 2c. —, theils nach Gelegenheit besonderer Festzeiten schon eine Beziehung auf Diese hervortreten lassen. — Das Kyrie eleison des Chors, an welchem auch die Gemeinde mitsingend Theil nehmen kann, verlautbart nunmehr deren Einstimmung in das Bußgebet des Liturgen und vollendet den ersten Act des einleitenden Abschnittes. — Wie das Bewußtsein der Sünde überhaupt nur insofern ein wahrhaft christliches ist, als es in dem höheren Bewußtsein der, alle Sünde tilgenden Gnade aufgeht: so begehrt nun auch hier jenes Erstere unmittelbar in das Letztere sich zu verklären und so liturgisch sich zu bethätigen. Hiezu aber kann kein herrlicherer Ausdruck gefunden werden, als derjenige, in welchem die Kirche von uralter Zeit her ihrer großen Freude an der Erlösung durch Christum Worte geliehen und in die Gemeinschaft der, das gottselige Geheimniß singenden himmlischen Heerschaaren sich versetzt hat: wir meinen das Gloria mit der großen Doxologie. Hierbei jedoch ziemt sich nicht mehr, wie bei dem Bußgebet, die Vertretung der Gesammtheit durch den einzelnen Liturgen; hier vielmehr ziemt es sich, daß die Gemeinde mit einem Munde Gott in seinen großen Thaten verherrliche, und wir müssen daher das bekannte köstliche Lied von Nicolaus Decius: Allein Gott in der Höh' sei Ehr 2c., welches die sogenannte große Doxologie dem Volke zurecht gemacht hat, entschieden dem evangelischen Gottesdienste an dieser Stelle vindiciren. Immerhin mag der Liturg diesen zweiten Act des ersten Abschnittes nach Maßgabe der Preußischen Agende anheben mit dem: Ehre sei Gott in der Höhe! —; wir möchten am Liebsten, daß er gleichfalls hier singe; der Chor mag respondiren: und Friede auf Erden rc. Dann aber falle die Gemeinde im volleren Chore mit ihrem alten Lieblingsliede ein und vollende hiermit diesen ersten Theil ihres Gottesdienstes. Sofern das Bußgebet auch an hohen Festtagen den Anfang machen soll, hat man mit einigem Grunde eingewendet, daß bei solchen Veranlassungen das Bewußtsein des zu feiernden Momentes der h. Geschichte in seiner, immer gegenwärtigen Bedeutung dergestalt vorherrsche, daß das Sündenbekenntniß in diesen Fällen dem festlichen Tone der, immer schon vorhandenen, allgemeinen Stimmung nicht entspreche. Wir hätten daher gegen den Wegfall desselben bei Gelegenheiten der bemerkten Art Nichts einzuwenden und würden es vorziehen, wenn die Liturgie ohne Weiteres mit dem mächtigen: Ehre sei Gott in der Höhe rc. begönne.

In schönster Uebereinstimmung mit dem Grundcharakter des zweiten Abschnittes leitet nach der Preußischen Agende die uralte liturgische Salutation: der Herr sei mit euch! —, welche vom Chor und der Gemeinde mit dem Gegengruße: und mit deinem Geiste! — erwidert wird, diesen Abschnitt ein. Denn es ist der Herr selbst, der in den biblischen Lectionen nunmehr auf's Neue der Gemeinde sich vergegenwärtiget, der sie grüßt und zu ihr redet. Auf ihn richtet sich daher die Aufmerksamkeit der ganzen Versammlung, zu ihm erhebt sie den Aufblick des Glaubens. Da nun aber auch diese Erhebung ihren liturgischen Ausdruck begehrt, so folgt jenem Gruß sehr zweckmäßig die sogenannte Collecte, dieser aber unmittelbar die evangelische Perikope. Es scheint uns dem Princip der Composition des Gottesdienstes, von welchem wir ausgehen, nicht entsprechend, daß nach der Preußischen Agende die Epistel dem Evangelio vorangeht, da vielmehr der Vorgang dem, Christum unmittelbar in sich tragenden, nicht aber dem, ihn erklärenden Worte gebührt. Am Wenigsten, will uns bedünken, soll der eine oder der andere Abschnitt deshalb am Altare wegfallen, weil derselbe nachher auf der Kanzel wieder vorkommt. Weit eher ließen wir es uns gefallen, daß er an der letztgenannten Stätte als bekannt vorausgesetzt würde, und hier daher dessen abermalige Verlesung unterbliebe, was freilich um Derjenigen willen, die sich erst nach der Liturgie in der Kirche sammeln, nicht zuläßig erscheint. So wollen wir denn lieber die Perikope, worüber gepredigt wird, zweimal hören, als sie am Altare missen. — Daß die Collecte eine specielle Beziehung auf den evangelischen Abschnitt enthalte, ist allerdings zu billigen. Da jedoch so eine große Mannichfaltigkeit dieser Gebete in liturgischen Gebrauch kommt, so wird die fragliche Einrichtung nur unter der Voraussetzung zu empfehlen sein, daß die Volksschule die Aufgabe erkenne, auch das gesammte Gebetsformular in ihre, zur Theilnahme am Cultus vorbereitende Thätigkeit hereinzuziehen, widrigenfalls rathsamer erscheinen dürfte, die Collecten auf einen engeren Kreis der Auswahl zu beschränken, die Beziehung auf die Segnungen, die durch die Feier des Tages des Herrn überhaupt der Gemeinde vermittelt werden sollen, darin vorwalten zu lassen und die speciellere Bezugnahme auf bestimmte Momente des kirchlichen Lebens überwiegend den Festzeiten vorzubehalten. — Oben bereits ist angedeutet worden, daß das Halleluja in der Mitte der beiden Lectionen ganz an seiner rechten Stelle steht, sofern in der evangelischen Perikope der Herr selbst als mitten in die Versammlung tretend und sein Volk grüßend gedacht wird. Wie dort nach seiner Auferstehung die Jünger froh wurden, als sie ihn sahen, so freut sich immer auf's Neue die Gemeinde, so oft der Herr ihr seine Gegenwart im Worte kund giebt, und drückt im Halleluja diese ihre Freude in einer Gesangformel aus, welche von uralter Zeit her diese Bedeutung in der Kirche gehabt hat, ja schon in der alten Oekonomie auf gleiche Art gebraucht worden ist.

Die Anknüpfung des apostolischen Symbolums an die verlesenen Bibelabschnitte ist sehr alt und durch erhebliche Gründe gerechtfertigt. In jenen, immer nur kurzen Abschnitten nämlich wird Christus überall blos von einer gewissen Seite her der Gemeinde nahe gebracht und die evangelische Wahrheit enthüllt sich ihr daher nicht im vollen Reichthum ihres Inhalts. Es will aber die Gemeinde des ganzen Inbegriffs der großen Thaten Gottes zum Heil der, in ein herrliches Gottesreich zu sammelnden Menschheit in Christo sich bewußt werden und summarisch Alles zusammenfassen, was sie, auf dem unbeweglichen Grunde des Wortes stehend, gläubig umfaßt, wonach sie hoffend sich ausstreckt, woran sie liebend sich hingiebt. Im genannten Symbolum aber besitzen wir in der That ein historisches Gesammtbild des Sohnes Gottes, nach den Hauptmomenten seines ganzen, vom Vater ausgehenden und aus dem Irdischen in's Himmlische sich verklärenden erlösenden Lebens mit wenigen, aber scharfen Pinselstrichen gezeichnet; wir erblicken es in der Mitte zwischen den wesentlichen Voraussetzungen und den erhabenen, in die Ewigkeit der Ewigkeiten sich verlierenden Folgen der, durch ihn vollbrachten Versöhnung, und dürfen daher nicht anstehen, diesem ältesten und ehrwürdigsten Glaubensbekenntnisse, als der Hauptsumma des göttlichen Wortes, an der fraglichen Stelle die liturgische Bedeutung einer so angemessenen, als vollständigen Ergänzung der biblischen Lectionen zuzuerkennen, wobei noch besonders erwogen zu werden verdient, daß die Gemeinde darin zugleich eine, sich immer erneuernde That ihres Bekenntnisses zum Herrn vollbringt. Es ist klar, daß bei unserer Auffassung der, gegen den liturgischen Gebrauch des apostolischen Symbols wohl erhobene Einwurf der Trockenheit desselben ganz unhaltbar erscheint. Es ist gar nicht die Rede davon, daß hier dem reflectirenden Verstande in demselben ein Object der Thätigkeit dargeboten werde, sondern daß die großartige Glaubensformel, dieses Losungswort der Einigkeit für die ganze Christenheit auf Erden, einer andächtigen Erhebung der Herzen und hiermit der umfassendsten, in einen Blick zusammengedrängten religiösen Anschauung, in welcher alle Kräfte des Geistes zu h. Schweigen vor Gott sich vereinigen, als mächtiges Vehikel diene. Eben deshalb ist es nur als passend zu bezeichnen, wenn der Chor das Symbolum mit dreifachem Amen bekräftiget. Nach dieser Darlegung bedarf es kaum noch der Erwähnung, mit welcher inneren Nothwendigkeit und psychologischen Wahrheit das allgemeine Kirchengebet sich nunmehr unmittelbar dem Symbolum anschließt. Die Gemeinde weiß den Herrn in ihrer Mitte; sie ist seiner abermaligen Offenbarung im Glauben inne geworden, und so sagt sie ihm jetzt Alles, was sie an gemeinsamen Anliegen auf dem Herzen hat, und trägt die Bedürfnisse der gesammten Christenheit seiner erbarmenden Liebe vor. Wir hätten Nichts dagegen, daß dieses Gebet mit dem Vater Unser geschlossen würde, wenn dasselbe nicht noch an anderen Stellen wiederkehrte und von dessen zu häufiger Wiederholung abzurathen wäre. — Schließlich bemerken wir rücksichtlich des jetzt entwickelten, zweiten Hauptactes des evangelischen Gottesdienstes ein Dreifaches. Erstens erscheint uns die Stellung des sogenannten Hauptliedes zwischen den beiden biblischen Lectionen nicht durchaus angemessen; vielmehr ziehen wir es vor, dasselbe unmittelbar der Predigt vorangehen zu lassen. — Nächstdem müssen wir es für zweckmäßiger halten, daß das apostolische Symbol vom Liturgen gesprochen, als daß es in dem bekannten Liede Luthers von der Gemeinde gesungen werde. Wenigstens dürfte unsere Auffassung des zweiten Hauptactes im evangelischen Cultus dies anrathen, da die hier erforderliche energische Bewegung des Fortschrittes durch den langsamen Gesang zu sehr aufgehalten, und so das Moment der contemplativen Vertiefung in das kirchliche Bekenntniß zersetzt wird. Wir würden daher das Credo nicht gern als stehendes liturgisches Lied gelten lassen, wohl aber es in die Zahl der, dem Geistlichen zur Auswahl gestellten Lieder verweisen, wie es denn z. B. am Trinitatisfeste herrliche Wirkung thun kann. Hiezu verdient noch erwogen zu werden, daß nach der alten Sächsischen Form des lutherischen Gottesdienstes überhaupt zu Viel gesungen, und derselbe dadurch in eine ermüdende Länge gezogen wird, die dem heutigen Bedürfniß in noch minderem Grade zusagt, als vormals. — Drittens müssen wir mit der Preußischen Agende dem allgemeinen Kirchengebete entschieden den Altar vindiciren, da, wenn es bis nach der Predigt aufgespart wird, der rechte Augenblick für dasselbe bereits versäumt ist. Denken wir uns: die Predigt hat ausgerichtet, was sie bezweckt; den Hörern derselben ist wahre, individuelle Erbauung zu Theil geworden: so finden sie sich nach dem Grade ihrer Ergriffenheit so tief innerlich beschäftigt, daß sich Jedwedem das Bedürfniß fühlbar macht, jetzt mit Gott allein zu bleiben und in dieser Fassung den empfangenen neuen Segen mit sich in's Leben hinauszutragen. Da ist zu jenem allgemeinen Gebet nicht sowohl deshalb keine Zeit mehr, weil das betende Herz in diesem Augenblicke nicht weit genug wäre, Alles zusammenzufassen, was überhaupt Gegenstand christlicher Fürbitte sein kann; sondern deshalb, weil es jetzt nicht mehr in der Stimmung ist, nach einem Vorbetenden hinzuhorchen, sondern selbst aus seiner tiefsten Innerlichkeit heraus beten will.

Wir wenden uns nunmehr zum dritten Haupttheil, welcher mit dem Predigtliede anhebt. Ueber die Beziehung desselben zur Predigt ist früher bereits das Wichtigste gesagt worden. Rücksichtlich dieser Letzteren selbst aber hat sich nach dem Sächsischen Typus der lutherischen Kirche eine ganz eigenthümliche liturgische Form fixirt. In die Mitte nämlich zwischen den Eingang und den eigentlichen Verlauf der Rede tritt noch ein sogenannter Kanzelvers; diesem folgt das Gebet des Herrn, worauf erst der Text verlesen wird, wogegen die Preußische Agende nach einem kurzen Segensspruch alsbald mit dem Text beginnen läßt. Für's Erste nun dürfte in Ansehung der lutherischen Form zu erinnern sein, daß sie wenigstens in keiner innern Nothwendigkeit begründet ist, wohl aber unter gewissen Voraussetzungen sich empfiehlt. Durchaus unzuläßig erscheint die bemerkte Unterbrechung bei der streng analytischen Predigtform, da der Redner in diesem Falle sich beeilt, in mediam rem zu gehen, und Nichts ihn darin aufhalten darf. Anders dagegen, wenn seine Absicht nicht darauf gerichtet ist, seinen Text analytisch zu entwickeln und mittelst lebendiger Reproduction desselben eine Predigt für die gegenwärtige Gemeinde daraus zu gestalten, sondern wenn die Durchführung eines thematischen Grundgedankens bezweckt, und das Mannichfaltige des Textes hiernach frei verknüpft wird. Bei dieser sogenannten synthetischen Form ist ein Eingang gerechtfertiget, welcher auf das Thema hinleitet und, bei dem Grundgedanken der Predigt angelangt, schließt, um nunmehr den Text reden zu lassen, von welchem aus es wiederum einer, im sogenannten Uebergange zu bewirkenden, neuen Hinleitung zum Thema bedarf. Hier hebt nämlich der Redner die Elemente des verlesenen Abschnittes, welche für dieses Mal maßgebend sein sollen, aus den übrigen heraus und stellt das Ganze unter den Gesichtspunkt, aus dem er es betrachten will, woran dann das Thema sich unmittelbar anknüpft. — Offenbar liegt nun zwischen dem Eingang und der Verlesung des Textes ein Ruhepunkt. Der Redner hat sein erstes Geschäft vollendet und schickt sich an, zur Sache selbst zu gehen. So mag immerhin jener Ruhepunkt in der angedeuteten Art ausgefüllt und dem Redner wie den Hörern darin eine nochmalige Ermunterung zu andächtiger Sammlung zu Theil werden. Es ist daher auch das Vater Unser nach dem Kanzelverse durchaus angemessen. In keinem Falle jedoch beruht die Unterbrechung auf einer Nothwendigkeit. — Das allgemeine Beichtgebet, welches nach dem Sächsischen Typus der Predigt folgt, würden wir schon deshalb von dieser Stelle verweisen, weil die Liturgie zweckmäßig damit beginnt. Ganz unerlaßlich aber erscheint bei dem gegenwärtigen Stande der Dinge die Verbannung der, oft sehr zahlreichen kirchlichen Anzeigen mit den dazu gehörigen Volis aus dem Hauptgottesdienste; denn sie sind gegenwärtig wirklich nur noch eine widerwärtige Störung der gewonnenen Erbauung, und es dürfte leicht ein geeigneterer Ort, z. B. bei sogenannten Wochengottesdiensten, oder Wochengebeten für sie ausfindig zu machen sein. — Dagegen ist das Gebet des Herrn, am Liebsten in der Form der εὐχὴ διὰ σιωπῆς, als eine Zusammenfassung alles Dessen, was ein Jeder auf seinem Herzen und Gewissen hat, nach der Predigt ganz an seiner rechten Stelle und bildet die angemessenste Hinüberleitung zum Segen, worauf die Gemeinde mit einem Schlußverse entlassen wird. Nach einem älteren Herkommen in der lutherischen Kirche wird der Segen am Altare ertheilt und mit Responsorien und Collecte eingeleitet; er bildet also hiernach einen besonderen Act für sich. Wir wüßten hiergegen an sich Nichts einzuwenden; es steht jedoch dieser Form das nicht unerhebliche Bedenken entgegen, daß unsere Gemeinden in der Regel mit dieser Verlängerung des Gottesdienstes nicht einverstanden sind, und die Worte des segnenden Geistlichen meist in der leeren Kirche verhallen.

§. 78.
Schlußbemerkungen.

Im vorhergehenden §. haben wir, anknüpfend an die erneuerte Preußische Agende, eine Gestalt des evangelischen Cultus in Vorschlag gebracht, welche bis jetzt keineswegs in der angedeuteten Art festgestellt worden ist, da es in der evangelischen Landeskirche dermalen noch ganz an einem leitenden Principe fehlt. Um so mehr haben wir eine, vom Sächsisch-lutherischen Tropus aus zu bewirkende Entwicklung der evangelisch-gottesdienstlichen Formen, im Sinne einer Fortbildung des lutherischen Cultus zur Union, zu geben beabsichtiget und stellen die gemachten Vorschläge der Zukunft unserer Kirche anheim.

So entschieden wir oben uns gegen die eigenmächtig bewirkte Union, gegen jede, mit Ignorirung der confessionellen Unterschiede unternommene Zusammenmengung zweier Kirchenthümer haben erklären müssen, so entschieden sind wir überzeugt, daß, wo immer eine Kirche ihr eigenthümliches Lebensprincip in Kraft der evangelischen Wahrheit consequent entwickelt, jedesmal auch der, von ihr betretene Weg eine Annäherung zur wahren Union in der Liebe Christi in sich schließt. Der evangelisch-lutherischen Kirche aber darf vorzugsweise nachgerühmt werden, daß sie, ihren Principien nach mehr als irgend eine andere Particularkirche durch christlichen Universalismus ausgezeichnet, in ganz besonderem Grade auch die Keime zu jener wahren Union in sich trage und auf dem Wege der Fortbildung ihres eigenthümlichen Princips in Lehre und Cultus allmählich zu einer Solchen führen müsse. Rücksichtlich des Letzteren nun scheint diese Fortbildung uns am Meisten dadurch bedingt zu sein, daß die erwähnte Kirche jenes Princips in ritueller Hinsicht sich vor Allem recht bewußt werde, um dasselbe demnächst sich consequent durcharbeiten zu lassen. Wir vermissen gegenwärtig noch diese reine Consequenz vorzüglich im Hinblick auf die Stellung, die das Altarsacrament überhaupt im öffentlichen Gottesdienste einnimmt. In dieser Beziehung ist in der lutherischen Kirche noch Etwas von der römisch-katholischen Messe insofern übrig geblieben, als der ursprünglichen Idee nach das h. Abendmahl die herrliche Spitze jedes Hauptgottesdienstes bilden soll: eine Ansicht, welche, wie bereits oben erwähnt, zuletzt und am Stärksten vom Herrn Dr. Höfling vertreten worden ist. Wie wenig aber diese Stellung des Sacramentes dem Grundprincip des evangelischen Cultus überhaupt entspreche, ist factisch dadurch an den Tag gekommen, daß in den meisten Fällen die Feier des h. Abendmahls in der lutherischen Kirche zu einem bloßen Anhange des Hauptgottesdienstes herabgesunken ist und thatsächlich dessen Spitze schon deshalb nicht bildet; weil die Gemeinde als Solche dabei gar nicht gegenwärtig ist. Wir werden später darauf zurückkommen, wie wir keineswegs eine durchgreifende Trennung der Feier des Sacraments von den sonntägigen Hauptgottesdiensten begehren: so Viel aber scheint uns durch die bisher gemachten Erfahrungen unwidersprechlich dargethan, daß hier ein Punkt berührt ist, rücksichtlich dessen die lutherische Kirche ihr eigenthümliches Princip erst noch consequenter in ihrem Gesammtritus durchzuführen haben wird.

Außerdem haben die vorangegangenen §§. eine Zeichnung des evangelischen Hauptgottesdienstes entworfen, welche entschieden zwar von der lutherischen Form desselben ausgegangen ist, ihr gleichwohl aber in ihrer gegenwärtigen Gestalt nicht durchaus entspricht, wobei jedoch darauf hingewiesen werden mußte, daß in der erneuerten Preußischen Landesagende die Lineamente zu jener Zeichnung, die auch nur eine Fortbildung des lutherischen Tropus sein will, bereits vorliegen. Demnach glauben wir, daß in den gegenwärtigen Zuständen der evangelischen Kirche Preußens wirklich die Keime zu einer wahren Union in liturgischer Hinsicht vom lutherischen Tropus aus gegeben sind, und überlassen Anderen den Nachweis, wie dieselbe auch vom Ausgangspunkte der reformirten Kirche aus sich anbahnen möge. Wenn nun in der Landeskirche Preußens drei verschiedene Tropen neben einander Berechtigung haben sollen, und es jedenfalls diesem kirchenrechtlichen Grundsatz allein entsprechend erscheint, daß den lutherischen und reformirten Gemeinden ihre älteren eigenthümlichen Agenden wieder verstattet werden: so hat dagegen die Union ihre Aufgabe darin zu erkennen, auf einer sicheren confessionellen Grundlage, die sie sich erst noch geben soll, (bisher hat sie sich nur ohnmächtig hiezu erwiesen) zu einer festen Uebereinkunft rücksichtlich einer gemeinsamen Form des Gottesdienstes aus den in der Preußischen Agende vorliegenden Elementen desselben zu gelangen. Die Zukunft muß es lehren, ob die Union Kraft genug hat, diese Aufgabe zu lösen, oder ob sie als bloßes Menschenwerk zu Grunde gehen wird. Jedenfalls ist das Erstere wesentlich bedingt durch bußfertige Umkehr von den sündlichen Wegen des unkirchlichen, anti-confessionellen Indifferentismus, womit die Union ihr Werk begonnen hat.

Drittes Capitel.

Von der Verknüpfung der einzelnen Cultustheile zum particulären Gottesdienste.

§. 79.

Eintheilung.

Sofern die subjectiven Aeußerungsformen des christlich-religiösen Lebens sich nicht in ihrer Totalität zu einem organischen Ganzen verknüpfen, sondern gleichsam nur einzelne Functionen des Gesammtorganismus die Basis particulärer Gottesdienste bilden sollen, können deren wesentlich nur zwei in Betracht kommen, nämlich die blos liturgischen und die sogenannten Predigtgottesdienste. Da wir das geistliche Lied bereits als das, alle Cultuselemente verknüpfende Band erkannt haben, so folgt schon hieraus, daß der Gemeindegesang bei keiner der angegebenen Formen werde fehlen dürfen. Der nachfolgenden Behandlung der Sache ist nunmehr der Weg vorgezeichnet.

§. 80.

Die liturgischen Gottesdienste.

In der evangelischen Kirche sind schon von Alters her solche in den sogenannten Wochengebeten gebräuchlich geworden, obgleich Luther den Grundsatz ausgesprochen hatte, daß überall, wo eine Gemeindeversammlung Statt finde, auch das Wort Gottes erklärt, d. h. gepredigt werden solle. Aus evangelischem Princip ist gegen die fragliche Cultusform nichts Gegründetes einzuwenden. In neuerer Zeit hat man den Versuch gemacht, unter Benutzung umfassender musikalischer Mittel, derselben eine reichere und vielseitigere Ausbildung zu geben.

Wir würden am Liebsten alle mit besonderen Votis verbundenen kirchlichen Abkündigungen, als Proclamationen, desgl. die regelmäßigen Anzeigen der Geburten und Sterbefälle u. s. w. den Wochengebeten überwiesen sehen und für den sonntägigen Hauptgottesdienst nur die wenigen Mittheilungen von wirklich allgemeinem Interesse, sowie besondere Fälle der christlichen Fürbitte, welche eine durchgehende Theilnahme der Gemeinde in Anspruch nehmen, vorbehalten. Wenn rücksichtlich der Aufgebote hiegegen eingewendet werden sollte, daß auf diesem Wege die beabsichtigten Eheschließungen nicht zur allgemeinen Kunde gelangen würden, so erwidern wir, daß dieser Einwand selbst schon in der Einmischung eines rein bürgerlichen Interesse in das kirchliche beruht. Dieses Letztere knüpft sich ausschließlich an die mit der Proclamation verbundene Fürbitte. Ueberdies aber ist der Einwand nicht einmal wahr, wie es denn auch viele andere geeignete Mittel giebt, eine Sache zur öffentlichen Kunde zu bringen. Bei der gegenwärtigen Lage der Dinge sind die kirchlichen Abkündigungen nach der Predigt zu einem fast unerträglichen opus operatum geworden und würden weit eher einen kirchlicheren Charakter wiedergewinnen, wenn man sie an ihre geeignete Stelle verwiese, als wenn sie da bleiben, wo sie nothwendig stören und langweilen.

Neuerdings hat man hie und da den liturgischen Gottesdiensten eine größere Ausdehnung und eine erhöhte Bedeutung zu geben versucht. Abgesehen davon, daß solche in der Preußischen Militär-Kirchenordnung recipirt sind, ist, namentlich von Berlin her, darauf hingewiesen worden, wie die fragliche Cultusform eine Ausbildung zulasse, die ihr eine ungleich mächtigere Erbauungskraft, als sie bisher geäußert, sichern und zugleich der Ausführung geistlicher Musiken eine wahrhaft evangelische Weihe geben würde. Dem angedeuteten Gedanken zufolge sollen die großen Tonschöpfungen, an welchen unsere Kirche so reich ist, in die liturgischen Gottesdienste hineingezogen werden, um in dieser Gestalt besonders die hohen Feste verherrlichen zu helfen und nicht mehr so vorherrschend, wie bisher, einem bloßen Kunstgenusse zu dienen. Es versteht sich von selbst, daß hier nur von gottesdienstlichen Abendversammlungen, oder einem sogenannten Vespercultus die Rede sein kann, und es würden bei Gelegenheiten dieser Art Vorlesungen biblischer Abschnitte und Gebete, vom Liturgen am Altare gesprochen, mit kurzen Gemeindegesängen und musikalischen Aufführungen dergestalt abwechseln, daß das Ganze in einem tiefen, einheitlichen Zusammenhange fortschritte. Jedenfalls erscheint der bezeichnete Vorschlag aller Beachtung würdig, obgleich er in der angedeuteten Weise zunächst wenigstens nur in Gemeinden, wo es am Reichthum musikalischer Mittel nicht fehlt, ausführbar sein dürfte. Es würde sich indeß, auch wo das musikalische Element mehr zurücktreten müßte, bei gutem Willen manches Nützliche in der angeregten Beziehung einrichten lassen.

§. 81.

Der Predigtgottesdienst.

In der evangelischen Kirche ist derselbe von Alters her nicht blos in den sonntägigen Nachmittagsstunden, sondern auch an Wochentagen als ein Frühgottesdienst gebräuchlich und bei den zuletzt angeführten Gelegenheiten meistentheils mit der Feier der Communion verbunden. Es beschränkt sich diese einfache Cultusform übrigens, abgesehen vom Sacrament, auf Gemeindegesang und Predigt, welche mit dem Gebet des Herrn und dem Segen beschlossen wird, und ist schon deshalb für höchst wichtig zu erachten, weil sie eine Lücke auszufüllen vermag, welche der Hauptgottesdienst seiner Natur nach zurückläßt. An Sonntagen pflegen kirchliche Katechesen mit den Nachmittagspredigten verbunden zu werden.

Wenn die Perikopen, oder doch vorgeschriebene Texte den Hauptgottesdiensten zu Grunde liegen, so macht sich in jeder innerlich lebendigen Gemeinde nothwendig das Bedürfniß einer allseitigeren Einführung in die h. Schrift fühlbar, und es muß daher eine ergänzende Cultusform geben, welche das Verlangen nach gründlicher, zusammenhängender Bibelkenntniß befriedigen kann. Hiezu bieten sich die Predigtgottesdienste dar, bei welchen die analytische Behandlung ganzer Bücher der h. Schrift in ununterbrochener Reihefolge der einzelnen Abschnitte dringend zu empfehlen ist. Hier darf jedoch der Prediger nicht allzu statarisch verfahren und muß sich hüten, daß er nicht in eine synthetische Methode gerathe, bei welcher die, auf dem Wege der Analysis zu vollziehende lebendige Reproduction seines Textes für die gegenwärtige Gemeinde nothwendig zu kurz kommt. Er hat daher zuzusehen, daß er die zu behandelnden Abschnitte sich nicht zu kurz abstecke, andererseits aber auch, daß er bei Abgrenzung derselben treu dem inneren Zusammenhange des homiletisch zu behandelnden Buches folge und nicht willkürlich Zusammengehöriges auseinander reiße. Die Anknüpfung des jedesmal vorliegenden Textes an den zuletzt behandelten wird dann immer den zweckmäßigsten Eingang der Predigt bilden.

In Betreff der kirchlichen Katechesen verdient besonders hervorgehoben zu werden, daß sie keineswegs ausschließlich für die Schuljugend bestimmt sind, sondern zugleich den Zweck haben, neben Dieser zunächst die bereits confirmirten Jünglinge und Jungfrauen, hiermit aber auch die ganze zuhörende Gemeinde in christlicher Erkenntniß zu fördern. Die confirmirte Jugend vorzüglich bedarf dieses Erbauungsmittels, nicht blos, um in den, dem Austritt aus der Schule folgenden Jahren der Gefahren und Versuchungen, welche in diesem Lebensalter am Leichtesten in den Irrthum eigener verderblicher Wege abführen, in lebendiger Beziehung zur Kirche überhaupt erhalten zu werden, sondern auch, damit der einmal geknüpfte Liebesbund mit ihrem Seelsorger und Beichtvater festbleibe, und sie im Kampf mit der Sünde, durch das Bewußtsein h. Gemeinschaft in Christo getragen, sich stark fühle und die Freudigkeit nicht verliere, dem besten väterlichen Freunde vertrauensvoll zu nahen und das Herz vor ihm auszuschütten. Die Erfahrung hat jedoch gelehrt, daß es nicht wohl thunlich erscheint, die Jünglinge und Jungfrauen der Gemeinde an den Katechisationen mit der Schuljugend in der Art zu betheiligen, daß auch die Ersteren in die katechetischen Unterredungen mit hineingezogen werden. Die Verschiedenheit in den Entwicklungsstufen des Lebensalters ist hier offenbar zu groß und die, nach Maßgabe derselben zu befriedigenden Bedürfnisse zeigen sich zu verschieden, als daß nicht eine gesonderte Einwirkung auf beide Theile geboten sein sollte. Selbst die gereiftere Schuljugend möchte nicht ohne Schwierigkeit mit den kleineren Schulkindern zusammen zu nehmen sein; aber es genügen schon diese Andeutungen, um das Bewußtsein hervorzurufen, wie Viel es rücksichtlich aller dieser Punkte auf kirchlichem Boden noch zu organisiren giebt. In Betreff der zu beobachtenden Methoden dürfen wir auf die Katechetik verweisen.

Dritter Abschnitt.

Das Ineinandersein der objectiven und subjectiven Bestimmtheit des christlichen Cultus in den kirchlichen Benedictionen.

§. 82.

Standpunkt.

Im vorigen Abschnitte sind uns subjective Aeußerungsformen des christlich-religiösen Lebens begegnet, welche, sofern sie mit evangelischem Inhalt erfüllt sind, unleugbar als gesegnete Mittel, das in Christo objectiv vorhandene Heil subjectiv zu gewinnen, sich bewähren können. Gleichwohl übertragen sie nirgends ein an sie geknüpftes Gut, was es auch sei, mit Nothwendigkeit; sondern es hängt ihre Wirkung überall von subjectiver Zueignung und gläubiger Aufnahme ab. Endlich aber ist auch zu sagen, daß, selbst wenn jene Cultusacte mit göttlichem Inhalte sich nicht erfüllen, sie nichtsdestoweniger in formeller Hinsicht immer noch dieselben bleiben, wie z. B. eine Predigt, auch wenn sie vom Evangelio entblößt ist, dennoch eine Predigt genannt wird. Die fraglichen Cultusformen haben also keine, ihnen ursprünglich inwohnende, objective Bestimmtheit an sich; vielmehr soll ihnen diese von Denjenigen, die sie hervorbringen, überall erst gegeben werden, und es ist wohl möglich, daß sie ihnen nicht gegeben wird. — Ganz anders verhält es sich rücksichtlich der Cultusformen, welche der gegenwärtige Abschnitt zu behandeln hat. Hier begegnen uns religiöse Handlungen, welche außer der objectiven Bestimmtheit, die ihnen von Haus aus zukommt, gar nicht mehr vorhanden sind, dafür aber auch kraft derselben in solchem Grade als Darreichungsmittel heilsamer Güter sich bethätigen, daß diese ihre Wirkung die subjectiv-gläubige Zueignung zwar mächtig sollicitirt, nicht aber durch diese Letztere sich bedingt. Hiermit zeichnen die fraglichen Cultusacte durch eine ursprüngliche Objectivität sich aus, welche den, im vorigen Abschnitt entwickelten subjectiven Formen des religiösen Lebens durchaus fremd ist. — Gleichwohl müssen die Ersteren, sofern sie als Handlungen auftreten, wiederum auch subjectiv vollzogen werden, oder sie kommen überhaupt nicht zu Stande, und es folgt nothwendig hieraus, daß, wie unabhängig immerhin deren objectiver Character von glaubenskräftiger Zueignung zu denken sein mag, dennoch die, zur wirklichen Vollziehung jeder Handlung erforderlichen formellen Bedingungen, welche subjectiver Natur sind, neben den materiellen, oder objectiven, dabei vorhanden sein müssen, widrigenfalls die betreffenden Cultusacte nicht zur Vollendung gelangen. Dergleichen Handlungen nun bezeichnen wir als kirchliche Benedictionen im weitesten Sinne des Wortes, und es dürfte nach dem Gesagten die Ueberschrift unseres Abschnittes hinlänglich gerechfertiget erscheinen.

Es ist klar, daß nur die beiden Sacramente der evangelischen Kirche den im §. dargelegten rein objectiven Charakter in sich tragen. Sie besitzen denselben kraft des göttlichen Wortes, oder der Einsetzung Jesu Christi, welche mit diesen Handlungen bestimmte Verheißungen verbunden hat, wogegen das Gleiche rücksichtlich keiner andern religiösen Handlung nachgewiesen werden kann. Nichtsdestoweniger fehlt es auch in der evangelischen Kirche an anderweitigen Segnungen nicht, welche eine sacramentale Objectivität anstreben, aber dieselbe aus dem Grunde niemals erreichen, weil ihnen die göttliche Institution und Verheißung gebricht. Offenbar jedoch fällt hiermit deren exhibitiver Charakter keinesweges nothwendig hinweg, sondern wird nur in stärkerem Grade, als dies bei den Sacramenten der Fall ist, positiv durch subjective Voraussetzungen bedingt und bleibt daher überall wesentlich problematisch. Diese Voraussetzungen dürfen nicht sowohl bei den Einzelnen als Solchen gesucht werden, als vielmehr im Ganzen einer gegebenen religiösen Gemeinschaft. Wenn ein lebendiger christlicher Gemeingeist im Glauben diese beseelt, so werden auch die kirchlichen Segnungen bei ihr dergestalt im Schwange gehen, daß sie eine objective Macht zu segnen mehr oder weniger auch an den einzelnen Gliedern der Gemeinde bethätigen und ein starkes Vermögen zu heben und zu tragen bewähren können, wogegen sie wohl zu erstorbenen, leeren Formen herabsinken, wenn jener belebende Geist der Gemeinde entwichen ist. Die Confirmation, die Beichte, die Ordination und Installation, die Einsegnung der Ehe, das Begräbniß, sind als diejenigen Cultusacte zu nennen, welche hier vorzüglich in Betracht kommen. Zwar sind noch andere Weihungen in der kirchlichen Sitte begründet z. B. die Weihung von Kirchen, Gottesäckern, Glocken u. dergl.; aber es verliert hier die Segnung ihre sichere Beziehung auf ein bestimmtes Object, und es bleibt wenigstens vom Standpunkt des evangelischen Protestantismus zweifelhaft, wen sie eigentlich angehe, und ob daher Gottesdienste der fraglichen Art überhaupt noch den eigentlichen Benedictionen zuzuzählen seien. Somit wird es genügen, sie nur erwähnt zu haben. — Schließlich sei bemerkt, daß die enge Verbindung, worin die Confirmation mit der Taufe, sowie die Beichte mit dem Sacrament des Altars steht, eine Anordnung des Nachfolgenden rechtfertigen wird, wonach wir die beiden genannten Cultusacte unmittelbar den Sacramenten, auf die sie sich beziehen, folgen lassen.

§. 83.
Die Sacramente.

Die Sacramente sind heilige, von Christo verordnete Handlungen, durch welche in Kraft des Wortes Gottes unter sichtbaren Elementen göttliche Gnadengaben dargereicht werden. In Gemäßheit dieser Definition bestimmen sich auch für die liturgische Betrachtung die wesentlichen Erfordernisse, welche objectiv dies wirkliche Vorhandensein der, in den genannten Cultusacten dargebotenen Heilsgüter bedingen. Sie sind: a) das sichtbare Element, b) das göttliche Wort der Einsetzung und der daran geknüpften Verheißung, c) die nach der Institution Christi hinzutretende Handlung. Nach der evangelischen Kirche vollendet sich das Sacrament nur im Zusammenkommen dieser drei Grunderfordernisse.

Nach dem alten Wort: accedit verbum ad elementum et fit sacramentum würde der obige Begriff in Etwas abzuändern und folgendergestalt festzustellen sein: Sacramente sind sichtbare, durch das Wort Gottes zu Darreichungsmitteln göttlicher Gnadengaben geheiligte Elemente. Es ist klar, daß hiermit diesen Letzteren als Trägern des Göttlichen eine Selbständigkeit vindicirt war, bei welcher der wirkliche Gebrauch des Sacraments am Ende gar nicht mehr in Betracht kam, und begreiflich wird, wie man in Folge consequent fortschreitender Durchführung des einmal betretenen Weges bis zur Idee einer, sich unabläßig wiederholenden Incarnation des λόγος im Sacramente des Altars gelangen konnte, wie solche noch gegenwärtig als die eigentliche Grundanschauung der römisch-katholischen Kirche in ihrer Lehre vom Meßopfer zu betrachten ist. Mit der einmal subjectiv vollendeten Handlung des Priesters erscheint hier die Objectivität des Sacramentes so vollständig von jedem weiteren Acte der Feier desselben losgerissen, daß übereinstimmend mit der Lehre dieser Kirche in der geweihten Hostie der ganze Christus nach seiner Gottheit und Menschheit dem gläubigen Volke zur anbetenden Verehrung vorgestellt werden kann, und in dieser Beziehung das, was früher als Grundcharakter des betreffenden Cultus von uns bezeichnet worden, am Stärksten hervortritt. Denn wir erblicken hier das tiefste Geheimniß des, mit Gott sich vereinigenden Glaubens seiner Innerlichkeit entrissen und in ein staunenswerthes Wunder im Reiche der Sichtbarkeit umgewandelt, durch welches immer neue Versöhnung der Sünde objectiv vermittelt wird. Die Reformatoren sahen sich daher schon frühzeitig genöthigt, dieser falschen Objectivität gegenüber nachdrücklich hervorzuheben, daß, außerhalb des Gebrauchs resp. der Genießung überhaupt kein Sacrament sei, womit nothwendig das stärkste Moment in den ganzen Complex der h. Handlung mit allen zu ihr gehörigen Elementen fiel. Daß hiermit Nichts von der objectiven Wahrheit des Sacraments aufgeopfert wurde, kann entschieden behauptet werden, da durch jene Erklärung die Bedingtheit seines Charakters als eines Darreichungsmittels heilsamer Güter durch das alleinige Wort Gottes in keiner Weise beeinträchtiget ist. — Wenn hiergegen die reformirte Kirche diese ausschließliche Bedingtheit nicht anerkennt; wenn ihrer Lehre zufolge das Sacrament als Solches im Grunde genommen überall erst durch den dabei erforderlichen Glauben zu einer Wahrheit wird; wenn selbst auch Calvin das h. Abendmahl in der Art halbirt, daß er dasselbe zur Hälfte in Kraft der Einsetzung Christi, zur Hälfte aber durch den subjectiven Glauben der Communicanten entstehen läßt: so erscheint die Behauptung gewiß nicht ungerecht, daß hiermit eigentlich doch der wesentlich objective Charakter jener göttlichen Institution aufgehoben sei, und man wird sich nicht wundern, wenn eine solche Auffassung auch auf die liturgische Behandlung der Sache den entschiedensten Einfluß ausübt.

So bestimmt wir uns nun für die lutherische Objectivität erklären müssen, so leugnen wir gleichwohl nicht, daß über diese rücksichtlich ihrer nothwendigen Begrenzung noch keineswegs ein klares Bewußtsein sich durchweg herausgebildet hat. Einerseits erscheint es auffallend, daß namentlich bei dem Altarsacramente in der betreffenden Kirche eine sichere Unterscheidung der darin gespendeten Heilsgüter, nämlich des Leibes und Blutes Christi, von Diesem, dem Herren, selbst zu vermissen ist, wie dies z. B. aus dem alten lutherischen Abendmahlsgebete: Herr, ich bin nicht würdig, daß du unter mein Dach gehest ꝛc. — ersehen werden kann. Offenbar streift hier die Objectivität des Sacraments an die römisch-katholische Idee der Transsubstantiation, und es dürften hieraus die liturgische Stellung des h. Abendmahls im lutherischen Cultus und die sacramentliche Herrlichkeit, welche die betreffende Kirche für alle ihre Hauptgottesdienste in Anspruch nimmt, erklärlich werden. — Andererseits erscheint es bei dieser Annäherung an die katholische Meßidee um so auffallender, wenn die Reformation nichtsdestoweniger das, von der Lehre der römischen Kirche immer noch festgehaltene subjective Erforderniß zu Vollbringung des Sacramentes mit vielem Anderen zugleich verwarf: wir meinen die Intention des Administranten, Das wirklich zu thun, was die Kirche vorschreibt. Es scheint, als sei dieses Erforderniß im Sinne eines Zugeständnisses betrachtet worden, welches ein Geringes nur in der Absicht gewähre, um hinterher die ungeheuersten Ansprüche desto leichter durchzusetzen. Gleichwohl ist hier ein Punkt berührt, wo unserer Ueberzeugung nach die lutherische Lehre aus Mangel an klarem Bewußtsein über die wesentlichen Momente des Sacramentes zuweit gegangen ist.

§. 84.
Die subjective Bedingtheit des Sacraments.

Zur wirklichen Vollziehung der Sacramente ist die Absicht, dieselben nach der Anordnung Christi zu verwalten, wesentliches Erforderniß. Es wird jedoch deren reine Objectivität hierdurch in keiner Weise beeinträchtiget, da die von uns verlangte Intention positiv zum Dasein des Sacramentes gar Nichts beiträgt, sondern nur negativ im Sinne einer conditio sine qua non auftritt. Gleichwohl ist es für die liturgische Behandlung der Sacramente von Interesse, daß darin auch jene Absicht zu bestimmtem Ausdruck gelange, und es kommen so zu den objectiv wesentlichen Erfordernissen der betreffenden Cultusacte noch andere unwesentliche, oder begleitende und den eigentlichen Kern der Sache umkleidende Bestandtheile hinzu, welche das oben geltend gemachte subjective Moment zu vertreten haben. Hiermit erscheint nun in der That unsere früher entwickelte Grundanschauung der in

Rede stehenden gottesdienstlichen Handlungen, wonach das unmittelbare Ineinandersein einer objectiven und subjectiven Bestimmtheit überall darin zu erkennen ist, vollkommen gerechtfertiget und es entsteht demgemäß für die liturgische Behandlung die Aufgabe durchgehender Unterscheidung zwischen den objectiv-wesentlichen und subjectiv-begleitenden Elementen der uns nunmehr beschäftigenden kirchlichen Feier der Sacramente selbst.

Wenn man die Nothwendigkeit der im §. erforderten Intention leugnet, so muß man sich auch die Behauptung gefallen lassen, daß z. B. die Taufe als Solche wirklich vollzogen sein würde, wenn ein Frevler am Heiligsten es gewagt hätte, mit Verhöhnung des Sacramentes Jemanden mit Wasser zu begießen und dabei der Worte der Taufformel sich zu bedienen. Oder wie anders wird denn wohl die schlechthin unerträgliche Annahme, daß in solchem Falle eine wahre Taufe vollzogen sei, zurückgewiesen werden können, als durch die Entgegnung, daß jener Frevler ja gar nicht den Willen gehabt habe, zu taufen? Offenbar aber wäre hiermit schon das von uns geltend gemachte Erforderniß der Intention zugestanden. Es ist auch gar nicht abzusehen, welches gegründete Bedenken unserer conditio sine qua non entgegenstehen könne. — Wenn es weiterhin in Frage kommt, welch ein liturgischer Ausdruck derselben gegeben werden solle, so versteht es sich von selbst, daß die Theorie zwar jene Intention nur überhaupt d. h. in abstracto fordern kann und davon absehen muß, inwiefern dieselbe in wahrem, lebendigem Glauben gegründet sei, da sie, die Theorie, es hier lediglich mit einer, zur Vollendung jeder, unter sittliche Beurtheilung fallenden Handlung nothwendigen formellen Bedingung zu thun hat; daß aber die Liturgik nicht umhin können wird, von der Voraussetzung auszugehen: die erforderliche Intention sei als eine wahrhaft christliche d. h. in lebendigem Glauben wurzelnde Intention vorhanden, so daß also hiernach auch die subjectiven Elemente der Sacramentfeier für deren liturgische Behandlung zu bestimmen sein werden.

§. 85.

Die Taufe. Begriff.

Die Taufe ist ein, von Christo verordnetes, h. Wasserbad (λουτρὸν παλιγγενεσίας καὶ ἀνακαινώσεως πνεύματος ἁγίου Tit. 3, 5), welches die gewisse Anwartschaft auf den ganzen Inbegriff des, durch Christum erworbenen Heils, von der Vergebung der Sünden bis zur Herrlichkeit auf dem Stuhle Gottes verleiht und unmittelbar auch dessen subjective Uebertragung in Kraft des, dem Täuflinge durch sie zugeführten h. Geistes, nach Maßgabe der, in jenem dazu vorhandenen Fähigkeit, in's Werk setzt. Für die liturgische Betrachtung dieses Sacramentes wird die hier gegebene Begriffsbestimmung um so wichtiger, je mehr eine klare Auffassung des Verhältnisses der Confirmation zur Taufe davon abhängig ist.

Eine scharfe und prägnante Definition dieses Sacraments ist deshalb äußerst schwierig, weil hier die, durch dasselbe mitzutheilenden Heilsgüter durchaus nicht dieselbe genaue Bestimmtheit haben, wie wir sie bei dem Sacramente des Altars finden. Rücksichtlich dieses Letzteren steht es in der lutherischen Kirche fest, daß unter den gesegneten Elementen der Leib und das Blut des Herrn, die aber doch von der Person des Erlösers selbst zu unterscheiden sind, den Genießenden, selbst den Unwürdigen unter ihnen, obwohl zum Gericht, dargereicht werden: wird man aber wohl rücksichtlich der Taufe mit gleicher

Sicherheit Das, was sie gewahrt, bestimmen können? Wenn nun, was doch möglich ist, ein Ungläubiger die Taufe empfängt, kann sie da auch die Gnade der Rechtfertigung und der Wiedergeburt mittheilen? — Offenbar würde sie so zu einer magischen Handlung, und das ewige Leben selbst erschiene als etwas rein Aeußerliches; ja es dürfte in diesem Falle gesagt werden, daß die Wirkungen der Taufe die des h. Abendmahls unendlich weit übertrafen. Denn bei diesem gesteht man zu, daß der darin gespendete Segen für Diejenigen, welche am Leib und Blute des Herrn sich verschulden, in Unsegen umschlage: die Taufe dagegen sollte, einzig in ihrer Art, einem Jeglichen ohne Ausnahme Leben und Seeligkeit mittheilen! Einer solchen enormen Behauptung gegenüber sind die subjectiven Erfordernisse ihrer himmlischen Wirkungen im §. dadurch angedeutet worden, daß dieselben darin zunächst nur als eine Anwartschaft auftreten, deren Verwirklichung natürlich den Glauben zur Voraussetzung hat, aber auch, sofern dieser vorhanden, ganz unmittelbar durch die Taufe selbst eingeleitet wird, um hinfort in Kraft des einfürallemal geschlossenen Taufbundes bis zur Vollendung in der Auferstehung der Gerechten weiter geführt zu werden. Aber jene Anwartschaft ist doch nur ein abstracter Begriff, und es bleibt so immer noch die Frage, was die Taufe denn eigentlich gebe, unbeantwortet. In dieser Hinsicht nun darf auf eine, uns schon in der alten Kirche begegnende Auffassung zurückgegangen werden. Gleichwie im Anfange der Schöpfung der Welt der Geist Gottes gestaltend über den Wassern schwebte, so ist es auch bei der Taufe kraft des, mit und bei dem Wasser seienden Wortes Gottes des Herren lebendig machender Geist, welcher dem Täuflinge zugeführt wird. Wir sagen: zugeführt, weil auch die beharrende, in w e c h s e l s e i t i g e r Gemeinschaft begründete Inwohnung des Geistes nur unter Voraussetzung eines seeligmachenden Glaubens gedacht werden kann. Das Wasserbad im Wort bringt also den Geist und macht ihn, wo er im Glauben aufgenommen wird, einkehren und inwohnen im Herzen des Täuflings. Wo es aber an dieser Bedingung mehr oder weniger noch fehlt, theilt es gleichwohl den h. Geist in der Art mit, daß derselbe seinerseits wenigstens an Demjenigen, welcher selbst auch frei im Geiste zu leben noch nicht gelernt hat, hinfort kräftig arbeite. Nur in diesem Sinne finden wir gegen die Behauptung, daß durch die Taufe der h. Geist gegeben werde, Nichts einzuwenden.

§. 86.
Die wesentlichen Erfordernisse der Taufe.

Natürliches Wasser ist das zu diesem Sacrament erforderliche irdische Element. Ohne Gottes Wort aber ist das Wasser schlecht Wasser und keine Taufe; erst durch das Wort Gottes wird es ein gnadenreiches Wasser des Lebens. Es muß daher die Consecration zum Elemente hinzukommen, und diese wird ganz unmittelbar durch die bloße Verlautbarung des göttlichen Wortes der Einsetzung vollzogen, da hiermit das zu brauchende Wasser zu dem h. Zwecke, welchem es dienen soll, schon hinlänglich ausgesondert wird. — Hiezu kommt nun der eigentliche βαπτισμός mit der, auf dem Befehl Christi beruhenden Formel: ich taufe dich im Namen des Vaters, des Sohnes und des h. Geistes.

Rücksichtlich des Elementes der Taufe kann dem Liturgen die Beobachtung der höchsten Wohlanständigkeit nicht dringend genug empfohlen werden. Nicht blos in Betreff der vasa sacra, sondern auch des zu brauchenden Wassers selbst muß seine

Sorge auf vollkommene Reinheit gerichtet sein, widrigenfalls eine Verachtung der göttlichen Anordnungen in der gemeinen Behandlung der heiligsten Sache ersichtlich, und ein daraus entstehendes Aergerniß für die Gemeinde unvermeidlich sein würde. In der Meinung der Schwachen wird die hohe Würde des Sacramentes nothwendig herabgesetzt, wenn ein Haushalter über Gottes Geheimnisse demselben nicht einmal die zarte Aufmerksamkeit zuwendet, welche die gewöhnlichste Höflichkeit im geselligen Umgange selbst rücksichtlich der Bedürfnisse unsers leiblichen Daseins in Anspruch nimmt; wenn Das, was in der tiefsten Beziehung zum geistigen Leben des Menschen steht, eine mechanische, gedankenlose Behandlung erfährt, als ob ein bloßes todtes opus operatum zu verrichten wäre. Je leichter der Liturgus bei der Taufe in eine träge Handwerksmäßigkeit verfallen kann, desto mehr soll er sich gemahnt fühlen, in Kraft täglicher Auferstehung mit Christo im Geiste zu leben und zu wandeln, damit er das Geistliche auch geistlich vollbringen möge.

Was die Consecration betrifft, so dürfte allenfalls zuzugestehen sein, daß schon die, bei dem eigentlichen *βαπτισμός* zur Anwendung kommende Formel: ich taufe dich im Namen rc. sie enthalte; gleichwohl aber kann es nur angemessen erscheinen, daß auch die Worte der Einsetzung Christi selbst jedesmal ausdrücklich wiederholt werden. Dies betrifft sowohl den, von Christo seinen Jüngern ertheilten Befehl: mir ist gegeben alle Gewalt im Himmel und auf Erden; darum gehet hin und lehret rc., als auch die, im Evangelio Marci sich findende, an jenen Auftrag geknüpfte Verheißung: wer da glaubet und getaufet wird, der soll seelig werden rc. Wenn die erneuerte Preußische Agende die Verlautbarung dieser Worte des Herrn der, der Taufe vorangehenden Admonition in der Art überläßt daß die Erstere mehr als ein Rathschlag als im Sinne einer festen agendarischen Bestimmung genommen werden kann, so dürfte hierin jedenfalls ein Mangel zu erkennen sein, dessen Beseitigung bei einer künftigen Revision der Agende als wünschenswerth sich herausstellt. Dagegen ist eine noch anderweitige Weihung des Wassers durch ein darüber zu machendes Kreuzeszeichen, nach den Grundsätzen des evangelischen Protestantismus, keineswegs für nothwendig zu erachten, wenn gleich schon im kirchlichen Alterthume selbst der Exorcismus auch in Beziehung auf das zur Taufe erforderliche Element vorkommt.

Daß die eigentliche Taufhandlung in den ersten Zeiten der christlichen Kirche und noch lange nachher in einem wirklichen Untertauchen bestand, ist bekannt, wie denn in der griechischen Kirche noch gegenwärtig streng auf diese Sitte gehalten wird. Daß die in diesem Sacrament liegende tiefe Symbolik so auch äußerlich in ihrer vollen Bedeutsamkeit hervortritt, ist allerdings nicht zu leugnen, und selbst Luther, welcher auf die Katechismusfrage: was bedeutet denn solch' Wassertaufen? — das darin liegende schöne Sinnbild kurz und treffend erklärt hat, war nicht ohne Bedenken darüber, ob nicht die Kirche, auch dem äußeren Ritus nach, der ursprünglichen Institution Christi sich wieder näher anschließen sollte. — Es dürfte jedoch kaum zu behaupten sein, daß erst die im fünften Jahrhundert immer allgemeiner werdende Kindertaufe die Beseitigung des anfänglichen Gebrauchs veranlaßt habe, da grade im Gegentheil die, in den ersten Jahrhunderten als Regel anzunehmende Taufe der Erwachsenen weit eher das Bedürfniß fühlbar machen konnte, eine Sitte abzuschaffen, deren Festhaltung nur unter Voraussetzung der größten Herzensreinheit und Lauterkeit sich empfahl; wofern aber die hierbei handelnden Personen noch der Schwäche sinnlicher Begierlichkeit unterlagen, zu Entweihungen des Heiligsten führen mußte, geeignet, die Abstellung eines sich immer wiederholenden Aergernisses der Kirche zur Gewissenssache zu machen. Hiernach ließe sich behaupten, daß mit dem Aufkommen der Kindertaufe weit eher ein Grund zur Beseitigung des wirklichen Untertauchens wegfiel, als hinzutrat, da die Rücksichten keuscher Decenz nackten Kindern gegenüber nicht mehr in Betracht kamen. Dagegen mag es wohl hauptsächlich die Sorgfalt für die Erhaltung des physischen Lebens gewesen sein, welche im christlichen Abendlande, und in den nördlicheren Gegenden wenigstens mit sehr triftigem Grunde, die Sitte bloßer Begießung oder Besprengung allmählich in allgemeine Aufnahme brachte. Von den Lehrern der evangelischen Kirche ist dieser Gegenstand mit Recht jederzeit als ein adiaphoron betrachtet worden. Daß die Aspersion vorzugsweise auf das Haupt des Täuflings geschieht; desgl. daß sie nach uralter kirchlicher Sitte, deren Beibehaltung zweckmäßig und löblich ist, zu dreien Malen, zugleich mit der Nennung des Vaters, des Sohnes und des h. Geistes, erfolgt, braucht nur erwähnt zu werden. Wichtiger erscheint die, in Ansehung der Taufformel selbst schon mehrfach zur Verhandlung gekommene Frage. Aus Stellen, wie Apostelg. 19, 5; Römer 6, 3 u. a. hat man schließen zu dürfen geglaubt, daß die Anwendung der Worte: ich taufe dich im Namen des Vaters, des Sohnes und des h. Geistes, — nicht zum strengen Gesetz, von dessen Beobachtung die Gültigkeit der Taufe abhängig, zu machen sei. Wir würden nun allerdings keinen Anstand nehmen, wenn sonst in der Verwaltung des Sacraments Alles nach der Analogie des gesunden Glaubens recht und ordentlich zugegangen, und namentlich die Einsetzung Christi ausdrücklich mit des Herrn eigenen Worten hervorgehoben worden wäre, die kanonische Gültigkeit einer Taufe anzuerkennen, bei welcher man einen der in den angeführten Stellen enthaltenen Ausdrücke hätte maßgebend sein lassen. Jedenfalls aber ist aus diesen Stellen kein Beweis dafür zu entnehmen, daß man wirklich jemals in der Kirche mit einer andern Formel, als der hergebrachten, die Taufhandlung vollzogen habe, und es würde in jedem Betracht unzuläßig sein, hierin Etwas zu ändern und die Grenzen zu verrücken, welche die Väter gesetzt haben. Wir haben hier eine Frage vor uns, welche in unserer kirchlich zerrissenen Gegenwart noch große Bedeutung gewinnen kann. Die durch Johann Ronge entstandene Secte der sogenannten Christkatholiken und ihnen nachfolgend die aus der evangelischen Kirche ausgegangenen, angeblich freien Gemeinden haben in der That die Taufe geändert und mit Verwerfung des apostolischen Symbolums neue, selbsterdachte Formeln eingeführt, welche, gleichwie sie den eingebornen Sohn Gottes verleugnen, also auch dem von ihm gesendeten h. Geiste einen andern Geist substituiren, der nicht von Gott ist. Daher wird gewiß die Zeit kommen, wo die Frage: ob jene Aspersionen für eine christliche Taufe gelten können, praktische Wichtigkeit gewinnen muß. Wir unsererseits vermögen Diejenigen, an welchen die fragliche, völlig leere Ceremonie vollzogen worden, gar nicht für Solche zu erkennen, die eine wirkliche Aufnahme in die Gemeinde Christi erfahren haben.

§. 87.

Die Kindertaufe.

Daß das Sacrament der Taufe auch an Solchen vollzogen wird, welche noch gar kein Bewußtsein davon haben, rechtfertiget sich aus drei Hauptgründen. Für's Erste liegt es im objectiven Charakter der Sacramente überhaupt, daß ihre Wirkungen unter den Gesichtspunkt einer himmlischen Physik fallen, die zwar das ethische Moment des subjectiven Glaubens auf's Stärkste in Anspruch nimmt, aber durch dasselbe die wirkliche Vollendung des Sacraments als Solchen keineswegs bedingt werden läßt. Hieraus würde jedoch rücksichtlich der Kindertaufe nur folgen, daß sie blos deshalb, weil neugeborene Kinder noch keinen Glauben an Christum haben können, nicht verworfen werden könne, da der wahre lebendige Glaube zuweilen auch wohl erwachsenen Täuflingen fehlt, und nichtsdestoweniger die Taufe derselben für eine vollständige, gültige Taufe zu erachten ist. Gleichwohl aber könnten immer noch andere Gründe gegen die Kindertaufe sprechen, und zwar vorzüglich Der, daß das neugeborene Kind auch nicht einmal die oben erforderte Intention zu haben vermag. Hierauf ist zu erwidern, daß, wenn die Taufe überhaupt als ein Act der einfürallemal erfolgenden Aufnahme in die Gemeinschaft des h. Geistes und hiermit als eine, nie mehr zu wiederholende Einverleibung in die christliche Gemeinde selbst betrachtet werden muß, jene, dem Täufling abgehende Intention auch um so gewisser von Seiten der ihn aufnehmenden Gemeinde ergänzt werden kann, als ja schon die natürliche Geburt selbst auch als Eintritt in die Gemeinschaft des christlichen Lebens, in dessen Elemente hinfort das Kind aufwächst, angesehen werden darf. — Ganz anders verhält es sich mit dem Sacramente des Altars, welches als ein Gnadenmittel zur Stärkung und zum Wachsthum des inwendigen Menschen eine sich immer erneuernde Wiederholung fordert und ebendeshalb die noch unmündigen Christen ausschließt. — Hiezu kommt endlich als dritter Grund der Befehl Christi: lasset die Kindlein zu mir kommen und wehret ihnen nicht &c., wie er denn selbst jene Kleinen, die man ihm zugebracht hatte, herzte, ihnen die Hände auflegte und sie segnete. Wenn auch gegen die Berufung hierauf eingewendet werden kann, daß die fragliche Erzählung keine unmittelbare Beziehung auf die Taufe enthalte, so gewährt sie doch für unseren Zweck eine so ausreichende Analogie, daß die Kirche mit vollem Rechte jenen evangelischen Bericht im Sinne des eigentlichen Schriftgrundes für die Kindertaufe in das agendarische Formular derselben aufgenommen und hiernach dem göttlichen Worte der Einsetzung des betreffenden Sacraments überhaupt ein zweites in Beziehung auf die Kinder insbesondere an die Seite gestellt hat.

Daß die Taufe von Anfang an in einem Sinne aufgefaßt wurde, kraft dessen auch die christliche Gemeinde selbst wesentlich dabei betheiligt erschien, geht schon aus dem Institut der sogenannten Anadochen, oder sponsores oder fidejussores hervor. Die Gemeinde schloß, indem sie den Täufling in ihren Schooß aufnahm, mit ihm einen h. Bund in dem Herrn, und es wurde daher schon in der ältesten Kirche die Gegenwart Solcher, die die Gemeinde repräsentirten, bei Verwaltung dieses Sacramentes für nöthig gehalten, wie denn Dieselben nicht blos behufs der, bei der Taufe Erwachsener erforderlichen Assistenz, sondern auch als wirkliche Bürgen, welche für den Täufling Rede und Antwort gaben, vorkommen. Allerdings aber ist zuzugeben, daß dieses Institut der Sponsoren durch die Einführung der Kindertaufe einen nicht geringen Zuwachs an Bedeutung erhielt, da das Moment der, vor Gott und der Gemeinde zu übernehmenden Bürgschaft für die Unmündigen von jetzt an natürlich viel stärker in's Gewicht fiel, als dies zuvor der Fall gewesen war. In unsern Tagen legt die, leider sehr allgemein gewordene Geringschätzung der h. Taufe vorzüglich durch die weit verbreitete Pathenlosigkeit derselben sich offen zu Tage, indem Kinder entweder ganz ohne Zeugen zur Taufe gebracht werden, oder gewisse, bei der Kirche beschäftigte Personen die Pathenschaft als ein ganz gleichgültiges opus operatum, um welches sie sich hinterher nicht im Mindesten mehr zu bekümmern, ja welches sie nicht einmal im Gedächtnisse zu behalten haben, zu übernehmen pflegen. Diese Behandlung des Sacraments ist als ein schweres Unrecht, ja als eine Herausforderung des gerechten Zornes Gottes über die entartete, die heiligsten Institutionen herabwürdigende Christenheit zu betrachten, und es muß daher jeder gewissenhafte Geistliche es als dringendste Aufgabe erkennen, dem schreienden Mißbrauch, durch welchen Christi Geist in seinem Sacramente betrübt, ja entrüstet wird, entgegen zu wirken. Nicht ohne Schmerz ist es zu sagen, daß freilich der angegebene Mißbrauch nur Einer unter den vielen ist, die das göttliche Wasserbad im Wort auch in der evangelischen Kirche gemein gemacht haben.

Rücksichtlich des, die Kindlein angehenden Befehls: lasset sie zu mir kommen rc., verdient es Erwähnung, daß in sehr natürlicher Consequenz die Kirche sich veranlaßt gefunden hat, zugleich mit diesem, bei der Kindertaufe zu verlautbarenden Worte des Herrn auch Dasjenige zu recipiren, was dem mitgetheilten Berichte zufolge, Christus selbst an jenen Kleinen gethan hatte. „Er legte die Hände auf sie und segnete sie." Sehr angemessen folgt daher dem betreffenden Abschnitte aus dem Evangelio Marci eine segnende Handauflegung unter dem Gebet des Vater Unser. Der Gebrauch dieses Letzteren bei der Taufe ist überhaupt in der Kirche uralt. Wenn es auch zweifelhaft bleibt, obschon Justin es in der Beziehung auf dieses Sacrament erwähnt, so verordnen doch bereits die apostolischen Constitutionen, daß der Täufling, unmittelbar nachdem er dem Wasser entstiegen, stehend das Gebet des Herrn sprechen solle, und hiermit war als eigentliches Taufbekenntniß das apostolische

Symbolum verbunden. Daß Beides eine andere Stelle erhielt, nachdem die Kindertaufe eingeführt war, erscheint nur natürlich; schön aber ist es und sinnreich, wenn man nunmehr das Vater Unser in der angegebenen Art mit dem evangelischen Bericht von der herzlichen Aufnahme der Kindlein bei Jesu und seiner segnenden Handauflegung in nächste Verbindung setzte.

§. 88.

Die liturgisch unwesentlichen Cultuselemente in der Verwaltung des Taufsacraments.

Hierher gehören alle diejenigen, welche bestimmt sind, die auf das Sacrament bezügliche Intention als ein wahrhaft christliches Vorhaben zu würdigem Ausdruck zu bringen. Da nun aber diese Intention sowohl auf Seiten der, das neue Mitglied in sich aufnehmenden Gemeinde mit dem zur Administration des Sacramentes bestellten Priester, als auch bei dem Täuflinge selbst vorausgesetzt werden muß, obwohl sie rücksichtlich dieses Letzteren vertreten werden kann: so erscheint es nur angemessen, daß auch der liturgische Ausdruck derselben die angedeutete Duplicität hervortreten lasse. — Da die Taufe das Sacrament des h. Geistes ist, durch welches der Getaufte von der Obrigkeit der Finsterniß errettet, in das Reich des Sohnes Gottes versetzt und der gnadenreichen Gemeinschaft aller, durch ihn erworbenen Heilsgüter theilhaftig gemacht wird, sofern er glaubt und im Glauben die Gnade dieses Sacramentes von Herzen begehrt: so ist es billig, daß er, um des Bades der Wiedergeburt und der Erneuerung des h. Geistes sich würdig darzustellen, vor Allem der Welt und ihrem Fürsten feierlich absage, demnächst seinen Glauben an den Inbegriff der christlichen Heilswahrheiten frei bekenne und sein Verlangen, getauft zu sein, kund gebe. Andererseits läßt die, in den Susceptoren gegenwärtige Gemeinde durch ihr ordentliches Organ, den Liturgen, mittelst der, der h. Handlung vorausgehenden Admonition sich dazu aufwecken und ermuntern, daß das gemeinsame Vorhaben als ein ächt christliches zur Ausführung gebracht werde, und vereinigt sich zu herzlicher Fürbitte für den Täufling. — Hiermit endlich treten einige uralte Gebräuche von tiefer symbolischer Bedeutung in Verbindung, von welchen die evangelisch-lutherische Kirche die Bezeichnung mit dem Kreuz und die Namengebung mit Recht beibehalten, den Exorcismus aber, welcher gegenwärtig ziemlich allgemein beseitiget ist, von Anfang an als ein adiaphoron betrachtet hat.

Da das apostolische Symbolum aus der Anordnung Christi: taufet sie im Namen des Vaters, des Sohnes und des h. Geistes! — auf dem Wege allmählicher Erweiterung der in diesen Worten enthaltenen Basis zu einem kurzen Inbegriff der christlichen Glaubenswahrheiten, unverkennbar hervorgegangen ist, so darf es entschieden für das würdigste Taufbekenntniß, welches unverändert festgehalten werden soll, erklärt werden. Es ist nicht dieses Orts, auf die Geschichte desselben näher einzugehen: genug, daß es durchweg vollkommene Schriftmäßigkeit hat, was auch von den neueren lichtfreundlichen Gegnern desselben z. B. gegen die Auferstehung des Fleisches eingewendet werden möge. Sie wissen auch selbst recht gut, in welchem Sinn, nach Analogie der klarsten Schriftstellen, der Ausdruck Fleisch hier zu nehmen sei, nämlich für die, göttlich zu erneuernde menschliche Natur überhaupt, welche ihren Verklärungsproceß in der Auferstehung von den Todten, welche daher der Herr auch selbst als Palingenesie bezeichnet, vollendet. Aber muthwillens wollen sie es nicht wissen, und so soll ihr Widerspruch um so mehr unberücksichtigt bleiben, als im apostolischen Symbolum zur Zeit, und wir hoffen auch ferner noch ein, die gesammte Christenheit verbindendes Taufbekenntniß erkannt und die daran sich knüpfende Hoffnung einer, aus allen confessionellen Spaltungen endlich siegend hervorgehenden Einheit der ganzen Kirche Christi auf Erden die sehnsüchtig diesem Ziele Entgegenharrenden nicht täuschen wird. — Die Abrenunciation, die schon Tertullian erwähnt, darf nicht mit dem Exorcismus verwechselt werden; denn dieser ist gar nicht vorhanden, als nur, sofern er als wirkliche Beschwörung auftritt, und hat als regelmäßiger Taufritus keineswegs einen so frühen Anfang. Da derselbe obendrein alles Schriftgrundes ermangelt, so bleibt er billig abgeschafft. Dagegen können wir es nur in der Ordnung finden, wenn die Entsagungsformel sich nicht mit einem bloßen Abstractum in der Art begnügt, daß nur die Sünde überhaupt darin genannt wird. Vielmehr soll jene sich direct gegen den Teufel selbst richten. Von einer leiblichen Besitzung ist hierbei keine Rede, gewiß aber kennt Derjenige die Sünde nicht, welcher sie nicht in ihrem tiefen Zusammenhange mit einem Reiche des Bösen, d. h. in ihrer ursprünglichen Geistigkeit kennt und nicht einsehen will, daß der Mensch durch alles ihm beiwohnende sündliche Wesen mit intelligiblen Mächten der Finsterniß, die mit dem Reiche des Lichts um ihn streiten, in Verbindung steht. — Wenn bei der Kindertaufe die Pathen rücksichtlich der Acte, die die christliche Intention des Täuflings zum Ausdruck bringen, an dessen Stelle treten sollen, so bietet sich eine doppelte Form dafür dar. Es könnte nämlich das apostolische Symbolum, mit der ihm vorangehenden

Abrenunciation und der folgenden Erklärung des Verlangens nach der Taufe unmittelbar von den Pathen selbst gesprochen werden; die kirchliche Sitte jedoch hat für diese Form nicht entschieden; sondern der Liturgus faßt die genannten drei Punkte in Fragen, die er an das Kind richtet; die Sponsoren aber beantworten sie direct im Namen des Kindes. Einerseits tritt so das Bewußtsein der, auf Seiten des Täuflings erforderlichen subjectiven Bedingungen der Taufgnade auf das Bestimmteste hervor, und andererseits gewinnt zugleich die zu übernehmende Bürgschaft eine beinahe kühne Darstellung. Gleichwohl läßt die völlige Angemessenheit dieser liturgischen Einrichtung sich bezweifeln, da es doch einmal das Kind nicht ist, welches die betreffenden Erklärungen abgiebt, und also eine Fiction hierbei in's Spiel kommt, deren Zweckmäßigkeit an solcher Stelle nicht ohne Weiteres anzunehmen sein dürfte. Allerdings wird die fehlende Intention des Kindes durch die der Pathen ergänzt; nichtsdestoweniger bleibt die Letztere der Pathen eigenes, dem Täuflinge liebend zugewendetes Vorhaben, welches durch keine Art magischer Vermittlung ein Vorhaben des Kindes werden kann. Wir würden es daher als der Wahrheit entsprechender vorziehen, wenn der Liturgus sich darauf beschränkte, das apostolische Symbolum im Tone eines entschiedenen Bekenntnisses herzusagen und demselben die, an die Pathen zu richtende Frage folgen zu lassen: ob das gegenwärtige Kind auf diesen h. Glauben in Christi Tod getauft werden solle. Es ist klar, daß hiermit auch die Beziehung auf die Abrenunciation nicht zu vermissen sein würde. — Dagegen, daß die Worte der Einsetzung Christi in der, die ganze Handlung einleitenden Admonition ihre Stelle finden, ist Nichts einzuwenden, nur daß sie bestimmt darin hervorgehoben werden müssen, und es in keinem Falle der Willkür des Liturgen anheim gegeben werden darf, sie allenfalls auch wegzulassen. — Die Bezeichnung mit dem Kreuz als ein Symbol der Uebergabe an Christum, reicht auch als Taufritus bis in das tiefste christliche Alterthum hinauf, gleichwie auch die Ansicht Derjenigen, welche die Namengebung bei der Taufe aus der entsprechenden jüdischen Sitte bei der Beschneidung herleiten, wenigstens sehr Viel für sich hat. Daß der Herr selbst bei der Beschneidung den Namen Jesus empfing, berichtet Lucas ausdrücklich, und wenn uns hierbei nun ein Name begegnet, welcher, eine unendliche Fülle von Verheißung in sich tragend, Alles, was dieses Kindlein der verlorenen Welt werden sollte, in einem Worte ausdrückte, so erscheint es nur natürlich, wenn auch die an ihn Glaubenden sehr bald geneigt wurden, mit dem Sacramente des h. Geistes eine Namengebung eintreten zu lassen, deren tief symbolischer Charakter die, in der Taufe anzuziehende neue göttliche Natur andeuten sollte. In Uebereinstimmung hiermit kann es nur billig erscheinen, daß Namen, welche mit dem h. Ernste des Sacramentes disharmoniren, zurückgewiesen werden. In unserer Zeit wählt man nicht selten Namen der abgeschmacktesten Art mit Vorliebe aus, und eine thörichte Eitelkeit, oder lächerlicher Hochmuth legen sich dabei offen zu Tage und zeigen, in welchem Grade die schlechte Romanleserei den gesunden Geschmack am Worte Gottes verdrängt hat.

Eine angemessene Composition aller, zur Taufhandlung gehörigen Cultusacte ergiebt sich nunmehr von selbst. Die erneuerte Preußische Agende läßt mit der liturgischen Formel: im Namen des Vaters, des Sohnes und des h. Geistes, Amen! — sehr zweckmäßig den Anfang machen. Ihr folgt die Admonition mit den Worten der Einsetzung Christi, worauf die Bezeichnung mit dem Kreuz, unter Anwendung einer entsprechenden Formel, ihre Stelle findet. Jetzt vereinigen sich alle Anwesenden zu fürbittender Anrufung Gottes für den Täufling und vernehmen sodann den oben erwähnten evangelischen Abschnitt aus Marcus, worauf unter segnender Handauflegung das Vater Unser über den Täufling gebetet wird. Nunmehr erfolgen die, das christliche Vorhaben des Letzteren zum Ausdruck bringenden liturgischen Acte, welche der Vollziehung des Sacramentes selbst unmittelbar vorausgehen. Ein auf den Täufling bezügliches Votum, nicht minder auch ein Dankgebet, sowie eine ermahnende Anrede an die Pathen sind nach vollbrachter Handlung jedenfalls für zweckmäßig zu erkennen. Der allgemeine Kirchensegen beschließt würdig das Ganze.

Ein Wort über die Zeit der Taufe möge hier noch seinen Platz finden. Daß in der ältesten Kirche bestimmte Tauftermine bestanden, ist bekannt. Vorzugsweise waren das Oster- und das Pfingstfest hiezu bestimmt, und wir wissen, daß namentlich in der großen Ostervigilie zuweilen große Schaaren von Männern und Frauen getauft wurden. In manchen Gegenden nahm man auch wohl die Epiphanienfeier, welche als Fest der Taufe Christi sich hiezu empfehlen konnte, zu den angegebenen beiden Taufterminen hinzu, obgleich dies nicht ohne Widerspruch geschah. Daß mit der Einrichtung der Kindertaufe die Beobachtung dieser feststehenden Zeiten allmählich in Abnahme kam, lag in der Natur der Sache, und es ist bis heute Sitte geblieben, an jedem beliebigen Tage das in Rede stehende Sacrament zu feiern. Allerdings erscheint es wünschenswerth, einigermaßen wenigstens dasselbe in Verbindung mit dem öffentlichen Gottesdienste treten zu lassen und dadurch den Schein, als handelte es sich hier lediglich um eine Privatangelegenheit, von ihm zu entfernen. Es sollten daher die Taufen der Regel nach an den Sonntagen Statt finden und unmittelbar auf die nachmittägigen Gottesdienste folgen. Daß die Kirche der rechte Ort dafür sei, und nicht ohne triftigen Grund Privatwohnungen dazu angewendet werden sollen, wird noch heut in der kirchlichen Praxis anerkannt. — Nicht minder jedoch sind in der evangelisch-lutherischen Kirche auch die sogenannten Nothtaufen in Gültigkeit. Kraft des allgemeinen Priesterthums der Gläubigen können dieselben sogar von weiblichen Personen, namentlich von Hebammen verrichtet werden, und es ist eine nochmalige Wiederholung derselben unzuläßig; wogegen man es für nothwendig erachtet hat, daß, im Falle das Kind am Leben geblieben, nachher eine feierliche Bestätigung der, in articulo mortis erfolgten Taufhandlung eintrete und durch den ordentlichen Geistlichen vollzogen werde, nachdem dieser aus den zu erfordernden Aussagen der, bei der Nothtaufe zugegen gewesenen Zeugen die Gewißheit erlangt hat, daß das Sacrament rite vollzogen worden sei. Die lutherischen Agenden haben bestimmte Formulare für solche Bestätigungen. Bleibt nach den Erklärungen der erwähnten Zeugen über die richtige Vollziehung der Taufe ein gegründeter Zweifel zurück, so muß diese als nicht geschehen angesehen werden. Besonnenheit und Vorsicht sind hier dem Geistlichen dringend zu empfehlen, damit nicht der mindeste Schein einer Geringschätzung des Sacraments erweckt und andererseits auch dem Vorwurf der Wiedertaufe sorgfältig ausgewichen werde.

§. 89.

Die Confirmation. Begriff.

Die Confirmation tritt ursprünglich in der Kirche als eine Besiegelung der Taufgnade auf und beruht auf der oben angedeuteten Verschiedenheit im Modus der Inwohnung des Geistes, indem derselbe entweder nur als geistig-physisches, oder auch als wirklich persönliches Lebensprincip im Herzen waltet. Sofern die Taufe den Geist nothwendig mittheilt, giebt sie ihn nur im ersteren Sinne als eine göttlich wirkende Kraft, gewährt aber hiermit zugleich die Anwartschaft auf sein persönliches Inwohnen: eine Anwartschaft, deren actuelle Verwirklichung unmittelbar schon der Taufe folgen kann, in keinem Falle aber durch eine weitere sacramentliche Vermittelung wesentlich bedingt ist. Nichtsdestoweniger fehlte es schon im apostolischen Zeitalter an einer Solchen nicht, und es begegnet uns in unzweideutigen Stellen des N. T. dafür die Form der Handauflegung unter Gebet. In dieser Weise gaben Petrus und Johannes den, von Philippus getauften Samaritanern den Geist, und in gleicher Art empfingen ihn jene zwölf Männer zu Ephesus, nachdem sie getauft waren auf den Namen des Herrn, durch den Apostel Paulus. Hiernach geht der Zweck der Confirmation dahin, den h. Geist, unter Voraussetzung des lebendigen Glaubens an Jesum, als persönliches Lebensprincip mitzutheilen. — Nach dieser Auffassung ist nicht zu behaupten, daß sie eine nothwendige Ergänzung der Taufe involvire, da sie vielmehr nur den, durch das ganze Leben nachwirkenden himmlischen Segen dieser Letzteren in Fluß bringt, und daher bestimmt festzuhalten ist, daß, der Confirmation gegenüber, die Taufe als schlechthin vollständiges Sacrament sich geltend zu machen hat. Daß dies in der ältesten Kirche in der That anerkannt war, kann schon aus dem Namen, den jene segnende Handauflegung erhielt, gefolgert werden. Man betrachtete sie eben nur als eine Besiegelung der Taufgnade und nannte sie daher *σφραγίς*, confirmatio, wobei ohne Zweifel sich von selbst verstand, daß diese in allen den

Fällen unterblieb, wo schon mit der Taufe selbst der Geist als persönliches Lebensprincip dem Getauften zu Theil geworden war. Sehr früh bereits, wenn nicht vielleicht schon von Anfang an, wurde die Confirmation als eine, dem Bischof vorzubehaltende Handlung betrachtet, und es dürfte in dieser Beziehung die oben berührte Erzählung der Apostelgeschichte, wonach erst Petrus und Johannes den Samaritanern die Gabe des Geistes vermittelten, auf die kirchliche Sitte eingewirkt haben. Bald gestaltete sich die Confirmation in Form einer, mit der Handauflegung sich verknüpfenden Salbung mit dem geweihten Chrisma zu einem, wesentlich mit der Taufe verbundenen Ritus, wie schon aus Tertullian und Cyprian zu ersehen ist, und es war so dem Uebergange der fraglichen Handlung in ein besonderes, eigenthümliches Sacrament bereits der Weg gebahnt. Denn wenn die Firmung unter allen Umständen für nöthig erachtet wurde, so gewährte sie auch Etwas, was durch die Taufe an sich nie vermittelt werden konnte. Hiezu kam schon in Folge des Umstandes, daß nicht immer ein Bischof bei der Taufe zugegen war, die sehr bald eintretende Nothwendigkeit, die Confirmation von der Taufe zu trennen: eine Sitte, welche sich, als die Kindertaufe in allgemeinen Gebrauch gekommen war, noch dazu als sehr heilsam empfahl. So gelangte in naturgemäßer Entwicklung die sogenannte Firmelung zu der Gestalt, die sie in der römisch-katholischen Kirche noch gegenwärtig hat. — Dem evangelischen Protestantismus liegt es ob, einerseits der Taufe Alles zurückzuerstatten, was ihr durch die Confirmation entzogen worden ist, andererseits jedoch diese Letztere, auf ihre ursprünglichen Grenzen eingeschränkt, im Sinne einer, den

Geist als persönliches Lebensprincip vermittelnden Bestätigung und Besiegelung des Taufbundes um so mehr festzuhalten, als bei der Institution der Kindertaufe auch für die Getauften das Bedürfniß fühlbar werdeu muß, ihren Glauben, den sie beim Beginn ihres Lebens noch nicht haben konnten, nach empfangener Unterweisung im Evangelio, selbst frei zu bekennen, ihre Genehmhaltung des, von Gottes Seiten mit ihnen gemachten Taufbundes öffentlich zu erklären und die darin für sie liegenden Verpflichtungen feierlich zu übernehmen.

Von einer Nothwendigkeit der Confirmation kann schon aus dem Grunde nicht die Rede sein, weil sie weder ausdrücklichen Befehl, noch Verheißung hat; sie beruht daher blos in kirchlicher Wohlanständigkeit und hat eine überwiegend seelsorgerliche Bedeutung. Es ziemt sich, daß die Kirche ihren Kindern mit allerlei Hilfsleistungen entgegenkomme und ihre Glieder im Leben aus Gott gegenseitig sich unterstützen und fördern lasse; nicht als ob dasselbe nothwendig hierdurch bedingt wäre, wohl aber, weil Das der Segen christlicher Gemeinschaft ist, daß alle wahren Glieder am Leibe des Herrn auf den Wegen des Heils einander heben und tragen, und die Stärkeren den Schwächeren liebend die Hände reichen. Für ein Sacrament kann die Confirmation schon deshalb nicht erkannt werden, weil, was diesen Namen in Wahrheit verdienen soll, durch einen Charakter von Objectivität ausgezeichnet sein muß, kraft dessen ihm gewisse Wirkung, im Sinne einer göttlichen Physik, gesichert ist. Hier dagegen handelt es sich um eine Mittheilung des Geistes in rein ethischem Sinne, und es ist daher bei der Confirmation alle Wirkung von den, dazu erforderlichen subjectiven Bedingungen abhängig. Unleugbar also gehört sie wohl unter die, das Vorhandensein eines leben=

digen christlichen Gemeingeistes voraussetzenden Benedictionen, nicht aber unter die Sacramente nach deren engerem Begriff. — Daß die Reformatoren die römisch-katholische Firmelung nur von ihrer mißbräuchlichen Seite verworfen, dagegen aber die Confirmation, im rechten Sinne aufgefaßt, für zweckmäßig und löblich geachtet haben, zumal der Kindertaufe gegenüber, dürfte ungeachtet mancher äußerst harter Aeußerungen über die, für ein Sacrament sich ausgebende römische Ceremonie, gleichwohl als feststehend betrachtet werden. In der That ist auch die Confirmation in mehrere der ältesten evangelischen Kirchenagenden übergegangen. So findet sie sich in der Bugenhagenschen Kirchenordnung von 1534, in der Curbrandenburgischen von 1540, in der Mecklenburgischen von 1552, in der Braunschweigischen von 1569, in der Hessischen von 1574 u. s. w. Aber nur um so interessanter wird die Frage, wie es denn kommen konnte, daß in der evangelisch-lutherischen Kirche die Confirmation bis auf Spener so wenig die verdiente Anerkennung sich zu erringen vermochte, daß dieser beim Antritte seines Seniorats in Frankfurt sie nur in einer einzigen Kirche seines Sprengels vorfand. Die traurigen Einflüsse einer tödtenden Buchstabenorthodoxie, sowie die Verheerungen des dreißigjährigen Kriegs erklären die Sache einigermaßen, da sie den tiefen Verfall des christlichen Jugend- und Volksunterrichts, über welchen die Besseren jener Zeit seufzten, begreiflich machen; gleichwohl dürfte der innerste Grund jener langen Geringschätzung der Confirmation in den eben gegebenen Andeutungen kaum getroffen sein; vielmehr glauben wir, diesen in der begrifflichen Auffassung der Taufe von Seiten der lutherischen Theologen zu entdecken. Im Interesse, dieses Sacrament von der Schmach, welche sie demselben durch die römische Firmelung angethan zu sehen glaubten, zu befreien, geriethen sie mit ihren Bestimmungen über die Wirkungen der Taufe in das entgegengesetzte Extrem und stellten Behauptungen auf, die allerdings eine, der Taufe folgende Confirmation als völlig leer und überflüßig erscheinen ließen. Wir haben oben die Angemessenheit und Zweckmäßigkeit der Letzteren durch die Unterscheidung eines göttlich-physischen und eines ethisch freien Verhältnisses des menschlichen Geistes zum h. Geiste zu begründen versucht; die lutherischen Theologen dagegen gingen soweit, unbedingt für die Taufe eine, durch sie zu vermittelnde Spendung des Geistes auch in rein ethischer Hinsicht in Anspruch zu nehmen, und erklärten selbst rücksichtlich der neugebornen Kinder, daß der lebendige, seeligmachende Glaube durch das Sacrament in ihnen gewirkt werde. Diese enorme Behauptung machte nun freilich das Letztere selbst zur Magie und gab ihm einen theurgischen Charakter, bei welchem die betreffende Kirche für eine Handlung, die, wie die Confirmation, auf wesentlich ethischer Grundlage beruht, kein Interesse mehr haben konnte. — Daß mit der, von Spener ausgehenden mächtigen Belebung der gesammten evangelischen Kirche Deutschlands auch die Confirmation zur Anerkennung gelangte und allmählich über alle Gauen Deutschlands sich verbreitete, lag in der Natur des reformatorischen Geistes, der die Wirksamkeit jenes Engels der evangelischen Kirche charakterisirt. Nachdem die Zeit vor ihm den Standpunkt einer kirchlichen Objectivität vertreten hatte, die in Starrheit ausartete, war es Spener'n gegeben, die Ansprüche des subjectiven Lebens zur Geltung zu bringen, neben der, vielen Hirten zu einem todten Buchstaben gewordenen Lehre von der Rechtfertigung aus dem Glauben die Heiligung des Lebens und Wandels in Christo mit Nachdruck zu verkündigen und zu zeugen, daß der Geist des Herrn als ein Geist der Freiheit in Liebe und Wahrheit Früchte der Gerechtigkeit hervorbringen müsse. So fing man an, sich darum zu kümmern, ob auch der Geist Christi in seinen Wirkungen sichtbar, oder ob sein Vorhandensein lediglich als eine, durch die Taufe vermittelte, einfürallemal feststehende Thatsache angenommen werde, und man wurde bald geneigt, auf allerlei Weise seinem Walten in der Gemeinde zu Hilfe zu kommen. Es darf daher nicht in Verwunderung setzen, wenn nach den, durch Spener einmal gegebenen Anregungen die Confirmation sehr bald im Bewußtsein der evangelischen Kirche die tiefsten Wurzeln schlug.

§. 90.

Die liturgischen Bestandtheile der Confirmation.

Die wesentlichen Elemente dieser h. Handlung ergeben sich unmittelbar aus ihrem Begriff. Die Confirmanden waren bei ihrer Taufe nicht im Stande, selbstthätig ihren Taufbund mit Gott zu schließen; es liegt ihnen daher ob, jetzt zu thun, was sie als neugeborene Kindlein nicht thun konnten. Hiezu gehören drei Momente: die Abrenunciation, das Bekenntniß des Glaubens an den dreieinigen Gott, die Erklärung der Uebernahme aller, im Taufbunde enthaltenen Verpflichtungen. Dieser That der Confirmanden folgt die, durch priesterliche Handauflegung unter Anwendung einer bestimmten Segensformel zu vermittelnde Bestätigung des Taufbundes, welche nach dem vorhergehenden §. im Sinne einer Mittheilung des h. Geistes im Namen Gottes um so entschiedener aufzufassen ist, als jene Bestätigung keine leere Ceremonie, sondern eine geisterfüllte That sein will, widrigenfalls sie als ein nutzloses Spiel unterbleiben müßte. — Zu diesen wesentlichen Erfordernissen der Confirmation treten im Interesse der kirchlichen Wohlanständigkeit noch anderweitige Cultusacte, darauf berechnet, der hochwichtigen Handlung auch eine, dem Bedürfniß der Gemeinde, sowie der Confirmanden selbst entsprechende, würdige Ausstattung zu geben. Je mehr Alles daran gelegen ist, daß der h. Geist in Wahrheit auf die zu segnenden Kinder komme, desto wichtiger erscheint es, der betreffenden Gemeinde eine gründliche Ueberzeugung davon zu verschaffen, daß die versammelten Katechumenen wohl vorbereitet und tüchtig seien, hinfort zum Genuß aller Gnadenmittel der Kirche zugelassen zu werden. Es muß daher der eigentlichen Confirmationshandlung eine Prüfung vorangehen. Nicht minder wird auch der confirmirende Geistliche selbst das dringende Bedürfniß fühlen, Diejenigen, welche, bisher von ihm unterrichtet, nunmehr aus dieser engeren Verbindung mit ihm heraustreten, schließlich noch einmal väterlich zu ermahnen, sein bewegtes Herz vor ihnen auszuschütten und ihnen auch so, unter brünstiger Fürbitte noch einen Segen auf ihren ferneren Lebensweg mitzugeben. Nach vollbrachter Handlung wird endlich das Gebet des Herrn mit dem gewöhnlichen Kirchensegen den würdigsten Beschluß bilden. — Die Composition des Ganzen ergiebt sich aus Vorstehendem von selbst. Ein, dem Zweck der Feier entsprechendes Lied macht den Anfang; ihm folgt die Ansprache des Geistlichen an die um den Altar versammelten Kinder und bahnt der öffentlichen Prüfung derselben in den wichtigsten evangelischen Wahrheiten den Weg. In diesem Examen liegt schon der Uebergang zum eigentlichen Confirmationsacte. Diesen eröffnen die Katechumenen damit, daß sie feierlich zu ihrem Taufbunde sich bekennen.

Diesem Theile der Handlung würden wir am Liebsten die oben angedeutete Fürbitte folgen lassen. Hierauf geschieht die Einsegnung, nach deren Vollendung zum Schluß zu schreiten ist. Gegen die, in vielen Gegenden noch gebräuchliche Verbindung des erstmaligen Abendmahlsgenusses mit der Confirmation haben wir Nichts einzuwenden, achten dieselbe sogar für sehr empfehlenswerth.

In Betreff der einleitenden Anrede des Geistlichen an die Confirmanden müssen wir dringend darauf hinweisen, daß hier die Beziehung der vorzunehmenden Handlung auf das Sacrament der Taufe ganz bestimmt hervortreten soll, widrigenfalls der ächt kirchliche Charakter der Confirmation schon von vorn herein zurückgedrängt werden würde. Es ist als ein Unfug zu bezeichnen, wenn manche Geistliche in ihren Confirmationsreden die Sache als eine Art von Familienfeier behandeln, bei welcher nicht sowohl die Kirche, als vielmehr nächst den zu confirmirenden Kindern nur deren Eltern, Verwandte oder Vormünder betheiligt erscheinen. Die Aufklärerei hat freilich mit ihrem groben Pelagianismus nur zu häufig aus der Confirmation ein eitles, sentimentales Possenspiel gemacht, und noch heute erinnert das hierbei an den Altären Vorgehende oft genug an die Antwort jener zwölf Ephesinischen Männer: wir haben nicht einmal gehört, daß ein h. Geist sei. — Rücksichtlich der im §. erforderten Prüfung sind mancherlei Bedenken geäußert worden; besonders dieses, daß den Confirmanden durch ihre Furcht vor jenem öffentlichen Examen nicht selten die Andacht gestört werde; oft vermöchten grade die am Besten Vorbereiteten eine ängstliche Scheu und Blödigkeit nicht zu überwinden und fühlten sich gedemüthiget und entmuthiget, wenn sie schlecht bestünden. Man sollte daher lieber die Prüfung von der Confirmation trennen und sie Dieser an einem andern Tage vorangehen lassen. Wenn in diesem Falle die gleiche Theilnahme der Gemeinde an der fraglichen Prüfung erwartet werden könnte, so hätten wir gegen eine derartige Trennung nichts Erhebliches einzuwenden; aber eben diese Erwartung würde sich nicht rechtfertigen, und dazu kommt, daß der ganze Einwand selbst von einem Standpunkte ausgeht, welchem der lebendige Sinn für die tief kirchliche Bedeutung der Confirmation ermangelt. Wenn unsere Jugend erst wieder dahin gelangt, in der, auch von ihrer Seite zu bewirkenden Bestätigung ihres Taufbundes die That eines, vor der Welt abzulegenden Bekenntnisses Jesu Christi zu erblicken, so wird sie sich freuen, auch bei Gelegenheit der Prüfung den Herrn öffentlich bekennen zu dürfen, und die große Verheißung: wer mich bekennet vor den Menschen, Den will ich wiederbekennen vor meinem himmlischen Vater! — wird sie in dieser bedeutungsvollsten Stunde über sich selbst und hiermit auch über alle blöde Schüchternheit erheben. Wir lassen daher jenen, aus einer Schwächlichkeit des kirchlichen Lebens hervorgegangenen Einwand billig auf sich beruhen.

Fast immer geschieht es auf Kosten des objectiv-kirchlichen Charakters, wenn die Confirmanden selbstgefertigte Glaubensbekenntnisse hersagen und damit häufig nur zur Schau legen, wie ungründlich sie unterrichtet worden sind, und wie mangelhaft ihr ganzer confessioneller Standpunkt geblieben ist. Nicht selten wird leider die h. Stette bei jener Unsitte auch durch Ehrgeiz und prahlende Ostentation entweiht, und es findet der alte Mensch, der doch in den Tod gegeben werden soll, bei solcher Gelegenheit grade seine reichlichste Nahrung. Wir erinnern uns, dergleichen Glaubensbekenntnisse angehört zu haben, welche obendrein mit der dünkelhaftesten Gespreiztheit vorgetragen, schon durch ihre hohle Phrasenmacherei Ekel und Entrüstung hervorriefen. Das blos subjective Bekenntniß hat überhaupt gar kein Recht, sich hier dem kirchlichen zu substituiren, und es erscheint uns unerlaßlich, bei der Confirmation auf das Taufbekenntniß zurückzugehen. Wir würden Dieses am Liebsten im Chore sagen lassen, wenn die Kinder dazu geübt sind, finden jedoch auch gegen die Form der Frage, welche ohnehin rücksichtlich der Renunciation und des, dem Bekenntniß folgenden Taufgelübdes gebräuchlich ist, Nichts einzuwenden. — In vielen Gegenden besteht die sehr empfehlenswerthe Sitte, unmittelbar vor der Einsegnung das eben abgelegte Taufgelübde noch durch einen Handschlag bekräftigen zu lassen und hierbei jedem Kinde einen, ihm besonders zuzueignenden Bibelspruch gleichsam als eine Losung für das ganze Leben mitzugeben. Dem confirmirenden Geistlichen wird so allerdings die Handlung bedeutend erschwert; nichtsdestoweniger aber verdient der schöne Gebrauch allgemeine Nachahmung. — Die, die Handauflegung begleitende liturgische Formel wird von der Agende vorgeschrieben. Wir haben noch keine derartige Formel gefunden, welche dem Aaronitischen Segensspruch vorzuziehen, oder nur ihm gleichzustellen wäre. Die der erneuerten Preußischen Agende: „Der Segen Gottes des Allmächtigen 2c.“ entspricht nicht ganz dem Bedürfniß, weil sie nur in abstracto vom Segen redet. Auch die Althessische Agende befriedigt mit ihrem Spruch: „Nimm hin den h. Geist, Schutz und Schirm vor allem Argen, Stärk' und Hülf' zu allem Guten, aus der gnädigen Hand Gottes des Vaters, des Sohnes und des h. Geistes!“ nicht vollständig. Dagegen hätten wir gegen das Paulinische Wort: „Die Gnade unseres Herrn Jesu Christi 2c.“ durchaus Nichts einzuwenden. Wenn die Apostel ihre Hände auflegten, so beteten sie zugleich, daß Diejenigen, welche sie so dem Herrn darstellten, den h. Geist empfingen. Dasselbe soll der confirmirende Geistliche für Alle insgesammt thun, wenn er zunächst vor der, den Einzelnen zu gewährenden Handauflegung Gott betend anruft. Hiermit muß daher die nun folgende Segnung in einer solchen engen Beziehung stehen, daß sie, was so eben für Alle erbeten ist, jedem Kinde insbesondere zueignet.

Schließlich wollen wir nicht unbemerkt lassen, daß es statthaft erscheint, bei dieser Feier, die den jugendlichen Gemüthern einen unvergeßlichen Eindruck hinterlassen soll, auch unschuldige Reizmittel sinnlicher Art nicht zu verschmähen, da in diesem Alter das religiöse Leben sich vorherrschend noch als Fühlen offenbart; aber es darf dadurch der Würde der h. Handlung und ihrem kirchlichen Charakter kein Eintrag geschehen. Zur Erhöhung der festlichen Stimmung wird übrigens schon Das beitragen, wenn die altkirchlichen Taufzeiten, deren Beobachtung der Kindertaufe gegenüber nicht mehr durchführbar gewesen ist, wenigstens rücksichtlich der Confirmation festgehalten werden. Nicht blos die große Woche, sondern auch die ganze Zeit der Quinquagesimalfeier empfehlen sich zu diesem Zwecke, wie denn z. B. der Gründonnerstag, die Dominica quasimodogeniti, das Fest der Himmelfahrt, sich ganz vorzüglich zur Confirmation eignen dürften. In manchen Gemeinden erheischen örtliche Verhältnisse eine zweimalige Confirmation im Jahre; aber auch für die zweite muß dann ein Tag gewählt werden, welcher an sich schon, wie z. B. der Tag der Michaelsfeier, durch einen festlichen Charakter ausgezeichnet ist.

§. 91.
Das Sacrament des Altars.

Die evangelisch-lutherische Kirche versteht unter diesem Sacramente ein h. Mahl, in welchem kraft der Einsetzung des Herrn unter den gesegneten Elementen des Brotes und Weines der Leib und das Blut Jesu Christi den Genießenden zu Theil wird.

Luther giebt noch in seinem Katechismus eine Erklärung vom Sacramente des Altars, in welcher das wesentlich erforderliche Moment der Handlung selbst nicht unmittelbar mitbegriffen ist, sondern noch die ältere Bestimmung, wonach der Begriff des Sacraments eigentlich nur das consecrirte Element umfaßt, vorherrschend erscheint. „Es ist der wahre Leib und Blut unsers Herrn Jesu Christi, unter dem Brot und Wein, uns Christen zu essen und zu trinken von Christo selbst eingesetzt." — Dem ganz entsprechend ist auch die Definition der Taufe: „die Taufe ist nicht allein schlecht Wasser, sondern sie ist das Wasser rc." Hier klingt ganz der alte Spruch durch: Accedit verbum ad elementum, et fit sacramentum. Aber noch in demselben Hauptstück vom h. Abendmahl begegnet uns schon die erforderliche Einschränkung der gegebenen Erklärung, indem auf die Frage: wie kann leiblich Essen und Trinken solche große Dinge thun? — zwar das ganze Gewicht auf die einsetzenden Worte des Herrn gelegt, aber doch daneben ausdrücklich auch das leibliche Essen und Trinken als ein Hauptstück im Sacramente bezeichnet, und hiermit anerkannt wird, daß außer der Genießung überhaupt kein Sacrament sei. Der classische Sprachgebrauch dieses letzteren Wortes, welches im N. T. in dieser Bedeutung gar nicht vorkommt, ist übrigens auch unserer, im §. aufgestellten Definition, die gleich im Anfange das Moment der Handlung besonders hervorhebt, keineswegs entgegen, da die ursprüngliche Bedeutung von „Sacrament" ebensowohl auf etwas Sächliches, als auf ein Thun gerichtet ist. — Was endlich den, auch hier festzuhaltenden objectiven Charakter anlangt, so müssen wir bei dem h. Abendmahl, wie bei der Taufe, darauf bestehen, daß es sich um eine

Mittheilung von göttlich-physischer Art handelt. Brot und Wein vermitteln die Darreichung des Leibes und Blutes Christi, nicht aber ohne Weiteres die Lebensgemeinschaft mit dem Herrn selbst, welcher unter den gesegneten Elementen nicht gegeben, sondern nur durch den Glauben in das Herz aufgenommen werden kann, wogegen die innigste Vereinigung des Communicanten mit ihm im Sacramente ein himmlisches Vehikel findet. Wenn daher Calvin die Sache umdrehte und nicht sowohl den sacramentlichen Genuß ein Vehikel zur Vereinigung mit Christo sein ließ, als vielmehr im Gegentheil diese Letztere sich als die wesentliche Vermittlung dachte, kraft welcher die glaubende Seele mit dem Leibe und Blute des Herrn gespeiset und getränket würde: so war im Grunde das Sacrament als Solches aufgehoben. Denn nach dieser Theorie stellte die Sache sich so: Der würdige Communicant empfängt zunächst nichts weiter als Brot und Wein; dieser Genuß wird ihm ein Vehikel der geistigen Erhebung zu Christo; mit diesem vereinigt sich die Seele im Glauben; kraft dieser Vereinigung endlich wird ihr himmlische Speisung und Tränkung zu Theil, was ebenso aber auch ganz abgesehen von der Eucharistie der Fall ist. Man sieht leicht, wie gezwungen hier Alles ist, und die objective Herrlichkeit des Sacraments offenbar zu kurz kommt. — In Gemäßheit der von uns aufgestellten Definition bestimmen sich nun auch in liturgischer Hinsicht die wesentlichen Erfordernisse des h. Abendmahls.

§. 77.
Die äußeren Elemente.

Nach der Einsetzung Christi sind Brot und Wein zur Abendmahlsfeier unerlaßlich nothwendig. Rücksichtlich des Ersteren hat die evangelische Kirche den Gebrauch der römisch-katholischen darin beibehalten, daß sie ungesäuertes, aus bloßem Weizenmehl und Wasser gebackenes Brot anwendet, wogegen die reformirte Kirche größtentheils der, von den Lutheranern recipirten Form der sogenannten Oblaten oder Hostien abhold ist und eines, zum Ritus des Brechens bequemeren Abendmahlsbrotes sich bedient. Jedenfalls sind alle Verschiedenheiten in Ansehung der Beschaffenheit und Gestalt desselben unter die adiaphora zu rechnen, was auch auf die Farbe des Weins im Sacramente des Altars seine Anwendung findet. Die, in der Kirche uralte Gewohnheit, diesen Letzteren mit Wasser zu vermischen, ist schon von den Reformatoren aufgegeben worden, obwohl sie nicht ohne tief symbolische Bedeutung ist.

Der im Laufe des 11. Jahrhunderts heftig entbrannte Streit zwischen der lateinischen und griechischen Kirche über den Gebrauch des gesäuerten Brotes im Abendmahl ist bekannt. Im liturgischen Interesse liegt es blos, im gesammten Ritus desselben die möglichste Anschließung an des Herrn ursprüngliche Einsetzung zu beobachten; hiernach aber kann die Wissenschaft kein Bedenken tragen, sich für den abendländischen Gebrauch zu entscheiden. Denn wenn es auch sehr wahrscheinlich ist, daß Christus wirklich einen Tag vor dem jüdischen Passafeste das letzte Ostermahl mit seinen Jüngern gehalten hat, so folgt hieraus zwar, daß Er, der sich als einen Herrn auch über den Sabbat zu erkennen gab, mit demselben Rechte das Gleiche rücksichtlich des ganzen mosaischen Cultus in Anspruch nehmen und daher, als ihn vor seinem Leiden herzlich verlangte, mit seinen Jüngern das Osterlamm zu essen, auch den, dem eigentlichen Passa vorangehenden Tag als seine Zeit (Matth. 26, 18) bezeichnen durfte: es folgt aber nicht, daß der Herr hiermit auch von aller übrigen Gewohnheit des Festes abgegangen sei und gesauertes Brot bei der fraglichen Gelegenheit genossen habe. Vielmehr ist, da er ausdrücklich vom Osterlamm, welches zu essen er im Begriff stehe, redet, entschieden vorauszusetzen, er werde sich in Allem den mosaischen Bestimmungen, die Zeit ausgenommen, gefügt haben. Wenn daher auch die Behauptung der Griechen, daß in den ersten Jahrhunderten der Kirche häufig wenigstens, wo nicht immer, gesauertes Brot beim Abendmahl gebraucht worden sei, Manches allerdings für sich hat, und die entgegengesetzte Sitte im Abendlande erst seit dem 7. Jahrhunderte als zweifellos feststehend betrachtet werden kann: so genügt uns gleichwohl die einfache Berufung auf die erste Einsetzung des Altarsacraments. — Rücksichtlich der Oblaten ist zwar anzuerkennen, daß diese Form für die Administration sehr bequem sei; gleichwohl würden wir das reformirte Abendmahlsbrot aus dem Grunde vorziehen, weil es dem Ritus des Brotbrechens besser entspricht. — Daß Christus rothen Wein gebraucht habe, ist kaum zu bezweifeln, da solcher in Palästina der gewöhnliche war. Man sollte jedoch für diese Farbe die Aehnlichkeit mit dem Blute nicht geltend machen; denn auf eine Illusion der Sinne ist es bei dieser h. Handlung wahrlich nicht abgesehen, und nur darauf kommt es an, daß wahrer Wein vom Gewächs des Weinstocks dazu benutzt werde. Der weiße Wein eignet sich vorzüglich deshalb für die Communicanten, weil nicht selten der weibliche Theil derselben einen Widerwillen vor dem rothen hat, und überdies der Erstere auch im Interesse der Reinlichkeit zu empfehlen sein dürfte. — Die Sitte der Vermischung des Weins mit Wasser findet sich schon bei den ältesten Kirchenvätern, z. B. bei Justin, Irenäus, Cyprian u. a., und wurde nach dem Vorgange des Letzteren von Augustin sogar für ein praeceptum Christi gehalten. Die glaubige Gemeinde sollte als eine, durch das

Blut des Herrn zu heiligende durch das Wasser symbolisirt werden, und es ist allerdings nicht unwahrscheinlich, daß auch Christus bei der Institution des Abendmahls sogenanntes *Κρᾶμα* gehabt hat. Wenn die Reformatoren von dieser uralten Sitte abgegangen sind, so steht ihnen wenigstens Das zur Seite, daß dieselbe auf keinen Befehl des Herrn gegründet werden kann, und es im Interesse der neuen Gemeinde lag, sie vor aller menschlichen Willkür auf liturgischem Gebiet, welche bei dem fraglichen usus leicht wieder einschleichen und zur Nichtachtung des Heiligen führen konnte, sicher zu stellen.

§. 93.

Die Consecration.

Die Consecration der Abendmahlselemente erfolgt nach uraltem Gebrauch auch in der evangelischen Kirche durch feierliche Recitation eines, die betreffenden Erzählungen der Evangelisten zusammenfassenden Berichts über die Einsetzung des Altarsacramentes, mit Zugrundelegung der Stelle 1 Cor. 11, 23 — 25. Da des Herren Leib und Blut nur kraft der Anordnung Christi unter den gesegneten Elementen empfangen wird, so hat Luther im Katechismus rücksichtlich der sogenannten Einsetzungsworte — denn Diese im weiteren Sinne sind an der bezüglichen Stelle offenbar zu verstehen — mit Recht erklärt, daß sie neben dem leiblichen Essen und Trinken als das Hauptstück im Sacrament anzusehen seien. Nicht so wesentlich, obwohl aus dem kirchlichen Alterthum herstammend, ist die, von der lutherischen Kirche beibehaltene und in die erneuerte Preußische Agende übergegangene Bezeichnung der Elemente mit dem Kreuz in dem Momente, wo über Jedes derselben des Herrn segnender Spruch: Das ist ꝛc. verlautbart wird. — Von Alters her sind mit der Consecration noch mancherlei andere Cultusacte, insonderheit liturgische Gesänge und Gebete, welche die andachtsvolle Erhebung der Herzen zu lebendigem Ausdruck bringen, in engste Verbindung gesetzt worden, und es hat auch in dieser Beziehung die lutherische Kirche dem römischen Meßkanon insoweit sich angeschlossen, als die Bestimmungen desselben an sich zweckmäßig erschienen und dem geläuterten evangelischen Geschmack sich empfahlen.

Im Missale Romanum geht dem Meßkanon im engeren Sinne die sogenannte Präfation zu der herrlichen Doxologie: Heilig, heilig ꝛc. mit dem Benedictus und dem Hosianna einleitend voran. Der Priester beginnt mit dem Spruch: Dominus vobiscum; der Chor antwortet: Et cum spiritu tuo. Hierauf folgt das, schon in der Abendmahlsliturgie der apostolischen Constitutionen enthaltene: Sursum corda mit den, daran hängenden Responsorien und dem, nach Gelegenheit der Festzeiten vielfach sich modificirenden Gebete, welchem die genannte Doxologie unmittelbar angeschlossen wird. — Nun schickt der Priester unterschiedliche Gebete und Commemorationen, der durch die Consecration sich vermittelnden Wandlung voraus. Nach dieser Letzteren bringt er das unblutige Opfer der Kirche für Lebendige und Todte mit Gebeten Gott dar und schließt die h. Handlung mit dem Vater Unser ab, nach welchem der Genießung des Sacramentes selbst näher getreten wird. Zunächst erfolgen verschiedene Brechungen der Hostie, wovon der Priester ein Theilchen in den Kelch fallen läßt, nachdem er mit der Formel: Pax Domini sit semper vobiscum den Friedensgruß gegeben hat. Sobald er nun noch mehrere Gebete gesprochen, nimmt er endlich selbst des Herren Leib und Blut und theilt den Communicanten das Abendmahl aus unter einer Gestalt.

Mit Anknüpfung an die, hier dargelegte Ordnung der Dinge wollte Luther nach der, 1523 herausgegebenen kleinen Schrift: Wie es bey Ausspendung des h. Abendmahls zugehen solle —, dasselbe gleichfalls mit der Präfation in hergebrachter Weise eingeleitet wissen, verband aber ganz unmittelbar mit ihr die Einsetzungsworte und ließ das: Heilig, heilig, heilig — mit dem Benedictus, wobei selbst die Elevation noch fortbestehen sollte, erst nach der Consecration eintreten. An die Doxologie fügte er ohne Weiteres das Gebet des Herrn, und an Dieses den Friedengruß, den er im Sinne einer Absolution von allen Sünden nahm, worauf nun unter dem Chorgesang des Agnus Dei die Austheilung erfolgen sollte. Es ist bemerkenswerth, wie in der Schwedischen Kirche noch gegenwärtig nach diesem Typus das Altarsacrament verwaltet wird. — In der lutherischen Kirche Deutschlands hat man zwar die enge Verbindung des Vater Unser mit der Consecration überall festgehalten, das Erstere jedoch der Letzteren vorangesetzt und meistentheils die Präfation mit der Doxologie in Wegfall gebracht, wogegen, sei es nun vor der Consecration, oder nach dem Friedensgruß, ein Abendmahlsgebet an die Stelle getreten ist.

Rücksichtlich der erneuerten Preußischen Agende ist schon bei einer früheren Veranlassung erwähnt worden, daß sie die Präfation in der sogenannten größeren Liturgie zwar wieder herstellt, aber sie, sowie die, mit ihr verbundene Doxologie aus ihrer Beziehung auf das Sacrament heraussetzt. Ingleichen hat sie das Vater Unser weggelassen und beschränkt sich nach der Consecration auf die Friedensformel, welcher sie ein, im römischen Meßkanon an der entsprechenden Stelle befindliches, wörtlich übersetztes, übrigens aber sehr angemessenes, kurzes Gebet anschließt. Unter dem Agnus Dei nimmt sodann die Ausspendung der gesegneten Elemente ihren Anfang.

Die hier angedeuteten begleitenden Acte der Consecration geben der christlichen Intention, die nur als andächtige Sammlung und Erhebung des Herzens, im innigen Aufblick des Glaubens zu dem, im Sacramente gegenwärtigen Herrn der Herrlichkeit, gedacht werden kann, einen liturgisch großartigen Ausdruck. Dem, auf's Neue in Gnade und Wahrheit mitten unter die Gemeinde tretenden Herrn singt diese das: Gelobet sei der da kommt ꝛc. — entgegen; in seinem hohenpriesterlichen Friedensgruß wird derselben die Vergebung aller Sünden verkündigt, und sie selbst fleht im Gebet des Herrn um das, vom Himmel gekommene Brot, welches der Welt das Leben giebt; denn in diesem Sinne betrachtete man schon im frühesten Alterthume der Kirche die vierte Bitte: unser täglich Brot gieb uns heute. — Gleichwohl erscheint es dem Geiste des evangelischen Protestantismus durchaus entsprechend, daß als Eingang zur Abendmahlshandlung noch eine besondere Admonition an die Communicanten für erforderlich geachtet worden ist. Mit klarem Bewußtsein von Dem, was er thut, soll der Gläubige zum Tische des Herrn gehen und dem Sacramente als einer *λογικὴ λατρεία* obliegen. Darum ist es billig, daß dessen hohe Bedeutung sammt den Bedingungen einer würdigen Genießung den Communicanten hierbei dringend an's Herz gelegt werde.

Wir würden nun am Liebsten die Communion-Acte in nachstehender Ordnung einander folgen lassen: Nach Beendigung eines Abendmahlsgesanges beginnt der Liturgus mit der erwähnten Admonition und läßt dieser die Präfation ganz in der altkirchlichen Weise folgen, worauf der Chor mit der bekannten Doxologie einfällt. Nun richtet der Liturg an die Versammelten die Aufforderung: knieet nieder und vernehmet das Gebet des Herrn und die Einsetzungsworte; denn das, den Lutheranern bei dieser Gelegenheit zur Gewohnheit gewordene Knieen halten wir für durchaus angemessen, sowie, daß das Vater Unser der Consecration vorausgehe. Wenn Beides gesungen wird, so erhöht dies, falls die Stimme des Geistlichen dazu tauglich ist, jedenfalls die Feierlichkeit, und wir hätten daher auch gegen diesen Gebrauch nicht das Mindeste einzuwenden. Bisher war des Liturgen Angesicht gegen den Altar gerichtet, auf welchem die, mit dem Kreuz zu bezeichnenden Elemente sich befinden. Nun wendet er sich gegen die Gemeinde, entbietet ihr den Friedensgruß und knüpft daran das, in der Preußischen Agende befindliche Gebet: Herr, der du mit deinem Tode der Welt das Leben gabst ꝛc., oder ein anderes. Unter dem Liede: O Lamm Gottes, unschuldig ꝛc. nimmt nunmehr die Distribution ihren Anfang. Nach derselben haben manche lutherische Agenden ein Responsorium. Z. B. Liturg: So oft ihr von diesem Brote esset und aus diesem Kelche trinket, Chor: sollt ihr des Herren Tod verkündigen, bis daß er kommt. Oder auch das bekannte: Danket dem Herrn ꝛc. mit dem Halleluja. Ein Dankgebet, welchem ein kurzer Gemeindegesang nachfolgt, beschließt die Feier am Würdigsten.

§. 94.
Die Austheilung.

Obgleich alle evangelische Kirchenparteien den Grundsatz, daß außer der Genießung kein Sacrament sei, anerkennen, so besteht doch rücksichtlich der Form, in welcher dasselbe gespendet und genossen wird, große Verschiedenheit. Da die Brechung des Brotes bei der Einsetzung des h. Abendmahls durch den Herrn ausdrücklich berichtet wird und in Verbinduug mit den Worten: Das ist mein

Leib, der für euch gebrochen wird, eine unverkennbare, tief symbolische Bedeutung hat, so kann die Abweichung von diesem Ritus in keinem Falle gebilliget werden, obwohl zuzugeben sein dürfte, daß wenigstens die Realität des Sacramentes nicht als dadurch bedingt anzusehen ist, gleichwie auch andererseits bemerkt zu werden verdient, daß es im Interesse dieser Symbolik erforderlich erscheint, daß nur durch den administrirenden Geistlichen selbst die Brotbrechung erfolge, da Dieser ausschließlich Dasjenige, was bei Einsetzung des Abendmahles Christus selbst that, zu verrichten hat. Im Uebrigen gehört die Art und Weise, wie die Communicanten die gesegneten Elemente empfangen sollen, jedenfalls unter die adiaphora.

In dieser letzteren Beziehung ist die Hauptdifferenz zwischen den evangelischen Schwesterkirchen in liturgischer Hinsicht darauf zurückzuführen, daß die Lutheraner, und zwar zuerst die männlichen, dann die weiblichen Personen, successiv an den Altar treten, an dessen Polstern sie der Regel nach niederknieen, und hier die Abendmahlselemente ihnen vom administrirenden Geistlichen unmittelbar in den Mund gegeben werden, wogegen die reformirte Kirche da, wo sie rituell am Unabhängigsten sich ausgebildet hat, z. B. in der Schweiz, sowie in Schottland, des Herrn letztes Abendmahl mit seinen Jüngern auch darin moglichst treu wiederzugeben sucht, daß die Communicanten um Tische sitzen, und hier die gesegneten Elemente, mit Zuziehung assistirender Aeltesten, herumgegeben werden. Wenn jedoch in den presbyterianischen Gemeinden Schottland's die Abendmahlsgenossen selbst Stückchen von den, aus einer Hand in die andere gehenden Brotscheiben sich abbrechen, so dürfte anzuerkennen sein, daß dieser Sitte nicht unerhebliche Bedenken entgegenstehen. Dem hier angedeuteten Modus der Spendung des Sacraments in der reformirten Kirche schließt die Mährische Brüderunität insofern am Nächsten sich an, als auch bei ihr die Communicanten in den Bänken sitzen bleiben, wogegen von Seiten der assistirenden Diakonen das Abendmahlsbrot einem Jeden besonders gebrochen und gereicht, der Kelch aber unter den Genießenden selbst weiter gegeben und durch einen andern Diakonus immer neu gefüllt wird. — Die reformirte Kirche Deutschland's schließt dem lutherischen Ritus darin sich an, daß sie die Communicanten nach einander an den Altar herantreten läßt, giebt Diesen jedoch die Elemente nicht unmittelbar in den Mund, sondern in die Hand.

Schließlich ein Wort über die Distributionsformeln. Offenbar bedarf es Solcher in Beziehung auf beide Elemente nur im Fall des Herantretens der Communicanten zum Altar. Die Formel der erneuerten Preußischen Agende: Christus spricht rc., würden wir aus dem Grunde entschieden ablehnen, weil sie, sofern sie gleichsam den ursprünglichen Einsetzungsact zurückführen soll, auf einer bloßen Fiction beruht; sofern sie aber eine historische Mittheilung sein soll, lahm und unaufhörlich wiederholt, so ermüdend als überflüssig erscheint. Daß Christus bei der ursprünglichen Institution des Sacraments einfürallemal die betreffenden Worte gesprochen hat, in deren Kraft die Gemeinde Gottes des Herren Leib und Blut empfangen und damit seinen Tod verkündigen wird, bis daß er kommt, — Das steht dem Glauben fest, wird aber auch schon durch die Consecration selbst bekannt. Daß aber der Herr dieselben Worte für jeden einzelnen Communicanten immer auf's Neue sprechend gedacht werden soll, Das entbehrt jedes Grundes und läuft auf eine leere Einbildung hinaus. — Aus den apostolischen Constitutionen wissen wir, daß bei Austheilung der Elemente nur die Worte: *σῶμα χριστοῦ* und *αἷμα χριστοῦ, ποτήριον ζωῆς*, gesprochen, von den Communicanten aber mit: „Amen!“ beantwortet wurden. — In der lutherischen Kirche ist die Formel üblich geworden: Nehmet hin und esset, Das is der wahre Leib unsers Herren Jesu Christi, für euch in den Tod gegeben; desgleichen bei Spendung des Kelches: Nehmet hin und trinket, Das ist das wahre Blut unsers Herrn Jesu Christi, für euch vergossen zur Vergebung der Sünden. Wir würden nur das Beiwort „wahre“ entfernt wünschen, weil es einerseits von polemischer Beziehung, andererseits aber auch ganz überflüssig ist. Auch die aus dem Missale Romanum in die lutherische Kirche übergegangenen Austheilungsworte: Der Leib, resp. das Blut, unsers Herren Jesu Christi bewahre deine Seele zum ewigen Leben, — empfehlen sich als schön und angemessen.

§. 95.
Der Abendmahlsgottesdienst.

Wenn die lutherische Kirche ursprünglich den Gedanken gehabt hat, daß das h. Abendmahl die Spitze jedes Hauptgottesdienstes bilden, und hierdurch dem ganzen Cultus eine sacramentliche Herrlichkeit zu Theil werden solle, so hat doch, wie schon oben bemerkt worden, die praktische Ausführbarkeit dieses Gedankens sich nicht bewährt; vielmehr ist die sonntägige Abendmahlsfeier der genannten Kirche in den meisten Fällen zu einem bloßen Anhange des Hauptgottesdienstes herabgesunken. Es erscheint daher rathsam, etwa nur vier jährliche Hauptgottesdienste mit der Feier der Communion Statt finden zu lassen, dann aber auch Liturgie und Predigt in Beziehung damit zu bringen und für Diejenigen, welche in den Zwischenzeiten communiciren wollen, eine wöchentliche

Abendmahlsfeier an einem bestimmten Wochentage einzurichten.

Die römische Liturgie hat die Eucharistie als sacrificium expiatorium nur dadurch zum beständigen Mittelpunkte des Cultus zu machen vermocht, daß hier die Messe überhaupt in eine Stellung gekommen ist, bei welcher gar keine Gemeinde gegenwärtig zu sein braucht. Wenn dagegen in der evangelischen Kirche eine Abendmahlsfeier ohne Gemeinde ein Unding ist, so gewinnt sie nur dann nicht die Bedeutung eines bloßen Anhanges, wenn auch wirklich die, zum Gottesdienst versammelte Gemeinde als Solche daran Theil nimmt, und nicht blos Einzelne zum Tische des Herrn gehen. Auf diesen Erwägungen beruht unser obiger Vorschlag. Wir wollen einen Abendmahls-Hauptgottesdienst, dessen höchster Act die Communion sein soll; dann aber muß er seltener eintreten, damit die Gemeinde als Solche sich daran betheiligen könne. Allerdings wird dies auch im Falle der, hier geforderten Beschränkung der Sonntagscommunion auf vier Hauptgottesdienste nur dann geschehen, wenn der christliche Geist unserer Gemeinden mehr noch, als bisher, durch eine neue Ausgießung des h. Geistes sich wieder belebt. — Rücksichtlich der Abendmahls-Wochengottesdienste endlich, welche als dringendes Bedürfniß zu erkennen sind, darf darauf hingewiesen werden, daß sie bereits von Alters her bestehen und nur erhalten sein wollen.

§. 96.

Die Beichte.

Die kirchliche Beichthandlung beruht wesentlich in der, von Christo den Aposteln, in ihnen aber auch der Gemeinde der Gläubigen überhaupt, verliehenen Schlüsselgewalt und es stehen alle, in Ansehung derselben sich aufdrängenden Schwierigkeiten, gleichwie sämmtliche Verirrungen, welche die Geschichte hier aufzeigt, mit der großen Frage nach dem Verhältniß der äußeren Kirche als sichtbarer Heilsanstalt zum Reiche Gottes als deren eigentlichem, inneren Kerne, in tiefster Verbindung. Sehr früh schon offenbarte sich in der Art, wie Dasjenige, was geistlich gerichtet sein wollte, in eine äußere gesetzliche Ordnung gebracht wurde, bei der kirchlichen Bußpraxis ein Abweichen von der lauteren evangelischen Wahrheit. Die eingeschlagenen Pfade weiter verfolgend, konnte so das Beichtwesen endlich zur scheußlichen Lüge werden. In der Kirche der Reformation ist nach mancherlei Schwankungen das Beichtinstitut endlich nur noch als Vorbereitung auf das Sacrament des Altars stehen geblieben und ist gegenwärtig gar nicht mehr als eine Form der Ausübung der Kirchenzucht, aus welcher es ursprünglich hervorgegangen, anzusehen. Eine wahrhaft evangelische Behandlung der Beichte ist wesentlich dadurch bedingt, daß einerseits die Rechtfertigung des Sünders vor Gott allein aus dem Glauben kräftig anerkannt, und daher nicht zugleich auch die Buße, sofern sie vom Glauben zu unterscheiden ist, als mitrechtfertigendes Moment eingemischt, nichtsdestoweniger aber andrerseits klar gewußt werde, daß der lebendige, seeligmachende Glaube wahre Buße zur nothwendigen Voraussetzung hat.

Daß die kirchliche Beichthandlung auf der potestas clavium, die Christus den Aposteln gegeben, beruhe, ist häufig geleugnet worden. Man hat selbst in Ansehung der frühesten kirchlichen Praxis bei Wiederaufnahme Gefallener geltend gemacht, daß, wenn Solchen der Frieden der Kirche, nach vorangegangener Ausschließung von ihr, wieder bewilliget wurde, nie dabei die Meinung zum Grunde gelegen habe, daß ihnen hiermit eine Sündenvergebung, die doch nur Gott gewähren könne, ertheilt werden solle, — und beruft sich hierbei auf Zeugnisse der ältesten Kirchenväter, welche allerdings darin einig sind, daß die venia peccatorum ein göttliches Werk sei. Zum Wenigsten gesagt, liegt in Behauptungen dieser Art eine auffallende Gedankenlosigkeit. Die früheste Kirche also sollte ihr Verhalten gegen Büßende dergestalt von dem Verhältnisse Gottes zu ihnen unterschieden und eine Kluft zwischen Beidem gemacht haben, daß sie zu dem, ihr wahrlich unerhörten Grundsatze: sie ihrerseits theile nach bestem Wissen ihren Frieden aus; ob derselbe auch von Gottes Seiten gewährt werde, gehe sie dabei Nichts an: sich bekannt hätte? Der apostolischen Kirche wenigstens sollte man diese Abgeschmacktheit nicht zutrauen! Wenn überhaupt die Gemeinde noch einiges Leben in sich hat, so muß sie ja auch die Tendenz verfolgen, daß der Friede, den sie giebt, zugleich Gottes Friede sei, und wird sich hierbei überall von dem Bewußtsein leiten lassen, wie leicht allerdings es geschehen könne, daß sie rufe: Friede, Friede! und sei kein Friede, und wie daher ihr obliege, keine Absolution zu spenden, als nur im Namen des Herrn, welcher allein kraft eigener Gewalt Sünde vergeben könne. Dieses offenbar ist es, was die oben genannten Kirchenväter meinten, wenn sie in der angedeuteten Weise sich aussprachen. Wie wenig aber daraus gefolgert werden darf, daß sie die innere Gemeinschaft der Kirche und den Frieden Gottes für zwei wesentlich verschiedene Dinge angesehen haben sollten, lehren schon die schismatischen Secten, welche die Wiederaufnahme der Gefallenen schlechthin verwarfen und dies doch wohl nur deshalb thaten, weil sie das Loos derselben ausschließlich Gott anheimgestellt und ihm in keinerlei Weise darin vorgegriffen wissen wollten, also gleichfalls von der Grundansicht ausgingen, daß Kirchen- und Gottesfriede zusammenfallen müßten.

Im apostolischen Zeitalter, und noch lange nachher, begegnet uns nicht eine Spur unsers heutigen Beichtinstitutes, wohl aber eine ernste Kirchenzucht Denjenigen gegenüber, welche sich durch Verleugnung in den Verfolgungen, oder durch andere offenbare Sünden selbst excommunicirt hatten und, nunmehr draußen stehend, in die christliche Gemeinde wieder aufgenommen zu werden begehrten. Für die, innerhalb der Gemeinde Befindlichen bedurfte es jenes Institutes um so weniger, als in den Anfängen der Kirche die *κοινωνία τοῦ πνεύματος* alle wahren Glieder Christi nicht nur lebendig und kräftig zusammenhielt, sondern auch, spiegelrein noch und klar, und so die wahre Gestalt aller Zustände reflectirend, jedem seelsorgerlichen Interesse seine vollständigste Erledigung durch die gegenseitigen Dienste der Liebe vermittelte. Die Kirche des Herrn ging eben in diesem ersten Stadio ihres Laufs hienieden als wahre Gemeinde der Gläubigen im Reiche Gottes auf, und so war es wirklich der Geist, der Alles richtete, ja auch in den Fällen, wo er betrübt und genöthigt worden war, falsche Brüder auszuschließen, nicht minder seine Macht bethätigte, als prüfender und unterscheidender Geist in die Gemeinschaft des Leibes Christi frei wieder aufzunehmen, ohne an irgend ein äußeres Gesetz kirchlicher Ordnung gebunden zu sein. In dieser Weise wurde der Blutschänder zu Corinth ausgeschlossen und wieder aufgenommen, und es leidet wohl keinen Zweifel, daß man eine solche Restitution als eine Herstellung zur Theilnahme am Reiche Gottes ansah; denn die Gemeinde war selbst das Reich Gottes auf Erden.

Als Kirche und Reich Gottes sich merklich von einander zu unterscheiden anfingen, erlitt auch das Bußwesen eine bedeutende Veränderung. Wenn die Erstere als Heilsanstalt hinfort mit einem gesetzlichen Organismus sich überkleidete, so kam natürlich auch die, an den Gefallenen zu übende Kirchenzucht in eine gesetzliche Ordnung. Man hielt auch jetzt noch fest, daß die Wiederaufnahme in die Gemeinschaft der Kirche vollständig jenes „Lossein im Himmel", wovon der Herr redet, involviren müsse; aber eben deshalb nahm man es nunmehr mit den kirchlich festgestellten Büßungen desto strenger und ließ dieselben durch lange Zeiten hindurch fortdauern. So geschah es frühzeitig, daß man zur Verdunkelung des allein rechtfertigenden Glaubens ein eigenes Abbüßen der Sünde in die Kirche einführte und den klaren Blick in die evangelische Heilsordnung verlor, was selbst schon bei einem Cyprian auffallend hervortritt. Bald genug folgte eine Zeit, wo der oben angedeutete Unterschied, nachdem er schon lange zuvor innerlich sich geltend gemacht hatte, auch äußerlich zum Durchbruch gelangte. Die Kirche wurde Staatskirche, und hiermit das Reich Gottes ein verschleiertes, inneres Reich. Natürlich schloß nun die Sünde nicht mehr so, wie früher, von der Kirche aus; denn man konnte jetzt ohnehin ja Dieser angehören, ohne Antheil am Himmelreiche zu haben; und so lag es in der nothwendigen Entwicklung, daß die oben angedeutete durchgreifende Umwandlung des Bußwesens zunächst eine Richtung einschlug, kraft welcher dasselbe hinfort nicht sowohl mehr mit Excommunicirten, die vom Bann befreit sein wollten, (obwohl es auch an Solchen nicht mangelte) zu thun hatte, als vielmehr zu einem Institut innerhalb der Kirche selbst sich fortbildete und, was hiermit nothwendig zusammenhing, die Gestalt der Privatbeichte annahm. Wie stand es aber bei dieser Sachlage mit jener Identität zwischen kirchlicher und göttlicher Absolution? — Einerseits hielt man die alten Bestimmungen über die, zur

Wiederaufnahme in die Gemeinschaft der Kirche erforderlichen Büßungen fest; andererseits drängte sich unwiderstehlich die Erwägung auf, daß allein schon der ganz veränderte Standpunkt, wonach in der Regel Glieder der Gemeinde als Solche Gegenstand der kirchlichen Disciplin waren, jene älteren Gesetze schlechthin unausführbar erscheinen ließ. Man sah sich daher gezwungen, den früheren, strengeren Bußen leichtere zu substituiren. Wenn jedoch hiermit auch die Ersteren keineswegs ihre Gültigkeit verloren haben, vielmehr noch zu Recht bestehen sollten, so waren sie nur vertagt, und es ergab sich hieraus die Folgerung, daß die, auf Grund der milderen Bußpraxis eintretende kirchliche Absolution nicht ferner für eine vollständige, auch im Himmel lösende Erledigung der gesammten Sündenschuld angesehen werden konnte. Einerseits wurde auf diesem Wege die remissio peccatorum, welche die Kirche spendete, mit dem, im Verhältniß zum Reiche Gottes von ihr eingenommenen Standpunkte factisch auf ganz gleiches niveau gebracht, indem Kirchen- und Gottesfrieden jetzt nur denselben Unterschied offenbarten, welcher überhaupt zwischen der sichtbaren Kirche und dem Himmelreiche bestand. Andererseits aber war nun auch der Theorie ein mächtiger Impuls gegeben, die ganze Heilsordnung mit der kirchlichen Praxis in Uebereinstimmung zu bringen. Die, einmal eingeschlagenen Pfade brauchten nur verfolgt zu werden, um dahin zu führen, daß man in der priesterlichen Absolution hinfort nur Befreiung von den ewigen Strafen erkannte, und die, zu Erlangung der ewigen Seeligkeit anderweitig erforderliche Reinigung den Büßungen vorzubehalten, welche die Kirche, anfänglich wenigstens, Gott anheimstellen zu müssen glaubte. Jedenfalls aber erhellt aus diesem, nur in den allgemeinsten Zügen angedeuteten Gange der Dinge, daß, wenn gleich der lautere evangelische Geist durchaus nicht genöthiget ist, alle Ideen von Reinigungen der Seelen nach dem Tode als der Wahrheit widerstreitend schlechthin zu verwerfen, nichtsdestoweniger die, schon früh entstandene Lehre vom Fegefeuer auf einen sehr unevangelischen Ursprung insofern zurückgeführt werden muß, als sie wesentlich in dem verderblichen Wahn von der Verdienstlichkeit selbst übernommener Büßungen zur Vergebung der Sünden wurzelte und mächtig dazu beitrug, das alleinige vollgültige Verdienst Christi und den, es sich zueignenden rechtfertigenden Glauben tief in den Schatten zu stellen.

Wie der bezeichneten Entwicklung der Dinge zufolge das, nur die ewige Verdammniß abwendende, kirchliche Beichtinstitut allmählich auch theoretisch zu einer festen Gestalt sich durchbildete und, mit seinen Grunderfordernissen der contritio, confessio und satisfactio der Zahl der Sacramente definitiv eingereiht, auf's Strengste die Nothwendigkeit einer enumeratio peccatorum geltend machte: alles Dieses ist hinlänglich bekannt. Nicht weniger aber auch, daß die Kirche bei der oben gezogenen Grenze nicht stehen blieb, sondern ihren Kindern auch gegen die, wie bereits bemerkt, vorbehaltenen Büßungen durch Indulgenzen zu Hilfe zu kommen suchte. Der thesaurus meritorum supererogationis leistete hiezu die erwünschten Dienste, und der, dem Pabst anvertraute Schlüssel zu diesen überflüssigen Schätzen bewährte sich als ein Schlüssel zu unerschöpflichen Goldgruben. Leider erlangten aber auch so die armen Seelen keine gewisse Versicherung der, ihnen angepriesenen vollständigen Erledigung ihrer Sünden, da die Kirche wohlbedächtig nicht unterlassen hatte, die Wirksamkeit ihrer Indulgenzen abermals an Bedingungen zu knüpfen, welche Alles wieder in's Ungewisse stellten. Sie forderte nämlich die contritio und die confessio im Sinne mitverdienstlicher Ursachen des ersehnten Heils, und so konnte zuletzt dennoch Niemand wissen, ob er das gehörige Maaß der Ersteren besitze und die Letztere hinlänglich vollbracht habe.

Die Reformation fand das Beichtwesen so vor, wie es die hier gezogenen Grundlinien flüchtig veranschaulicht haben, und hatte natürlich nichts Wichtigeres zu thun, als auch in dieser Beziehung den allein rechtfertigenden Glauben zu seinem Rechte zu bringen. Andererseits jedoch wollte sie die Privatbeichte im Sinne einer wirklichen enumeratio peccatorum in der Art festgehalten wissen, daß nur weder eine Gewissensmarter, noch etwas zur Seeligkeit Nothwendiges daraus gemacht werden sollte. Und so besaß nun auch die evangelische Kirche ein, aus früheren Zeiten überkommenes Institut, dessen innere Beschaffenheit früher oder später als unhaltbar sich herausstellen mußte. Wenn nämlich der Beichtiger jetzt direct den Einzelnen die Absolution ertheilte, so ging er dabei von der Voraussetzung des wahren Glaubens aus und beanspruchte daher nichts Geringeres, als daß, was er hier auf Erden löste, eo ipso auch im Himmel los sein sollte. Aber der alte Unterschied zwischen Kirche und Reich Gottes dauerte ja auch gegenwärtig noch fort, und so konnte ja Sünde erlassen werden, welche im Himmel behalten war, und umgekehrt. Hiezu kam noch ein anderer Umstand, welcher nicht wenig verdunkelnd auf das neue Beichtwesen zurückwirken mußte. Während man die römisch-katholische satisfactio mit Abscheu verwarf, war man unverständig genug, zu alten Kirchenbußen, welche weit über die einfache Ausschließung von der Theilnahme an den Sacramenten hinausgingen, zurückzukehren und empfindliche, ehrenkränkende Strafen daraus zu machen. Auf diesem Wege konnte es geschehen, daß das evangelische Beicht- und Bußwesen, geistlos obendrein und handwerksmäßig behandelt, abermals in solchem Grade zur Lüge wurde, daß der himmlisch gesinnte Joh. Casp. Schade sein darüber empörtes Gemüth in dem, ihm sprichwörtlich gewordenen: „Beichtstuhl, Höllenpfuhl!" aussprach und keinen Anstand nahm, die Privatbeichte an seinem Theile ohne Weiteres abzuschaffen und die sogenannte allgemeine an deren Stelle zu setzen. Nicht weniger mußten auch jene Kirchenbußen fallen, bei welchen die Büßenden häufig besser gewesen sein dürften, als die Pharisäer, die solche drückende Lasten auflegten und verächtlich auf die armen Gemißhandelten herabblickten. Es leuchtet ein, daß, so lange die Beichte in der evangelischen Kirche als Privatbeichte bestand, sie immer noch eine gewisse Selbständigkeit in Anspruch nahm und in dieser Gestalt an das römisch-katholische Sacrament der Buße wenigstens erinnerte. Erst seit die öffentliche, allgemeine Beichte, welche nur unter Vorbehalt des wahren, lebendigen Glaubens an Jesum Christum, d. h. bedingungsweise, die Absolution ertheilt, durchgängig in Gebrauch gekommen, ist diese kirchliche Handlung reine Vorbereitung auf den Genuß des h. Abendmahls geworden und hat so endlich eine vollständige Lösung aus allen Beziehungen zur Kirchenzucht erfahren. Die Frage, ob eine Solche bestehen solle, oder nicht, hängt fortan mit der Angelegenheit der Beichte gar nicht zusammen, wie auch andererseits von selbst klar ist, daß eine, die oben angedeuteten Grenzen des sogenannten kleinen Banns überschreitende Disciplin innerhalb der Kirche nach evangelischen Grundsätzen für ein Unding zu halten ist.

Wie aber? soll gar keine Privatbeichte, keine unbedingte Verkündigung der Vergebung der Sünden in der Kirche mehr sein? — Ja, sie soll bestehen, aber nur in einer Sphäre, wo es möglich wird, diese hochwichtige Angelegenheit rein der Verwaltung des h. Geistes anheim zu geben: wir meinen die Sphäre der speciellen Seelenpflege. Hier mag der Seelsorger der zerknirschten, gedemüthigten und gnadenhungrigen Seele das Trostwort: dir sind deine Sünden vergeben! — in Gemeinschaft des h. Geistes aussprechen; aber als äußerlich gesetzliche Kirchenordnung dränge diese Art von Absolution nie sich in den Organismus des Cultus, welcher sie nicht verträgt.

Schließlich werde bemerkt, daß die lutherische Kirche die Beichte nach einer ihr ganz eigenthümlichen Einrichtung auch noch dem sogenannten Hauptgottesdienste eingereiht und ihr daselbst hinter der Predigt ihre Stelle angewiesen hat. Nach dem, oben über das Verhältniß der Beichte zum Sacramente des Altars Gesagten kann uns die fernere Beibehaltung dieser Sitte nicht empfehlenswerth erscheinen.

§. 97.
Die wesentlichen Bestandtheile der Beichthandlung.

Die, nicht von Luther selbst herrührende Erklärung des kleinen lutherischen Katechismus über die Beichte, daß sie nämlich zwei Stücke begreift, hat auch bei der gegenwärtigen Gestalt dieser Handlung noch ihre Gültigkeit. „Das Eine ist, daß man die Sünde bekenne; das Andere, daß man die Absolution vom Beichtiger empfahe;“ daß Diese jedoch nur noch eine bedingte sein könne, gleichwie das Sündenbekenntniß lediglich ein allgemeines, ergiebt der vorige §. Eben deshalb erscheint es durchaus angemessen, mit der Absolution auch die sogenannte Retentionsformel zusammengehen zu lassen. Es entpricht endlich um so mehr dem religiösen Bedürfnisse der Beichtenden, sie durch eine ermahnende Ansprache auf eine ernste Prüfung ihrer Herzen hin zu führen und hiermit eine würdige Vorbereitung auf den Genuß des h. Abendmahles zu erzielen, als die besondere Gemüthsbeschaffenheit der Einzelnen nun bei solchen Gelegenheiten nicht mehr Gegenstand seelsorgerlicher Berathung ist. Gleichwohl verdient die Sitte der reformirten Kirche, am Schlusse der h. Handlung allen, in ihren Gewissen Beunruhigten noch die ausdrückliche Einladung zu offener, vertrauensvoller Mittheilung mit dem Anerbieten beichtväterlichen Rathes auszusprechen, dringend empfohlen zu werden und bildet eine Brücke zwischen dem kirchlichen Institut der Beichte und der speciellen Seelenpflege. —

Die Zusammensetzung der einzelnen hierher gehörigen Cultusacte ist sehr einfach. Kirchlicher Gemeindegesang bildet auch hier die erbaulichste Einleitung. An die sogenannte Beichtrede wird sich das Sündenbekenntniß, für welches beide evangelische Schwesterkirchen alte, vortreffliche Formulare haben, auf das Natürlichste anreihen und am Schicklichsten jedenfalls knieend abgelegt werden; denn wenn irgendwo, so ist bei dieser Gelegenheit, wo es sich um tiefe Demüthigung vor Gott handelt, das Knieen an seinem Ort. Dem Bekenntnisse folgt die Absolution, mit der Retentionsformel und der schließlichen Aufforderung an die Beunruhigten, worauf ein nochmaliger kurzer Gesang das Ganze endet. Wenn die Frage entsteht, ob die Beichte mit der Abendmahlsfeier selbst unmittelbar zu verbinden sei, oder ob sie zweckmäßiger einen Tag vorher Statt finde: so würden wir uns unbedingt für das Letztere entscheiden, die Fälle der sogenannten Wochen-Communion ausgenommen.

In der lutherischen Kirche besteht noch gegenwärtig der sogenannte Beichtgroschen, und es dürfte kaum zu bezweifeln sein, daß darin ein Ueberrest von dem alten Indulgenzwesen zu erkennen ist. Was man auch für die Sache gesagt hat, so steht unwidersprechlich fest, daß gegenwärtig die Einrichtung nicht mehr passend ist, obwohl das sogenannte Stolgebührdenwesen heute allerdings in noch viel höherem Grade der Kirche verderblich zu werden droht, als der Beichtgroschen. Auch an diesen Gegenstand knüpfen sich pia desideria, deren gründliche Erledigung nur vom Herrn der Kirche zu erwarten steht.

§. 98.
Die kirchliche Einsegnung der Ehe.

Ihrer tiefsten Idee nach ist die Ehe ein Bund zwischen Mann und Weib zur innigsten geistig-leiblichen Gemeinschaft in wechselseitiger Hilfsleistung für das ganze Leben. Hiernach tritt die rein individuelle Seite dieses Bündnisses bei Betrachtung der Ehe entschieden in den Vordergrund, da beiden Theilen das innerste Bewußtsein gegenseitiger Uebereinstimmung und Verwandtschaft der Herzen nothwendig für die Grundbedingung einer gesegneten ehelichen Verbindung gelten muß, und es kann daher eine wahre Eheschließung gar nicht zu Stande kommen, als nur unter Voraussetzung des mutuus consensus. — Nicht minder jedoch sind auch die Kirche und der Staat wesentlich bei der Ehe betheiliget. Beide erkennen im Familienleben den mütterlichen Boden, welcher ihnen nicht allein eine beständige Dauer im Wechsel der Zeiten sichert, sondern auch immer frische Ströme von Geist und Kraft in sie ergießt; denn sowohl als Pflegerin des vaterländischen Sinnes, wie als erste Haushälterin über Gottes Geheimnisse bildet die Familie das Fundament, auf welchem die genannten großen ethischen Gemeinschaften sich erbauen; insonderheit aber ist sie für den Staat die Quelle der wichtigsten Rechtsverhältnisse.

Wenn es hiernach natürlich erscheint, daß die Ehe für Beide, den Staat wie die Kirche, Gegenstand speciellster Gesetzgebung wurde, so war es gleicherweise nicht blos ganz im Sinne der christlichen Lebensanschauung, daß die Kirche schon frühzeitig bei Verlöbnissen sowohl, wie bei Eheschließungen sich mitbetheiligte, sondern es entsprach auch den Grundsätzen des, mit ihr innig verwachsenen Staates, daß er zuletzt die bürgerliche Gültigkeit der Ehe überhaupt von der priesterlichen Einsegnung derselben abhängig, und damit die Letztere zu einem gesetzlich nothwendigen Erfordernisse machte.

Alle, einigermaßen gebildete Völker stimmen darin überein, daß sie der Ehe eine religiöse Bedeutung zugestehen, und es begegnen uns daher überall bei Schließung derselben mancherlei Ceremonien von symbolischem Charakter. Höchst würdig und ernst finden wir insonderheit von dem alten Rom die Ehe behandelt, und es erklärt sich hieraus, daß die christliche Kirche von Anfang an, ehe sie noch an eine eigene Ehegesetzgebung denken konnte, in dieser Hinsicht mehr noch den Bestimmungen des römischen, als selbst des mosaischen Rechtes sich anschloß, weil der strengere Ernst des Ersteren ihrem, auf Weltverleugnung gerichteten Sinne tiefer entsprach, als das Gesetz des A. T. mit seinen, der Herzenshärtigkeit gemachten Zugeständnissen. — Uebrigens ist schon aus Ignatius, und mehr noch aus Tertullian, zu ersehen, daß man bereits in der ältesten Zeit von einer christlichen Ehe als Solcher voraussetzte, daß sie nicht ohne Zustimmung der Kirche, näher: des Bischofs, geschlossen werden könne, und unverkennbar führen die Erklärungen des Letztgenannten sogar auf eine priesterliche Einsegnung. Wie aber alles Dieses frei aus dem Geiste der Gemeinde hervorging, so blieb auch die Aufrechthaltung guter christlicher Ordnung in den fraglichen Beziehungen demselben Geiste anheimgestellt, und erst im achten, oder gar erst im neunten Jahrhundert sehen wir die copula sacerdotalis zur allgemeinen gesetzlichen Regel werden. Bemerkenswerth ist, daß das Concilium Tridentinum zu derselben Nichts weiter erfordert, als die betreffende Erklärung der Verlobten „coram parocho et duobus testibus.“

§. 99.

Die liturgischen Bestandtheile der Trauung.

Wenn der mutuus consensus der Verlobten unerläßliche Bedingung einer gültigen Eheschließung ist, so muß derselbe nothwendig auch bei der Trauung von den betheiligten Personen erklärt werden, und es geschieht nach uraltem Gebrauch, daß dieselben hierbei ihre rechten Hände in einander legen. Als zweites Hauptmoment folgt diesem Acte die, agendarisch formulirte Zusammensprechung von Seiten des Liturgen, im Namen des Vaters, des Sohnes und des h. Geistes. In der lutherischen Kirche kommt das Kreuzeszeichen hiebei zur Anwendung und ist auch in die Trauungsliturgie der erneuerten Preußischen Agende übergegangen.

Die oben angedeutete Erklärung der Verlobten wird am Zweckmäßigsten durch fest bestimmte Fragen vermittelt, welche von Seiten der Ersteren nur mit einem vernehmlichen Ja beantwortet zu werden brauchen. Luther's sogenanntes Trau- und Taufbüchlein hat in dieser, wie in andern Beziehungen den wichtigsten Einfluß auf die Gestaltung der agendarischen Trauungsformen in der lutherischen Kirche gehabt. — Schon im kirchlichen Alterthume waren mancherlei tief symbolische

Gebräuche außer Dem, was im §. angeführt ist, mit der Schließung der Ehe verbunden; die evangelische Kirche aber hat von Jenen eigentlich blos das Wechseln der Ringe, obgleich nicht als wesentliches Erforderniß, beibehalten, wogegen an die gleichfalls sehr alte Sitte der Krönung (στεφάνωμα), welche in der griechischen Kirche noch gegenwärtig zum Trauungsritus gehört, bei uns etwa nur der Myrtenkranz erinnern mag, welchen die Braut als Zeichen unbefleckt erhaltener Jungfrauschaft trägt. — Da der evangelische Geist überall auf die λογικὴ λατρεία dringt und daher bei jedem Cultusacte ein klares, deutliches Bewußtsein von Dem, was da geschieht, in Anspruch nimmt, so erscheint es nur angemessen, daß auch bei allen kirchlichen Benedictionen in Gemäßheit dieses Charakters der Dienst am göttlichen Worte durch Unterweisung und Ermahnung sich bethätigen soll, und daß Dem entsprechend auch bei der Trauung dem eigentlichen Acte der Einsegnung eine Ansprache an das Brautpaar vorangeht, in welcher dasselbe auf die göttliche Einsetzung der Ehe, sowie auf die, mit diesem Stande verbundenen Pflichten sowohl, als auf die, ihm gegebenen Verheißungen aufmerksam zu machen ist. — Nach der alten lutherischen Form wurde alles, bei Eingehung des Ehebundes Beherzigenswerthe in die bekannten fünf Stücke zusammengefaßt, unmittelbar nach der Einsegnung dem Brautpaare aus der Agende vorgetragen, und es fehlte dabei auch nicht die Hinweisung auf das Kreuz, welches Gott auf den Ehestand gelegt hat. Jedenfalls dürfte diese, agendarisch formulirte, lange Vorhaltung, welche jetzt wohl fast überall außer Gebrauch gekommen ist, überflüssig sein, wenn die, die Handlung des Liturgen einleitende Rede Das geleistet hat, was ihr zu leisten obliegt; nur wo eine Solche nicht gehalten wird, wird allerdings eine, sie ersetzende agendarische Ansprache am Anfange nicht wohl entbehrt werden können. Dagegen ist gewiß eine nochmalige kurze, kräftige Ermahnung, unter Bezugnahme auf die göttliche Stiftung des Ehebundes, wie Jene in der Preußischen Agende gefunden wird, unmittelbar nach der Copulation sehr an ihrem Orte und zugleich die würdigste Einleitung der schließlichen Anrufung Gottes, welche mit dem Vater Unser und Segen die Trauung beendigt.

Ohne Zeugen soll, zum Wenigsten gesagt, aus Schicklichkeitsgründen eine kirchliche Einsegnung nicht Statt finden; es haben jedoch dieselben keineswegs die Bedeutung, welche schon in der alten Kirche dem sogenannten Paranymphen der Braut zukam. Dieser ist Mehr, als bloßer Zeuge und Beistand; er ist zugleich Bürge und Vertreter des zu schließenden Ehebündnisses und ist nicht ohne Grund mit den Anadochen bei dem Sacrament der Taufe verglichen worden. In manchen Gegenden erinnert noch gegenwärtig ein, bei Hochzeiten thätiger Brautführer, welcher zugleich sogenannter Hochzeitbitter, aber auch Spaßmacher ist und event. bei dem Schmause aufwartet, an jenes uralte, in der angegebenen Form aber zur Caricatur herabgesunkene Institut.

§. 100.
Ordination und Installation.

Die Ordination ist eine, durch segnende Handauflegung zu vollziehende Uebertragung des Dienstes am göttlichen Wort als eines Amtes des h. Geistes. Aus dieser Begriffsbestimmung ergeben sich wichtige Folgerungen. Erstens ist zu sagen, daß diese h. Handlung nur insofern eine Wahrheit sei, als mittelst ihrer in der That der h. Geist selbst den Ordinanden zum Hirten und Lehrer der Gemeinde bestellt. Daraus folgt zweitens, daß die Ordination ihrer Natur nach Anspruch darauf macht, mit der Uebertragung des Amtes zugleich eine dauernde Amtsgnade zu gewähren, für welche derselbige Geist, der zum h. Dienste verordnet, jedenfalls auch einsteht. — Drittens ergiebt sich, daß, wenn gleich in Gemäßheit des Kirchenrechtes die Ordination nur auf Veranlassung der Berufung zu einem bestimmten geistlichen Amt ertheilt wird, nichtsdestoweniger die, durch sie zu spendende Weihe von allgemeinerer Bedeutung und auf den Dienst am göttlichen Worte überhaupt gerichtet ist, ohne deshalb einen character indelebilis im Sinne der römisch-katholischen Kirche mitzutheilen. — Hiernach bestimmt sich das Verhältniß der Installation zur Ordination allein richtig. Involvirte nämlich diese Letztere nicht jene allgemeinere Beziehung, welche der hier bemerkte dritte Punkt hervorhebt, so fiele jeder Grund weg, einen Unterschied zwischen den genannten beiden Handlungen zu machen, und es würde lediglich die Installation, in der evangelischen Kirche auch Investitur genannt, als eine weihende Einführung in das zu übernehmende besondere Amt beizubehalten sein. Es ist jedoch sehr bemerkenswerth, daß sogar die Würtembergische Kirche, welche gar keine Ordination hat, gleichwohl eine generellere Uebertragung des geistlichen Amtes kennt und sie von der Investitur im engeren Sinne unterscheidet.

Es leidet keinen Zweifel, daß die im §. aufgestellte Definition das Zeugniß der h. Schrift entschieden für sich hat. Apostelgesch. 13, 2 u. 3 wird berichtet, wie in der Antiochenischen Gemeinde der h. Geist geboten habe, Barnabam und Paulum zu dem Dienste, dazu er sie verordnet, auszusondern, und wie man dieser Mahnung mit Fasten, Gebet und Handauflegung sogleich nachgekommen sei. Hier erblicken wir also eine kirchliche Ordination, welche, wie sie das Amt des h. Geistes übertrug, also auch im Geiste geschah. In welchem Grade aber überhaupt während des apostolischen Zeitalters die Ansicht, daß der h. Geist die Hirten und Lehrer bestelle, herrschend war, kann auch aus Apostelgesch. 20 ersehen werden. Hier redet der Apostel Paulus V. 28 zu den, um ihn versammelten Aeltesten also: „So habet nun acht auf euch selbst, und auf die ganze Heerde, unter welche euch der h. Geist gesetzet hat zu Bischöfen, zu weiden die Gemeinde Gottes, welche er durch sein eigen Blut erworben hat." Dieses: „euch gesetzet hat" kann aber schlechterdings nur auf den Act bezüglich sein, durch welchen jene Männer zu ihrem Dienst bestellt worden waren, und so ist überhaupt anzuerkennen, daß die Idee einer Ordination, welche nicht nothwendig die Verordnung zum Hirtenamte durch den h. Geist involviren sollte, eine wahre contradictio in adjecto sein würde, sofern sie auf eine vom h. Geist unabhängige Bestellung zum Amte des h. Geistes hinausliefe.

Steht nun Dieses fest, so hat es auch mit dem, im §. angeführten zweiten Punkte seine Richtigkeit: die Ordination gewährt, sofern sie eine Wahrheit ist, auch eine dauernde Amtsgnade, oder vielmehr die, gleichsam mit einem ersten Angelde ertheilte Versicherung einer Solchen. Denn wenn der h. Geist selbst den Ordinanden zum Hirten der Heerde beruft und annimmt, so liegt doch hierin zugleich die sicherste Bürgschaft für den, zum göttlichen Dienst zu gewährenden beständigen Beistand. Vergleichen wir 1 Tim. 4, 14, desgl. 2 Tim. 1, 6, so finden wir das Gesagte vollkommen bestätiget, indem beide Stellen die Voraussetzung durchblicken lassen, daß dem Timotheus kraft seiner Ordination — denn so dürfen wir ja auch in diesem Falle die Bestellung zum Hirtenamte nennen — eine Gabe (χάρισμα) beiwohne, die er treulich zu bewahren und zu erwecken habe. Es ist jedoch nicht zu übersehen, wie schon aus dem, in der zweiten Stelle gebrauchten Worte ἀναζωπυρεῖν deutlich genug hervorgeht, daß dem apostolischen Zeitalter jeder Gedanke an einen, durch die Ordination zu übertragenden character indelebilis durchaus fern gelegen habe. Wenn die römisch-katholische Kirche denselben behauptet, so denkt sie ihn im Sinne einer rein physischen Wirkung, welche eben dadurch zur Magie wird, daß Dasjenige, was wesentlich ethischer Natur, und daher ganz von subjectiven Bedingungen abhängig ist, dem Ordinanden wie durch einen Zauber angethan werden soll. Denn offenbar wird der h. Geist hier nicht, wie bei der Taufe, sofern diese ausschließlich auf ihre sacramentliche Wirkung beschränkt ist, in reiner Unmittelbarkeit gegeben, sondern es ist der, im Ordinanden selbst mit sich vermittelte Geist, dessen der zu Weihende für seinen Dienst theilhaftig werden soll, und da hängt Alles von ethischen Voraussetzungen ab, die jene römische Priesterweihe, kraft welcher der Geweihte corpus domini conficere potest, als ein Unding erscheinen lassen.

Daß freilich aus der Ordination kein besonderes Sacrament zu machen sei, erhellt schon daraus, daß die, zum geistlichen Amte weihende Handauflegung weder eine specielle göttliche Verheißung hat, noch auch ihrer Natur nach die Gewährleistung einer bestimmten, sicher gestellten Wirkung haben kann. Man sollte aber nichtsdestoweniger einsehen, daß hiermit der χειροθεσία, als einem modus, den h. Geist zu geben, sofern die erforderlichen Prämissen dazu vorhanden sind, durchaus Nichts benommen wird, gleichwie auch nicht geleugnet werden sollte, daß der Ordination eine, zwar nicht absolute, wohl aber relative Nothwendigkeit allerdings beiwohnt. So lange das Amt, das die Versöhnung predigt, in der Kirche einmal an einen bestimmten Stand geknüpft ist, und, was hiermit wesentlich zusammenhängt, eine rechtmäßige, ordentliche Berufung zur

Verwaltung desselben erfordert wird, muß auch ein Act sein, durch welchen die Kirche diese Diakonie des h. Geistes überträgt, und wie sehr oder wie wenig feierlich sie dies auch bewerkstelligen wolle, so wird sie überall doch dabei sich erinnern müssen, daß es eben des Geistes Amt sei, welches sie übertrage, und Dies allein schon involvirt die nothwendige Voraussetzung, daß sie es übertrage als Amt des Geistes und im Namen desselben. Welchen Grund aber kann sie dann haben, nicht eine feierliche kirchliche Handlung hierbei Statt finden zu lassen und sich des Zugeständnisses zu weigern, daß die oben bezeichneten Wirkungen damit verknüpft seien? Allerdings kennt die Augsburgische Confession die Ordination nicht und fordert lediglich das „rite vocatum esse"; aber schon in den Schmalkaldischen Artikeln erklärt Luther: quapropter, sicut vetera exempla ecclesiae et patres nos docent, idoneos ad hoc officium ipsi ordinare debemus et volumus — und es ist bekannt, daß wirklich bereits am 14. Mai 1525 die erste Ordination mit Handauflegung, einem kraftvollen Gebet und nachfolgender Admonition mit Aussprüchen des göttlichen Wortes von ihm verrichtet worden war. Uebereinstimmend hiermit spricht sich der 18. Artikel der Confessio Helv. post. aus, wenn er sagt: Et qui electi sunt, ordinentur a senioribus cum orationibus publicis et impositione manuum. Damnamus hic omnes, qui sua sponte currunt, cum non sint electi, missi vel ordinati. — In der That hat die Geschichte von den apostolischen Anfängen der Kirche an keine Zeit aufzuweisen, in welcher die Ordination nicht in Anerkennung gewesen wäre, und es gereicht daher der Würtembergischen Kirche gewiß nicht zur Empfehlung, wenn sie sich darauf beschränkt, ihren geprüften Candidaten nur durch eine einfache Erklärung die Befugniß zur Verwaltung des Predigtamtes beizulegen. — Was im §. über das Verhältniß der Installation zur Ordination ausgesprochen ist, wollen wir nicht dahin gedeutet wissen, daß wir es für unzulässig hielten, beide Acte in Einen zusammenzuziehen; aber das Richtige würde in diesem Falle uns nicht sein, daß die Ordination in der Installation verschwände, sondern umgekehrt, daß Diese aufginge in Jener, indem der Gesichtspunkt der Uebertragung des Hirtenamts überhaupt überall als der vorherrschende festzuhalten, und die Bezugnahme auf den besonderen Dienst nur als specielles Moment daran anzuknüpfen wäre.

Schon in der alten Kirche begegnet uns eine Vielheit von Weihen, deren Zahl kanonisch auf sieben festgestellt ist. Die evangelische Kirche hat nur eine Ordination. Sie weiht zwar auch ihre Superintendenten und General-Superintendenten als Solche; es ist aber keine wesentliche Verschiedenheit des geistlichen Amtscharakters, die dadurch bewirkt wird, und hiermit stimmt der Grundsatz überein, daß, wenn gleich die äußere kirchliche Ordnung das Ordinationsgeschäft den Superintendenten oder General-Superintendenten vorbehält, auch Dies nicht im Sinne einer, dazu erforderlichen, eigenthümlichen, inneren Amtsqualität verstanden werden darf, wie denn die Praxis rücksichtlich dieses Punktes in den verschiedenen evangelischen Landeskirchen äußerst mannichfaltig sich gestaltet hat.

Die Geschichte des Cultus weist eine, schon frühzeitig die Priesterweihe begleitende, reiche Symbolik nach, indem der ordinandus mit den mannichfaltigsten Emblemen und Attributen der, ihm zu Theil werdenden geistlichen Würde ausgestattet wurde, eine Sitte, in welcher die Bezeichnung der betreffenden Cultusacte durch den Begriff der Investitur ihre Erklärung findet. Nicht nur Ring und Stab, sondern auch allerlei h. Ornate und Amtskleider hatten hierbei eine tiefe sinnbildliche Bedeutung und wurden unter Anwendung liturgischer Formeln den zu Weihenden übergeben und angelegt. Die evangelische

Kirche hat von dem Allen Nichts beibehalten; um so größeres Gewicht aber legt sie den Momenten bei, welche sie mit Recht als die, zur Ordination wesentlich erforderlichen Stücke betrachtet. Treu dem Geiste des evangelischen Protestantismus läßt sie vor Allem den Ordinanden selbst Zeugniß davon ablegen, daß er sich der Obliegenheiten des evangelischen Predigtamtes wohl bewußt und entschlossen sei, dasselbe von einem entschieden kirchlichen Standpunkte aus zu übernehmen, es in demselben Sinne auf Grund des göttlichen Wortes beständig zu verwalten und als wahrer Diener Christi in Lehre und Wandel die ihm anvertraute Heerde zu weiden. Die Form dieser Erklärungen besteht in der Bejahung der agendarisch formulirten Fragen und Vorhaltungen, welche dem zu Weihenden an's Herz gelegt werden, wobei nur beiläufig bemerkt werden soll, daß die sogenannte ordinatorische Verpflichtung auf die kirchlichen Symbole als eine, ihrer Natur nach kirchenregimentliche Frage an diesem Orte nicht erörtert werden kann. — Wenn nun die segnende Handauflegung vollbracht ist, so folgt nothwendig Gebet zum Herrn der Gemeinde, daß er die Predigt des göttlichen Wortes ferner erhalten und dasselbe auch durch den neu ordinirten Geistlichen reichlich ausspenden wolle, worauf das Vater Unser und der allgemeine Kirchensegen die Handlung beschließen. — Daß außer den, hier angeführten, wesentlichen Stücken der Ordination noch andere hinzukommen können, leuchtet ein; desgleichen, daß unter diesen Letzteren eine, auf den Zweck der vorzunehmenden Handlung bezügliche einleitende Rede, sowie biblische Lectionen, welche vorzugsweise vom h. Predigtamte handeln, dem Geiste des evangelischen Protestantismus am Meisten entsprechen. — Schließlich haben wir den, in Betreff der Installation bereits gegebenen Andeutungen nur Dies beizufügen, daß hier die specielle Bezugnahme auf den besondern Kirchendienst, in welchen der betreffende Geistliche einzuführen ist, namentlich in Verlautbarung der, ihm zu Theil gewordenen Vocation hervortreten muß, wogegen die bei dieser Gelegenheit Statt findende Wiederholung der segnenden Handauflegung mit Anrufung des Herrn der Kirche sich von selbst versteht.

§. 101.
Die Begräbnißfeier.

Sofern auch dieser Cultusact den kirchlichen Benedictionen beigezählt werden soll, drängt sich vor Allem die Frage auf, auf welches Object die Segnung sich hier eigentlich beziehe: eine Frage, welche übrigens kaum aufgeworfen zu werden brauchte, wenn nicht das dogmatische Bewußtsein der evangelischen Kirche in Betreff der Lehre von der Auferstehung durch den einseitigen, abstract verständigen Rationalismus eine tiefe Verdunkelung dadurch erfahren hätte, daß man die überschwengliche Fülle der, über das Grab hinausreichenden und auch die Leiber der Entschlafenen angehenden Hoffnungen, zu welchen das Evangelium berechtigt, auf den abstracten Gedanken einer nackten, gehaltlosen Fortdauer der Seele reducirte und hiermit die großartige christliche Anschauung zu einem leeren Philosophem abschwächte, wie es uns auch bei den Heiden begegnet. Die Auferstehung Jesu Christi zeigt uns einen Verklärungsproceß, welcher von dem, mit der h. Seele des Sohnes Gottes wiedervereinigten Leibe desselben keinen irdischen Ueberrest zurückließ, sondern Alles, was der Herr Sterbliches an sich getragen hatte, zu himmlischer Klarheit verwandelte und hier also noch Größeres vollbrachte, als was nach dem Paulinischen

Ausspruch: Dies Sterbliche muß anziehen die Unsterblichkeit, den in Christo Entschlafenen bevorsteht. Denn die Leiber dieser Letzteren lehrt das Evangelium nur als Saatkörner betrachten, welche zu dem Ende dem Schooße der Erde anvertraut und hiermit der Verwesung übergeben werden, damit aus den, in ihnen liegenden Keimen der Auferstehung neue Gewächse himmlisch verklärter Leiber aufblühen, der verwesliche Aschenrest aber der Erde sich mische, wovon er genommen ist. Die h. Schrift kennt keine Unsterblichkeit, als sofern sie dieselbe in dieser concretesten Gestalt mit der Auferstehung zusammendenkt, und nirgends beehrt sie die oben angedeutete, leere Abstraction einer farblos und schattenartig gedachten Fortdauer mit jenem großen Namen. Es erscheint daher hoch von Nöthen, daß die evangelische Kirche des tiefen Gehaltes der eschatologischen Bibellehre auch in dem hier erwähnten Punkte sich wieder deutlicher bewußt werde und der, auf das vermeintlich anstößige Bekenntniß zur Auferstehung des Fleisches mit unverständigem Eifer sich berufenden Protestation Vieler ihrer Lehrer gegen das Ansehen des apostolischen Symbolums nachgerade sich schämen lerne. Kommt es dahin, dann wird auch die wahre Bedeutung der Begräbnißfeier als einer, zunächst in der That der zu bestattenden Leiche geltenden kirchlichen Benediction erkannt, und die, gegenwärtig sehr in Verfall gerathene positive Betheiligung der Kirche an Bestattung der Entschlafenen wieder zu Ehren gebracht werden. — Nach diesen Andeutungen bestimmen sich die, zu diesem Cultusacte wesentlich gehörigen Momente von selbst. Die, mit Gebet zu vollziehende Segnung bildet natürlich die eigentliche Spitze des Ganzen, hat aber zwei andere Momente zur nothwendigen Voraussetzung, da sowohl die Leiche feierlich zu Grabe gebracht, als auch zweitens in den Schooß der Erde eingesenkt werden muß. Mit diesen Acten hat die alte Sitte mancherlei andere von symbolischem Charakter verbunden, von welchen die evangelische Kirche nur einige, welche vorzüglich ansprechend erschienen, beibehalten hat, obwohl sie hierin eine große Freiheit beobachtet und mit Recht von liturgischer Einförmigkeit der Ceremonien absieht.

Es liegt in der Natur der Sache, daß besonders rücksichtlich der Behandlung der Leichen Cultus und Leben unmittelbar in einander hinübergreifen. Rücksichtlich der noch in das Gebiet des Letzteren gehörigen frommen Sitte begegnet uns schon bei den gebildeteren Völkern des heidnischen Alterthums Manches, was die christliche Gemeinde ohne Weiteres sich aneignen konnte. Schon die alten Römer, welche ihre Todten nicht verbrannten, zeichneten sich durch die zarte Sorgfalt aus, die sie den sterblichen Ueberresten Abgeschiedener zuwendeten, und die ersten Christen schlossen sich ihnen hierin an. Sie drückten den Entschlafenen Mund und Augen zu, die Leichname wurden gereiniget und abgewaschen, mit weißen Sterbekleidern angethan und so in den Sarg gelegt; Alles aber ging dabei sehr einfach und würdig zu; das bei den Juden übliche Officium der sogenannten Klageweiber fand natürlich bei Denjenigen keinen Raum, welche sich von Anfang daran gewöhnten, die Todestage der im Herrn Entschlafenen als deren natales zu einem höheren, verklärten Dasein zu betrachten.

Daß die Sitte der Leichenprocessionen, mit welchen die Todten auf die *κοιμητήρια* gebracht wurden, schon in ein frühes Alterthum hinabreicht, ist bekannt, gleichwie auch, daß man hierbei Psalmen und Grabeshymnen zu singen pflegte. Nicht blos die näheren Angehörigen des Verstorbenen, sondern auch andere Glieder der Gemeinde begleiteten theilnehmend den Zug, welcher nicht selten in ausgezeichneten Fällen einen wahrhaft majestätischen Ausdruck gewann. Der Regel nach trug man die Särge mit den Händen oder auf den Schultern, weil man dies für angemessener hielt, als den Gebrauch des Leichenwagens, und schon frühzeitig finden sich Spuren der Vorantragung des Kreuzes, wie denn das schöne Lied des Fortunatus, Bischofs von Poitiers: Vexilla regis prodeunt bei solchen Gelegenheiten zu stehendem Gebrauch gelangte. Der, ohnehin der Begräbnißprocession inwohnende tief symbolische Charakter kam so zu noch entschiedenerem Ausdruck, auf die kurze und flüchtige Wallfahrt deutend, worin der Christ unter dem, ihm voranziehenden Paniere des Kreuzes als ein Pilgrim und Fremdling seinen Lauf zur Heimath in der ewigen Stadt Gottes vollendet und unter der Mühsal seiner Pilgerfahrt in der streitenden Kirche auf Erden für die triumphirende Gemeinde droben reif wird.

Wenn der erste Act der Leichenfeier sich damit vollendet, daß man den Sarg am Grabe niedersetzt, so ist dieses an sich zwar das Natürliche und Nothwendige; gleichzeitig aber schließt es, wie Alles in diesen Momenten bedeutsam wird, eine ernste sinnbildliche Erinnerung daran in sich, daß hier das Ziel unserer Lebensreise ist, bei welchem wir Alle ankommen müssen. Die nun folgende Versenkung unter dem Gesange eines Grabeshymnus hat nicht nur für jedes fühlende Herz etwas Erschütterndes, sondern soll, indem sie der Erde zurückgiebt, was von ihr genommen war, insonderheit auch eine freie That der Ergebung und demüthigen Unterwerfung unter die Hand Gottes werden, indem hier überall der Christ mächtig aufgefordert ist, das Nothwendige zu einem Freien zu erheben. — Es erschien billig, daß der geistliche Hirt der Gemeinde dem Entschlafenen, den er im Leben geweidet, auf diesem seinem letzten Wege das Geleit gab. Jetzt aber beginnt erst sein eigentliches, wichtiges Geschäft, worin diese Cultusform ihre Vollendung findet: es ist die Segnung.

In Gemäßheit der, im §. entwickelten christlichen Grundanschauung von der Auferstehung begegnet uns schon im frühesten Alterthum der Kirche die tiefe Idee einer fortgesetzten Beziehung des Abgeschiedenen zu seinem irdischen Ueberrest, und man dachte sich daher auch die seeligen Seelen, deren Gedächtniß man frühzeitig feierlich beging, da, wo ihre Leiber schliefen, vorzüglich gegenwärtig. Wie viel Mißbräuchliches auch in Folge der Zeiten, durch Vorstellungen dieser Art veranlaßt, in der Kirche sich ansetzte, wie denn das ganze Reliquienwesen hiermit in enger Verbindung steht, so dürfte doch nicht zu leugnen sein, daß die oben angedeutete Idee ein tiefes, wahres Moment in sich trägt und der zarten Pietät jedes warm fühlenden Herzens für die theuren Ueberreste Verstorbener zur Erklärung dient. In der That sind Diese nicht nur in fortdauernder Beziehung zu den, auf Hoffnung in die Erde gestreuten Saatkörnern ihrer, zwar verweslichen, aber dennoch einen unverweslichen Keim eines höheren Daseins in sich tragenden Leiber zu denken; sondern sie gehören sogar auch abgeschieden aus dem Lande der Lebendigen noch der, hier gegenwärtigen Gemeinde mit an, deren zeitliche Entwicklungen zur herrlichen Offenbarung des Reiches Gottes mit der endlichen Vollendung der Todten am Tage der Wiederkunft des Sohnes Gottes in untrennbarem Zusammenhange stehen. Hiernach allein bestimmt sich die wahre Bedeutung des Gebets über den Gräbern und der, sich ihm anschließenden kirchlichen Benediction. Allerdings geht diese zunächst den Entschlafenen an, nach Leib und Seele; denn obgleich der Tod Beide für jetzt geschieden hat, so ist er doch selbst bereits verschlungen in den Sieg, und es soll nicht geschieden vorgestellt werden, was in Christo, dem Todesüberwinder, dem Princip nach schon wieder zusammengebracht ist; aber auch die lebende Gemeinde nimmt unmittelbar am Segen Theil: denn sie weiß sich vom Todten nicht getrennt, und das Band der Vollkommenheit, die Liebe, bleibt ihr unzerrissen. Wenn so jene tiefe, geheimnißvolle Einheit in Christo, welche der Herr als Hoher Priester (Joh. 17) vom Vater erbittet, im Begräbnißcultus ganz besonders sich verherrlicht, so mag Dem entsprechend auch das, die Segnung begleitende Gebet über Beide, den Todten wie die Lebenden, sich verbreiten und Diese insonderheit daran erinnern, daß sie hienieden keine bleibende Stätte haben. — Von den alten Symbolen bei Beerdigungen hat die evangelische Kirche vorzugsweise eine Ceremonie beibehalten, die so beweglich, als schön und angemessen ist. Zu dreien Malen nämlich wirft der Liturg eine Hand voll Erde auf den eingesenkten Sarg, mit den Worten: von Erde bist du genommen, zu Erde sollst du wieder werden, — wozu nach manchen Liturgieen noch beigefügt wird: aber Jesus Christus wird dich auferwecken am jüngsten Tage. Es liegt in dieser Handlung eine weitere Ausführung des, wie oben angedeutet, schon in der Versenkung selbst enthaltenen symbolischen Sinnes, und sie empfiehlt sich nicht nur durch ihr, bis in die vorchristliche Zeit hinaufreichendes, graues Alterthum, sondern auch durch den einfachen, würdevollen Charakter, womit sie der christlichen Ergebung sowohl, als der gläubigen Hoffnung einen entsprechenden Ausdruck verleiht. Die erneuerte Preußische Agende hat in ihre schöne Begräbnißliturgie auch diesen Ritus mit aufgenommen.

Hiermit haben wir die, den betreffenden Cultusact eigentlich bildenden Hauptmomente entwickelt; aber es knüpften sich schon in frühen Zeiten noch anderweitige kirchliche Feierlichkeiten daran an. Hieher sind besonders die sogenannten Leichenreden und -Predigten zu rechnen, mögen die Ersteren nun an den Gräbern, oder, was bei den Letzteren immer der Fall ist, in den Kirchen gehalten werden. Wo dieses geschieht, gestalten sich neben der Grabliturgie im engeren Sinne eigenthümliche Gottesdienste, welche, nach Erforderniß der örtlichen Verhältnisse, Jener vorangehen, oder ihr nachfolgen, zuweilen auch wohl mehrere Tage nach der Beerdigung erst veranstaltet werden.

Die Gewohnheit, zum Gedächtniß der Verstorbenen Reden zu halten, bezog sich nach Bingham in der alten Kirche namentlich auf solche Fälle, „si quid singulare et eminens in defuncto esset, quod tanquam exemplum virtutis aliis commendari mereretur, vel dignum esset, ut in debitam meritorum illius memoriam gloriamque recitaretur.“ Hierin schon drückt sich die Anerkennung aus, daß bei Gelegenheiten dieser Art der Aufgabe des Dienstes am göttlichen Wort nicht genügt wird, wenn der Redner bei allgemeinen Betrachtungen, wie der Tod sie veranlaßt, stehen bleibt; daß er vielmehr hier sich aufgefordert fühlen soll, Dasjenige zu leisten, was schon der bloße Begriff sogenannter Casualfälle andeutet. Den casus also muß er auslegen und, eingehend auf die individuellen Verhältnisse, sie in das Licht des Wortes Gottes stellen und hierdurch den Weg bahnen zu den Tröstungen und Erhebungen der leidtragenden Herzen durch das Evangelium, und es soll daher hier vorzüglich der Prediger mit dem Seelsorger im Bunde stehen. Vieles ließe sich noch über Leichenreden beifügen; wir dürfen aber das Weitere der Homiletik vorbehalten und möchten zum Schlusse allen Dienern der evangelischen Kirche nur das Gewissen schärfen, daß sie überall aufhören, das Gotteshaus durch bezahlte Lobhudeleien über die Todten, durch die knechtischen Dienste, womit sie nicht selten bei solchen Gelegenheiten den schmählichsten Ansprüchen der Eitelkeit und Herzenshärtigkeit ihrer Kirchkinder fröhnen, zum Kaufhause zu machen.

Manches Andere möchte hier unserer Berücksichtigung nicht minder, als das Bisherige sich aufdrängen. So bieten z. B. die, noch gegenwärtig in der lutherischen Kirche üblichen sogenannten Opfergänge um den Altar einen Stoff für historische Untersuchungen, welche mit gewissen, nicht uninteressanten liturgischen Fragen, namentlich über Processionen, Indulgenzen und dergleichen in naher Verbindung stehen dürften. Doch es genüge, einen Gegenstand nur angedeutet zu haben, welchen wir gern der gründlicheren Forschung eines Andern überlassen wollen.

Anhang.

Ein Wort über die h. Räume.

§. 1.
Die individualisirende Absonderung geweihter Räume.

An sich hat kein Raum eine Heiligkeit vor dem andern; aber es liegt im Bedürfniß des menschlichen Herzens, auch die Räume, innerhalb deren sein Leben in seinen verschiedenen Erscheinungsformen sich bewegt, nach der bewegenden Grundidee so zu gestalten, daß dieselbe darin zu symbolischem Ausdruck gelange. Daher wurde die Herstellung christlicher Tempel schon früh eine Aufgabe für die bildende Kunst.

Die Tempel der Griechen und Römer mit ihren Götterstatuen waren nie allseitig geschlossen; so brachte es der Charakter dieses h. Naturcultus mit sich, der das Herz vielmehr reizte, in der Harmonie des Weltganzen sich verlieren zu wollen, als sich durch Einkehr in die stille Innenwelt zu flüchten. Einen ganz andern Charakter brachte das Christenthum mit sich, sobald man erst, nach den früheren Versammlungen an Privatörtern, Kirchen zu bauen anfing, was wahrscheinlich schon unter Alexander Severus geschah.

Die tiefe Innerlichkeit des Christenthums führte von selbst zur gänzlichen Umschließung des Raums und gab dem sich bildenden Kirchenstyl natürlich auch eine Ausprägung, die darauf berechnet war, den Geist dieser Religion zu versinnlichendem Ausdruck zu bringen. Es ist nicht dieses Ortes, die geschichtlichen Entwicklungen der h. bildenden Kunst, insonderheit der Baukunst, zu verfolgen. Genug, daß sie sich zum großartigsten gothischen Styl entwickelte, welcher mit seinem Pfeilersystem, mit dem Spitzbogen und den himmelanstrebenden Thürmen nicht nur den Geist der christlichen Religion, die das Herz zum Himmel emporführt, überhaupt, sondern die mittelalterlichen Entwicklungen der lateinischen Kirche insbesondere zur wunderbarsten Anschauung bringt.

§. 2.

Die evangelische Kirche.

Bis jetzt hat aus dem Princip der Reformation heraus ein eigenthümlicher Kirchenstyl sich nicht zu bilden vermocht, und es ist daher eine Versöhnung des Streites der Meinungen hierüber erst von der Zukunft zu erwarten. Wie aber auch der neue Kirchen-Baustyl sich gestalten möge, jedenfalls wird er die Idee des allgemeinen Priesterthums der Gläubigen, welches keine Mittlerschaft zwischen Gott und dem christlichen Volke durch einen, abgesondert dastehenden Klerus anerkennt, zu reflectiren und das, Alle umfassende Liebesband der Gemeinschaft in Christo zu versinnlichen haben. Im Uebrigen bedarf auch die evangelische Kirche einer Einrichtung ihrer Gotteshäuser, welche nicht blos deren allgemeinstem Zwecke, die versammelte Gemeinde als Solche in sich aufzunehmen, entspricht, sondern auch auf würdige Weise die Bestimmung dieser geweihten Räume für den Cultus nach seinen Hauptmomenten ankündigt und daher Jedes dieser Letzteren durch seine, ihm vorzugsweise gewidmete Stätte auszeichnet. Wenn das Innere einer evangelischen Kirche hiernach den Charakter eines, evangelischen Gottesdiensten geweihten Raumes offenbaren muß, so erscheint es andererseits billig, daß dieselbe auch äußerlich durch den, nach Oben weisenden Thurm als ein Haus des Herrn sich zu erkennen gebe, und daß von hier aus gleichfalls immer wiederholte Erinnerungen an die Flucht der Zeit, wie an die Ewigkeit der Gemeinde den Zweck des irdischen Daseins in's Gedächtniß rufen.

Der mittelalterliche Baustyl dürfte schon deshalb in den Ländern des evangelischen Protestantismus den Sieg nicht behaupten, weil jedenfalls doch die, darin sich ausdrückende Absonderung des Klerikats vom Volke dem Geiste der evangelischen Kirche ebensowenig entspricht, als andererseits nicht zu übersehen ist, daß das Halbdunkel jener hohen Dome, welches einer Ueberschwenglichkeit des religiösen Gefühls- und Phantasielebens, die, heimisch in der so zu sagen romantischen Kirche, der bewußtvollen Klarheit des evangelischen Gottesdienstes fremd geworden ist, allein angemessen erscheint.

Unter den besonderen Räumen von individuellem Charakter sind auszuzeichnen: a) die der Regel nach gegen Abend gelegene Vorhalle, mit dem sich darüber erhebenden, einem gen Himmel deutenden Finger vergleichbaren Thurm, von wo aus durch den kunstreichen Mechanismus der Uhr an das, im Wechsel der Zeiten beharrende Gesetz, nach welchem alles natürliche Dasein verläuft, durch die, auf den Wink des Seigers tönenden „ehernen Zungen" der Glocken aber an die, in die Zeit herein ragende Ewigkeit gemahnt, und die Gemeinde zu ihren gottesdienstlichen Versammlungen zusammengerufen werden soll. — Die ersten Christen hatten keine Glocken. Im Anfange des fünften Jahrhunderts soll sie Paulinus, Bischof zu Nola in Campanien, zuerst eingeführt haben, und von Pabst Sabinian wird berichtet, daß um das Jahr 600 der Gebrauch der Glocken auf das öffentliche Verkünden der Stunden, besonders in Klöstern, durch ihn ausgedehnt worden sei. Schon in der Mitte des sechsten Jahrhunderts kam die Anwendung der Glocken auch nach Frankreich, wogegen sie in den übrigen Ländern Europa's viel später Eingang fand. Selbst nach Griechenland kamen die Glocken erst i. J. 865, als der Herzog von Venedig dem Kaiser Michael ein Geschenk von zwölf ausgezeichnet schönen Glocken machte. — b) An der inneren Seite des Thurms das Orgelchor, welches gehörige Geräumigkeit erfordert. — c) Ihm gegenüber nach Morgen der Altar (*θυσιαστήριον*, *τραπέζα ἁγία*). Die Idee des Meßopfers führte natürlich zu reicher Ausschmückung der Altäre, welche vor Alters im Chor (*χόρος*, *βῆμα*), wo der *θρόνος* des Bischofs und die Sitze der Presbyteri, sich befanden. — d) Der Taufstein steht am Zweckmäßigsten auf dem freien Platz vor dem Altar. Beide in ihrer Beziehung auf einander eine angemessene Bezeichnung der h. Sacramente in ihrer Zusammengehörigkeit. — c) Die Stellung der Kanzel (ἄμβων, pulpitum) hat die unmittelbarste Beziehung des Dienstes am göttlichen Wort zur versammelten Gemeinde als Solcher auszudrücken, und es wurde daher selbst im mittelalterlichen Kirchen-Baustyle dem Zweck der Predigt entsprechend befunden, dieser Letzteren mitten im sogenannten Schiff die, ihr eigenthümliche Stätte zuzuweisen. Uebrigens ist hierbei nicht nur überhaupt auf die akustischen Verhältnisse sorgfältig Bedacht zu nehmen, sondern es kann auch jedem einzelnen Prediger nur dringend empfohlen werden, bei jeder Gelegenheit, wo er zum ersten Mal eine, ihm fremde Kanzel zu betreten hat, sich zuvor mit den örtlichen Eigenheiten der betreffenden Kirche möglichst genau bekannt zu machen.

§. 3.
Die vasa sacra.

Auch die h. Gefäße und Zeichen lassen sich in der Kategorie der h. Räume auffassen und sind, im Gegensatz gegen die unbeweglichen, als die beweglichen individualisirten Räume zu bezeichnen.

Hieher gehören: a) das Kreuz. Sozomenus erwähnt es zuerst mit Bestimmtheit als auf den Altären befindlich; es dürfte dessen allgemeine Anwendung also erst in das Zeitalter Theodosius II., das fünfte Jahrhundert, zu setzen sein. Wir vindiciren es entschieden dem Altar auch heute, und zwar am Liebsten das Crucifix. — b) Der Gebrauch der Leuchter mit brennenden Wachskerzen findet sich in den ersten Jahrhunderten zwar nicht allgemein, reicht aber dennoch in ein sehr frühes Alter hinauf. Die Reformation schaffte anfänglich dieses Symbol ab; das Leipziger Interim stellte es für die lutherische Kirche wieder her; Friedrich Wilhelm I. von Preußen verbot 1736 aus mißverstandenem Eifer für die Union der evangelischen Schwesterkirchen die Anwendung der Lichter im öffentlichen Gottesdienste gänzlich, wogegen Friedrich II. 1746 zu großer allgemeiner Freude sie wieder erlaubte. Wir behalten das schöne Symbol in Uebereinstimmung mit der erneuerten Preußischen Agende unbedingt bei, da es so ansprechend, als einfach und verständlich ist. — c) Sowohl Altar als Taufstein haben ihre eigenthümlichen vasa sacra. Anfänglich waren die Abendmahlskelche von Holz oder Glas, ebenso die Patenen (*δισκοί*); am Angemessensten jedenfalls erscheint edles Metall. Am Dringendsten jedoch möchten wir es allen Geistlichen an's Herz legen, für die vollkommenste Sauberkeit der, für den Cultus erforderlichen Gefäße, ja des ganzen Innern der Gotteshäuser Sorge zu tragen, da sich durch das Gegentheil immer eine Art von Verachtung des Heiligen zu Tage legt. —

Druck von G. Reimer.

FSC
www.fsc.org
MIX
Papier | Fördert gute Waldnutzung
FSC® C083411

Kolibri 360 GmbH
Ferdinand-Jühlke-Straße 7
99095 Erfurt, Deutschland
produktsicherheit@kolibri360.de